普通高等教育“十一五”国家级规划教材

电力系统自动化

（第六版）

主编　李先彬
编写　张建华　赵冬梅
主审　樊　俊　温增银

中国电力出版社
CHINA ELECTRIC POWER PRESS

内 容 提 要

本书普通高等教育“十一五”国家级规划教材。

全书共分为8章，主要内容包括同步发电机的自动准同期、电力系统电压的自动调节、自动励磁调节系统的动态特性与有关问题、电力系统调度自动化引论、电力系统运行的状态估计、电力系统的安全调度与运行动态检测、电力系统的自动调频与经济调度、电力系统低频自动减负荷。另外，还附有必要的整定计算及例题。本版顺应读者要求，增加了智能电网及由可再生能源推进的微电网技术的简要介绍。

本书主要作为普通高等院校电气工程及其自动化专业及其相关专业的教材，也可作为成人高等教育、高职高专教育的教材，同时可供相关工程技术人员参考。

图书在版编目（CIP）数据

电力系统自动化/李先彬主编. —6版. —北京：中国电力出版社，2014.2（2021.5重印）

普通高等教育“十二五”规划教材 普通高等教育“十一五”国家级规划教材

ISBN 978-7-5123-5260-5

Ⅰ.①电… Ⅱ.①李… Ⅲ.①电力系统－自动化－高等学校－教材 Ⅳ.①TM76

中国版本图书馆CIP数据核字（2013）第285953号

出版发行：中国电力出版社
地　　址：北京市东城区北京站西街19号（邮政编码100005）
网　　址：http://www.cepp.sgcc.com.cn
责任编辑：雷　锦（010－63412530）
责任校对：黄　蓓　常燕昆
装帧设计：赵姗姗
责任印制：吴　迪

印　　刷：三河市航远印刷有限公司
版　　次：1981年12月第一版　2014年2月第六版
印　　次：2021年5月北京第二十四次印刷
开　　本：787毫米×1092毫米　16开本
印　　张：18
字　　数：438千字
定　　价：48.00元

前　言

本书四、五版及本版均是在第三版的基础上进行修订的，由于第三版的修订是按照1991年高等学校电力工程类专业教学委员会自动远动小组通过的大纲进行的，因此本版仍在这一大纲的框架内进行修订。

从1991年到2013年已经历了23年，本书较充分地考虑了这期间在电力系统自动化方面的技术进展及试行电力市场的有关经验。

我国幅员广阔，发展不够平衡，在电力系统自动化方面，模拟装置与数字设备并存，所以本版对两类装置都作了介绍，以利于读者可能面对的多种工作环境。

高电压大电流晶闸管的普遍应用，使超高压线路及某些供电线路都能较好地进行电压调整，以改善整个系统的电能质量及设备的运行安全，因此第二章改为电力系统电压的自动调节，在第六章中增加了某些与安全调度有关的柔性电网的设备。

基于全球定位卫星的同步矢量测量已在我国获得了普遍的重视，是探讨与试运行的热点课题之一，同步矢量测量不仅可用于电力系统的动态监测，而且可使电力系统工作者长期以来盼望的对暂态稳定过程进行监测、预报，以及遭到破坏后重新回到同步运行状态的前景预期变得光明起来，本书对此也作了必要的讨论。

在分析励磁系统的动态特性时，本版仍沿用综合阻尼力矩的概念，并增加了某些内容。鉴于我国对欧、美近年来多次电网严重停电事故及其预防性措施的重视和广域测量系统在我国电网间的迅速发展，在第八章增加一节“电力系统低压减载简述”。

由电子式互感器推进的智能电网及由可再生能源推进的微电网技术，我国正处于广泛的研究中，虽然其运行经验尚需进一步的丰富与完善，本版也对其进行了简要的讨论。

注有“*”的节仅供教学参考。

第四版出版后，接到读者来信，指出书中不少图、文不符之处，见微而详尽，在第五版中已一一改正。当今之世，这种精神实为难得而可贵，值得编者学习，并表示深深的谢意。

本版仍由李先彬同志主编，由张建华、赵冬梅两位年轻同志参编，张建华负责全书的校订工作。

本书由华中科技大学樊俊教授、温增银教授主审。樊俊教授历任本书主审，对本书历版提出了不少宝贵的意见，并对本书的修订给了很大的支持与关怀，在此表示深深的谢意。由于条件与水平的限制，且增加了一些初次教学的内容，所以书中一定存在不足，希望读者批评指正。

编　者

2013年10月

目录

绪　论

现在，电能已经成为国计民生的主要能源。一个完整的电能生产与消费网络由发电、输电、配电及用电等几部分组成，其中配电及用电部分不属本专业的范畴，因此本书所指的电力系统只限于由发电厂、变电站及输电线路组成的电力网络。电网的正常运行一般由两部分组成，一是电网的运行技术，二是电网的运行管理。其中管理又分技术管理（或称能量管理）与经营管理。本书仅讨论运行技术与技术管理方面的内容，不涉及经营管理等问题。由于一个电力系统中所包含的厂、站及线路的数量很大，达数百个，且纵横联线，在控制系统技术的分类中，它属于“复杂系统”；而且分布辽阔，大者达几千千米，小的也有几百千米，加上电能在生产与消费过程中的不可储藏性，因此又是很有特点的复杂系统。它不但要求每一时刻发出的总电能等于系统消费的总电能，而且要求所有的中间传输环节都畅通无阻，使发出的电能有秩序地输送开来，耗尽无遗。对于电力系统，除了发不敷用，会使部分用户停电，造成用户的损失外，就是中间传输环节的任何阻滞，无论这种阻滞是人为的还是外界因素造成的设备故障，都会在发电与用电两端同时发生“过剩”与“不足”两种截然相反的不正常状态，严重时系统可能因此而解列、崩溃，造成大面积恶性停电，使国民经济遭受重大损失。因此，在积累了长期的运行经验后，我国对电力系统的运行提出了“安全第一，预防为主”的指导方针。电力系统自动化就是为电力系统的安全、可靠及经济地运行服务，目的性是十分明确的。

目前我国正在逐步推行电力市场的改革，实行“厂、网分开”管理，电量“竞价上网”的政策。近年来，借鉴国外发生的多起大范围停电的恶性事故，在电力发展方面，我国坚持统一规划，力争做到电力发展与国民经济发展相协调，电网建设与电源建设相协调，送端和受端相协调。电网和电源要统一规划，电网建设要适度超前的方针。在电力系统的运行方面，确立了“统一调度，分级管理”的原则。分级管理与统一调度对电力市场的正确运作是不可分割的两个必要条件，图0-1所示说明了电力系统分级管理的概况。国家网络总公司统一安排全国电能供需的总的平衡情况，根据与大区网络公司的协议方案，管理整个系统的频率稳定，以保证全系统的电能质量，并监察大区网络间联络线上的合同潮流与端点电压，实质上是对各大区网络公司执行有功平衡与无功平衡协议的情况，进行了最终的监察与

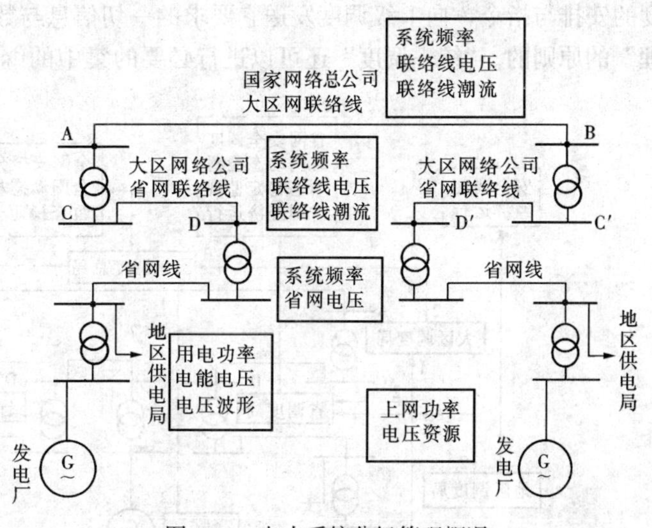

图0-1　电力系统分级管理概况

管理。为了保证电力系统可靠、安全地连续供电，大区网络公司则应该监、管所属网线及省网间联络线上的协议潮流、电压，负责执行国家网络总公司分配的调频任务，以便根据全系统安全、高质量运行要求，分配给该大区网络的有功平衡与无功平衡协议得到完满的执行。省网公司则应管好所属网线的电压与潮流，完成大区公司协议分配的调频任务。发电厂虽与各级网络公司没有资本的直接联系，但应根据电量竞价上网的原则，使协议规定的发电机按时上网，发送保证系统有功平衡所需要的电能，使全网的调频任务得以实现，并自动维持母线的运行电压，以确保全系统的电压资源。各级供电局则是直接面对广大用户用电需求的单位，应随时满足用户对电量的要求，使全系统的有功功率的平衡及调频任务具有坚实的基础，并保证满足电能质量在电压与波形方面的国家有关规定。目前我国正在开展清洁能源的工作，利用风力、太阳能、废热燃气机发电及小水力发电等形成的微电网，均通过通用接点（PCC）与供电站相连，这些能源均有较大的不确定性，增大了配电站的继电保护及调度自动化的任务，但对主系统的运行无显著影响，本书未多涉及。

与上述分级管理任务并存的，是各级网络公司都设有相应调度机构，调度局是各级网络公司完成管理任务的技术执行机构，图 0-2 是国家调度总局通过各级调度局对电力系统进行统一调度的示意图。各调度局之间及其与发电厂、供电局之间的运行数据、信息的交换，均用虚线表示，国家调度总局通过远动系统（Remote Terminal Units，RTU），或广域测量系统（Wide Area Phashor Measurements System，WAMS）从各大区调度局及国家级特大发电厂获取有关全系统运行状态的必要的实时信息，如枢纽变电站母线的矢量电压、重要线路的潮流等，对全网的安全状况进行分析，考虑是否要进行预防性调度，并可利用负荷的变化对全网重要机组的动态特性进行实行监测，还可对部分暂态稳定问题进行监视甚至进行紧急的直接调度处理，使系统化险为夷。“安全第一，预防为主”是各级调度局工作的指导原则，为了全系统整体的安全运行，顺应电力系统运行的特点，下级调度单位必须执行上级调度的安排与指令，向上级调度发送它要求的一切信息与数据，这是符合“统一调度，分级管理”的原则的。“统一调度”还可以进行必要的集中的继电保护的整定配合，及大范围的经

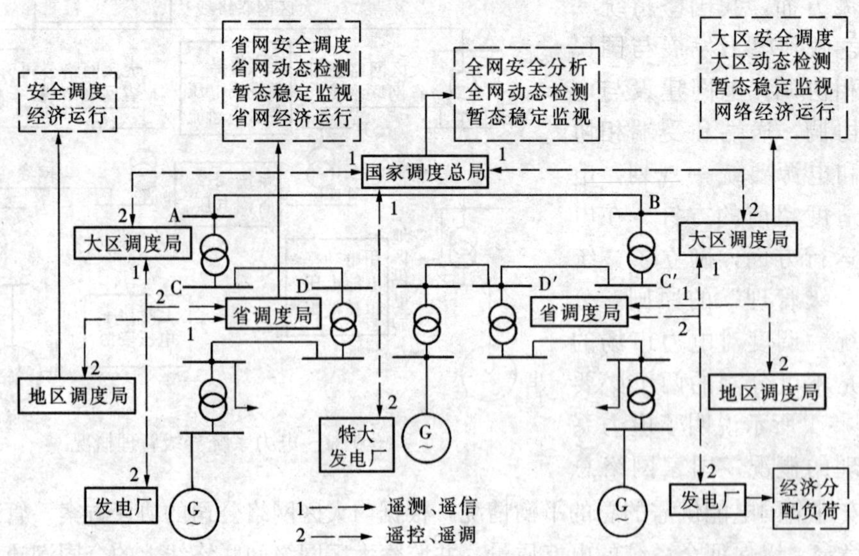

图 0-2 电力系统“统一调度、分级执行”示意图

济运行管理。本书的“调度自动化”部分的内容是直接为这一指导原则服务的，它包含调度局对所有收集的数据进行处理，提高其精确度，并对各级电网进行实时的安全分析与预防性调度等内容。

电力系统的自动化系统与分层管理相仿，也可以理解成分层实现的复杂的自动控制系统，图 0-3 表示复杂自动化系统的分层控制示意图。第一层是直接控制器。直接控制器从被控制设备直接获取运行状态信息，按给定值或给定规律控制这些信息（可以是开环顺控的，但一般是指经反馈后闭环的），进而达到直接控制生产过程的目的。直接控制器是复杂系统控制的基础设施，置于工作现场，其结构可靠、动作快速、效果直接而明显，是数量最多、应用普遍的一类自动装置。在复杂系统的自动控制方案中，只要条件许可，一般都尽量采用直接作用的控制装置。分层控制的第二层是监督功能层。它表示直接控制器还应具备对被控设备的监督功能，如越限报警、越限紧急停车、阻止越限运行及紧急启动等一般由设在直接控制器中的专门部件执行，整定值则是根据制造厂或上级技术管理机构规定的监督功能制定的。第三层是寻优功能层。寻优功能指的是自寻稳态最优解的功能。稳态最优解一般在多个设备并行工作时出现，最优解的结果一般作为控制器的给定值。第四层是协调、安全调度等功能层。协调是指在全系统范围内的协调。复杂系统内的被控设备，根据其工作条件与要求，分别采用直接控制及监控与寻优的分层处理后，剩下的就是要根据全系统的整体利益进行协调与控制的功能，线索较为清晰。协调与控制的内容是由各级调度局发出的有关安全分析、预防调度等的指令，这些指令一般都可称为“二次调节”，使协调、安全调度等功能能够实时地进行。协调与安全调度的结果应该是寻优功能的依据。第五层为经营与管理层。它表示应把全系统的技术运行状态与经营依据，如市场、原料、人员及其素质、计划安排等进行综合分析，用以指导系统的协调功能，但因其属于管理范畴，本书未予涉及。

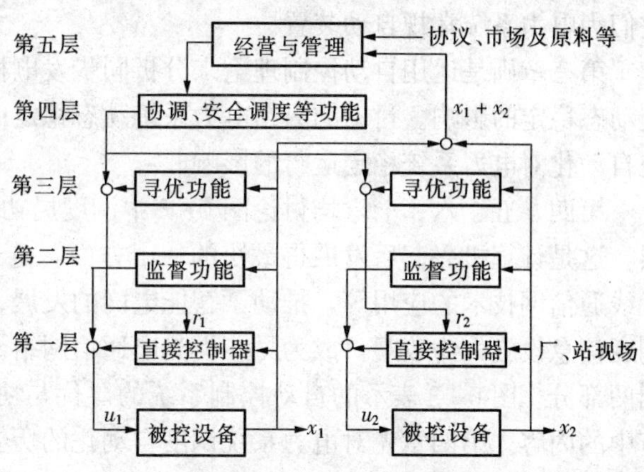

图 0-3　复杂自动化系统分层控制示意图

电力系统的自动化是结合了电力系统运行的特点，按照复杂系统控制的一般规律，分层实现的。实现电力系统自动化所需的电力系统方面的基础知识，在“电力系统”课程中讨论；所需的控制理论方面的基础知识，则在“自动控制理论”课程中讨论。本书是在这些知识的基础上，对电力系统自动化中典型控制设备的基本动作原理进行分析与讨论，以使读者对电力系统自动化及其基本问题有一个基础性的了解。

根据教学大纲的要求，本书共分八章。

第一章讲发电机上网的问题，称“同步并列的自动化”。这是将同步发电机一台台地投入系统进行并列运行，以组成电力系统的基本步骤，也是上网竞价的第一步。第二章讲电力系统的自动调压问题，既包括发电机的自动调节励磁系统，即发电机端电压的自动调整，也包括大用电户的端电压的稳定问题等。电力系统先要有电压资源，而无功功率又必须平衡，才能达到全系统的电压稳定运行，满足电能质量在这方面的要求。而我国电网运行规程又规定无功功率要力争做到“分层、分级、分区就地平衡”，所以自动电压调节属于图 0-3 的直接控制器的功能；而第一章的自动并列装置则是设有较多的监督功能的控制器，以避免越限并列。由于这两种自动化设备均装设在厂、站现场，动作时不需要其他设备的信息，一般称它们为电力系统常规自动装置。

第三章则是运用自动控制理论来分析同步发电机自动励磁调节的动态特性及其对电力系统动态稳定的影响。讨论的只是电力系统动态稳定中的一个局部性问题，但它能说明电力系统自动化对电力系统稳定运行的影响。

第四、五、六、七章均讨论图 0-2 中调度局功能的自动化问题，统属于图 0-3 的第四层，这是计算机兴起后发展得最快的一个方面。电子式电流、电压互感器（ECT/EVT）与无线通信网技术的应用等，推动了智能电网的发展，使发电厂与变电站内的二次电气联系与调度信息设施大为改观，成为另一类光电通信网络。调度功能，简单说来，可分为监视与控制两部分。图 0-3 表示的自动控制系统的寻优与协调等的基本原理，都属于调度自动化章节中的内容。第四章先对电力系统调度自动化的历史进程进行了回顾，说明了其控制系统的构成及基本任务，随之分别介绍了第五、六、七等三章的内容。

第八章讨论按频率自动减负荷装置的动作原理，这是一种较为典型的反事故自动装置，装设在部分变电站，但它的整定值则要经过全系统的协调确定，由于它的动作特点，本书仍将它视为常规自动装置，它至今仍是电力系统重要而有效的反事故措施。鉴于近年来世界性预防连环事故的经验，增加了对低电压减载的简述。

本书各章对厂、站、网三者应有的控制功能都结合典型的自动化设施进行了讨论，因而可以使读者对电力系统自动化有较为全面的了解。

第一章 同步发电机的自动准同期

第一节 概 述

一、同步并列与准同期

电力系统是由多台发电机组与多条输电线路互连而成的。一般情况下，在一个电力系统中并列运行的各发电机转子都以相同的电角速度运转，转子间的相对角差不超过允许值，即处于同步运行状态。通常互不相连的两个系统是不同步的，一台未投入系统的发电机与系统也是不同步的。发电机投入系统参加并列运行的操作称为并列操作。同步发电机的并列操作称为同期，以近于同步运行的条件进行的并列操作，在我国一般称为准同期。所以并列是组成电力系统的第一项操作，“将一台发电机组用准同期的方式并入电厂母线”与“将电力系统的两部分用准同期的方式进行并列”可以说是两类问题，图 1-1 简要地说明了这两种情况。由于具体条件不同，它们的自动化技术也有较大的差别；如果一般地来讨论“电力系统并列操作的自动化”问题，显然涉及的面较广，内容也较为烦琐。因此，本书仅讨论同步发电机用准同期方法与厂母线进行并列的“并列操作自动化”问题，因为它是自动并列问题中最常见的，同时在技术上也最有典型性的问题。图 1-1（a）表示发电机 G1 欲与母线 W 并列运行时，必须利用断路器 QF1 进行并列操作；图 1-1（b）说明，当系统两部分要实现同步运行时，也必须利用断路器 QFA 进行并列操作。

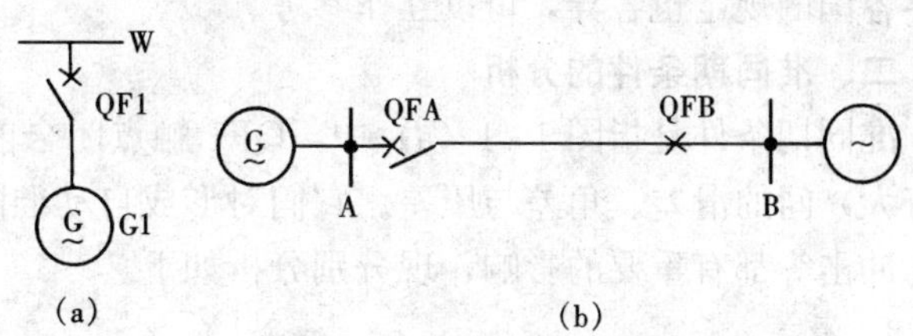

图 1-1 发电机并列示意图

(a) 发电机将与母线并列运行时；(b) 系统两部分要实现同步运行时

在发电厂中，每一个有可能进行并列操作的断路器都是电厂的同期点。例如图 1-2 中，每个发电机的断路器都是同期点，因为各发电机的并列操作，都在各自的断路器上进行。母线联络断路器也都是同期点，它对于同一母线上的所有发电单元都是后备同期点。当变压器检修完毕投入运行时，可以在变压器低压侧断路器上进行并列操作。三绕组变压器的三侧都有同期点，这是为了减少并列运行时可能出现的母线倒闸操作，保证迅速可靠地恢复供电。110kV 以上线路，当设有旁路母线时，在线路主断路器因故退出工作的情况下，也可利用旁路母线断路器进行并列操作；而母线分段断路器一般不作为同期点，因为低压侧母线解列时，高压侧是连接的，没有设同期点的必要。

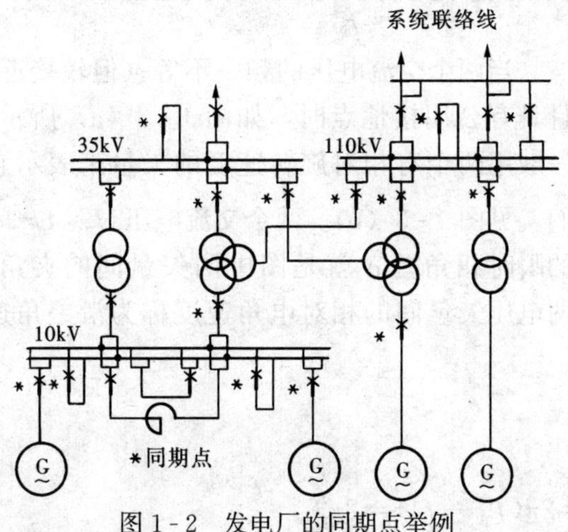

图 1-2 发电厂的同期点举例

很显然，理想的同步并列的条件如下。

(1) 待并发电机频率与母线频率相等，即滑差（频差）为零。

(2) 断路器主触头闭合瞬间，待并发电机电压与母线电压间的瞬时相角差为零，即角差为零。

(3) 待并发电机电压与母线电压的幅值相等，即压差为零。

当系统处于稳态运行时，图 1-1（a）的待并发电机 G1 如果实现了上述三个条件，虽然尚未并入系统，但可说已与系统处于“同步状态”，无论是自动或手动合上 QF1，都可以使 G1 平滑地与系统进行同步运行，不发生任何的并列冲击与振荡，这是典型的同步并列。本章讨论的自动准同期原理是在上述三个同步并列条件，即 $\Delta u \cong 0$，$\Delta f \cong 0$ 及 $\Delta\delta \cong 0$ 的情况下。同步发电机的自动并列问题一般称作自动准同期。目前在我国自动准同期装置应用较为普遍。在并列瞬间，如果发电机与母线间存在着电压差、频率差或相角差，其值超过允许值都会引起相应的冲击电流与振荡过程，通常自动准同期装置的控制效果很好，使得这些差值很小。一般都把图 1-1（a）的母线看成是无穷大母线，QF1 合上后，发电机的同步过程被看成是小扰动情况下的线性化系统的动态问题，发电机本身所固有的阻尼特性可使因并列产生的不大的振荡过程会很快消失，并与系统进入同步运行，因而分析并列时可能产生的冲击影响并加以限制，显得较为必要。随着大型机组的出现，材料耐受冲击的裕度逐步减小，而并列又是一种相对频繁的操作，从保护汽轮机组的机械强度与疲劳寿命着眼，冲击的烈度是应该严格加以限制的。对准同期并列时的压差、滑差、角差的限制，因机组大小而不同，世界各国的规定也各异，可以互作参考。

二、准同期条件的分析

准同期条件是指图 1-1（a）中，QF1 触点闭合前的瞬间，发电机 G1 与母线 W（视作无穷大）间的滑差、角差与压差。它们对形成自动准同期的条件、捕捉并列的时机及可能产生的冲击等都有重要的影响，现分别分析如下。

1. 滑差

图 1-1（a）中，QF1 按准同期条件合上之前，待并发电机 G1 的电压 $\dot{U}_g$ 及其频率 f_g 与发电厂母线电压 $\dot{U}_s$ 及其频率 f_s 一般是不相等的。在并列过程中，两者的频率差是一项很重要的参数，用 f_{ss} 表示。显然，可令

$$f_{ss} = f_g - f_s$$

当两个交流电压的频率不等（但较接近）且具有公用接地点时，如图 1-3（a）所示，一般用两个有相对旋转速度的矢量来表示它们，见图 1-3（b）。两个交流电压 $\dot{U}_g$、$\dot{U}_s$ 间的瞬时相角差 δ 就是图中两矢量间的夹角；两电压矢量间的相对电角速度称为滑差角速度（简称滑差），用 ω_s 表示。于是得

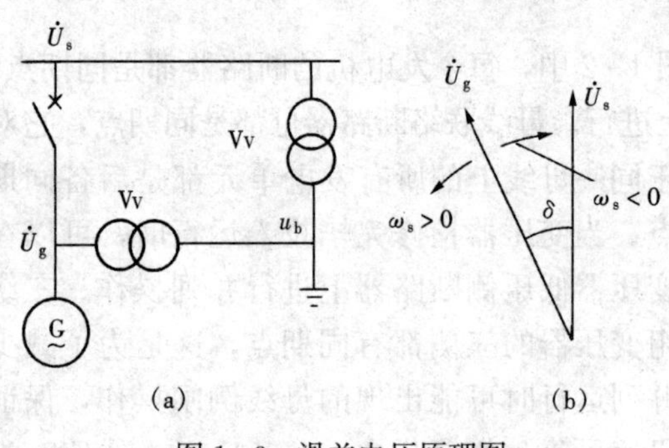

图 1-3 滑差电压原理图
(a) 电路示意图；(b) 矢量图

$$\omega_s = \frac{d\delta}{dt} = \frac{d(\varphi_g - \varphi_s)}{dt} = \frac{2\pi\, d(f_g t - f_s t)}{dt} = 2\pi(f_g - f_s) = 2\pi f_{ss}$$

式中　φ_g、φ_s——分别为发电机交流电压瞬时相角与母线交流电压的瞬时相角。

很显然，ω_s 是有正、负值的，其方向与所规定的参考矢量有关。图 1-3（b）中，以系统电压 $\dot{U}_s$ 为参考矢量，于是 $f_g > f_s$ 时，$\omega_s > 0$，而 $f_g < f_s$ 时，$\omega_s < 0$。反之，若以 $\dot{U}_g$ 为参考矢量，则 ω_s 的方向恰好相反。

滑差也可以用标么值表示，即

$$\omega_{s*} = \frac{2\pi f_{ss}}{2\pi f_s} = \frac{f_{ss}}{50}$$

ω_s 的百分值为

$$\omega_s(\%) = 2 f_{ss}(\%)$$

滑差周期为

$$T_s = \frac{2\pi}{|\omega_s|} = \frac{1}{|f_{ss}|}$$

滑差或滑差周期都可以用来确定地表示待并发电机与系统之间频率差的大小。滑差大，则滑差周期短；滑差小，则滑差周期长。在有滑差的情况下，将机组投入电网，需经过一段加速或减速的过程，才能使机组与系统在频率上“同步”。加速或减速力矩会对机组造成冲击。显然，滑差越大，并列时的冲击就越大，因而应该严格限制并列时的滑差。我国在发电厂进行正常人工手动并列操作时，一般限制滑差周期在 10～16s 之间。

2. 角差

如果并列断路器触头闭合的瞬间，角差 δ 恰好为零，则前述同步并列的条件（2）完全得到满足，因相角差而产生的并列冲击也为零。但是断路器是由机械构件组成的，每次的闭合时间不可能完全一样，只能按照断路器机构的平均闭合时间进行整定；同时自动准同期装置也可能出现误差，这使得发电机不能每次都在 $\delta = 0$ 瞬间并列。图 1-4（c）表示当 $\Delta f = 0$，$\Delta U = 0$ 时，而只有同步并列的条件（2）不能满足时，在并列断路器闭合前瞬间，电机电压与母线电压间存在着相角差 δ 的电压矢量图。图中的 $\Delta\dot{U}$ 将对发电机产生冲击电流，冲击电流的最大值为

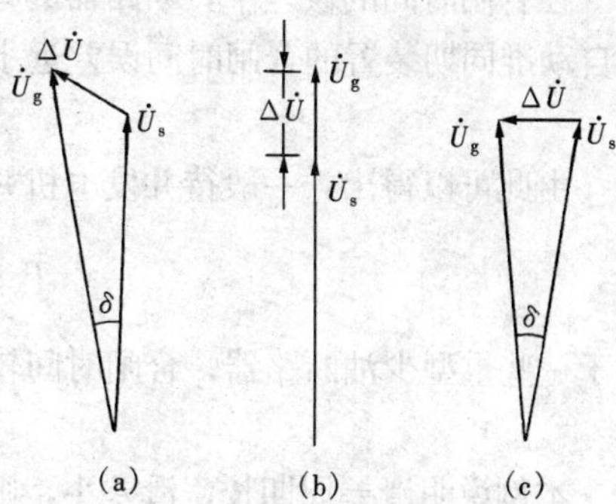

图 1-4　准同期条件的分析

（a）合闸瞬间电压矢量图；（b）仅有电压幅差的矢量图；（c）仅有电压角差的矢量图

$$i''_{chmax} = \frac{1.8\sqrt{2}\Delta U_s}{X''_q}\left(2\sin\frac{\delta}{2}\right) \approx \frac{1.8\sqrt{2}\Delta U_s \sin\delta}{X''_q}$$

式中　ΔU_s——系统电压的有效值；

X''_q——发电机 q 轴次暂态电抗，其值与发电机 d 轴次暂态电抗 X''_d 相近。

当 δ 很小时，有 $2\sin\dfrac{\delta}{2} \approx \sin\delta$。

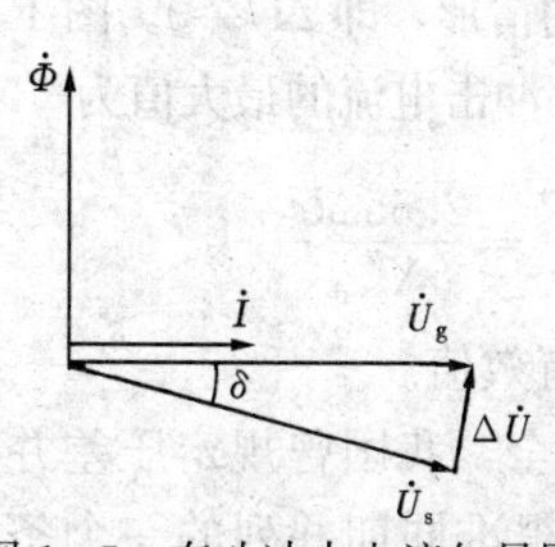

图 1-5　有功冲击电流矢量图

此时的冲击电流属有功冲击电流，其矢量图如图 1-5 所示。

图 1-4（c）中的 δ 角一般称并列（或合闸）误差角，它产生的有功冲击电流对汽轮机组的安全与寿命影响较大，机组容量越大，对 δ 值的限制越严。另一方面断路器动作时间的误差等因素，使并列允许滑差值与允许并列误差角间可能形成某种制约关系，现举例说明如下。

【例 1-1】 在图 1-1（a）表示的并列操作下，为保证汽轮机发电机的安全与寿命，一般规定不允许因角差产生的冲击电流值为发电机空载时突然发生机端短路的电流冲击值的$\frac{1}{10}$，试求其最大允许并列误差角，并讨论其与并列允许滑差值的关系。

解 由题可得

$$10\frac{\sin\delta}{X''_{q}}=10\frac{\sin\delta}{X''_{d}}=\frac{1}{X''_{d}}$$

于是可得最大允许并列误差角为

$$\delta_{dmax}\approx\sin\delta=0.1(\text{rad})=5.73°$$

最大并列误差相角是由断路器的合闸时间误差和自动准同期装置的整定值与动作值间的误差造成的，它应不大于最大允许合闸相角，即

$$\delta_{dmax}=\omega_{s}\Delta t_{max}=\omega_{s}(\Delta t_{QFmax}+\Delta t_{zmax})$$

式中 Δt_{max}——合闸时间总误差的最大值；

Δt_{QFmax}——断路器机构等造成的时间误差最大值；

Δt_{zmax}——自动（或人工）准同期装置合闸时间误差的最大值。

在合闸时间的误差中，断路器的弹簧、传动机构等造成的时间误差所占比重是较大的，如果自动准同期装置的合闸时间误差远小于断路器合闸机构的时间误差，则

$$\Delta t_{max}\approx\Delta t_{QFmax}$$

由此可以得出，一般待并发电机并入电网时的最大允许滑差周期为

$$T_{ymax}=\frac{2\pi}{\omega_{smax}}=\frac{2\pi\Delta t_{max}}{\delta_{dmax}}$$

对于一些重型少油断路器，合闸时间较长，其可能的 Δt_{max} 也较大，如取 Δt_{max} 为 0.1s，则得

$$T_{ymax}=6\sim7\text{s}$$

本例说明滑差周期长，滑差小，则同样的误差合闸时间所造成的并列误差角就小，冲击也小，所以并列时，滑差不能过大。我国的运行经验是，在发电机并入电网时，滑差周期控制在10s左右较为合适。

[例 1-1] 也说明当要求并列滑差在一确定值附近时，并列操作所使用的断路器要与 δ_{chmax} 相适应，如现代巨型机组，其安全裕度较小，δ_{dmax} 只允许 2°，很显然，所用并列操作断路器的合闸时间也应减小，即需使用快速断路器，其 Δt_{max} 也相应地较小，使并列时的允许滑差维持在适于正常操作的范围之内。

3. 压差

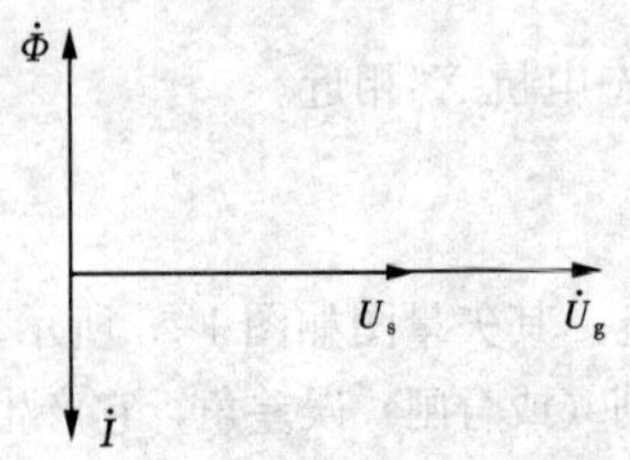

图 1-6 无功冲击电流矢量图

图 1-4（b）是只有同步并列的条件（3）得不到满足，发电机电压幅值与母线电压幅值不相等时的情形，即 $\Delta U\neq0$。图 1-6 表示由 ΔU 产生的将是无功冲击电流。冲击电流的最大值为

$$I''_{chmax}=\frac{1.8\sqrt{2}(U_{g}-U_{s})}{X''_{d}}=\frac{2.55\Delta U}{X''_{d}}$$

式中 U_{g}、U_{s}、ΔU——相应电压的有效值。

I''_{chmax}随机组容量等可以有不同的规定值。为了保证机组的安全，我国曾规定压差并列冲击电流不允许超过空载时机端短路电流的 1/12～1/10。据此，得准同期并列的一个条件

为：电压差 ΔU 不能超过额定电压的 5%～10%。现在一些巨型发电机组更规定 ΔU 在额定电压的 0.1%以下，即希望尽量避免无功冲击电流。

当角差与压差同时存在时，并列时断路器触头间的电压矢量如图 1-4（a）的 $\Delta\dot{U}$，分析它对发电机组产生的冲击效果时，仍应将它分为有功冲击电流与无功冲击电流两部分，分别加以对待，如图 1-4（b）与（c）所示，因为这两部分电流的冲击效果出现在机组的不同部位。

三、自动准同期装置的功能

我国专用于自动准同期的装置有两种：微机同期装置与模拟式同期装置。它们一般都具有两种功能：一是自动检查待并发电机与母线之间的压差及频差是否符合并列条件，并在满足这两个条件时，能自动地提前发出合闸脉冲，使断路器主触头在 δ 为零的瞬间闭合。二是当压差、频差不合格时，能对待并发电机自动进行均压、均频，以加快进行自动并列的过程，但这一功能对联络线同期及多机共享的母线同期自动装置是不必要的。由于一般断路器的合闸机构为机械操动机构，从合闸命令发出，到断路器主触头闭合瞬间止，要经历一段合闸时间（此时间一般为 0.1～0.7s），因而自动准同期装置在检查压差和频差已符合并列条件时，还必须在角差 δ 为零的时刻前，发出合闸命令（提前的时间等于断路器的合闸时间）才能使断路器主触头闭合瞬间的相角差恰好为零，这一时段称为“越前时间”。由于该越前时间只需按断路器的合闸时间进行整定，与滑差及压差无关，故称其为“恒定越前时间”。在发电机的自动准同期装置中，恒定越前时间是它的关键部分。微机同期装置与模拟式同期装置在原理上虽基本相同，但技术方案却相差很大，下面将分别讨论它们。

第二节　数值角差、整步电压与越前时间

一、数值角差与越前时间

自动准同期装置在“恒定越前时间”瞬间发出进行并列命令的功能，都可以利用数值角差的时程来实现。若并列时母线电压瞬时值为

$$u_s = U_{sm}\sin(\omega_s t + \varphi_{s0})$$

发电机电压瞬时值为

$$u_g = U_{gm}\sin(\omega_g t + \varphi_{g0})$$

式中　U_{sm}、U_{gm}——相应电压的幅值；

ω_s、ω_g——$\dot{U}_s$、$\dot{U}_g$ 的电角速度；

φ_{s0}、φ_{g0}——相应电压的初相角。

母线电压瞬时值与发电机电压瞬时值之差为

$$u_d = u_s - u_g$$

图 1-7 为用矢量表示的滑差电压图。

在有滑差的情况下，母线电压与发电机电压之间的相角差 δ 不为常数，而是时间 t 的函数，即

$$\delta(t) = \omega_s t + \varphi_{s0} - \varphi_{g0} = \omega_s t + \delta_0$$

随着 t 的进程，δ 从 0 到 2π 做周期性变化。微机自动准同期装置对 δ 作了数值测量。其原理如下：

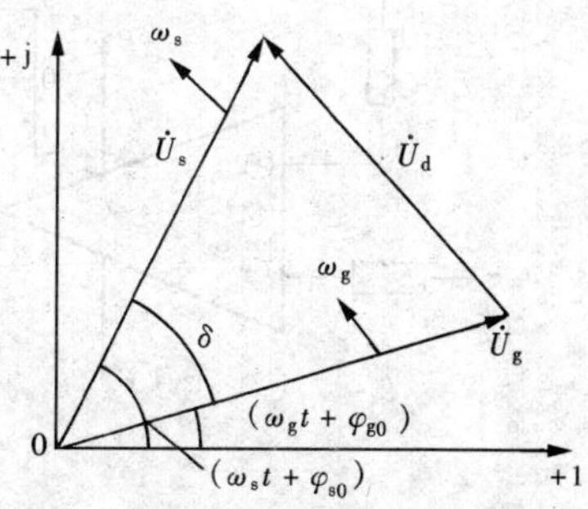

图 1-7　用矢量表示的滑差电压图

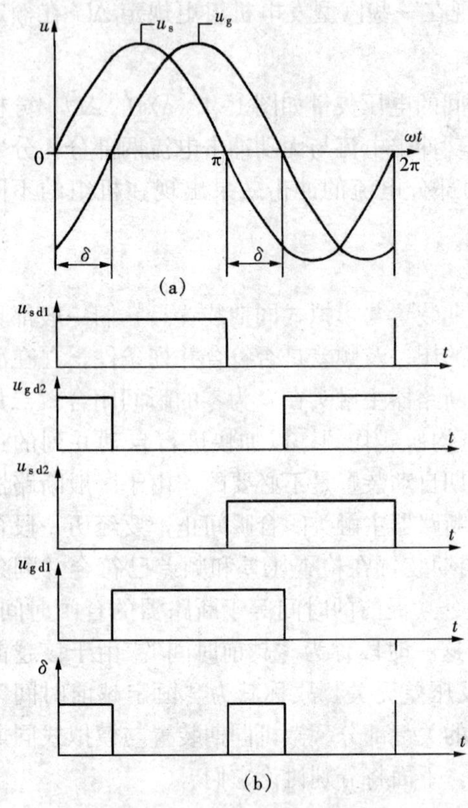

图 1-8　角差脉冲原理示意图
(a) 正弦电压相角图；(b) 过零矩形波获取角差图

图 1-8（a）表示不同相的两正弦电压，它们过零点的相角差正是需要的 δ，所以在微机自动准同期装置中一般都采用运算放大器的“过零电路”作为测量 δ 的基础。图 1-9（a）是过零电路原理图，当两个同相的正弦电压分别加在两个运算放大器的入口端时，出口则为两个过正弦波零点的矩形波。图 1-9（b）是利用逻辑接法从两个矩形波以获取角差 δ 的离散值的示意图，正半周的系统矩形波 u_{sd1} 与经过反相的发电机矩形波 u_{gd2} 接至同一个与门，而正半周的发电机矩形波 u_{gd1} 与经过反相的系统矩形波 u_{sd2} 接至另一个与门，它们都输入到同一个或门，这样就在一个正弦周期内，得到了两个 δ 的采样值，δ 的采样周期为 0.01s。图 1-8（b）说明了其逻辑部分的时间关系。

由图 1-7 知，当发电机与系统不同步时，δ 就在 0 与 2π 之间周而复始的变化。图 1-10 是在一个滑差周期内 δ 的时程图，恒定越前时间要求在某个 δ_i 值时，即时发出并列合闸命令，使断路器触头闭合瞬间的 δ 恰好为零。在控制理论上称这为对 δ 值为零的预报。预报的 δ_i 值的大小与滑差密切相关。滑差大，即 ω_s 大，则 δ_i 大；滑差小，则 δ_i 小。有两种方法可以预报 δ_i 值的大小，一种可称为微分预报法，一种可称为积分预报法。现分别讨论如下。

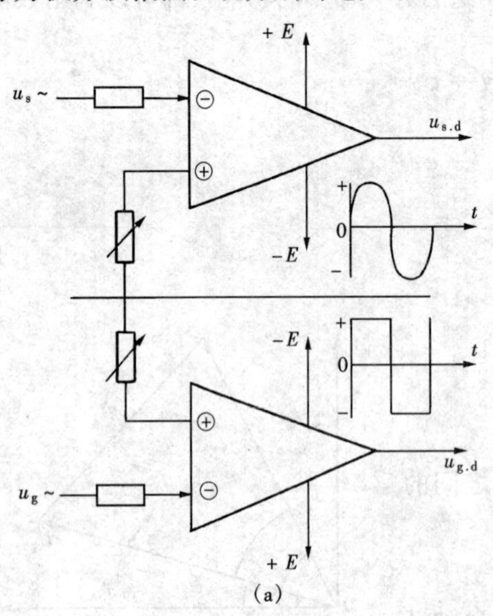

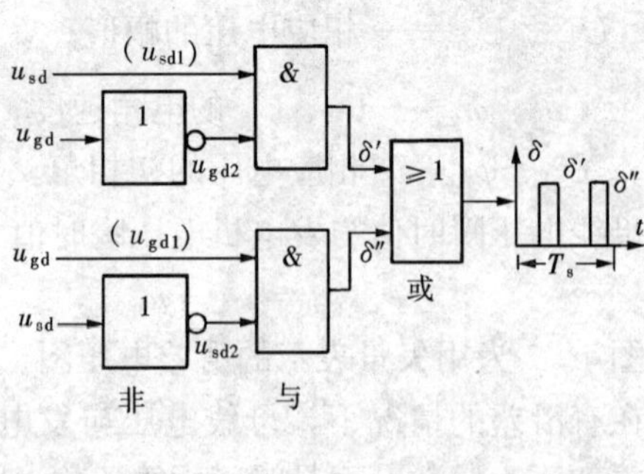

图 1-9　角差产生原理图
(a) 电气部分；(b) 逻辑部分

（1）微分预报法。设离散的 δ_i 的变化是匀速的，即匀速滑差，如图 1-11 所示。其算法为

$$\frac{\mathrm{d}\delta}{\mathrm{d}t}=\frac{\delta_{i-1}-\delta_i}{\Delta t}$$

可以认为这就是此时 δ 的变化速度。若令断路器的合闸时间为 t_{d}，考虑 δ_i 值离散后的误差 ε，当

$$\delta_i=\frac{\mathrm{d}\delta}{\mathrm{d}t}t_{\mathrm{d}}+\varepsilon \tag{1-1}$$

时发出合闸命令，则触头闭合瞬间，正好角差近于零。

但微分预报有一个固有的缺点，即预报时段越长则误差越大。因为任何测量都是有干扰、有误差的，如 $(\delta_{i-1}-\delta_i)$ 的测量误差为 $\Delta\delta_{i.\mathrm{m}}$，则预报的合闸命令的相角为

$$\delta_i+\Delta\delta_i=[(\delta_{i-1}-\delta_i)_0+\Delta\delta_{i.\mathrm{m}}]\frac{t_{\mathrm{d}}}{\Delta t}$$

其误差为测量误差 $\Delta\delta_{i.\mathrm{m}}$ 的 $t_{\mathrm{d}}/\Delta t$ 倍，对合闸时间较长的断路器是不大合适的，当然更不适宜用于 δ 有加速度的滑差情况。

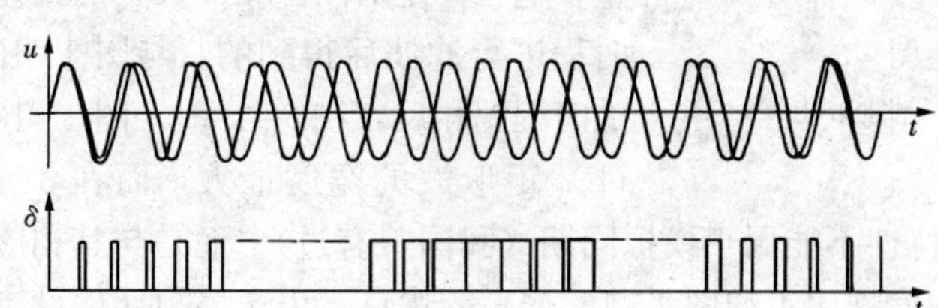

图 1-10　δ 时程图

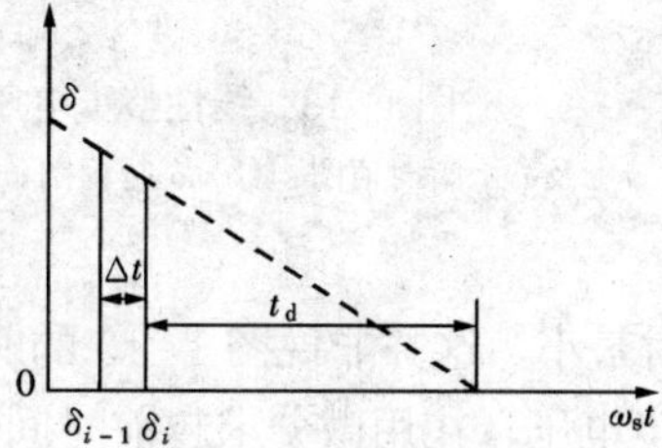

图 1-11　匀速滑差下的微分预报原理

（2）积分预报法。利用微机具有存储及程序运行的功能，采用积分预报的原理，因而可大大减小噪声与预报的误差，即使在加速度滑差或随机滑差的情况下，也能获得较准确的越前时间。为节省篇幅起见，仅以匀速滑差为例，说明其工作原理如下。

根据断路器等条件，现只讨论两步预报法。如图 1-12 (a) 所示，从 t_{i-1} 到 t_i 为第一步，步长 T 为

$$T=t_i-t_{i-k}$$

两步预报法为：用从第一步中获得的有关 δ_i 的信息，预报两步后瞬间的 δ 是否等于零。预报采取积分的方法，即匀速滑差情况下，有

$$\delta_{i+2k}=\delta_i+\int_i^{i+2k}\omega_{\mathrm{s}}\mathrm{d}t=\delta_i+2\omega_{\mathrm{s}}T$$

又有
$$\delta_i=\delta_{i-k}+\omega_{\mathrm{s}}T$$

于是得
$$\delta_{i+2k}=\delta_i+\frac{\delta_i-\delta_{i-k}}{T}(2T)=3\delta_i-2\delta_{i-k}$$

自动准同期的预报值为 $\delta_{i+2k}=0$，于是得

$$\delta_i=\frac{2}{3}\delta_{i-k}$$

据此作出的微机自动准同期装置的恒定越前时间的工作原理

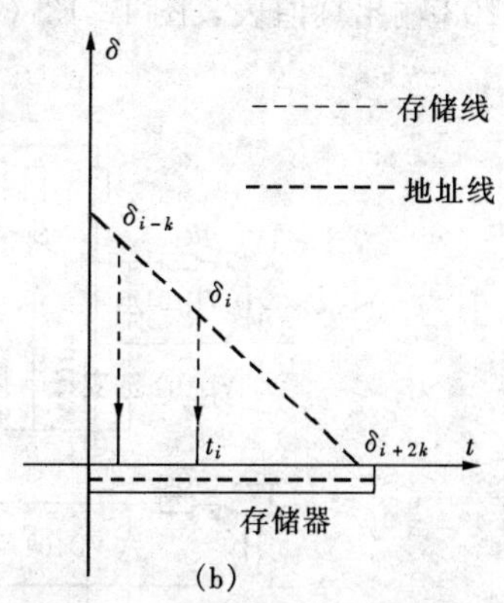

图 1-12　积分存储预报原理图
(a) 两步预报法示意图；(b) 恒定越前时间的工作原理图

如图1-12（b）所示。将图1-10中的δ_i脉冲系列按顺序存入各自相应的地址中，并在每一脉冲存入后，即向前检出相应的δ_{i-k}值，按上式进行验算；当δ_i值逐次减小，且ω_s为匀速滑差时，必有

$$\delta_i = \frac{2}{3}\delta_{i-k} + \varepsilon(\omega_s) \tag{1-2}$$

此即图中的t_i瞬间，图中清楚地表明，如在δ_i发出并列命令，即可达到恒定越前时间的要求。积分预报的抗干扰能力明显优于微分预报，$\Delta\delta_{i.m} \leqslant 2°$，可以扩大其滑差使用范围，在有加速度的滑差或随机滑差的情况下，也曾得到过很好的应用，不再赘述。

二、线性整步电压与越前时间

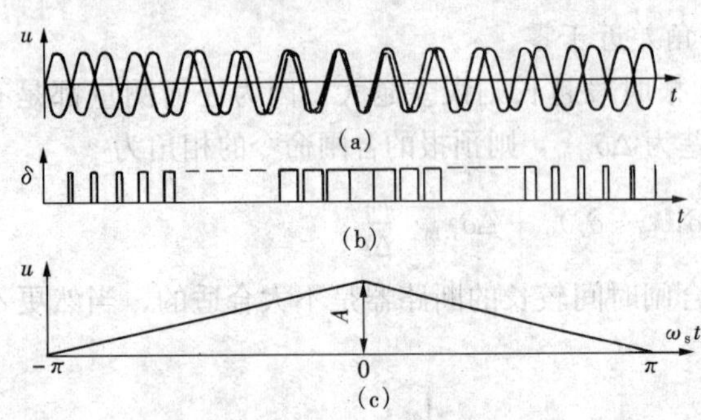

图1-13 线性整步电压发生图

(a) $u_{s\sim}$及$u_{g\sim}$瞬时值图；(b) δ时程图；(c) 线性整步电压u_s图

线性整步电压是指其幅值在一周期内与角差δ分段按比例变化的电压，在模拟型自动准同期装置中，获得广泛应用，我国用得最多的是ZZQ-5型，它获取越前时间的方法，就是利用了图1-13（c）所示的线性整步电压，是对图1-13（b）的角差时程进行滤波后得到的。与图1-10的时程图相反，在$\delta=0°$时，图1-13（b）矩形波的宽度最大，而在$\delta=180°$时最小。这并非说图1-10的时程特性不能用于模拟同期（我国曾有过），而是与其相应的整步电压，在用微分求越前时间时，信噪比不如图1-13（c）的优良。由于模拟元件没有计数、存储及程序运行等功能，只有在把角差时程进行相应的处理，形成整步电压后，模拟元件才能对其进行各项准同期的自动检测与控制功能。图1-14是ZZQ-5型自动准同期装置的线性整步电压的工作原理电路。其原理如下。

图1-14中电路由整形电路、相敏电路及滤波电路三部分组成，$\dot{U}_s$与$\dot{U}_g$分别输至电压互感器TV1与TV2的一次侧。由VD101、VD102及VD103构成相敏电路，其特性是：当三极管VD103的基极电压为零时，其集电极的输出电压为最大；反之则为零。表1-1为V103输出真值表，图1-13（b）是其时程图，经滤波后，输出的线性整步电压如图1-13

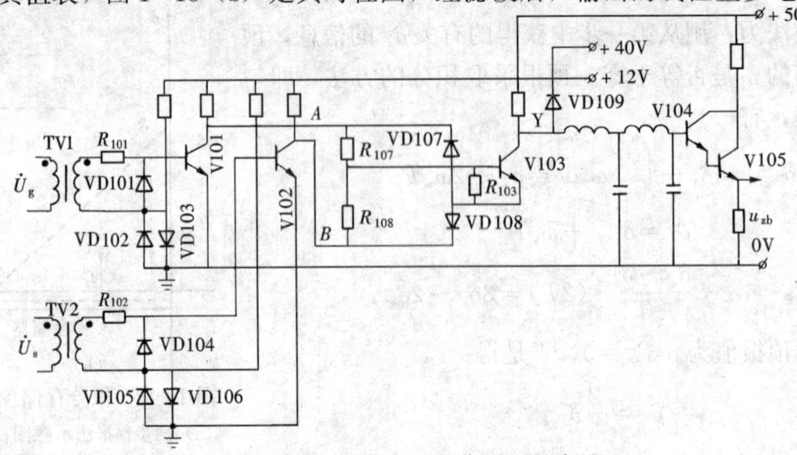

图1-14 整步电压工作原理电路图

（c）所示。这样的线性整步电压的特性可以用下述的方程组表述其特性，即

$$u_s = u_{V105} = \frac{A}{\pi}(\pi + \omega_s t) \quad (-\pi \leqslant \omega_s t \leqslant 0)$$

$$u_s = u_{V105} = \frac{A}{\pi}(\pi - \omega_s t) \quad (0 \leqslant \omega_s t \leqslant \pi)$$

表 1-1　V103 输出真值表

$u_{s.d}$	$u_{g.d}$	u_{V105}
0	0	1
0	1	0
1	0	0
1	1	1

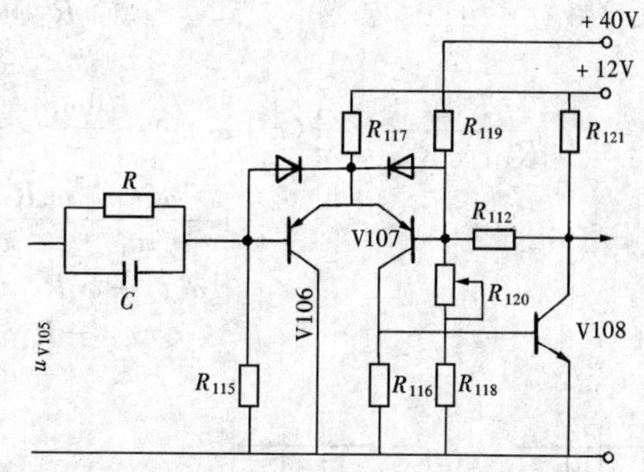

图 1-15　越前时间比例微分原理电路图

这是一个分段线性的整步电压，其恒定越前时间的比例微分电路如图 1-15 所示。

当线性整步电压加至图 1-15 的比例微分电路的输入端后，在电阻 R_{115} 上的输出电压可以用叠加原理求出，即为图 1-16（d）和（e）输出电压 u'_3 与 u''_3 的叠加。

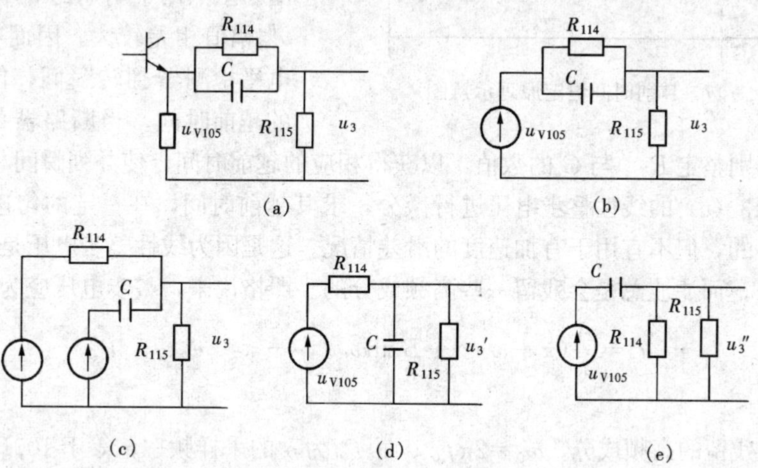

图 1-16　恒定越前时间的叠加原理电路图

在图 1-16（d）中，由于电容的容量较小，容抗较大，其作用可以忽略。由于待求量只是 $\delta=0$ 瞬间的越前时间，故可以只讨论整步电压在 $-\pi \leqslant \delta \leqslant 0$ 段的特性，得

$$u'_3 = \frac{R_{115}}{R_{114}+R_{115}} \times \frac{A}{\pi}(\pi + \omega_s t)$$

在图 1-16（e）中，若

$$T_s \gg \frac{R_{114}R_{115}}{R_{114}+R_{115}}C$$

则

$$u''_3 = \frac{A\omega_s}{\pi} \times \frac{R_{114}R_{115}}{R_{114}+R_{115}}C$$

若电平检测器的翻转电平为

$$\frac{R_{115}}{R_{114}+R_{115}}A$$

翻转时间为 t_d，则动作的临界条件为

$$u'_3+u''_3=\frac{R_{115}}{R_{114}+R_{115}}A$$

即

$$\frac{R_{115}}{R_{114}+R_{115}}\times\frac{A}{\pi}(\pi+\omega_s t_d)+\frac{A\omega_s}{\pi}\times\frac{R_{114}R_{115}}{R_{114}+R_{115}}C=\frac{R_{115}}{R_{114}+R_{115}}A$$

得

$$1+\frac{\omega_s t_d}{\pi}+\frac{\omega_s R_{114}C}{\pi}=1$$

$$\omega_s t_d+\omega_s R_{114}C=0$$

最后有

$$t_d=-R_{114}C$$

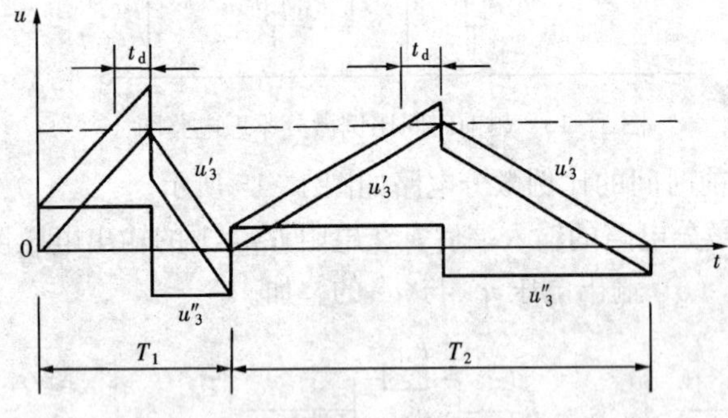

图 1-17　越前时间恒定原理示意图

上式说明电平检测器翻转瞬间的 t_d 值与 ω_s 无关，是仅与 R_{114} 及 C 的数值有关的常量；右端的负号与所取的时间标尺相反，即为“越前时间”，故为恒定越前时间。图 1-17 表示在不同滑差周期下越前时间能够恒定的原理示意图。虽然两个周期的 u'_3 幅值相同，但 u''_3 幅值相差较大，因而在虚线表示的电平检测器翻转瞬间，能够获得恒定的越前时间。当断路器的合闸时间不同时，可以分别整定 R_{114} 与 C 的数值，以获得相应的越前时间，使并列瞬间相角差为零。

对图 1-13（c）的线性整步电压进行微分，求其越前时间，在一定的匀速滑差范围内，误差是比较小的，但不宜用于有加速度的滑差情况。这是因为线性整步电压是从离散的角差时程滤波而来，而滤波总是会残留一些高频成分的。严格说来，整步电压应为

$$u_s=\frac{A}{\pi}(\pi+\omega_s t)+B\sin\omega_0 t \quad (-\pi\leqslant\omega_s t\leqslant 0)$$

其中：

1）ω_0 为残留的高频成分，$\omega_0=2\pi f_0$，而 f_0 为 δ 的采样频率，等于 100Hz。

2）$A\gg B$，所以噪声比很小，但是经过微分电容后，由

$$\frac{du_s}{dt}=\frac{\omega_s A}{\pi}+\omega_0 B\cos\omega_0 t$$

可得

$$\frac{B}{A}\ll\frac{\omega_0 B}{\omega_s A}$$

表明经微分预报后，噪信比大为提高，以致不宜再进行求导处理，所以模拟元件的微分预报方法一般不宜用于角差为等加速度的滑差特性。

三、滑差检测与压差检测

微机同期与模拟同期用于检测滑差与压差的原理可以是相同的。其原理可以用图 1-18 来说明。图 1-18 是图 1-10 的 δ 时程特性的简略画法，表示了三个不同滑差周期下，δ_i 与

断路器合闸时间 t_d 的关系。设 T_{s2} 是最大允许滑差周期，此时与 t_d 对应的角差值为 δ_2；图中 T_{s1} 是不合格、不允许并列的滑差，此时与越前时间对应的角差为 δ_1；T_{s3} 属合格、允许并列的滑差，此时对应于 t_d 的角差为 δ_3，显然，必有 $\delta_1>\delta_2>\delta_3$。$\delta_2$ 是最大允许误差并列角 $\delta_{d.m}$，是已知的，所以微机准同期装置可以在测知 $\delta_i\leqslant\delta_2$ 或 $\delta_i\leqslant$（3/2）δ_2 后，才启动越前时间的预报程序。如果用的是微分预报，当时的滑差过大，只有属 δ_3 这一类角差才能满足式（1-1），而在 $\delta_i>\delta_2$ 的范围内，是无法满足式（1-1）的，因而不会发出并列命令；如果用的是积分预报，则在 $\delta_i>$（3/2）δ_2 的范围内，是无法满足式（1-2）的，因而也不会发出并列命令。所以，只有当滑差等于或小于最大允许值时，才会出现满足式（1-1）或式（1-2）的 δ_i，在此瞬间发出并列命令，使断路器触头在 $\delta=0$ 时闭合。

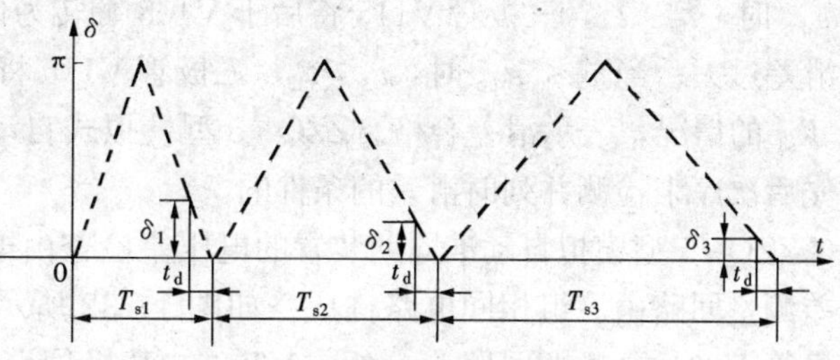

图 1-18　滑差检测原理示意图（一）

微机同期装置的电压差检测一般都较为简单，只需用整流滤波的方法，将 $\dot{U}_s$ 与 $\dot{U}_g$ 都变成相应的直流电压，然后使用模—数转换芯片，将其变成数值，送入微机的比较程序即可。若差值在允许范围内，同期程序继续运行；若发现 ΔU 超出允许范围，则立刻中断同期程序；同时也可以根据比较值的正、负，确定发电机应该增压还是减压。

模拟式自动准同期装置由于没有存储器及程序运行等设施及功能，只能使用触发器翻转的先后次序或相互间的电位闭锁等来完成滑差和压差的检测任务，电路就较为复杂些。

图 1-19 是利用图 1-13（c）的线性整步电压进行滑差检测的原理示意图。在 $-\pi\leqslant\delta_i\leqslant 0$ 的范围内，u_s 越小则对应的角差越大，u_s 为顶值时，δ_i 为零，它们之间是单值关系。所以，当 u_s 为一定值时，即等于确定了相应的 δ 值，而在 δ 为零之前的角差，称为越前相角。越前相角电平检测器是由三极管 V113、V114 和 V115 组成的差分式施密特触发器（如图 1-23 所示），翻转电平由 R_{142} 整定，基极输入整步电压 u_s，当电压等于或大于整定电平 u_d 时，三极管 V115 导通，输出低电平，表示越前相角 δ_d 已到达。图 1-19 表示了在不同滑差下（越前相角值与滑差无关，是恒定的）越前相角与 t_d 的关系。图中清楚地表明随着滑差周期的不断加大，越前相角检测器动作的越前时间也随之不断加大。由 $\delta_i=\omega_s t_i$ 知，当越前相角恒定时，其到达的越前时间与 ω_s 成反比，于是可将图 1-19 中的 u_s，按最大允许滑差 $T_{s.2}$ 下恒定越前时间 t_d 所对应的角差的整步电压值进行整定，就有 $t_2=t_d$。当 $\omega_s=\omega_{dm}$ 时，V115 和 V108 将同时翻转为低电平，这是临界状态的滑差，即图中 T_{s2} 的情况；当 ω_s

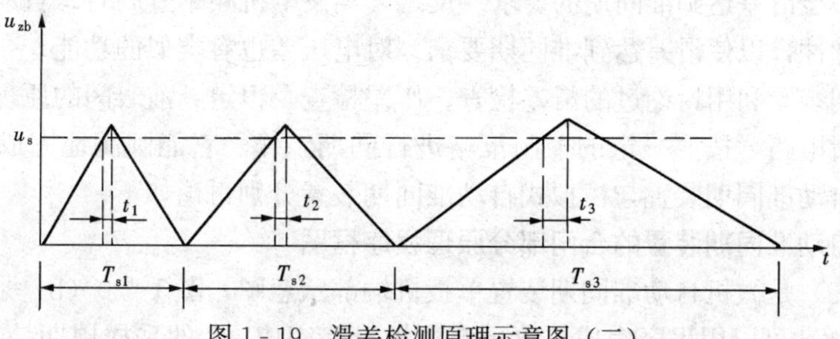

图 1-19　滑差检测原理示意图（二）

$>\omega_{dm}$ 时，$t_1<t_d$，三极管 V115 将后于 V108 翻转为低电平，相应于图中的 $T_{s.1}$ 的情况，表示滑差过大；当 $\omega_s<\omega_{dm}$ 时，$t_3>t_d$，三极管 V115 将先于 V108 翻转为低电平，相应于图中的 T_{s3} 的情况，表示滑差合格。ZZQ-5 型模拟式自动准同期装置就是这样利用触发器翻转的先后次序来检测并列时滑差的条件的。

ZZQ-5 型模拟自动准同期装置的电压差检查由电压差测量回路和电压比较器组成。电压差测量回路由二组相同电路构成（如图 1-32 所示），分别输入发电机电压及母线电压，三极管 V301 的基极回路为一组，V302 的基极回路为另一组，共有发射极电阻 R_{312}，与 V303 组成一个差动电路，比较器的翻转电平由 R_{314} 调节，用于对电压差的大小进行检测。

当母线与发电机的电压差为零时，三极管 V301 与 V303 的基极、发射极间的电压为零，均处于截止状态，于是 V302 导通，集电极电压下降，使 V308 及 V309 导通，ZZQ-5 型模拟自动准同期装置处于可运行状态。

当发电机电压高于母线电压时，R_{304} 输出正电平，R_{305} 输出负电平；当 R_{304} 的输出达到翻转电平时，三极管 V301 导通，而 V303 因 R_{306} 输出负电平仍处于截止状态。于是 V302 立即截止，集电极输出高电平，使 V308 及 V309 截止，表示电压差超过允许值，ZZQ-5 型模拟自动准同期装置就不会发出合闸的命令。

当发电机电压低于母线电压并超过允许值时，R_{306} 输出的正电平使三极管 V303 导通，V308 截止，也使 V309 截止，并输出高电平，闭锁了 ZZQ-5 型模拟自动准同期装置的合闸回路。

电压差测量回路和电压比较回路，除用于检查电压差大小外，还可以用于电压差方向的检查。上述电路中各三极管的状态表明，当发电机电压高，Δu 超过允许值时，三极管 V301 集电极输出低电平；而当发电机电压低于母线电压并超过允许值时，V303 集电极输出低电平。据此可以判别发电机电压与母线电压的高低，以使自动调压回路确定均压的方向。

第三节 自动准同期装置举例

为完成并列操作自动化的任务，一般自动准同期装置均能满足如下的基本技术要求：

(1) 在滑差及电压差均合格时，自动准同期装置应在恒定越前时间“t_d”瞬间发出合闸命令，使断路器在“$\delta=0$”时闭合。

(2) 滑差或电压差任一不合格，或两者均不合格时，虽然恒定越前时间“t_d”到达，自动准同期装置也不会发出合闸命令。

(3) 在完成上述两项基本要求后，还可以考虑使自动准同期装置具有均压和均频的功能。如果滑差不合格是由于发电机频率过低，自动准同期装置能够发出增速脉冲，加快发电机组的转速，直至滑差达到准同期的要求；反之，当发电机频率过高时，自动准同期装置又能够发出减速脉冲，以使滑差达到准同期要求。对电压差也有类似的功能。

自动准同期装置利用讨论过的滑差检查、压差检查及恒定越前时间的原理，通过程序运行或时间一逻辑电路，按照一定的控制策略进行同期工作。它能圆满地完成上述的基本要求。现对微机自动准同期装置与模拟式自动准同期装置分别讨论如下。

一、微机自动准同期装置的合闸部分原理程序框图

图 1-20（a）是微机自动准同期装置单板机端部示意图，图 1-20（b）是合闸程序原理图。图中，δ_i 脉冲可以用程序完成，也可有逻辑电路完成，δ 的采样周期是 10ms，应滤去

随机误差；当 $\delta\leqslant90^{\circ}$ 时启动并列程序，则至少有 5ms 的时间可供并列程序运行。发电机的自动准同期装置一般均在发电机结束开机过程后投入运行，此时机组转速已达额定值的95%以上，电压已达空载额定值。图中表示自动准同期装置启动后先进行初始化，随即输入 δ_0，进行计数，并对 δ_i 的存储地址均加 1。在确知新输入的 δ_1 小于或等于 90° 后，再通过 $\delta_2-\delta_1<0$，以确定其处于 δ_i 向 0° 运行的方向，用 $\delta_{i+4k}-\delta_{i+2k}=\delta_{i+2k}-\delta_i$ 监测其是否连续处于匀速滑差状态，然后选择预报方法。为确保滑差在允许范围内，只有 δ_i 小于 δ_{dm} 时才能运行下面的越前时间算法程序，在越前时间到达瞬间，发出并列命令，再经过脉冲扩展，以保证断路器所需的合闸时间。在很个别的情况下，滑差的匀速性质会发生意外改变、或因与角差的采样周期配合不当等，致使在越前时间的运算过程中，离散误差超过了设定值，导致算法得不到结果。此时需对滑差进行少许改变，以在下一滑差周期再进行并列。由此可见，一般情况下，微机同期装置有了快速的程序运行速度后，就可以连续地监测滑差的匀速性，这种监测甚至可以在发出并列命令后继续进行，发现“异常非匀速”就中断合闸扩展脉冲，使断路器返回，直至机构不允许再返回时才撤销对滑差匀速特性的监测，让断路器完成并列

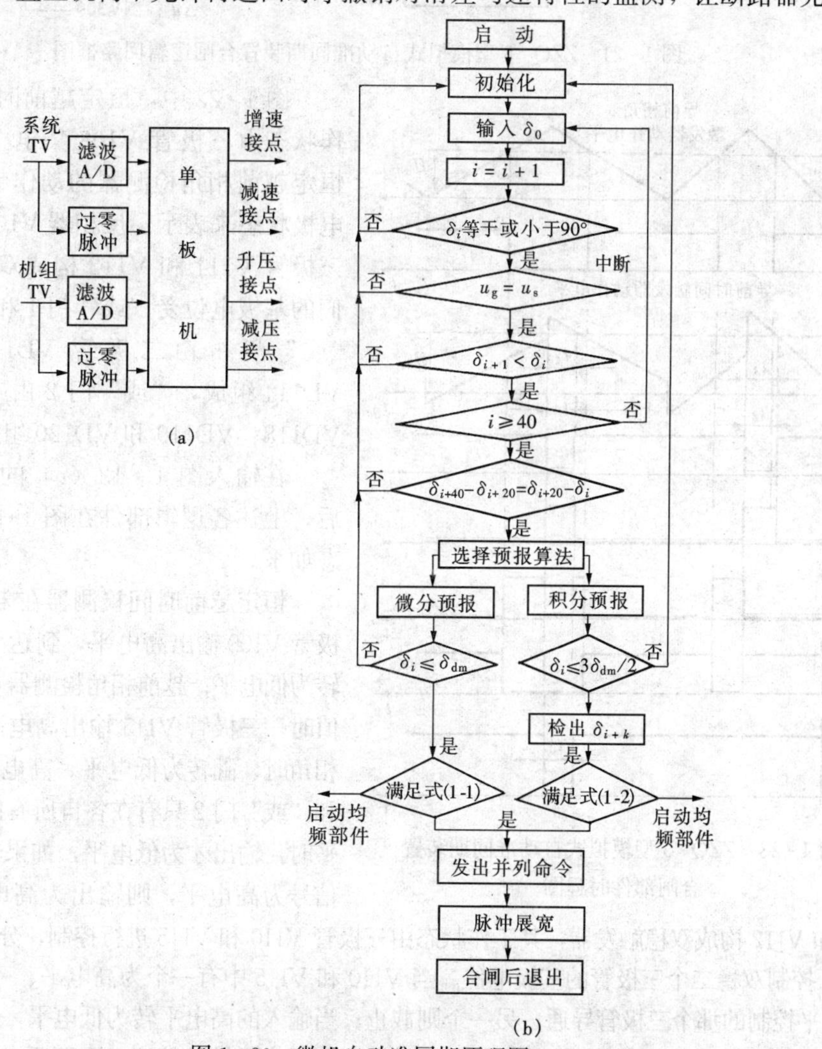

图 1-20　微机自动准同期原理图

(a) 微机同期装置示意图；(b) 微机准同期合闸程序原理示意图

操作。微机同期装置还可以利用已有的对 δ_i 的实时测量和存储功能，较准确地显示触头闭合瞬间的 $\Delta\delta$ 值，由于有对滑差的“长时间”的监控措施，一般合闸误差角可不超过 1°。

二、ZZQ-5 型模拟式自动准同期装置的合闸部分原理

ZZQ-5 型模拟式自动准同期装置为利用图 1-13（c）线性整步电压的晶体管型自动准同期装置，其并列部件的工作原理如下。

1. 并列合闸逻辑回路

ZZQ-5 型模拟式自动准同期装置并列合闸逻辑回路的框图示于图 1-21，其合闸时程图如图 1-22 所示，合闸部件原理图示于图 1-23。

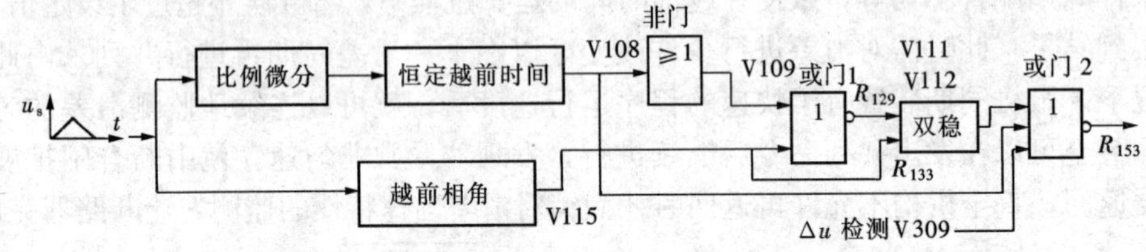

图 1-21　ZZQ-5 型模拟式自动准同期装置合闸逻辑回路框图

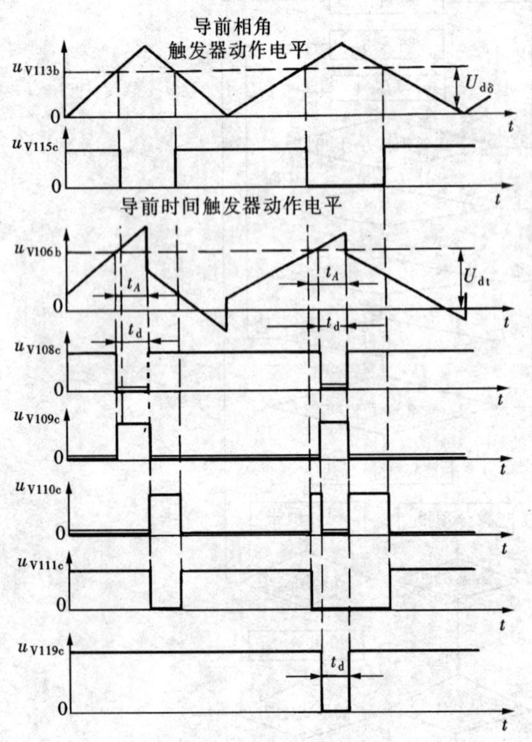

图 1-22　ZZQ-5 型模拟式自动准同期装置合闸部件时程图

图 1-23 中，恒定越前时间检测器的动作状态由三极管 V108 集电极状态来表示。恒定越前相角检测器的动作状态由 V115 集电极状态来表示。反相器 V109 为“非”门。三极管 V111 和 V112 构成双稳触发器，它们的基极电位受“或”门 1 和 V115 的控制。“或”门 1 由二极管 VD112、VD113 和 VD114 组成，“或”门 2 由二极管 VD117、VD118、VD119 和 VD120 组成。

在输入图 1-13（c）的线形整步电压后，上述各逻辑部件在图 1-23 中的动作状态如下。

恒定越前时间检测器在未到达 t_d 时，三极管 V108 输出高电平，到达 t_d 时刻 V108 翻转为低电平；越前相角检测器在未到达其动作值时，三极管 V115 输出高电平，当到达整定相角时，翻转为低电平。高电平的“或”门 1 和“或”门 2 只有在各自所有的输入均为低电平时，输出才为低电平，如果输入量中有一个信号为高电平，则输出为高电平。由三极管 V111 和 V112 构成双稳触发器，其工作状态由三极管 V110 和 V115 进行控制，分别通过电阻 R_{129} 和 R_{133} 控制双稳二个三极管的基极电位。当 V110 和 V115 中有一个为高电平、一个为低电平时，则高电平控制的那个三极管导通，另一个则截止；当输入的高电平转为低电平，即 V110 和 V115 均为低电平时，由于双稳中截止管可以继续向导通管提供足够的偏流，因而原来的状态继续保持不变；当原来受低电平控制的那个三极管基极输入电平转变为高电平时，双稳状态就发生转换。

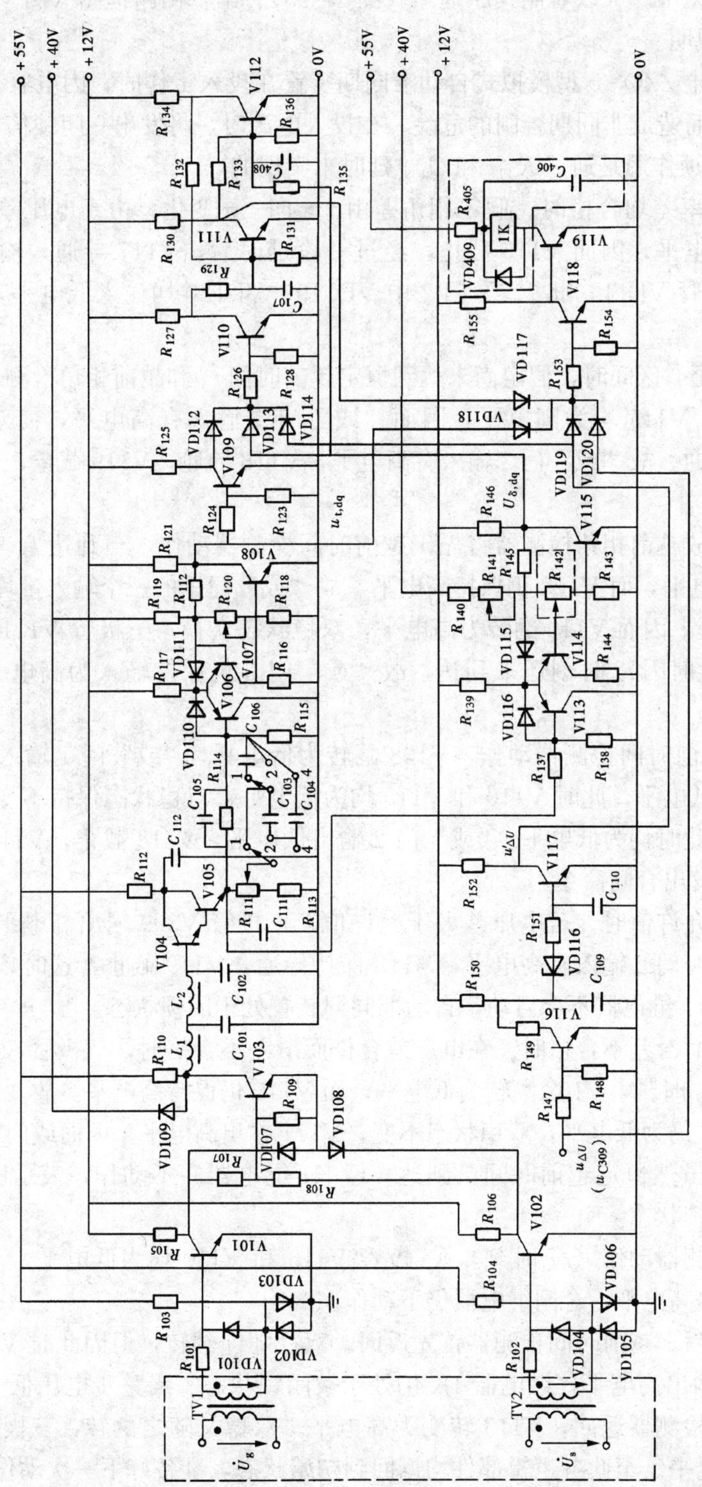

图1-23　ZZQ-5型模拟式自动准同期装置合闸部件原理图

2. 合闸回路的逻辑关系

合闸回路的逻辑关系。可以对照其原理图（图 1-23）、逻辑回路框图（图 1-21）和波形图（图 1-22）来说明。

（1）启动。为防止 ZZQ-5 型模拟式自动准同期装置在投入工作时，因电容充放电等原因使继电器触点抖动而造成非同期合闸的危险，在投入电源时，将发出一闭锁信号，使装置闭锁 1～28s（这个闭锁作用是通过 R_{159} 和 C_{109} 延时来实现的）。

（2）电压差、频率差均合格时。假定相角差由 $-\pi$ 向 $+\pi$ 变化，由于电压差 Δu_s 合格，三极管 V309 输出低电平，因而 V116 截止，经过一段延时后，V117 导通，输出低电平。故“或”门 1 中二极管 VD114 和“或”门 2 中 VD119、VD120 均输入低电平，表示压差合格。

当相角差在 $-\pi$ 至 0 区间时，假定尚未达到恒定越前时间 t_d 和越前相角检测器动作时间 t_A，则三极管 V108、V115 均为高电平，因而“或”门 1 输入有高电平，使双稳三极管 V111 截止，V112 导通。故“或”门 2 输入有高电平，V118 导通，V119 截止，合闸继电器 1K 不动作。

由于滑差合格，故越前相角检测器将先于越前时间检测器动作，当到达 t_A 时刻时，三极管 V115 翻转为低电平，而 V108 仍保持高电平。故“或”门 1 的三个输入量均为低电平，“或”门 1 输出低电平，因而 V110 翻转为高电平，双稳状态转换，三极管 V111 为低电平，V112 为高电平。但此时因 t_d 时刻还未到达，故“或”门 2 仍保持输入为高电平，继电器 1K 不动作。

当 t_d 到达时，越前时间检测器动作，V108 翻转为低电平，“或”门 1 输入有高电平，三极管 V110 翻转为低电平，此时 V110 和 V115 均为低电平，双稳状态保持不变。而“或”门 2 的四个输入量，此时均为低电平。“或”门 2 输出低电平，V118 截止，V119 导通，合闸继电器 1K 动作，发出合闸命令。

（3）电压差大于允许值时。若电压差大于允许值，三极管 V309 输出高电平，V117 输出高电平，因而“或”门 2 输入有高电平，V118 保持导通，V119 截止，这时，无论 V108 和 V115 如何动作，K1 继电器不会启动，自动准同期装置处于闭锁状态。

（4）电压差合格而滑差不合格时。在电压差合格而滑差不合格时，三极管 V108 将先于 V115 翻转。当到达 t_d 时刻，V108 翻转为低电平，而 V115 仍保持高电平。故“或”门 1 输入仍有高电平，V110 仍为低电平，双稳状态不变，V111 输出高电平。因而或门 2 一直保持输入有高电平，此时虽然恒定越前时间已到达，但 K1 继电器并不动作，表示因滑差不合格，自动装置处于闭锁状态。

以后越前相角检测器动作（t_A 时刻），三极管 V115 和 V110 均为低电平，双稳状态不变，“或”门 2 仍输出高电平，合闸继电器仍不动作。

当相角差过零值后，越前时间检测器首先返回，双稳随即翻转，但因此时 V108 输出高电平，“或”门 2 仍输出高电平，继电器 1K 仍处于被闭锁状态。当整步电压低于越前相角检测器的整定值时，检测器返回，V115 转变为高电平。双稳又随之翻转，三极管 V111 为高电平，V112 为低电平。至此各逻辑部件均返回到初始状态，准备好下一次动作。

从上述动作过程可以看出，双稳（V111 和 V112）只有在越前相角检测器先于越前时间检测器动作的情况下才翻转，检测滑差小于允许值；而在越前时间检测器先于越前相角检测器动作的情况下是不会翻转的。

（5）发出合闸脉冲后，发电机突然产生一反向加速度时。若发出合闸脉冲之后，发电机突然产生一反向加速度，即发生回车现象。若断路器在回车的情况下闭合，就有出现非同期合闸的危险，最好能采取相应的保护措施。ZZQ-5 在发生回车现象时，线性整步电压 u_s 由上升随即变为下降，因而越前时间检测器返回，“或”门 2 重新输出高电压，使继电器 1K 失磁复归，收回已发出的合闸命令。因此，ZZQ-5 合闸逻辑回路具有“回车闭锁”的功能。

三、自动准同期的均频与均压部件

（一）微机自动准同期的均频与均压部件

微机同期或模拟式同期装置要具有均频的功能，先得检测滑差的方向，即检测待并发电机频率是高于还是低于母线频率，而它们检测滑差方向的原理是相同的。虽然数值角差 δ 本身是没有正负号的，即没有方向性，但如图 1-24（b）所示，δ 从 $-\pi$ 过 0 后，在向 π 运动的过程中。如图 1-24（a）所示，当 $f_g > f_s$、$\omega_s > 0$ 时，角差 $\dot{U}_g$ 始终超前 $\dot{U}_s$，图中将这一类角差标为 δ''；相反，在 $f_g < f_s$、$\omega_s < 0$ 时，始终有 $\dot{U}_s$ 超前 $\dot{U}_g$，图中将这角差标为 δ'。图 1-25 表明 δ' 与 δ'' 组成为完整的 δ 系列。因此，在发电机组结束启动过程，进入并列过程后，自动准同期装置就用上述原理对 ω_s 的方向进行判断。图 1-25 具体说明了 $\omega_s < 0$ 时，在角差为 $0 \sim \pi$ 的时段 δ 内，利用 $\dot{U}_s$ 超前 $\dot{U}_g$ 的关系。图中表示此时 u_{sd1} 的脉冲前沿 u_{sf}［如图 1-26（a）所示］，在 δ' 的时段 δ 内到达，而 u_{gd1} 的前沿则恰好在 δ' 的后沿到达，与 δ' 不同时，因此利用 u_{sd1} 与 δ' 间的类似“与”门的关系，就可以判定 $\omega_s < 0$，微机是具有这种识别功能的程序或芯片的。由于只使用了 u_{sd1} 与 u_{gd1}，所以一个周波判断一次，δ'' 这部分脉冲，则不起作用。类似地，在 $\omega_s > 0$ 时，u_{gd1} 的脉冲前沿在 δ'' 的时段 δ 内到达，而 u_{sd1} 与 δ' 则不起作用，但不再进行图示了。

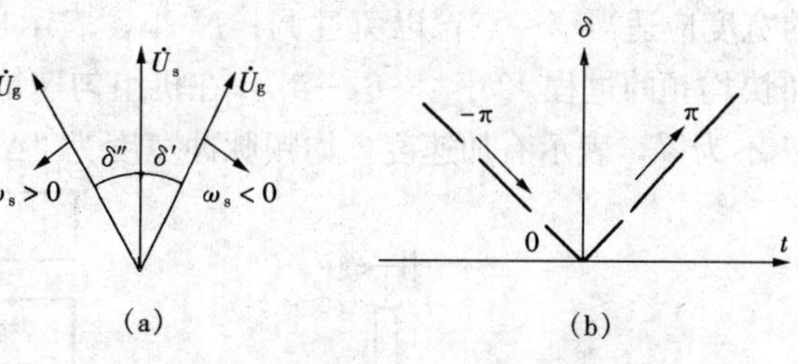

图 1-24　滑差方向矢量示意图

(a) δ' 和 δ'' 的定义；(b) δ 的运动过程

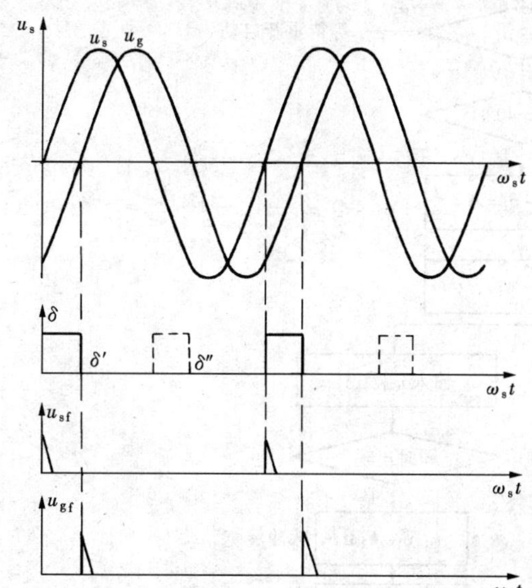

图 1-25　滑差方向判断时程图举例

图 1-26 是微机同期利用这一滑差方向判定原理进行均频控制的程序框图。其中图 1-26（a）表示本程序要用的 u_{sd1} 与 u_{gd1} 脉冲前沿的一种产生方法。图 1-26（b）是控制原理的简要框图。在输入 δ_i 后，首先用 $\delta_2 > \delta_1$ 判定 δ_i 是否在 $0 \sim \pi$ 的区间。如不在，则应下次重新启动本程序；如在判断区内，则需等 i 积累到一定值后再进行均频工作。一是因为 δ_i 脉冲有一定宽度后，不易出误判；二是为了积

累数据，有利于均频脉冲宽度的调整。利用微机的有关程序，可以同时输入或分次输入 u_{sf} 和 u_{gf}，但只要是在 δ_i 的时段内出现了 u_{sf}，就说明 $\omega_s<0$。这时 u_{gd1} 的脉冲前沿 u_{dg} 也有输入。图 1-26 中清楚表明，由于 u_{gf} 处于 δ_i 脉冲的后沿，微机程序就会判定它未与 δ_i 同时出现，这样微机同期装置就只会发出发电机增速的脉冲命令。当然下一步还应将增速脉冲展宽、放大，才能最后传达给增速机构，产生实际的增速效果，以追赶与系统的频差，使之较快地达到允许并列的匀速滑差。要达此目的，就应根据当时机组转速的情况，来控制增速脉冲的宽度。如频差大，则脉冲就相应宽一些；如频差小，则相应窄一些。此外，还应顾及当时机组加速度的正负方向和大小。图中表示脉冲宽度应为“k_1N+k_2M”。其中：$N=\delta_{i+k}-\delta_i$，代表发电机的转速，因为采样周期是固定的，从 δ_i 到 δ_{i+k} 表示经过了 k 个采样周期，即 $\Delta t=0.0k$ (ms)，N 是在此 Δt 内 δ_i 的增量。如 N 大，表示机组的转速较高，增速脉冲的宽度应适当窄一点，以免过调；N 小，表示机组转速较低，增速脉冲应适当宽一点，以加快均频的过程。$2\delta_{i+2k}-\delta_i-\delta_{i+4k}$ 在机组匀速情况下，其值为零，所以可用 M 代表其数值，M 不为零，表示有加速度。均频脉冲宽度为“$\Delta T=k_1N+k_2M$”，表示兼顾到了均速频率

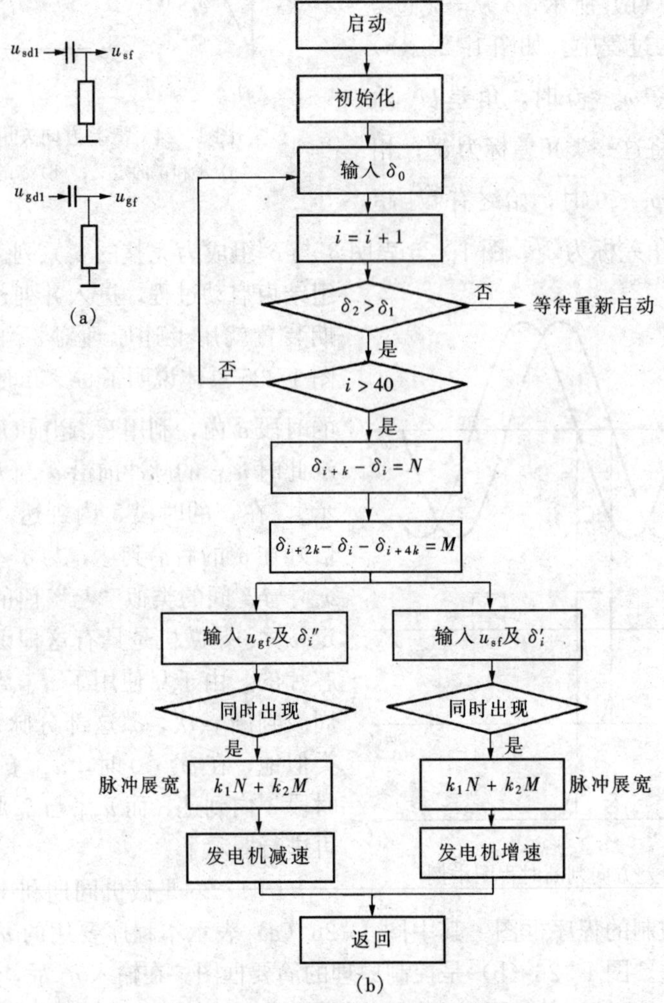

图 1-26 微机同期均频程序框图

(a) 脉冲前沿的产生方法；(b) 程序框图

ω_s，与其加速度 a_s 后才能确定的数值，其中 k_1 与 k_2 均应根据机组的特性、经过多次试验后才能确定。还应注意这样的均频脉冲是在 δ_i 约为 30°～45°间发出的，所以当到达越前时间程序启动时，机组已度过了加速度阶段，接近于匀速滑差的要求了。由于微机同期装置有存储、逻辑及运行程序等功能，因此它可以完成一些较复杂的控制过程，如使均频过程既快又匀，可算一例。

微机同期装置进行均压控制的原则甚为简单易行，将 u_s 与 u_g 分别进行整流滤波后，如图 1-27 所示，输入微机进行比较及计算，$\Delta u = u_s - u_g$，其结果不但能得出压差值的大小，且能知道其方向，即发电机电压较高，还是较低，因而可立即发出发电机应增压或减压的命令。

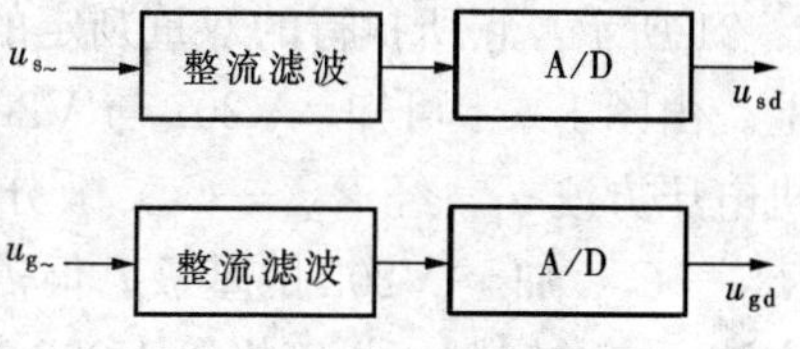

图 1-27　数值电压框图

其程序框图与均频框图相似，但较简单。它只需在计算出 Δu 的大小后，按比例展宽增压（或减压）的脉冲，但最好也与均频一样，在 0～π 区间、δ_i 为 30°～45°时，发出均压脉冲。而且还可在经过励磁系统的时间常数，电压升降较为平稳后，再进行一次均压控制，以使压差达到较小的数值，更有利于平稳地进行并列。其程序框图就不再赘述了。

（二）模拟式自动准同期装置的均频均差部件

模拟式自动准同期装置 ZZQ-5 型模拟式自动准同期装置的均频均差部件的工作原理，如前述的类似，但电路图则较为复杂，现分别介绍如下。

ZZQ-5 型模拟式自动准同期装置的均频部分主要由滑差方向检测、脉冲展宽等部分构成，根据待并发电机频率的方向，来决定对发电机是发出减速脉冲还是增速脉冲，以使发电机频率尽快接近母线频率，加速自动并列的过程。考虑到滑差为零而相角差不为零时，将无法并列，当滑差很小时，并列时间也将拖得很长。因此，在上述情况发生时，ZZQ-5 型模拟式自动准同期装置的均频部分可自动发出一个调节脉冲，打破僵持局面，以加速并列过程。均频部件的逻辑原理框图，如图 1-28 所示。

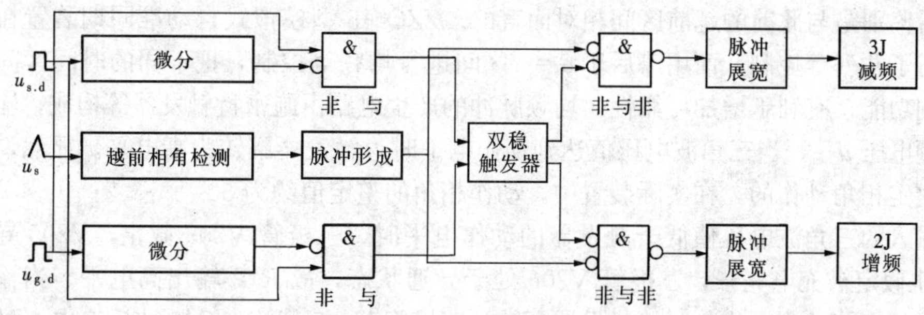

图 1-28　均频部件原理框图

1. 滑差方向的检测

ZZQ-5 型模拟式自动准同期装置的滑差方向的检测原理与前述微机准同期的相同，在图 1-29（b）的 0～π 区间。如图 1-29（a）所示，利用 $\dot{U}_g$ 超前或滞后于 $\dot{U}_s$，来判定 $\omega_s > 0$ 或 $\omega_s < 0$，不过在技术方案及具体工作原理上，差异甚大，且较为复杂，现述

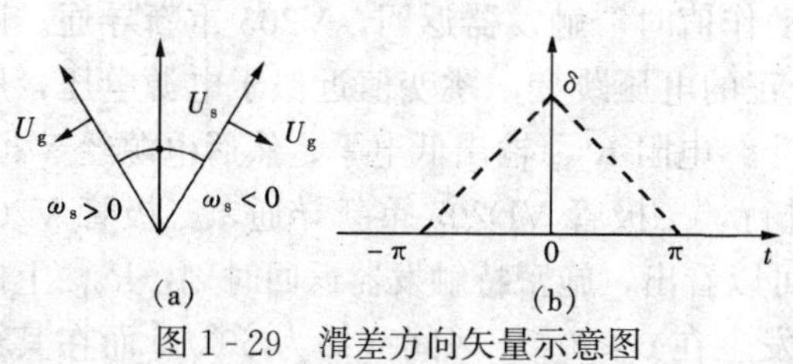

图 1-29　滑差方向矢量示意图

（a）判定 $\omega_s > 0$ 或 $\omega_s < 0$；（b）0～π 区间

如下。

ZZQ-5型模拟式自动准同期装置运用该原理时，是通过区间鉴别与滞后鉴别两个措施来实现的。其中区间鉴别是均频的核心部分，它不但能判定当时δ是否处于$0\sim\pi$区间，而且可以利用$\dot{U}_s$与$\dot{U}_g$的关系，判定滑差的方向，即同时完成了双重任务，原理接线如图1-31所示，它所执行的双重判定的结果，表现在由三极管V207与V208组成的双稳的状态上。由图1-31可知，V207与V208的基极分别受控于V201与V202的集电极。其中发电机电压方波u_{gd1}经R_{201}—C_{201}微分回路加至V201的基极；系统电压方波u_{sd1}经微分回路R_{202}—C_{204}加至V202的基极。但需要指出的是，三极管V201基极输入电位受到系统电压方波u_{sd1}的钳制，而三极管V202基极电位则受到发电机电压方波u_{gd1}的钳制。当无信号输入时，V201和V202均被偏置于饱和导通状态。图1-30表示了当$\omega_g<\omega_s$时的均频原理。当有方波脉冲输入时，由于R—C电路的微分作用，其前沿会在两个基极中先产生正向电流，向电容充电，这对已经饱和的V201和V202的状态不会产生影响。但当某个脉冲的后沿先到达时，如图1-30所示，由于$\omega_g<\omega_s$，所以u_{gd1}脉冲较u_{sd1}的宽。当δ为零时，而u_{sd1}又领先于u_{gd1}，u_{sd1}的后沿先到时，C_{202}的右端电位突然下降，此时二极管VD204的阴极还在u_{gd1}脉冲电压的范围内，于是V202截止，集电极电位提高，向双稳发出V208导通脉冲，V208集电极处于低电位。此后，u_{gd1}脉冲的后沿也相继到达，但此时u_{sd1}脉冲已过，V202基极输入端电位为零，二极管VD202将V202集电极的电位箝住，使之不能升高，C_{201}的反向电流也能被二极管VD201分流，并不能提高V201集电极电位，不致产生改变双稳原有状态的后果。所以V208的低电位一直要保持到δ为π止。因此，双稳V208输出低电位，既表示δ处于$0\sim\pi$区间，又表示$\omega_g<\omega_s$；很显然，双稳V207输出低电位，既表示δ处于$0\sim\pi$区间，又表示$\omega_g>\omega_s$，达到了区间判定与滑差方向判定的双重功能。很显然，通过类似的分析，可知双稳三极管V207集电极也会在$\omega_g>\omega_s$时，在$0<\delta<\pi$区间，一直保持低电位，所以由V207与V208组成的双稳，具有区间判定与滑差方向判定的双重功能。

滞后鉴别是与此前的越前区间相对而言的。ZZQ-5型模拟式自动准同期装置在越前区间，进行了并列等控制，而用滞后于$\delta=0$区间进行均频等控制，把不同的时间区间用于不同的控制功能，有利于增加可靠性。均频脉冲的产生电路由施密特触发器等构成，输入为三角波整频电压$u_{s.s}$。当三角波电压值达到动作电平时，触发器翻转为高电平。显然，这种电路是按整定相角动作的，在实际装置中，动作相角的整定值约为50°。

当输入的三角波电压值低于触发器的动作电平时，三极管V203截止，V205导通，电容C_{203}也假定被充电完毕，三极管V206处于导通状态，故R_{219}输出高电平。当输入的三角波电压的幅值达到动作值时，触发器翻转，三极管V205截止，C_{203}被反充电（经由电源正、R_{217}、VD205、R_{216}等至电源负），因而三极管V206仍处于导通状态，电阻R_{219}上仍输出高电平。当输入的三角波电压值再次低于动作值时，触发器返回，V205重新导通。因而在电容C_{203}与R_{216}连接的那一端将产生一个正的电压跳变，跳变值近似于电源电压，所以二极管VD205被反置，三极管V206立即截止，电阻R_{219}输出低电平。然后电源经V205对电容C_{203}进行反充电，随着反充电过程的进行，二极管VD205重新导通，三极管V206又转为导通状态，R_{219}重新输出高电平。由此可以看出，施密特触发器返回时刻，R_{219}上的电平产生了一个短暂的负跳变，这个负跳变正发生在$0<\delta<\pi$区间（约为50°），而在其余时刻，R_{219}的输出一直保持着高电平，图1-30清楚地表明了这一点。

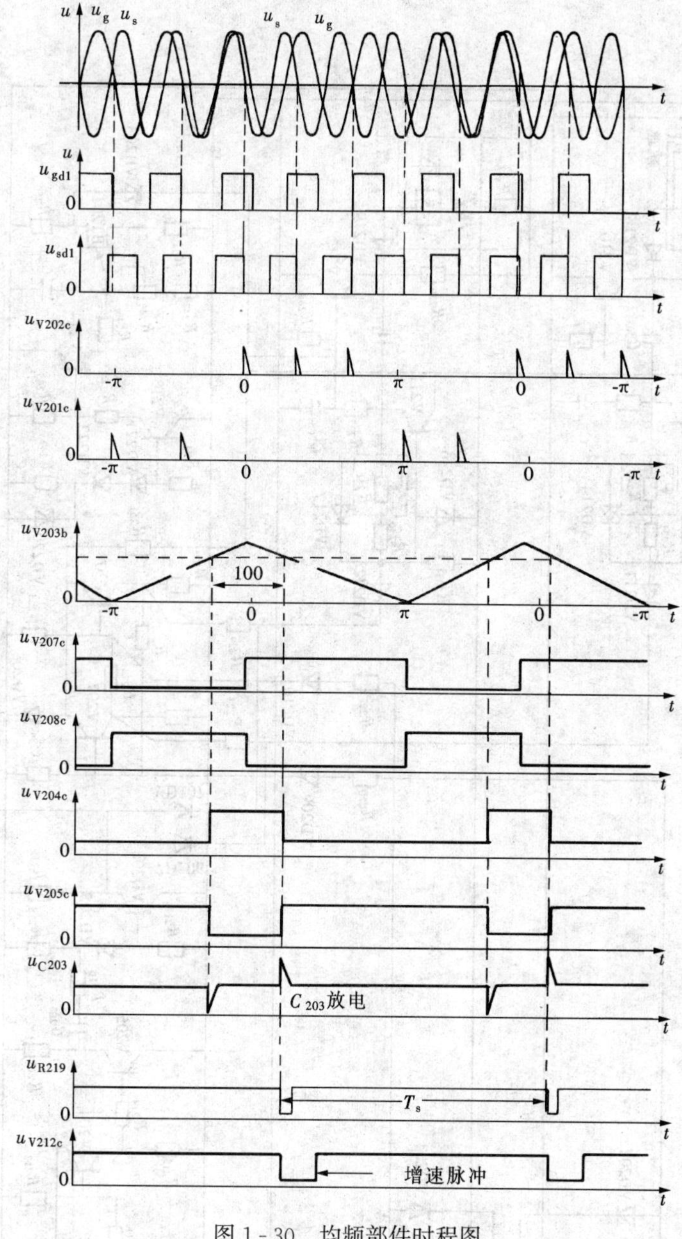

图 1-30　均频部件时程图

2. 脉冲展宽回路

脉冲展宽回路用于产生需要的均频脉冲宽度，分增速回路和减速回路，两回路工作原理相同（见图 1-31），现用增速回路为例说明。

增速回路由三极管 V211、V212 和增速继电器 2K 等组成。

在鉴别区间，R_{219} 输出的电平未发生负跳变时，就一直维持在高电位上，通过二极管 VD212，将三极管 V211 的基极也钳制在高电位上，使其处于截止状态；此时，+55V 电源经 R_{139}、C_{207} 及二极管 VD217，至+12V 电源对电容 C_{207} 充电，充电结束时，C_{207} 两端约为 43V。由于三极管 V211 截止，V212 也随之截止，增速继电器 2K 不动作。

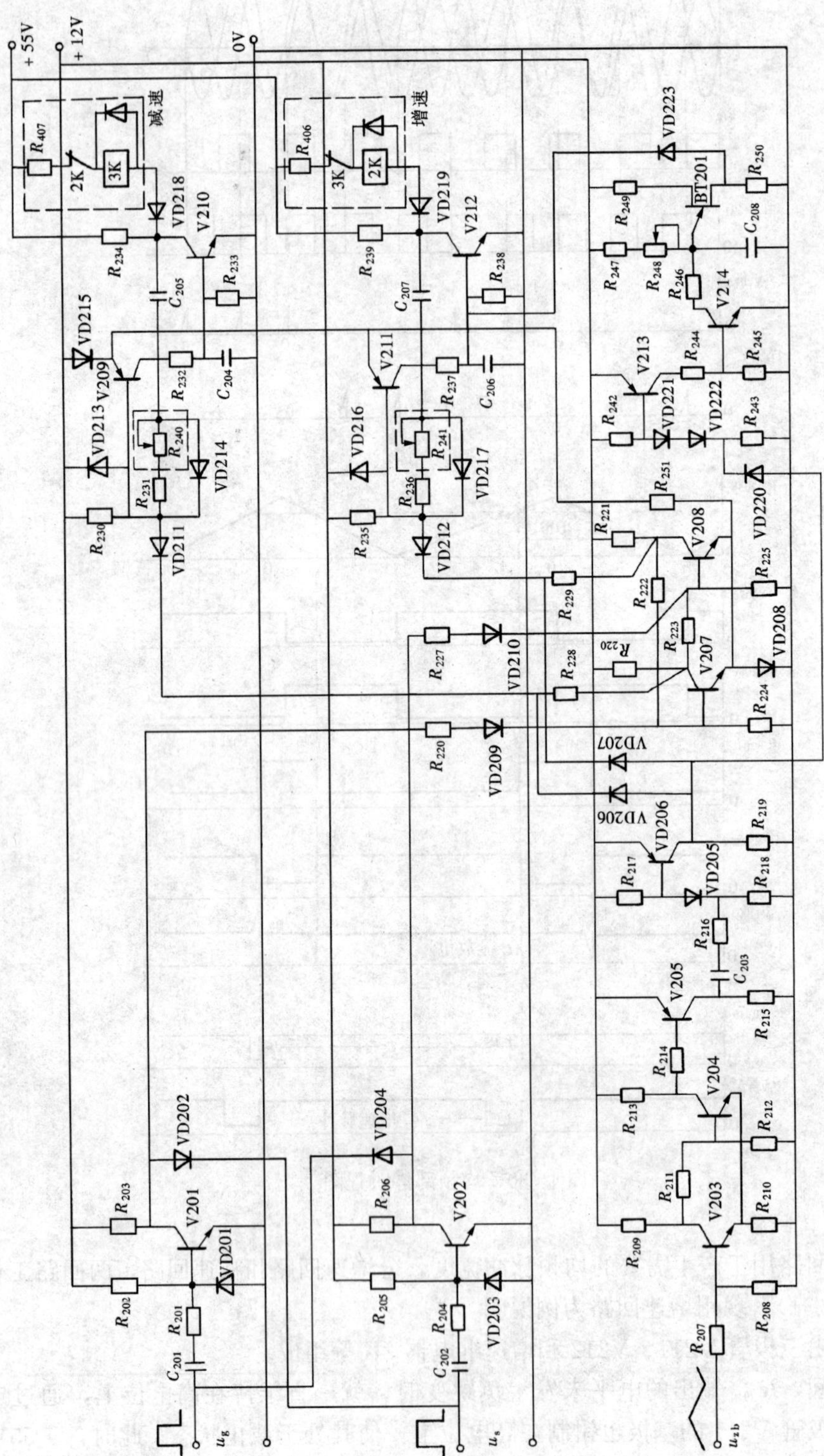

图 1-31 ZZQ-5型模拟式自动准同期装置均频部件原理接线图

由于$\omega_g<\omega_s$，在0～π区间，双稳的V208导通，输出低电平。当角差达到50°时，电阻R_{219}的电压瞬间降为低电平，二极管VD212只有当三极管V206（即R_{219}）和V208的输出同为低电平时，三极管V211、V212相继导通，继电器2K动作，发出增速脉冲，同时断开减速继电器3K电源回路，以防误动。

V212一旦导通，就使电容C_{207}原充电电压的正极性端接地，三极管V211基极维持负电平，使V211和V212一直维持导通状态，同时+12V电源经过电阻R_{239}电位器R_{241}等向C_{207}反充电，当三极管V211基极电位到达电源电压时，V211、V212相继截止，增速继电器2K返回。显然继电器发出的增速脉冲的宽度，取决定于C_{207}反充电回路的时间常数，是可以由R_{214}调节。

当$\omega_g>\omega_s$时，类似动作由减速回路系统执行，最后由3K继电器发出减速脉冲。

3. 滑差过小自动发增速脉冲回路

为了在滑差为零或很小的情况下，加速并列过程，ZZQ-5型模拟式自动准同期装置附加了滑差过小自动发增速脉冲回路，回路由三极管V213、V214和单晶管V401组成（如图1-31所示）。在0～π的区间，R_{219}除输出一次均频脉冲外，R_{219}一直输出高电平，通过二极管VD221、VD222对三极管V213的基极电位进行钳制，使其截止，三极管V214也截止。电容C_{208}经电阻R_{247}、R_{248}充电。如果滑差周期T_s大于C_{208}充电至单晶管峰点电压的时间，则在下一个R_{219}的均频脉冲到来之前，单晶管先导通，并以正脉冲电流供给三极管V212的基极，使增速回路动作，发出一次增速脉冲。调节R_{248}，可以改变C_{208}的充电时间，通常调整到$T_s>20s$，ZZQ-5型模拟式自动准同期装置自动发出增速脉冲。

4. 均压部件

ZZQ-5型模拟式自动准同期装置的均压部分（如图1-32所示）由电压差测量、电压比较器及脉冲展宽和脉冲间隔调节等电路构成。其中电压差测量和电压比较器的工作原理已在“压差检查”一节中说明，若三极管V303输出低电平，表示系统电压高；若V301输出低电平，表示发电机电压高。利用V301和V303的动作状态，可鉴别电压差的方向。

脉冲展宽和间隔则由弛张振荡器控制，通过一个双稳触发器来实现。假定双稳中的三极管V311截止，V310导通，二极管VD328导通，VD329反偏，电容C_{307}只能通过R_{335}、R_{336}、V325充电，当C_{307}上的电压达到晶闸管V402的峰点电压时，V402导通，输出一个正脉冲，通过“导向”门加在双稳截止管的基极上，双稳翻转，V311导通，V310截止，均压继电器返回。此时二极管VD329导通，VD328截止，电容C_{307}通过R_{333}和R_{334}、V324充电，当C_{307}上的电压再达到晶闸管V402的峰点电压时，V402再导通，双稳再翻转，V310导通，V311截止。此时，如果电压差仍未达允许值，均压继电器将动作，重复上述过程。就这样，晶闸管V402不断发出正脉冲使双稳不停地来回翻转，V311截止时间就是均压继电器接通时间，V311导通时间就是均压继电器断开时间。调整R_{335}的阻值，可改变均压脉冲宽度；调整R_{333}的阻值，可改变均压脉冲的间隔。为了防止升、降压继电器同时动作，用4K和SK继电器动断触点互相闭锁，以增加动作的可靠性。

第四节　微机电液调速器的自动准同期功能简介

20世纪70年代初，在装有微机电液调速器的巨型汽轮与水轮发电机组上，利用调速器

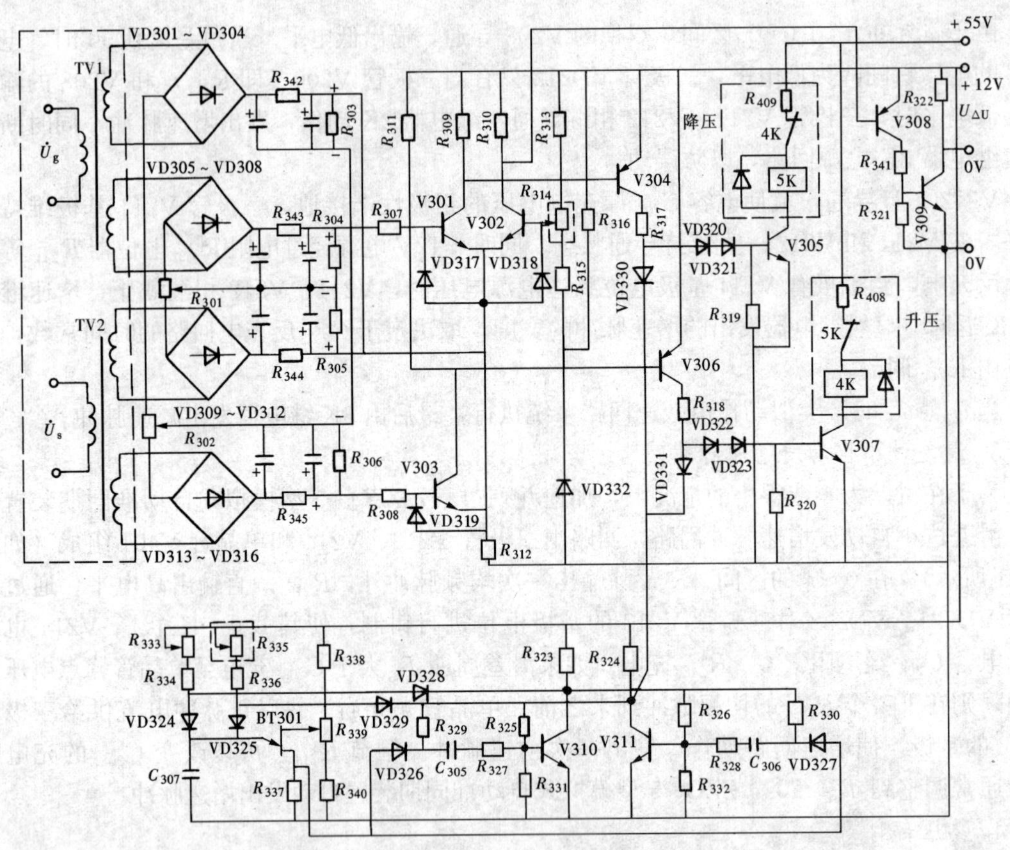

图 1-32 ZZQ-5 型模拟式自动准同期装置均压原理图

的连续调节作用，即可实现对系统频率与相角的“同步”为零，并持续一段时间，足以实现手动同步并列操作。由上也可看出，这种并列装置的特点是依赖于调速器的连续准确控制，作为微机电液调速器控制部分的一项附加功能，实现调速与同期的机电一体化，每个机组各备一台，与汽轮机参数密切相连，一般不由电气人员维修与管理，也不能作为多机共享的母线同期或联络线同期的装置，但给自动同期装置带来的变化是很大的。它的基本原理是运用控制理论中的 PID 调节器，同时实现压差为零，频差为零及角差为零的精确的同步条件。

如图 1-33 所示，该装置对待并发电机的压差采用了

$$\Delta u_1 = \left(k_1 + k_2 \frac{1}{s}\right) \Delta u_g = k_1 \Delta u_g + k_2 \int \Delta u_g \mathrm{d}t$$

的 PI 控制，按照线性控制系统原理，由于有 1 型系统极点，所以压差的稳定值理论上可达到 0V，满足国外巨型机组压差小于 1‰的同步并列要求。对发电机的 $\Delta\omega_s$ 与 $\Delta\dot{\delta}_g$ 则先分别采用比例—微分控制，经过接力器后都成为 PID 控制，即

$$\begin{aligned}\Delta u_2 &= \left(k_P + \frac{k_I}{s}\right)\left[(k'_1 + k'_2 s)\Delta\delta_g + (k''_1 + k''_2 s)\Delta\omega_g\right] \\ &= \left(k_{P\delta}\Delta\delta_g + k_{I\delta}\int\Delta\delta_g \mathrm{d}t + k_{D\delta}\frac{\mathrm{d}\Delta\delta_g}{\mathrm{d}t}\right) + \left(k_{P\omega}\Delta\omega_g + k_{I\omega}\int\Delta\omega_g \mathrm{d}t + k_{D\omega}\frac{\mathrm{d}\Delta\omega_g}{\mathrm{d}t}\right)\end{aligned}$$

由于 $\omega = \dot{\delta}$，可得

$$\Delta u_2 = k_{P\delta\Sigma}\Delta\delta_g + k_{I\delta}\int\Delta\delta_g dt + k_{Dg1}\frac{d\Delta\delta_g}{dt} + k_{Dg2}\frac{d^2\Delta\delta_g}{dt^2} \tag{1-3}$$

控制方程式（1-3）有一个1型系统极点，所以理论上可达到δ的最终值为零；δ不变时，必定也有$\omega_s=0$，否则稳定的δ值是不可能的。由于方程式（1-3）的技术特性，角差测量及频差测量上的误差，都会集中反映在$\Delta\delta$的最终稳定值上；并列时滑差为零，角差不超过2°，延续达10s，可以从容地进行手动并列，虽为手动，但很精确，是其优点。此外，应看到它与前述的自动准同期装置还有如下一些不同。

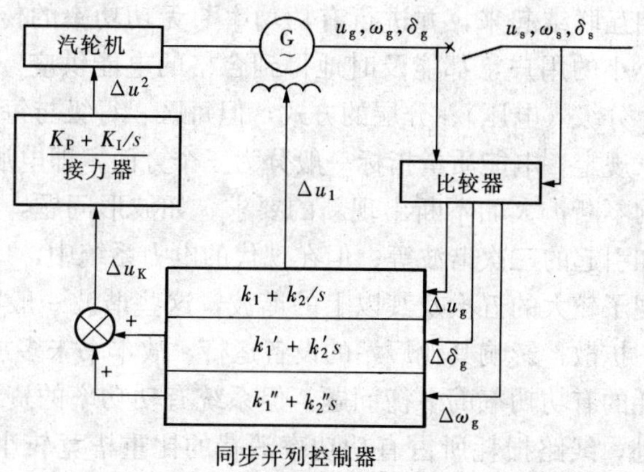

图1-33　同步并列条件控制框图

一是对角差时程的要求不同。图1-34说明式（1-3）要求的δ时程，应是从$\delta=2\pi$起，线性地减至零，如图中线1；而不能如线2，在$\delta=\pi$处出现折点。否则$\delta<\pi$的值是不符合式（1-3）的要求的。其次，其均频功率最好在一个滑差周期内完成，如果超过一个周期，则上一周期的角差值都需预先加上2π，这将带来无法预知的麻烦。第三由于调速器必须连续工作，式（1-3）的Δu_2在获得$\delta=0$的稳定值之前，也在不断改变，不会为零，所以均频过程自始至终都是一个变加速的滑差过程，不易找到一个理论上合理、技术上又简单可行的算法，实现其对越前时间的预报，这可能是首篇有关此一同期装置的作者称其为精确的手动同期（Synchronizing by hand）的原因。其实在检测出$|\Delta u_g|<0.1\%$、$|\Delta\delta|<2°$，并在1～2s内，都有$\Delta\delta=\delta_{i+1}-\delta_i=0$之后，则立即发出并列命令，程序上是完全可行的，这是另一种不需要越前时间预报的自动同期装置。但由于其参数与汽轮机关系密切，只是微机电液调速器的附加功能，不能用于图1-1（b）系统间并列的情况，故不是典型的并列装置，可不多述。

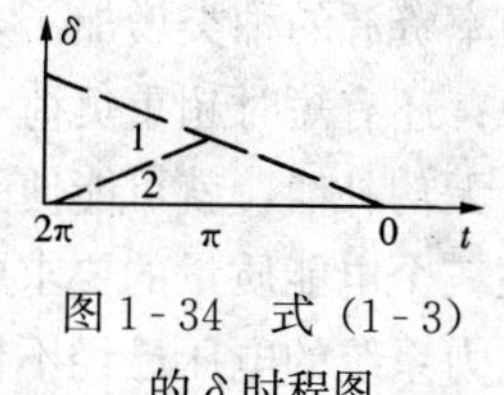

图1-34　式（1-3）的δ时程图

第二章 电力系统电压的自动调节

第一节 电力系统运行电压的有关问题

电力系统运行的任务就是使许多相距遥远、大小不等的分散的发电机电源，经过错综复杂的输、配电网络，相互联结起来，并进行有功功率与无功功率的传输与分配，使地域辽阔、分散分布的大大小小的用户，都能及时地得到合格的电能供应。对电力系统的运行管理，我国采取了分区、分级（电压）、分层的方式，但每区、每级与每个用户点的电能质量，都必须达到一定的国家规定。电能质量指标一般分为三个方面，即电压、频率与波形，这三方面都随着电力系统的不断扩大而不断出现新的要求。如波形问题，20 世纪 50 年代前后，主要在限制因磁性饱和引起的三次谐波等；但在现代的电力系统中，广泛地运用了大功率晶闸管等元件，因而出现了较大的五次及其以上的谐波，这些谐波一般都被当地滤波器去除，不让其在系统中流传、扩散，影响其他厂站的设备运行，故本书未多加讨论。频率合格则是整个系统发送的与消耗的有功功率的平衡问题，但系统有功功率的资源，只能来自发电厂，除用户所消耗的功率外，线路损耗所占有功功率消费的比重毕竟较小，问题的性质较为集中，本书将在以后介绍，而对线损就未多加讨论。电压质量主要与系统的无功功率平衡问题有关；先前在一些较小的系统中，没有超高压、远距离传输的线路，发电机组成了系统主要的无功功率的资源，必要时配以抽头变压器及个别的同步补偿机，即可满足要求，所以在无功功率平衡方面，只需要介绍同步发电机的自动励磁调节。现在却大不相同了，主要是无功功率资源的种类增加了，除发电机外，超高压长距离线路本身就是一个不可自控的无功电源；还有短时超重负荷（如冶金、电气交通等）的大量增加，如果不用并联电容等及时地加以无功补偿，就可能使受端电压产生忽高忽低的变化，电能质量就不能满足要求。由此看来在三个电能质量的要求中，稳定的电压质量已经成为现代电力系统中变得较为复杂的问题。电力系统的电压已经不仅是无功功率平衡的条件，而且在某些情况下已经成为有功功率传送的资源与条件了，本书将首先讨论电力系统的电压调节问题。

在所提到的无功功率资源中，并不都是电力系统的电压资源；如升压变压器，它可以将电压升高到超高压的水平，以致使输电路线成了新的无功功率资源，但变压器与高压线路本身都不是电力系统的电压资源，它们都只能在已存在交流电压的条件下，方能发挥其在无功功率方面的作用。其他如线路并联电抗、电容等，也都如此。电力系统的电压资源只能是同步发电机（和少数补偿机），同步发电机通过对其直流励磁电压的运行，建立起内电动势 E_d，发电机就有了端电压 U_g，这就为全电力系统建立起基础的网络电压，于是其他的无功功率资源，方能在运行中发挥各自的作用，共同保证系统电压的质量。下面将从同步发电机及其励磁系统开始，分别讨论在电力系统中保持无功功率平衡与电压质量的主要设备、其运行功能及有关电压调节问题。

一、同步发电机运行电压的有关问题

同步发电机是将旋转形式的机械功率转换成三相交流电功率的特定的机器设备。为完成这一转换，它本身需要一个直流磁场，产生这个磁场的直流电流称为同步发电机的励磁电

流，又称转子电流 I_e。专门为同步发电机供应励磁电流的有关机器设备，都属于同步发电机的励磁系统。在电力系统的运行中，同步电机的励磁电流是建立电力系统电压的唯一资源，所以同步发电机的励磁特性对电力系统的运行电压，无论在正常情况或是在事故情况下，都是十分重要的。为了改善电力系统电压的运行质量，提高其在反事故中的能力，必须在励磁系统中增设必要的自动控制与自动调节的设备。具有自动控制与自动调节设备的励磁系统称为自动调节励磁系统或称发电机自动电压调节系统。

现结合发电机正常运行时的电压特性，对其励磁调节的一些基本要求讨论如下。

1. 同步发电机单机正常运行的有关问题

图 2-1（a）是同步发电机的原理电路图。ES 是同步发电机的转子绕组，发电机的定子绕组送出三相交流电流 I_g。在正常情况下，流经 ES 的直流励磁电流 I_e 在同步发电机内建立起磁场，使定子三相绕组产生相应的感应电动势 E_d，见图 2-1（b）。改变 I_e 的大小，就可以使 E_d 得到相应的改变：I_e 大，E_d 就增大；I_e 减小，E_d 也减小。图 2-1（b）是正常运行情况下同步发电机的等值电路图。其感应电动势 E_d 与端电压 U_g 有如下的矢量关系

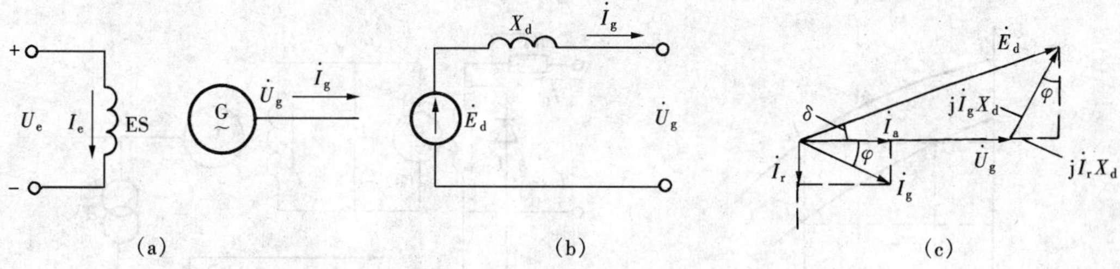

图 2-1　同步发电机图

（a）原理电路图；（b）等值电路图；（c）矢量图

$$\dot{U}_g + j\dot{I}_g X_d = \dot{E}_d \tag{2-1}$$

式中　I_g——发电机的负荷电流（有效值）；

X_d——发电机的 d 轴感抗。

图 2-1（c）是式（2-1）的矢量图。图 2-1（c）说明，发电机感应电动势的有效值 E_d 与端电压值 U_g，有如下关系

$$E_d\cos\delta = U_g + I_r X_d$$

式中　δ——$\dot{E}_d$ 与 $\dot{U}_g$ 间的相角；

I_r——发电机的无功负荷电流的有效值。

在正常运行状态下，δ 一般是相当小的，即

$$\cos\delta \approx 1$$

于是，得到一个简单的代数式

$$E_d \approx U_g + I_r X_d \tag{2-2}$$

式（2-2）说明，负荷电流的无功分量，是造成发电机感应电动势 E_d 与端电压 U_g 差值的主要原因。发电机的无功负荷愈大，其端电压的降落就愈大。式（2-2）是对式（2-1）进行简化后得出的，很显然，这种简化不是为了精确的计算，而是为了突出其间的最基本的关系。式（2-2）所阐明的概念，即电力系统各点、站的电压主要由线路无功功率的调节进行控制，当然有效负荷则由线路有功功率的调节进行控制，在调度中称为电压与功率的“解耦”控制，使调度工作大为简化。

式（2-2）也可以说明同步发电机的外特性必然是下降的，如图 2-2 所示，当励磁电流 I_e 为定值时，发电机端电压 U_g 会随着无功电流的增大而不断下降，但是，电能质量要求发电机的端电压应基本不变，这个矛盾只能用调节励磁电流的方法来解决。图 2-2 说明，若无功负荷电流为 $I_{r.1}$、发电机端电压 U_g 为额定值 U_N 时的励磁电流为 $I_{e.1}$；当无功负荷电流变至 $I_{r.2}$ 时，如果不相应改变励磁电流，则 U_g 会降至 $U_{g.2}$，电能质量变得很差。要达到仍然维持端电压为 U_N 的目的，必须将励磁电流增大到 $I_{e.2}$；同理，如果励磁电流固定在 $I_{e.2}$ 不变，则当无功负荷减小时，U_g 又会上升到不利的数值。由此可见，同步发电机的励磁电流必须随着无功负荷的变化而不断地调整，才能满足电能质量的要求。所以励磁电流的调整装置是同步发电机励磁系统中的重要设备。

改变发电机的励磁电流 I_e，一般都不直接在发电机转子回路中进行，而是用改变励磁机励磁电流 I_{EE} 方法来达到调整的目的。这是因为转子回路的电流很大，不易直接调整的缘故。图 2-3 是同步发电机励磁系统原理电路图，说明每一台发电机都有一个励磁机，改变励磁机磁励磁电流 I_{EE} 就可以改变转子回路的端电压，达到改变 I_e 的目的。

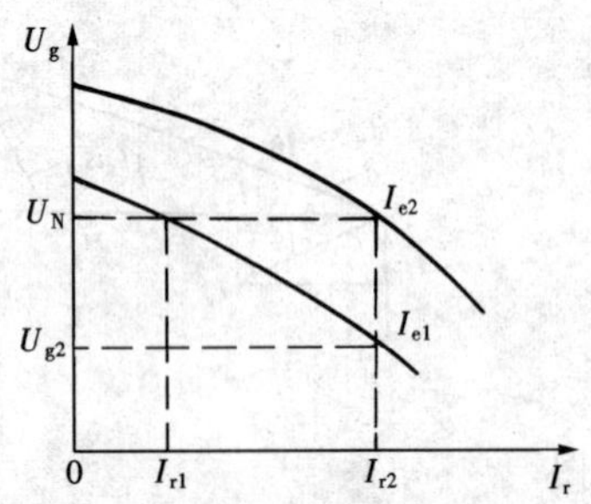

图 2-2　同步发电机的外特性

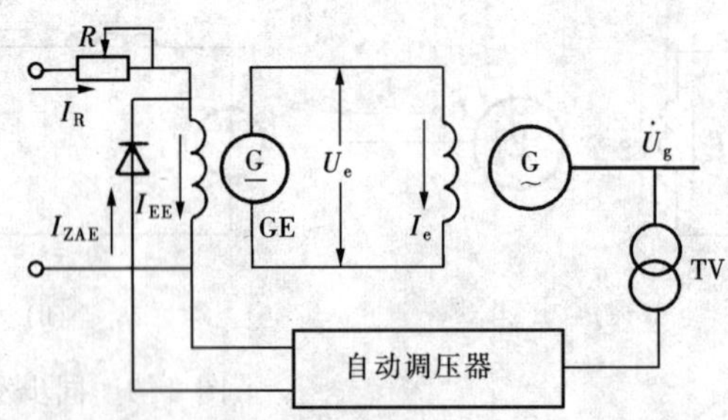

图 2-3　同步发电机励磁系统原理电路图

2. 同步发电机与无穷大母线并联运行的有关问题

把系统看成是无穷大电源时，母线的电压 U_{bus} 不会因某台发电机励磁电流的改变而浮动，图 2-4 是上述情况的示意图与矢量图。此时，对发电机励磁电流的改变，可作如下分析。由于调速器并未使发电机的输出功率发生变化，所以发电机的有功功率恒定，如式（2-3）所示，即

$$\left.\begin{aligned} P &= \frac{E_d U_{bus}}{X_d}\sin\delta = 常数 \\ P &= U_{bus} I_g \cos\varphi = 常数 \end{aligned}\right\} \tag{2-3}$$

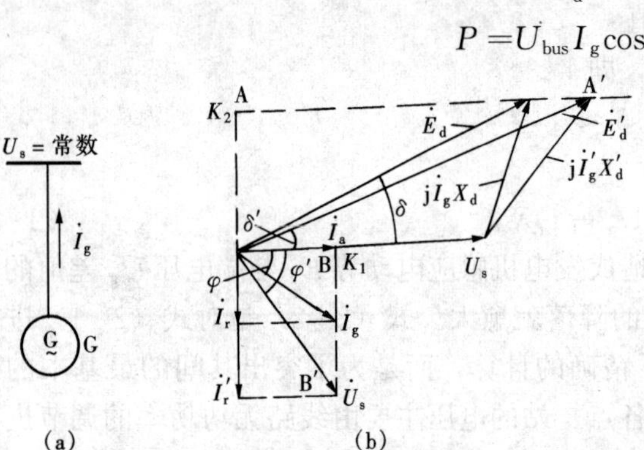

图 2-4　同步发电机与无穷大母线并联

(a) 电路图；(b) 矢量图

式中　δ——发电机电动势 E_d 与母线电压 U_{bus} 间的相角差；

φ——母线电压 U_{bus} 与发电机电流 I_g 间的相角差。

式（2-3）说明，改变励磁电流时，$E_d\sin\delta$ 与 $I_g\cos\varphi$ 应不变。图 2-4 的矢量图说明，当励磁电流 I_e 改变时，感应电动势 E_d 虽随着改变，但其端点只沿 AA′虚线变化，而发电机电流 I_g 的端点则沿 BB′

虚线变化。由于无穷大母线的电压恒定，所以，发电机励磁电流调整的结果只是改变了发电机送入系统的无功功率，而完全没有了“调压”的作用。我国在1953年前把调整同步发电机励磁电流的自动装置统称为自动调压器，1953年后又改称为自动励磁调节器，现在又有重称为自动调压器的趋势。其实这两个名词各有其利弊，在尚未统一之前，本书中两者都将采用。

3. 并联运行各发电机间无功负荷的分配

当两台以上的同步发电机并联运行时，如图2-5（a），发电机G1和G2的端电压都等于母线电压U_{bus}，它们发送的无功电流值I_{r1}和I_{r2}之和必须等于母线总负荷电流的无功分量值I_r，即

$$I_r = I_{r1} + I_{r2}$$

并联各发电机间无功电流的分配取决于各发电机的外特性，而上倾的和水平的外特性都不能起到稳定分配无功电流的作用，这点就不再分析了。图2-5（b）中发电机G1和G2的外特性曲线不同，但都是稍有下倾的。当母线电压为U_1时，G1发出的无功电流为I_{r1}，G2的为I_{r2}，并有$I_{r1} < I_{r2}$。假定电网需要的无功负荷增加了，则要求发电机送出的无功电流也相应地加大；由于发电机都是下倾的外特性，所以母线电压必须相应地降低。假定母线电压由U_1降至U_2时，无功功率重新得到了平衡，此时，G1的无功电流增至I'_{r1}，G2的增至I'_{r2}。由图可知，发电机G1的无功电流的变化为ΔI_{r1}，而发电机G2的变化为ΔI_{r2}，最终$I'_{r1} > I'_{r2}$，改变了负荷增加前两机组无功电流分配的比例。可见并联运行发电机间的无功负荷分配，取决于机组的外特性曲线。曲线越平坦的机组，无功电流的增量就越大。

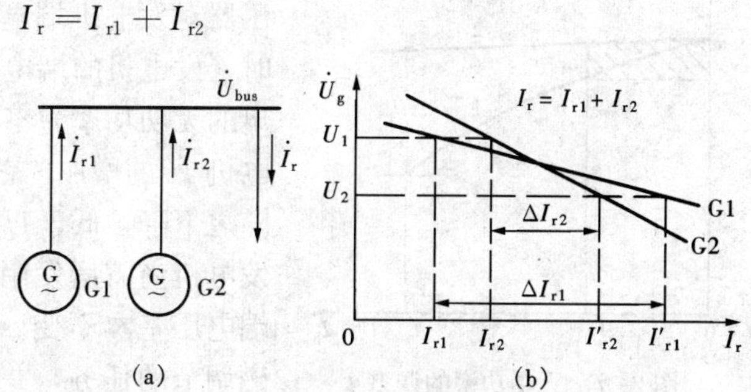

图2-5　并联运行各发电机间无功负荷的分配

（a）电路图；（b）外特性曲线

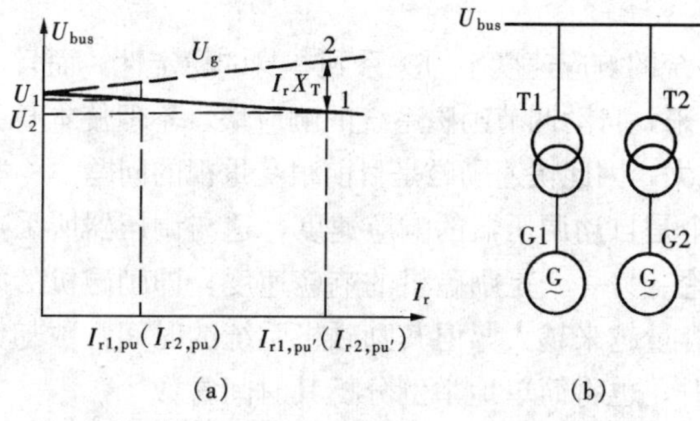

图2-6　$U_{bus}-I_{ri,pu}$特性与无功电流分配

（a）$U_{bus}-I_{ri,pu}$外特性曲线；（b）电路图

解释发电机间无功负荷分配的规律，并不是我们的目的；我们的目的是运用这种规律来改善并联运行的发电机间无功负荷分配的不合理状况。我们希望发电机间无功电流应当按照机组容量的大小进行比例分配，大容量的机组担负的无功增量应相应地大，小容量机组的增量应该相应地小。图2-6（a）曲线1表示，并联机组的$U_{bus}-I_{ri,pu}$特性完全一致时，母线电压U_{bus}由U_1降至U_2，G1和G2都以自己的额定无功电流为基准，按同一比例增加（或减小），这就使得无功负荷在并联机组间进行了均匀的分配。图2-6（a）曲线2表示，在并联发电机—变压器组间进行无功电流的合理分配时，要考虑变压器上的压降，高压母线可能应有上倾的$U_{bus}-I_{rg,pu}$特性。总之，要做到无功电流在机组间的合理分配，单纯地

想把参加并联运行的大小发电机组都作成相同的 $U_{bus}-I_{rg,pu}$ 特性是很难实现的，甚至是不可能的，但是自动调压器却可以相当容易地做到这一点，所以自动调压器不但能维持各发电机的端电压基本不变，而且能对其 U_g-I_{rpu} 外特性曲线的斜度进行任意的调整，以达到机组间无功负荷合理分配的目的。

4. 正常运行时，对自动调压器的基本要求

正常运行时，除了已经分析的自动调压器必须满足的部分基本要求，如保证发电机端电压基本不变，保证机组间无功负荷的合理分配等外，自动调压器还应该满足如下的基本要求。

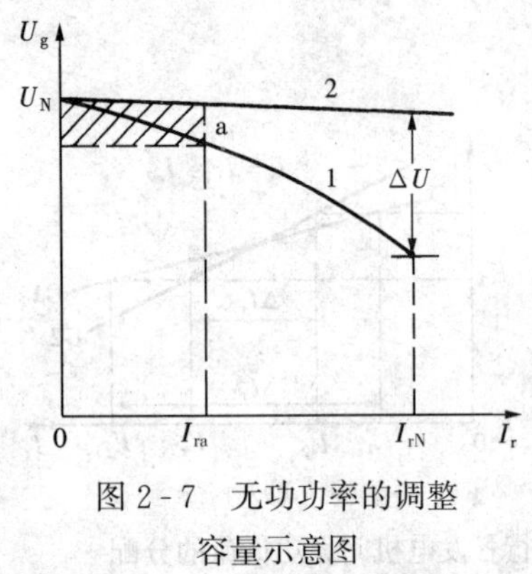

图 2-7 无功功率的调整容量示意图

(1) 有足够的调整容量。图 2-7 曲线 2 表示自动调压器对发电机端电压的调节作用。在没有励磁调节作用时，发电机的端电压按曲线 1 下降。无载时，发电机输出的无功功率为零，但电压最高 $U_g=U_N$；之后，随着发电机 I_r 的增加，它送出的无功功率也随着增加，但电压随之下降，低于 U_N。图中表示当负荷无功电流为 I_{ra} 时，发电机尚需增发阴影面积表示的无功功率，才能保持其端电压基本不变。很明显，应当增发的无功功率正是励磁调节的任务，并且随着发电机无功电流的增加，励磁调节应该增发的无功功率也随之加大。因此，励磁系统具有的调整容量，必须足够满足发电机无功电流正常变动时对无功功率补偿量的要求，才能不影响机组的正常运行。图 2-7 说明，ΔUI_{rN} 相当于励磁系统调整容量的最小允许值，一般均为这最小允许值的 1.8～2.0 倍。

励磁系统的调整容量不仅决定了自动调压器的工作容量，而且也决定了励磁机的调整容量，当励磁机的容量不足时，励磁系统对无功功率的调整任务也是不可能实现的。

在事故情况下，系统电压的严重下降说明系统非常缺少无功功率，这时，有关发电机的励磁系统应当尽可能地向系统增发无功功率。这种对励磁系统容量的要求，属于事故处理的范围，将在以后再讨论。

(2) 有很快的响应速度。自动调节励磁系统的响应速度不但关系到本身的稳定性，而且与整个电力系统的稳定问题有密切关系。一般说来，自动调节励磁系统的响应快，不但使本身的运行稳定性好，而且对电力系统稳定的效益也大，因此快速励磁是目前很受重视的问题。

励磁系统的响应速度由两部分组成：一个是自动调压器的响应速度，这与调压器所采用的元件及电路有关，这部分将在第三章中讨论。另一个是励磁机的响应速度，即励磁机的时间常数问题。现代的发展趋势是发电机组的容量越来越大，但其励磁机系统的时间常数却力求越来越小。下一节在介绍各种励磁机系统时，也将简单地举例分析其时间常数。

(3) 有很高的运行可靠性。励磁系统的可靠性问题要从两个方面来讨论：一方面与一般的可靠性问题一样。励磁系统的可靠性取决于它的元件与电路。元件与电路的工作性能好，可靠性高，整个励磁系统的可靠性就高，这是无疑议的。另一方面，还应注意到，励磁系统的可靠性还应考虑它对发电机的正常工作可能造成的不利影响，影响小，可靠性高。例如，在一般发电厂内均设有备用励磁机，它是一台由交流电动机拖动的直流发电机组，经厂用电母线供电，如图 2-8 所示。从使用的元件与电路来看，它与其他的工作励磁机在可靠性方

面的差别并不太大，但由于它经过厂用变压器受电，所以当发电机本体正常而厂用部分故障时，发电机也会被迫因此失去励磁而不能工作。外部故障经厂用变压器对发电机的正常运转产生了不利影响，这说明备用励磁机组的可靠性是不够高的。解决的办法是把励磁机也装在发电机的主轴上，只要发电机能转动，励磁机就跟着转，它就能向发电机提供励磁电流，以保证发电机的工作，使外部故障不致通过励磁系统来影响发电机的工作，这就大大提高了励磁系统的可靠性，所以，工作励磁机一般都与发电机同轴。同理，就是自动调压器一般也都以被调发电机端部电压为其工作电源，目的也是尽可能使励磁系统与发电机形成一个整体，以减少外部故障对发电机工作的影响。可见，励磁系统要保证高度的可靠性是十分重要的。

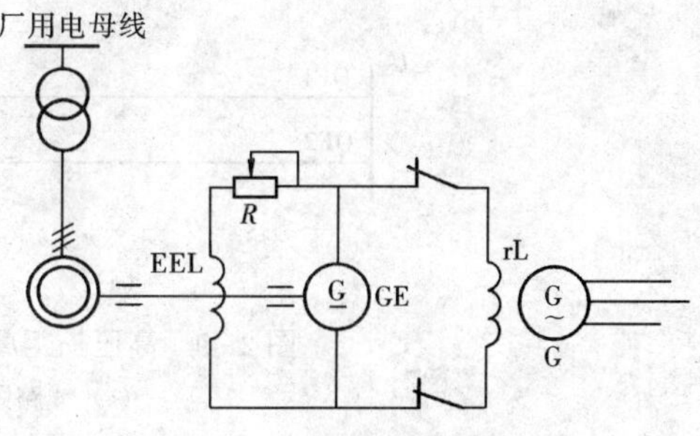

图 2-8　备用励磁机原理图

二、超高压、长输电线路运行电压的有关问题

输电线运行时，两端都要有电压资源，如图 2-9（a），这是它与单端供电的配电线路的不同处。超高压输电线不但运行电压很高，线路一般也很长，总长可在 800～1000km 以上。按常理讲，超高压线路导体的相间距较长，应该是单位长度的电感量较大，而电容量较小。但实际上超高压线路的容性无功功率却是一个要认真对待的问题。这是因为容性无功功率与运行电压有关，其值与电压平方成正比，为 $Q_c=U^2/X_C$。如我国 20 世纪 50、60 年代，输电线电压是 220kV，而现在 500kV 线路已在多处运行多年了，750kV 的线路也在规划与设计中。从线路的参数看，220kV 线路单位长度的电感量、电容量与 750kV 的相差不算太大，但由于电压差了 3 倍多，线路所产生的容性无功功率就多了 9 倍多，不论空载、满载都是如此。所以超高压长距离输电线路的容性功率对电压质量的影响，是运行中需认真对待的问题。长线路的电容与电感都是沿线路均匀分布的，所以在分析超高压长线路的运行特性时，都将其作为分布参数的对象来对待，如图 2-9（b）所示。

分布参数线路各点的电压、电流计算忽略线路的电阻与电导，并考虑线路已处于稳态运行，从送端开始，沿线任一点 x 均有

$$\left.\begin{aligned}\frac{\mathrm{d}\dot{U}_x}{\mathrm{d}x}&=\mathrm{j}\dot{I}_x x_L\\ \frac{\mathrm{d}\dot{I}_x}{\mathrm{d}x}&=\mathrm{j}\frac{\dot{U}_x}{x_C}\end{aligned}\right\}\tag{2-4a}$$

由此，得

$$\left.\begin{aligned}\frac{\mathrm{d}^2\dot{U}_x}{\mathrm{d}x^2}&=-\frac{x_L}{x_C}\dot{U}_x=-x_L b\dot{U}_x\\ \frac{\mathrm{d}^2\dot{I}_x}{\mathrm{d}x^2}&=-\frac{x_L}{x_C}\dot{I}_x=-x_L b\dot{I}_x\end{aligned}\right\}\tag{2-4b}$$

式中　$\dot{U}_x$，$\dot{I}_x$——沿线任一点 x（从发送端 s 起算）的电压与电流矢量；

x_L，b——线路单位长度的电抗 Ω 与电纳 S。

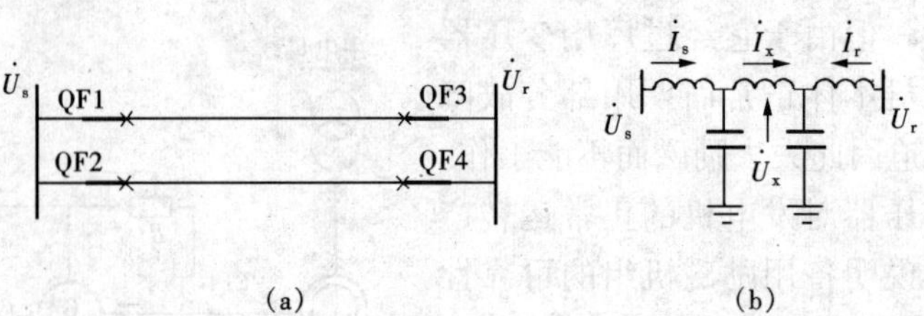

图 2-9　高压长距离输电线示意图与等值分布图

(a) 线路图；(b) 等值分布图

式（2-4）的解为

$$\left.\begin{aligned}\dot{U}(x)&=\dot{U}_s\cos\beta x-\mathrm{j}Z_0\dot{I}_s\sin\beta x\\ \dot{I}(x)&=\dot{I}_s\cos\beta x-\mathrm{j}\frac{\dot{U}_s}{Z_0}\sin\beta x\end{aligned}\right\}\tag{2-5}$$

其中

$$Z_0=\sqrt{\frac{l}{c}}\ (\Omega)$$

$$\beta=\omega\sqrt{lc}\ (\mathrm{rad/km})$$

$$\beta a=\omega\sqrt{lc}\,a\ (\mathrm{rad})$$

式中　Z_0——线路的波阻抗；

β——波的数目；

a——每千米线路的电气长度；

l——线路每千米的电感，H/km；

c——线路每千米的电容，F/km。

式（2-5）可以部分地说明自动调压器对保证输电安全的重要性。假设一条线路末端断路器断开了，如图 2-9 的 QF3 或 QF4，站内的自动调压器就不能工作了，这时末端的电压 U_r 为多少？有害或无害？根据式（2-5），设线路总长度为 $x=L$，令末端电流 $I(L)=I_r=0$，于是有

$$\dot{I}_s=\mathrm{j}\frac{\dot{U}_s\tan\beta L}{Z_0}$$

$$\dot{U}_r=\dot{U}_s\cos\beta L-\mathrm{j}\dot{I}_sZ_0\sin\beta L=\dot{U}_s\sec\beta L$$

由于 $\sec\beta L>1$，所以线路不论因何故断开时，末端电压总是高于送端电压。以 750kV 的 800km 长线路为例，其 $l=0.95\mathrm{mH/km}$，$c=12.2\mathrm{nF/km}$，于是得 $\beta=1.0689810^{-3}$，$\beta L=0.955186$，$\sec\beta L=1.52421$，$Z_0=279.05$。即线路开路时，末端电压高出送端电压 50%有余，这是不能允许的。必须采取调压措施，使其恢复到正常值。过电压的原因显然是线路的分布电容电流引起的；因为一条单纯的电感线路，空载时，U_r 与 U_s 是相等的。为使 U_r 恢复到正常值，一般都在送、末端装设可控电抗器，吸收线路的容性无功功率，以保持端电压恒定。这类可控的电抗器，应装在断路器 QF 的线路侧，如图 2-10（a）所示，防止其意外断开时，线路出现空载过电压。其次，应减小线路的跨度，两站间的距离不宜过长，500kV 线路约为 300km，750kV 线路约为 400km。我国已运行世界最高电压 1000kV 的输

电线路，不少是跨省界的骨干变电站。

为了确定末端无功补偿电流的容量，按式（2-5），以U_s为参考点，令

$$\dot{U}_s=U_s\angle 0,\ \dot{U}_r=U_r\angle-\delta=U_r(\cos\delta-j\sin\delta)$$

可得

$$\dot{I}_s=\frac{U_r\sin\delta+j(U_r\cos\delta-U_s\cos\beta L)}{Z_0\sin\beta L}$$

送端视在功率为

$$S_s=P_s+jQ_s=\dot{U}_s\dot{I}_s^*=\frac{U_sU_r\sin\delta}{Z_0\sin\beta L}+j\frac{U_s^2\cos\beta L-U_sU_r\cos\delta}{Z_0\sin\beta L} \tag{2-6a}$$

同理，可得受端视在功率为

$$S_r=P_r+jQ_r=\dot{U}_r\dot{I}_r^*=-\frac{U_sU_r\sin\delta}{Z_0\sin\beta L}+j\frac{U_r^2\cos\beta L-U_sU_r\cos\delta}{Z_0\sin\beta L} \tag{2-6b}$$

对超高压长距离输电线路，式（2-6）说明了其运行电压方面的一些特点。

（1）送端发送的有功功率$\frac{U_sU_r\sin\delta}{Z_0\sin\beta L}$，通过无损输电线，全部传送到受端，但受到功率角的限制，δ不能超过90°。超高压线路与一般线路的功角关系是相似的，一般线路不计电容，于是$\sin\beta L\approx\beta L$，并有$Z_0\sin\beta L=X_L$，功角关系为$P=\frac{U_sU_r\sin\delta}{X_L}$。为保持日常运行的稳定性，除发、送端电压都应恒定外，两站间的功率角δ一般不大于60°。所以超长距离的输电，如图2-10（c）所示，是由一段段的电压恒定的输电线，如同接力一般将电能从始端输送至末端。始端至末端的功率角δ_Σ能大大超过90°，则端电压的恒定必不可少。

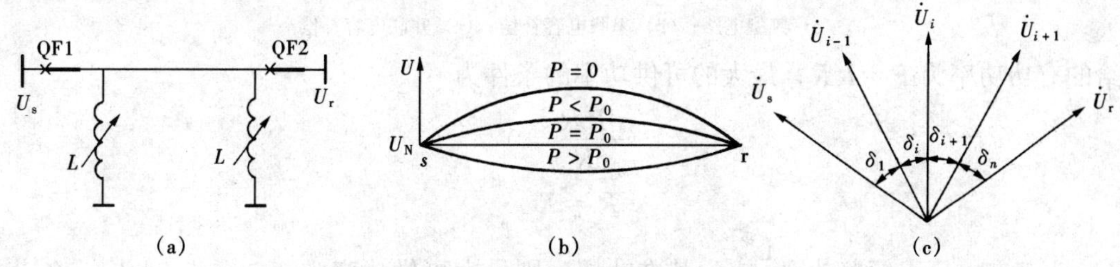

图2-10　长距离输电线路调压原理示意图

（a）有可控电感的长输电线路；（b）输送功率与线路电压分布；（c）超长距离输电原理示意图

（2）与有功功率不同，超高压输电线基本上是不传送无功功率的，式（2-6b）与式（2-6a）右端的第二项相同，说明送端、末端都要向线路输送等量的感性无功功率，才能达到两端电压均为U_N的要求。我国规定“无功功率应分区、分级就地平衡”，即送端、末端互相不能替代或补充，适应了电力系统的运行特性。

（3）线路空载并不表示末端电流为零，而是输送的功率为零，即$\delta=0$。为维持端电压额定，空载时应补偿的无功功率为$\frac{U_N^2(\cos\beta L-1)}{Z_0\sin\beta L}$。由此可得图2-10（a）上可控电抗为

$\dfrac{Z_0\sin\beta L}{1-\cos\beta L}\Omega$。

(4) 图 2-10 (a) 显示，超高压线路既有分布电感又有分布电容，它们间无功功率的自我补偿程度，取决于功率角 δ；按式 (2-6a)、式 (2-6b)，当 $\beta L=\delta$ 时，沿线各点的无功功率均为零，此时线路输送的有功功率为 $\dfrac{U_N^2}{Z_0}=P_0$，称为波阻抗功率。如图 2-10 (b) 所示，$P=P_0$ 时，沿线的电压均为 U_N，实现了无电压降的功率传送。实际的输送功率一般在 P_0 左右。当 $P<P_0$ 时，线路电压以中点为最高，大于 U_N。这说明端电压确定，并不能保证长线路的中点电压也合格。当然线路中点没有用户，不存在对电压质量的要求，但超长线路中点的电压过高，影响绝缘强度，解决的办法是两调压站间的距离不要过长。

三、供电线路运行电压的有关问题

短时的或间断性的特重负荷是分析供电线路运行时电压调节问题的典型例子，如图 2-11 (a) 所示，虚线框内为重负荷，由 R 与 X_r 组成，由阻抗为 X_L 的 110kV 或 220kV 的线路经变压器 T 专线供电，设 $X_\Sigma=X_L+X_T+X_r$，则供电电流为

$$\dot{I}=\frac{\dot{U}_s}{R+jX_\Sigma}$$

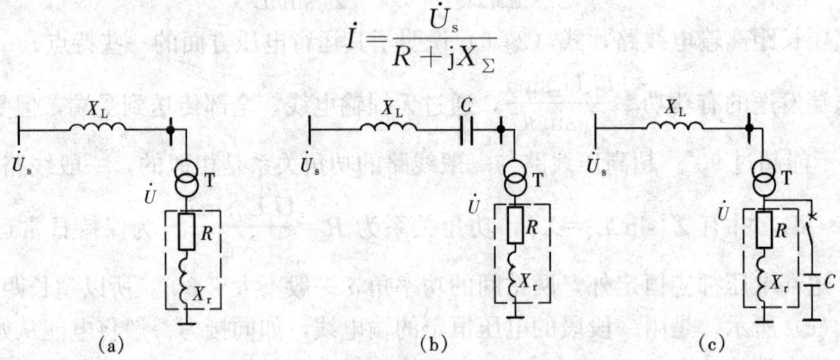

图 2-11 供电线路的电压调节示意图

(a) 典型电路；(b) 串联电容补偿；(c) 并联电容补偿

供给的有功功率为 $P=I^2R$，最大的可供功率的条件为

$$\frac{dI^2R}{dR}=0$$

得

$$R=X_\Sigma$$

令 U_N 为基准电压，短路功率 $\dfrac{U_N^2}{X_\Sigma}$ 为基准功率，则最大可供功率为 0.5p.u.。此时，负荷的端电压 U 约为 $0.7U_s$，是不利于运行的；虽然一般 $R>X_\Sigma$，但仍可以看出，为保证负荷运行的电压质量，必须对线路及变压器上的电压降落加以补偿。为此有两种方法可供选择：一是如图 2-11 (b) 所示，称为串联电容补偿；另一如图 2-11 (c) 所示，称为并联电容补偿。其补偿效果可以用图 2-12 所示的 $P-U$ 特性曲线说明。

图 2-12 (a) 是串联电容补偿了 40% 的 X_Σ 后的 $P-U$ 特性曲线图，负荷的 $\tan\varphi=\dfrac{R}{X_r}=0.2$，曲线 2 为未进行补偿时的 $P-U$ 特性曲线；进行补偿后，电压质量大为改善，在正常负荷变动的范围内，电压不低于额定值的 90%，满足运行的要求。这是因为串联补偿的实质是减小了线路的电抗，使 U 受负荷电流的影响减少，因而提高了电压的质量。其缺

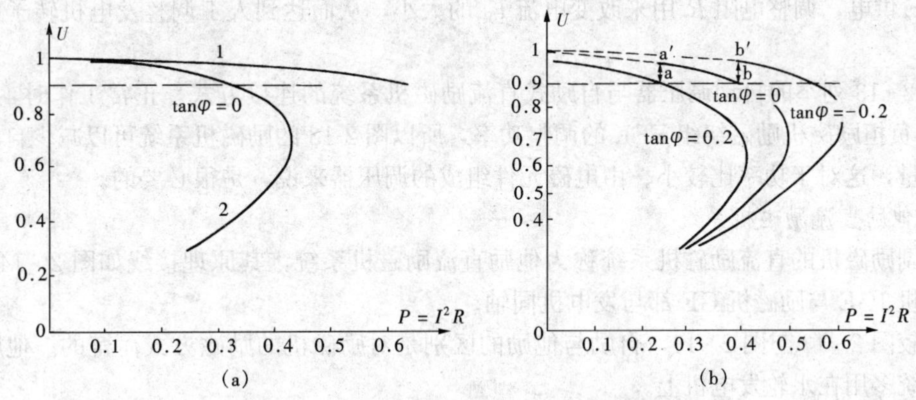

图 2-12　串、并联补偿的 $P-U$ 特性曲线图

(a) 串联补偿电压示意图；(b) 并联投切补偿电压示意图

点是高压电容器的投资较大，对其绝缘与耐压性能需经常进行监护。图 2-12（b）是对并联补偿电容进行投切的电压示意图。从日常较严峻运行的情况，即 $\tan\varphi=0.2$ 开始，负荷增至点 a 后，立即投入第一组补偿电容；设电压提高至相当于 $\tan\varphi=0$ 曲线的 a′点，又回到电压质量允许的范围内；如负荷继续增加，致电压降至 b 点时，投入第二组补偿电容，电压回升至 $\tan\varphi=-0.2$ 曲线上的 b′点，在这条曲线的特性范围内，即使有功负荷达到原设计的最大值，电压质量也是有保证的。与串联补偿相比，并联补偿操作较繁，需要进行投切的自动化，故本书更注重考虑并联电容的自动投切问题。

第二节　同步发电机的励磁系统

同步发电机的转子电流，又称励磁电流，是电力系统中唯一的电压资源。电力系统电压的运行质量依赖于无功功率的分区、分级就地平衡，但如果没有电压，无功功率的平衡是无从谈起的；相反，如果无功功率的问题还没出现，而电压却是可以先建立的。这道理日常生活中也存在，人们可以有电压而不用电，但不可以先用电而没有电压。因此在讨论电力系统的自动调压问题前，先介绍供给发电机转子电流的励磁系统，是有必要的。

我国是一个快速发展中的大国，地域广阔，发展又不够平衡，在电力设施上，既有近代的大功率机组，也保留不少曾在历史上为国家工业化做出不少贡献、而且还在继续生产的中小型机组，它们在励磁系统方面的差别却很大。本书对两类都作介绍，既介绍用于中小型机组的直流励磁机系统，也介绍正在发展改进过程中的多种用于大型机组的交流励磁机系统。

一、直流励磁机系统

专门用来供电给同步发电机转子回路的直流发电机系统称为直流励磁机系统，其中的直流发电机称为直流励磁机。直流励磁机一般都与发电机处在同一根机械传动主轴上，由同一原动机带动。比起无励磁机系统来，直流励磁机系统耗费的厂用电可以大大减少。直流励磁机由于存在整流环，功率过大时制造有一定困难，因此 100MW 以上汽轮发电机组很少采用。

直流励磁机系统又分为自励系统与他励系统，下面分别作简单介绍。

1. 自励直流励磁机系统

图 2-13 是自励直流励磁机系统的原理接线图，发电机的转子绕组 E 由专用的自励式励

磁机 GE 供电，调整电阻 R 用来改变电流 I_R 的大小，从而达到人工调整发电机转子电流的目的。

图 2-13 列举的自动调压器与自励式直流励磁机系统的连接方式，正常工作时，I_{AE} 与 I_R 同时负担励磁机励磁绕组 EEL 的调整功率，所以图 2-13 的励磁机系统可以减少自动调压器的容量，这对于功率比较小、由电磁元件组成的调压器来说，是很必要的。

2. 他励直流励磁机系统

有副励磁机的直流励磁机系统称为他励直流励磁机系统，其原理接线如图 2-14 所示。副励磁机 1GE 与励磁机 GE 都与发电机同轴。

比较图 2-13 与图 2-14，自励与他励的区别是对励磁机的励磁方式而言的。他励直流磁机系统多用在水轮发电机上。

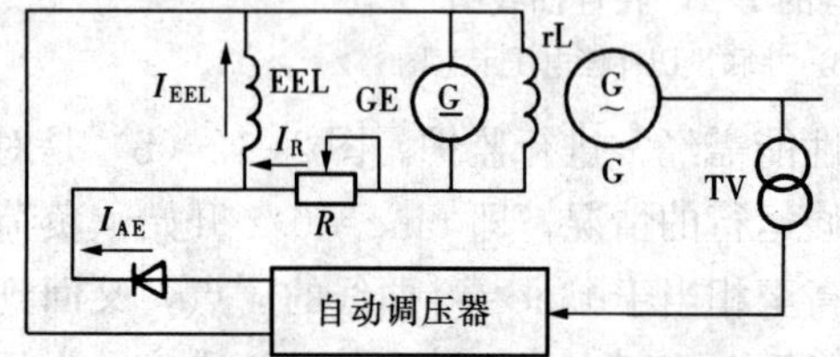

图 2-13　自励直流励磁机原理接线图

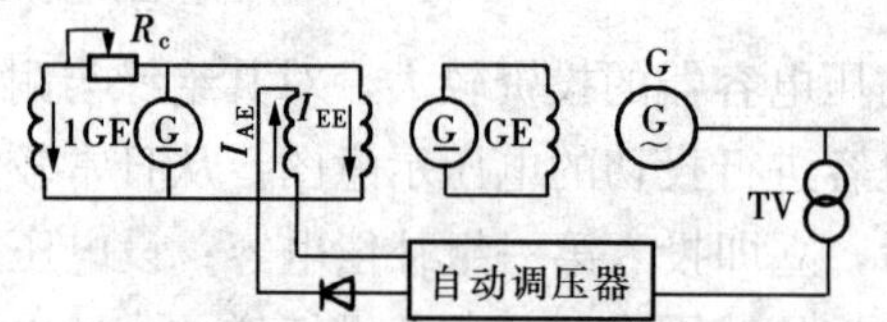

图 2-14　他励直流励磁机系统原理接线图

他励直流励磁机系统比自励系统多用了一台副励磁机，虽然所用的设备增加了，但能提高励磁机的电压增长速度，因此可以减小励磁机的时间常数。

3. 励磁机的时间常数

对他励与自励的直流励磁机时间常数问题，可分别讨论如下。

图 2-15（a）是典型的他励直流励磁机时间常数计算原理图，外加励磁电动势 E 可以认为是常数，励磁机电动势 U_e 正比于 I_{EE}。由此得

$$I_{EE}R + L_{EE}\frac{\mathrm{d}I_{EE}}{\mathrm{d}t} = E \tag{2-7}$$

式中　R、L_{EE}——励磁机励磁线圈的电阻与电感。

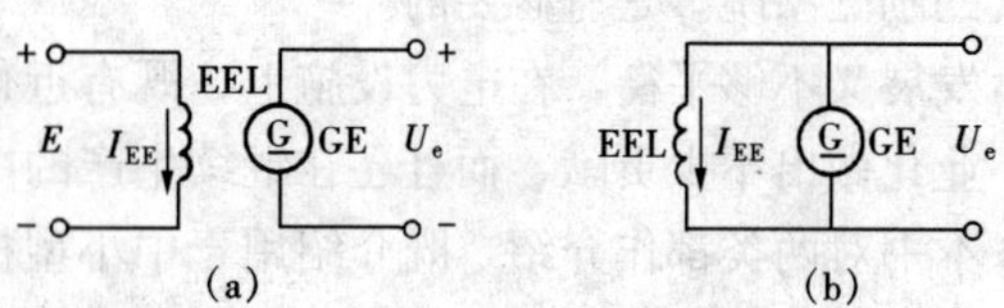

图 2-15　他励与自励的直流励磁机时间常数计算原理图

由式（2-7）可知，I_{EE} 是按指数曲线增长的，其时间常数为

$$T_t = \frac{L_{EE}}{R} \tag{2-8}$$

其次分析自励直流励磁机的等值时间常数。

图 2-15（b）是典型的自励直流励磁机时间常数计算原理图。图 2-16 的实线与其上的交点 1，表示了自励直流发电机端电压建立的条件与过程。为简化起见，图中以虚线代替了励磁线圈 EEL 的磁化曲线，在这条虚线上任一点的励磁机电动势为

$$U_e = E_0 + \frac{U_e - E_0}{I_{EE1}}I_{EE} = E_0 + kI_{EE} \tag{2-9}$$

式中　E_0——自励直流发电机断开后，剩磁的端电动势值；

I_{EE}——励磁机的工作电流值；

k——比例常数。

对自励励磁机的电动势U_e，也有

$$I_{EE}R+L_{EE}\frac{dI_{EE}}{dt}=U_e$$

于是以式（2-9）代入，得

$$I_{EE}R+L_{EE}\frac{dI_{EE}}{dt}=U_e=E_0+kI_{EE}$$

整理之，得

$$(R-k)I_{EE}+L_{EE}\frac{dI_{EE}}{dt}=E_0$$

由此得自励系统的时间常数

$$T_{se}=\frac{L_{EE}}{R-k} \tag{2-10}$$

比较式（2-8）与式（2-10），由于k值较近于R，可以看出他励系统的时间常数T_t远小于自励系统的时间常数T_{se}，其原因就在于他励系统的电动势U_e的建立过程与U_e本身无关，它完全是由于外加电动势E的作用，即只与EEL的时间常数有关。但自励系统U_e的建立过程却是U_e与I_{EE}互相作用的结果，图2-16说明，对自励系统而言，外加电动势只是E_0，起励以后，虽然I_{EE}促使U_e加大，但I_{EE}本身的增长，又依靠U_e增长后的反作用，它们互相促进，最后稳定在1点。由于I_{EE}的增长要依赖于U_e的增长，所以，它的上升过程就延长了，其等值时间常数当然就大为增加。自励系统的时间常数比他励系统的大，电压变化过程的惯性比较大，这个结论不仅对直流励磁机适用，对其他的自励系统与他励系统一般地也是适合的。

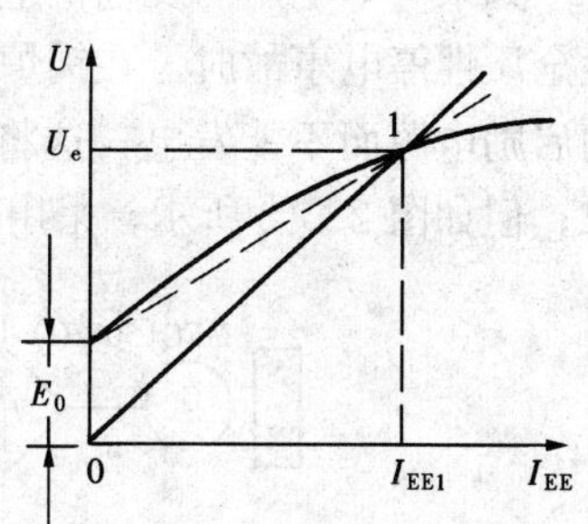

图2-16　自励直流发电机电压建立的等值特性图

从上述自励系统电压建立过程的微分方程式也可以说明，任何自励系统都必须有外加起励电压E_0。如果没有E_0，那么自励系统的电压是建立不起来的。

二、交流励磁机系统

近代，300、600MW及更大容量的机组相继出现，这些大型机组在电力系统中担任了重要的角色，其励磁系统的可靠性与快速响应问题更加受到重视。因直流励磁机有整流环，是安全运行的薄弱环节，容量不能制造得很大，故近代100MW以上的发电机组都改用交流励磁机系统了。

交流励磁机系统的核心设备是交流励磁机。由于励磁机的容量相对较小，只占同步发电机容量的0.3%～0.5%，但要求其响应速度很快，所以现在用作大型机组的交流励磁机系统一般都采取他励的方式，有交流主励磁机也有交流副励磁机，其频率都大于50Hz，一般主励磁机为100Hz或更高，有试验用300Hz以上的。

1. 他励的交流励磁机系统

他励交流励磁机系统的副励磁机的频率一般为500Hz，主励磁机的频率为100Hz，以组成快速的励磁系统。

在图 2-17 的他励式交流励磁机系统中，副励磁机是一个 500Hz 的中频发电机 MFG。它是自励式的交流发电机，为保持其端电压的恒定，有自动恒压单元（一个简单的自动调压器）调整其励磁电流，其励磁绕组 AEEL 由本机电压经晶闸管整流后供电，由于交流励磁机的磁路经过交流电枢后，剩磁不如直流励磁机那样高，不足以可靠地启动晶闸管，所以必须外加一个直流起励电压（即图 2-16 的 E_0），要到中频发电机能可靠工作时，启励电源方才退出。

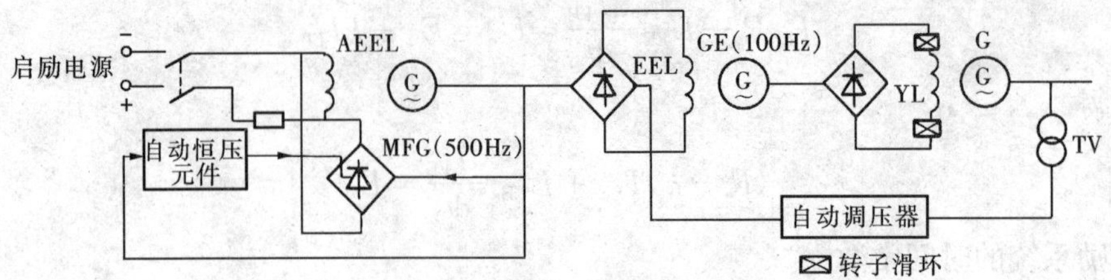

图 2-17　他励式交流励磁机系统原理接线图

如果一个电厂的发电机组，都是需要有启励电源的交流励磁机系统，则需注意，万一发生全厂性停电事故时，在锅炉、汽轮机等都可用备用汽泵启动以后，发电机则终因没有合适的启励电源而不能发电，这将延误处理事故的时间。所以启励电源一般不从机组母线上获取；但如图 2-18 所示，采用永磁式的副励磁机就无此弊病了。

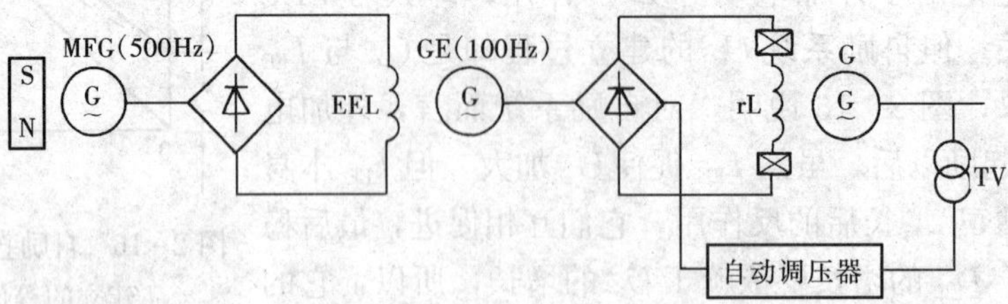

图 2-18　永磁式副励磁机系统图

在图 2-18 中用永磁式感应子中频发电机 MFG（500Hz）作副励磁机，可不用自动恒压单元，MFG 的出口交流电压可以认为是不变的。在图 2-17 中，自动调压器输出的调整电流是控制主励磁机的励磁电流的，而图 2-18 系统选用的是自动调压器控制发电机转子回路中晶闸管桥式整流电流的方案，与图 2-17 的方案相比，本方案要求主励磁机的运行容量较大。在响应速度方面，图 2-17 的方案需多考虑一项主励磁机励磁绕组 EEL 的时间常数，故图 2-18 的响应速度较图 2-17 的为快，这是用容量换来了速度的结果。

2. 自励的交流励磁机系统

与自励直流励磁机（如图 2-13 所示）相仿，自励交流励磁机的励磁电源也是从本机出口电压直接获得的。所不同的是，直流励磁机为了调整电压需加一个磁场电阻 R；而自励的交流励磁机为了维持端电压恒定则改用了晶闸管整流元件。因此，在选用向发电机转子送电，即自动调压器的调整电流输出至何处的方案时，有图 2-17 与图 2-18 的区别。

在图 2-19 的方案中，自励的交流励磁机经晶闸管整流桥 U 向发电机转子送电，自动调压器则控制此可控硅整流桥的点燃角，调整其输出电流，以维持发电机端电压恒定。由于这种方案可以完全不考虑励磁机的时间常数，因而励磁电压建立的速度比较快，时间常数较小，但对其容量则要求较大。

在自励交流励磁机系统的另一种方案（如图 2-20 所示）中，自励的交流励磁机是经整流二极管桥向发电机转子回路输送励磁电流的，由自动调压器直接控制励磁机励磁回路内的晶闸管整流元件，以调整励磁机的交流端电压来达到维持发电机电压为恒定的目的。这种方案的励磁系统的响应速度，必须考虑励磁机励磁绕组的影响，因而其时间常数较大。但是励磁机容量可以比图 2-19 的小。

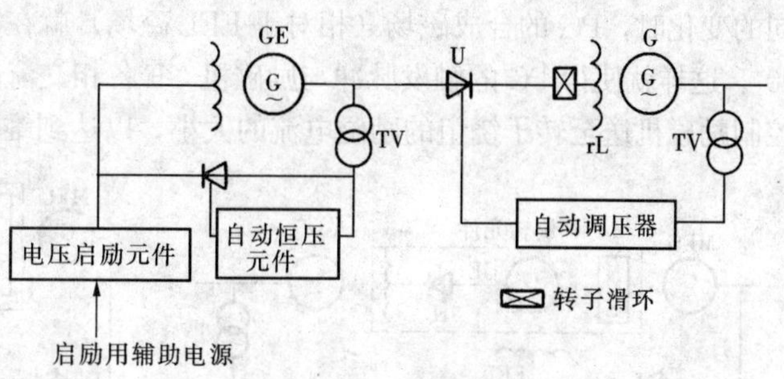

图 2-19　自励交流励磁系统（一）

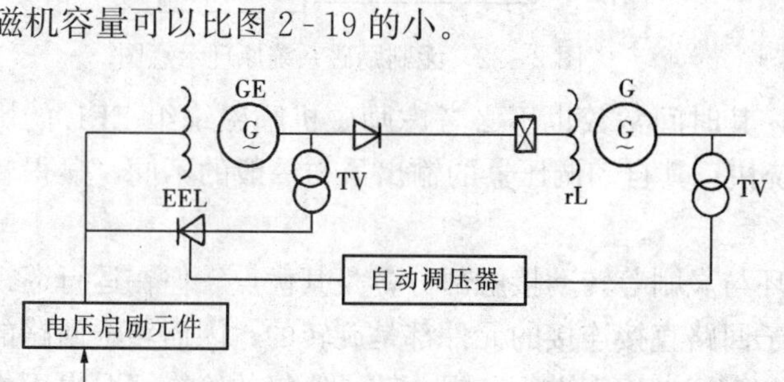

图 2-20　自励交流励磁系统（二）

他励与自励的交流励磁系统的共同特点是：发电机的励磁电流全部由晶闸管（或二极管）供给，而晶闸管是静止的，厂家称静止励磁。静止励磁系统要经过滑环才能向旋转的发电机转子进行励磁。滑环是一种转动接触元件，随着巨形机组的出现，转子电流也大大增加（超过 3000～5000A），要在转子滑环中流过如此大的电流，滑环的数目就需要很多；而且为防止个别滑环过热，要求每个滑环都分担同样大小的电流。所以在运行巡视与检修工作中，滑环部分的工作量是很大的。为了提高励磁系统的可靠性，就有人想革除滑环这一薄弱元件，使整个励磁系统（包括发电机转子回路）都无转动接触元件，这就是即将介绍的无刷励磁系统。

3. 无刷励磁系统

图 2-21 是一个无刷励磁系统的例子。它的副励磁机是一个永磁式中频发电机 MFG，其永磁部分画在旋转部分的虚线方框内。为了要实现无刷励磁，主励磁机与一般的同步发电机的工作原理相同，但电枢是旋转的，它发出的三相交流电，经二极管整流桥后，直接送至发电机的转子回路作励磁电源。因为励磁机的电枢与发电机的转子在同一根轴上旋转，所以它们之间不需任何滑环与电刷等转动接触元件，这就实现了无刷励磁。

励磁机的励磁绕组 EEL 则是静止的，所以主励磁机是一个磁极静止、电枢旋转的同步发电机。静止的励磁机励磁绕组便于自动调压器实现对励磁机输出电流的控制，以保证发电机的端电压不变。当然也可采用有自励恒压单元的中频发电机来作副励磁机等其他方案。但这与图 2-21 不过是大同小异，故可不述。

图 2-21 代表的无刷励磁系统，其响应速度应考虑励磁机励磁绕组 EEL 的时间常数。为了加快励磁系统的响应速度，有一种方案是将晶闸管整流桥也装设在旋转部分内，以代替图 2-21 中旋转部件中的二极管整流桥。图 2-22 是其原理示意图。

在图 2-22 中，由中频副励磁机 ALG 供电给交流励磁机 GE 的直流励磁绕组 EEL，这一部分画得很简单。在旋转部分内用晶闸管整流桥代替了图 2-21 的二极管整流桥。晶闸管的触发脉冲由同轴旋转的触发脉冲发生器 PG 供给。PG 也是一个由多相绕组组成的电枢，它的磁场由 d、q 两个互相垂直的绕组的磁场合成（图中已示出），因此当 d、q 磁场的大小做各种不相同的变化时，PG 的合成磁场（相对于 EEL 磁场）就在空间做不同角度的转变，转变的范围为 90°。这样就使得 PG 的触发脉冲与励磁机 GE 各相交流电压之间，产生不同的相角变化，从而控制励磁机送至转子绕组的励磁电流的大小，以达到维持发电机电压恒定的目的。

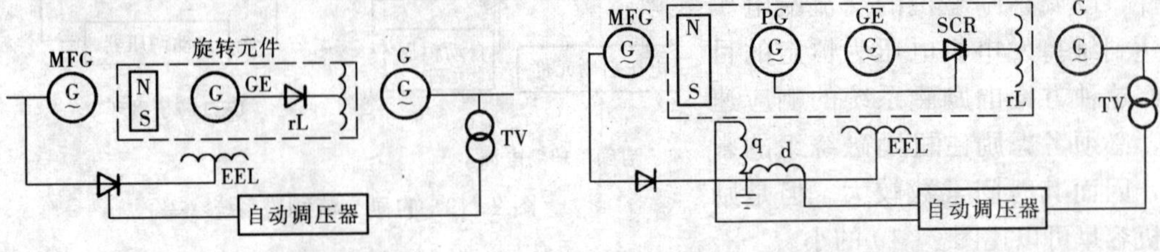

图 2-21　无刷励磁系统　　　　图 2-22　无刷励磁系统原理示意图

在图 2-22 所示的无刷励磁系统中，其时间常数也不必考虑励磁机励磁绕组 EEL 的影响，所以其响应速度要比图 2-21 的系统快；其自动调压器的输出虽与一般的不同，显得较为复杂一些，但却并不是难以做到的。

总的说来，无刷励磁系统革除了滑环与炭刷等转动接触部分，是其优点，但在运行巡视与维修上却有很不方便之处。由于与转子回路直接连接的元件都是旋转的，因而转子回路的电压、电流都不能用普通的直流电压表、直流电流表进行监视；转子绕组的绝缘情况也不便监视，二极管与晶闸管的运行状况、接线是否开脱、熔断器是否断开等等也都不便监视，因而在运行维护上是不方便的，除非采用新的复杂的仪表，否则将是不可能的。其次，由于无法从转子端点引出其直流电压，因此，也不可能实现以后要谈到的转子电压反馈，这对某些稳定运行的措施也是不利的。无刷励磁系统目前已被某些外国公司采用，作为大型机组的励磁方式，将来的发展趋势如何，还有待进一步积累运行经验。

三、无励磁机的发电机自励系统

励磁机本身就是可靠性不高的元件，可以说它是励磁系统的薄弱环节之一，因励磁机故障而迫使发电机退出工作的事故并非鲜见，故相应地就出现了不用励磁机的励磁方案。不用专门的励磁机，直接从发电机的端点获取电源，经过控制整流后，送回至转子回路，作为发电机的励磁电流，以维持发电机电压为恒定的励磁方式，是无励磁机的发电机自励系统。最简单的发电机自励系统是直接使用发电机的端电压作励磁电流的电源，由自动调压器控制励磁电流的大小，称为自并励晶闸管励磁系统，简称自并励系统，见图 2-23。

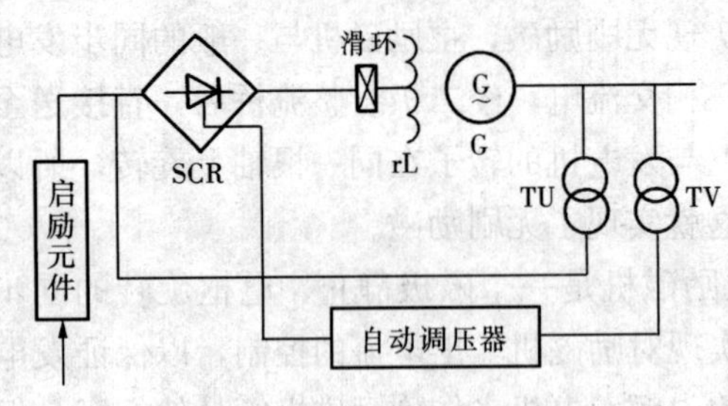

图 2-23　自并励系统框图

自并励系统中，除掉转子本体及其滑环这些属于发电机的部件外，没有因供应励磁电流而采用机械转动或机械接触类元件的，所以又称全静止式励磁系统。图 2-23 为自并励系统框图。

其中励磁的功率电源由整流变压器 TU 提供，经晶闸管整流向发电机转子提供励磁电流，晶闸管元件由自动调压器控制。如其他的自励系统一样，系统启励时需要另加一个启励电源，这个启励电源由启励元件提供。

由于自并励系统不需要同轴励磁机，因而系统简单、运行的可靠性高，同时缩短了机组的长度，这对于减少基建投资及检修维护主机都有利。自并励系统由晶闸管元件直接控制转子电压，因而可以获得较快的励磁电压响应速度。自并励系统由发电机端获取励磁能量，与同轴励磁机励磁系统相比，在发电机组甩负荷时，机组的过电压也低些，这点也是很重要的。

自并励系统的主要缺点是在发电机近端短路而切除时间又较长的情况，缺乏足够的强行励磁能力，对电力系统稳定的影响不如其他励磁方式有利。由于自并励励磁系统这些特点，使得该励磁系统在国内外电力系统大型发电机组励磁中，仍受到相当重视，例如在发电机与系统间有升压变压器的单元接线和抽水蓄能机组等励磁系统中得到不少应用。

在无励磁机的励磁系统中，还有一种方式是同时从电压源和电流源取得励磁电源。这种方式一般称为自复励系统。图 2 - 24 自复励系统原理接线之一。

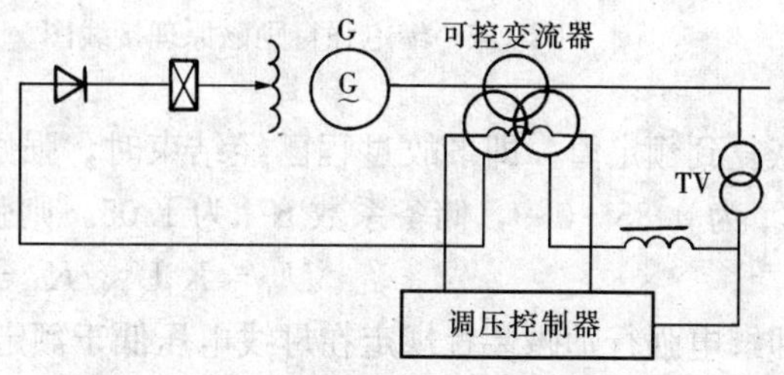

图 2 - 24　无励磁机自复励磁系统原理接线

当系统发生故障，有关发电机端电压下降时，其电流必然增大，此时经由电流源（可控变流器）可以向励磁系统提供较大的励磁功率，以补偿因电压源提供的励磁功率的不足，使电力系统仍能从发电机获得相应的无功功率。这种励磁系统又称为相复励自励系统。

第三节　励磁系统中转子磁场的建立与灭磁

本节主要讨论事故情况下，励磁系统的有关特性及其自动控制设备的工作原理。

在某些事故情况下，系统母线电压极度降低，这说明电力系统无功功率的缺额很大，为了使系统迅速恢复正常，就要求有关的发电机转子磁场能够迅速增强，达到尽可能高的数值，以弥补系统无功功率的缺额。因此，转子励磁电压的最大值及其磁场建立的速度（也可以说是响应速度）问题，是两个十分重要的指标，一般称为强励顶值与响应比。

当转子磁场已经建立起来后，如果由于某种原因，如发电机绕组内部故障等，需将发电机立即退出工作时，在断开发电机的同时，必须使转子磁场尽快消失，否则发电机会因过励磁而产生过电压，或者会使定子绕线内部的故障继续扩大。如何能在很短的时间内，使转子磁场内存储的大量能量迅速消失，而不致在发电机内产生危险的过电压，这也是一个很重要的问题，一般称为灭磁问题。下面就讨论这两方面的问题。

一、强励作用及继电强行励磁

1. 强励作用

强励作用是强行励磁作用的简称。当系统发生短路性故障时，有关发电机的端电压都会剧烈下降，这时励磁系统进行强行励磁，向发电机的转子回路送出远较正常额定值为多的励磁电流，即向系统输送尽可能多的无功功率，以利系统的安全运行，励磁系统的这种功能就称为强励作用。强励作用有助于继电保护的正确动作，特别有益于故障消除后用户电动机的自启动过程，缩短电力系统恢复到正常运行的时间。因此，强行励磁对电力系统的安全运行是十分重要的。强励作用是自动调节励磁系统的一项重要功能，本节只介绍在直流励磁机系统使用的继电强行励磁。

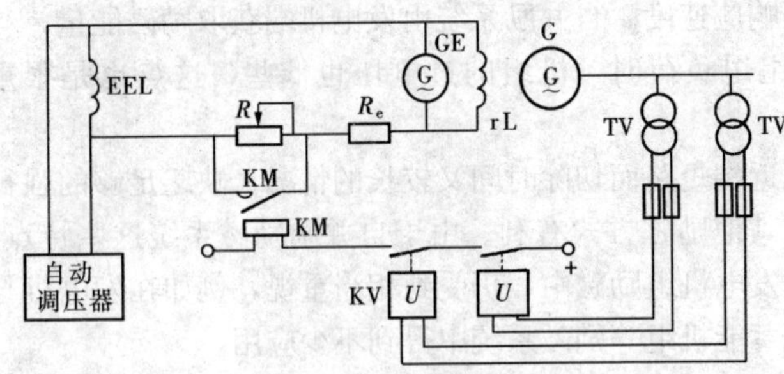

图 2-25 继电强行励磁原理接线图

2. 继电强行励磁

用闭合有关继电器触点的方法，使励磁机的端电压 U_e 以最快速度升到其顶值，称为继电强行励磁。图 2-25 是其原理接线图。图上表示，当强励装置动作时，R 被全部短路，励磁机的端电压 U_e 上升到顶值，即达到其额定值的 1.8～2 倍。强励继电器 KV 启动值的选择，应保证 U_g 恢复到额定值，即事故过程已经结束时，强励装置能可靠地返回。一般取 KV 的返回系数 K_r 为 0.85～0.9，储备系数 K_B 为 1.05，则强励装置的启动电压为

$$U_{st}=K_rU_{gN}/K_B=(0.8\sim0.85)U_{gN}$$

即继电强行励磁装置规定在母线电压低于额定值的 15%～20%时启动。

R_e 是强励装置动作后必须在励磁机励磁回路中保留的电阻，用以防止励磁机的过电压，其阻值由制造厂规定。

为了防止电压互感器二次侧熔丝烧断时，引起强励装置的误动作，在强励装置中，将两个低电压继电器 KV 的动断（常闭）触点串联起来，去启动强行励磁接触器 KM。两个 KM 应接在发电机端部不同的电压互感器 TV 的二次侧，由于两个 TV 的熔丝同时发生偶然性熔断的概率很小，故以此来防止强行励磁装置的误动作。

长期的运行经验说明，图 2-25 的继电强励装置的工作是十分有效的。为了在不同形式的两相短路故障时，都保证有强行励磁作用，全厂各机组的强励装置应按机组容量合理安排，分别接于不同的相别上。

为使强励装置动作后发电机转子不致过热，一般考虑强励时间为 20s 左右。假如在这段时间内，外部故障仍未消失，强励装置不返回，则应由值班人员加以切除。由于强行励磁在事故情况下有很好的增强系统对事故的检测能力，及减小恢复系统正常运行所需的时间，因而受到普遍的重视。

在交流励磁机系统中，根据转子热容量的限制，规定了强励电压转子过流与其持续时间的曲线，如图 2-26 所示，用微机程序实现这类函数关系，当然是相当容易的，无需另加说明。

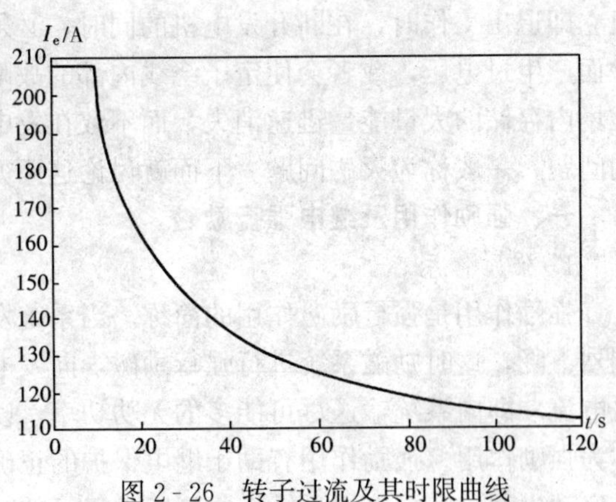

图 2-26 转子过流及其时限曲线

要使继电强行励磁的效果能够及时发挥，还必须考虑两个因素：一是励磁机的响应速度要快；其次是发电机转子磁场的建立速度要快。已讨论了励磁机的时间常数问题，下面讨论转子磁场的建立速度问题，又称电压响应比问题。

二、电压响应比

电压响应比是由电机制造厂提供的说明发电机转子磁场建立过程的粗略参数，发电机的转子是一个铁磁体，如果忽略转子回路的电阻及外部系统对转子等值电感的影响，即把发电机看成是定子开路时，如图 2-27 所示，转子磁场建立的方程式应为

$$K\frac{\mathrm{d}\phi_{\mathrm{e}}}{\mathrm{d}t}=U_{\mathrm{e}}(t)$$

$$\Delta\phi=\frac{1}{K}\int_{0}^{\Delta t}U_{\mathrm{e}}(t)\mathrm{d}t \qquad (2-11)$$

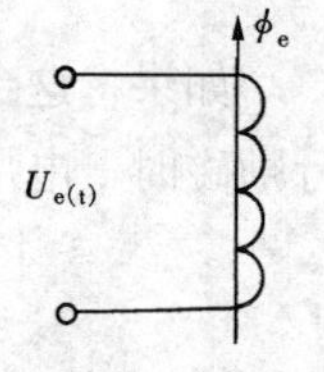

图 2-27　转子回路图

式中　ϕ_{e}——发电机转子回路的磁通量；

K——与转子绕组的匝数及转子的尺寸有关的常数。

除此以外，式（2-11）说明转子磁场的建立与端电压的时间函数 $U_{\mathrm{e}}(t)$ 密切有关。考虑到在事故情况下转子磁场的建立是最为关键的问题，所以一般都指定其端电压以最快速度到达顶值时，转子磁场建立的速度为讨论的对象。如图 2-28 所示，发电机正常运行时，U_{e0} 位于 a 点（a 点通常相当于发电机的额定情况）；系统故障时，立即以其最快的速度奔向顶值。图中表示两种情况：一种情况是，$U_{\mathrm{e}}(t)$ 是阶跃式函数，如图中的 aa′b′，即曲线 1，一开始 $U_{\mathrm{e}}(t)$ 就达到了顶值。另一种情况是 $U_{\mathrm{e}}(t)$ 是指数增值函数，如图中的 ab，即曲线 2，$U_{\mathrm{e}}(t)$ 逐步增加到顶值。式（2-11）说明，要比较不同机组间转子磁场建立的情况，就必须比较图 2-28 中 $U_{\mathrm{e}}(t)$ 曲线下覆盖的面积。为了简化起见，一般都只取 t 经过 0.5s 时，$U_{\mathrm{e}}(t)$ 曲线覆盖的面积进行比较，并各以一个同面积的三角形 acd 来代替。如 $U_{\mathrm{e}}(t)$ 以指数函数沿 ab 增长时，在 0.5s 处以同面积的三角形 acd 来代替；如果 $U_{\mathrm{e}}(t)$ 以阶跃函数沿 aa′b′增长时，就在 0.5s 处以同面积的三角形 ac′d 来代替（显然 c′d=2b′d）。由于这些等值三角形的底边都是 0.5s，于是可以定义电压响应比如下

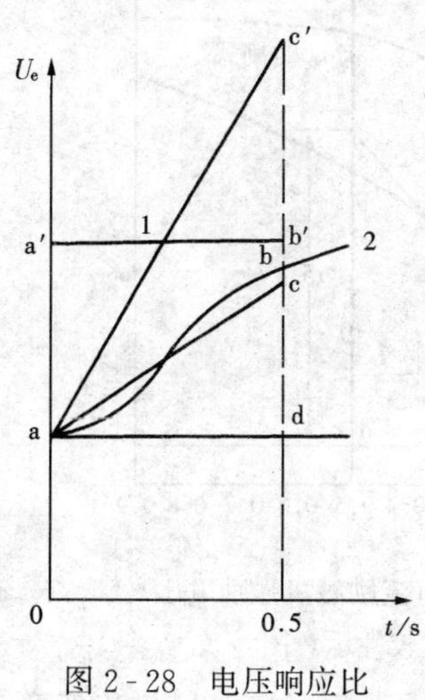

图 2-28　电压响应比

$$n=\frac{\mathrm{cd}}{0.5(0\mathrm{a})}(\text{电压标幺值})(\mathrm{s}) \qquad (2-12)$$

式中　n——电压响应比。

由此可见，电压响应比是可以由厂家进行试验、作图求出的。它可以粗略地反映转子磁场的建立速度，有一定的参考价值。

也可看到，转子磁场建立的快慢取决于励磁机系统端电压建立的速度 $U_{\mathrm{e}}(t)$，所以近代快速励磁机系统发展得很快，以减少转子磁场建立的时间。近代快速励磁机系统发展起来后，在图 2-28 中取 0.5s 作图就显得太慢而失去意义了，所以都改取 0.1s 来定义快速励磁系统的响应比，式（2-12）右端分母上的 0.5 也相应改为 0.1，作图方法等均不改变，故不赘述。

为了使强励效果的概念较为清晰，下面举一个极端的例子。图 2-29 是一个额定电压为 90V、顶值电压为 110.3V 的他励直流励磁机在继电强行励磁时，电压建立的过程。按式

(2-12) 的定义

$$n=\frac{27.9}{0.5\times 90}=0.62(\text{电压标幺值})(\text{s})$$

如果将这台电机改成自励的直流励磁机，使其强励顶值电压也为 110.3V，则在继电强行励磁时，电压建立的过程就如图 2-29 中的曲线 ab，其电压响应比为

$$n=\frac{15.4}{0.5\times 90}=0.342(\text{电压标幺值})(\text{s})$$

图中重画了原来接成他励式直流励磁机时强励电压建立的曲线，以利比较，如图 2-30 所示。

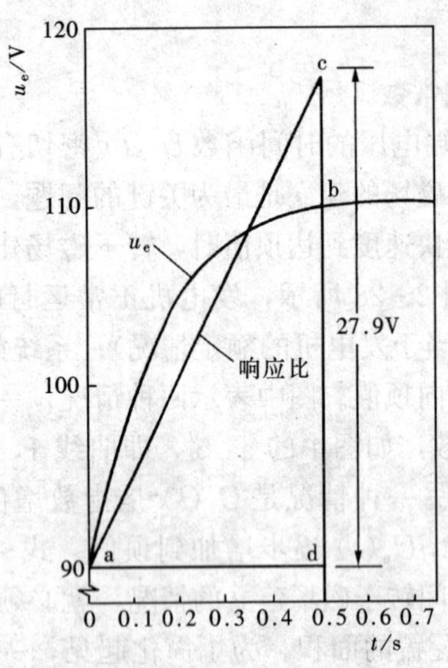

图 2-29　他励直流励磁机强励电压的建立举例

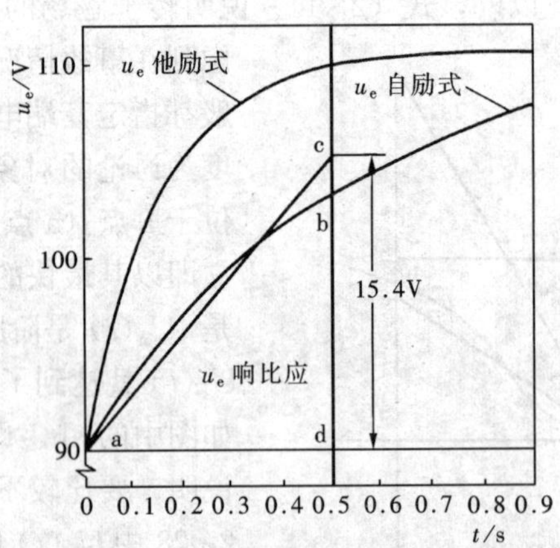

图 2-30　自励直流励磁机强励电压建立的比较性示意图

举这个例子完全是为了教学的目的，它只能说明将一个原来是他励的直流励磁机任意改接成自励的励磁机后，对转子回路磁场的建立影响有多大。但决不能从此例题中得出结论，认为自励直流励磁机的时间常数都比他励的时间常数大很多。他励直流励磁机系统一般都用在水轮发电机组上。因为水轮发电机组转速慢，体积大，是一个很大的铁磁体，故其励磁机的时间常数大。为了加快水轮发电机组转子回路的磁场建立速度，多采用他励的直流励磁机系统。汽轮发电机的转速快，其自励直流励磁机的时间常数也不比水轮发电机他励的时间常数大，且少用一个副励磁机，又有利于减少厂房跨度，降低建筑成本，所以 100MW 及以下容量的汽轮发电机组多用自励的直流励磁机系统。

三、转子回路的灭磁问题（直流励磁机系统）

1. 灭磁原理

从母线上断开发电机的同时，应自动地使转子回路的直流电流很快地降为零。例如当发电机内部发生短路故障时，即使把发电机从母线上断开了，短路电流也依然存在，使故障造成的损坏继续扩大；只有将转子回路的电源电流也降为零，使发电机的感应电动势尽快地减至最小，才能使故障损坏限制在最少的范围内，最常用的办法是在转子回路内加装灭磁开关 SD。

在直流励磁机系统中，一般用接触器或自动空气断路器改装成的灭磁开关SD，其接线如图2-31。当发电机从母线上断开进行灭磁时，SD先合上灭磁电阻R。然后再断开主励磁回路。SD触头动作的这种次序，是为了避免在灭磁过程中转子绕组两端产生过高的电压，并使灭磁过程能够很快地进行，原理如下。

图2-32（a）表示未装灭磁开关时，转子回路的灭磁过程。断开励磁回路时，转子绕组内储存的磁场能量只能消耗在开关S的触头之间。图中表示此时转子绕组承受的电压e_r为$L\dfrac{di}{dt}$，即电流熄灭得愈快，e_r就愈大，转子绕组因承受过高的电压而损坏的可能性愈大；另一方面，开关S触点的电压为u_e+e_r，由于e_r很高，所以开关S的断弧负担很重，以致造成触头的损坏和灭弧过程的延长。为了解决这些问题，需加装灭磁开关，有灭磁开关SD后的灭磁过程如图2-32（b）所示。灭磁时，先给rL并联一灭磁电阻R然后再断开励磁回路。有了R后，转子绕组rL的电流就按照指数曲线衰减，并将转子绕组内的磁场能量几乎全部转变成热能，消耗在R上。因而使SD断开触头的负担大大减轻。

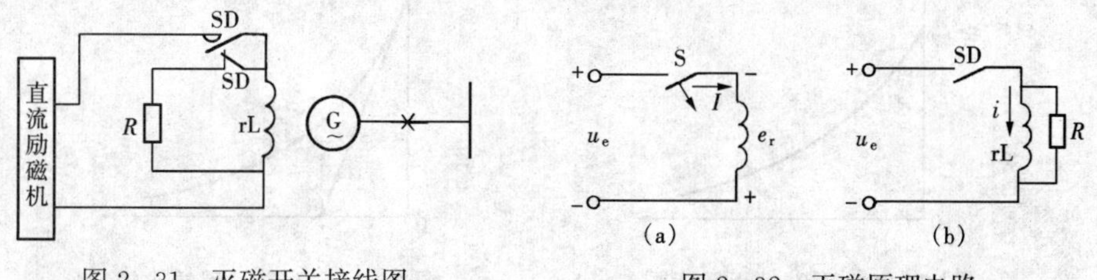

图2-31　灭磁开关接线图

图2-32　灭磁原理电路

（a）未装火磁廾关时；（b）安装灭磁开关时

由于rL—R回路中的电流是按指数曲线衰减的，如图2-33所示，在灭磁过程中，rL的端电压始终与R两端的电压e相等，即

$$e_{rL}=e=iR$$

式中　i——rL—R回路中的瞬时电流值。

e_{rL}的最大值为

$$e_{rL0}=i_0R$$

式中　i_0——i的初始值。

这样在灭磁过程中，e_{rL}就是可控制的了，其最大值与R的数值成正比，R越大，图2-33的曲线衰减得越快，灭磁过程就越快，但e_{rL0}也就越大；R越小，e_{rL0}就越小，转子绕组比较安全，但灭磁过程就慢些。手册规定R的数值一般为转子绕组热状态电阻值的4～5倍。灭磁时间约为5～7s。

2. 理想的灭磁过程与快速灭磁开关

图2-33表示的灭磁过程，虽然限制了rL的最高电压e_{rL0}，保证了转子绕组的安全。但是它并没有自始至终地充分利用这一条件，即在灭磁过程中始终保持rL的电压为最大允许值不变。而是随着灭磁过程的进行，e_{rL}逐渐减小，因而灭磁的过程就减慢。

理想的灭磁过程，就是在灭磁过程中始终保持的端电压为最大允许值不变，直至励磁回路断开为止。由于

$$e_{rL}=L_{rL}\frac{di}{dt} \tag{2-13}$$

式中　L_{rL}——转子回路的电感。

e_{rL} 不变，就是使$\frac{di}{dt}$=常数。在灭磁过程中，转子回路的电流应始终以等速度减小，直至为零（而不是再按指数曲线减小了）。

比如在与图 2-32（b）同样的转子最大允许电压值下（用 R_{rL} 表示转子回路电阻；e_{rL} 表示转子端电压的额定值），即在 $R=(4\sim5)R_{rL}$，$e_{rL0}=i_0R=(4\sim5)e_{rLN}$ 的条件下，图 2-27 的灭磁过程是按图 2-34 的曲线 1 进行的，其灭磁速度愈来愈慢。磁场电流衰减的时间常数为

$$\tau=\frac{t_{rL}}{(5\sim6)}=(0.167-0.2)t_{rL}$$

式中　t_{rL}——转子本身的时间常数。

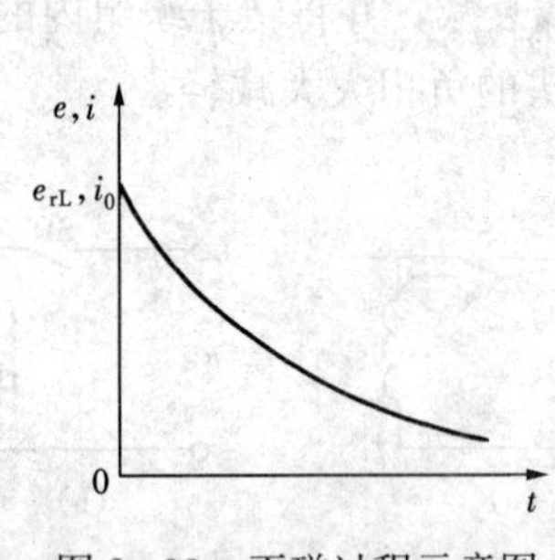

图 2-33　灭磁过程示意图

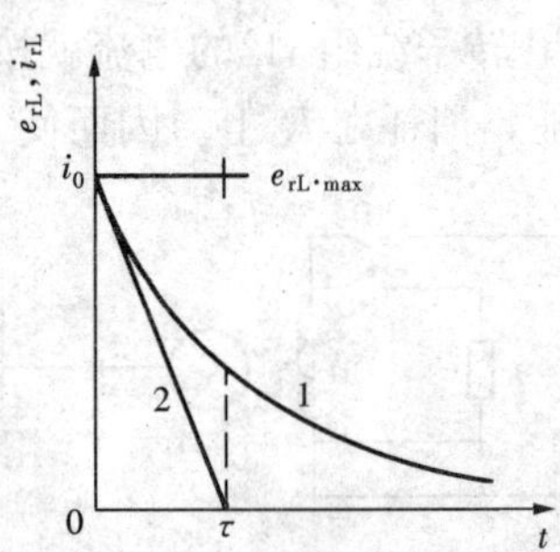

图 2-34　灭磁过程的比较

理想的灭磁过程则是按直线 2 进行的，i_{rL} 一直按等速减小，在到达 τ 即（0.167～0.2）t_{rL} 时降为零，而在这过程中，转子绕组的端电压始终保持为 $e_{rL.N}$ 不变。

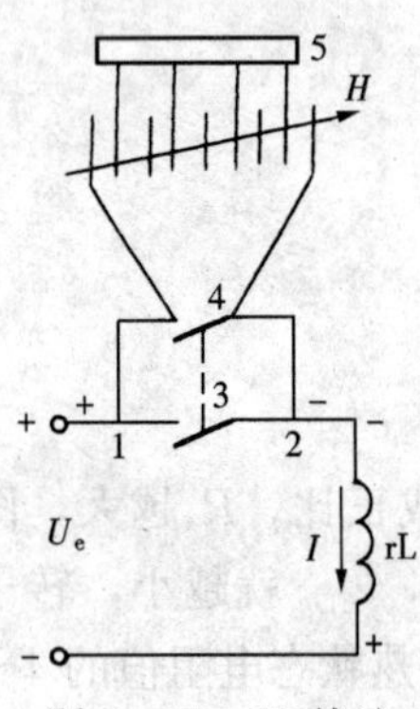

图 2-35　SD 快速灭磁开关原理示意图
1、2—接点；3—主触头；4—灭弧触头；5—灭弧栅

SD 快速灭磁开关就是为实现这一原理做成的，其原理示意图如图 2-35。SD 快速灭磁开关带有灭弧栅，它利用串联短弧的端电压不变的特性控制灭磁过程，使之接近于理想灭磁情况。

在灭磁过程中，SD 的主触头 3 先断开，4 仍关闭，故不产生电弧；经极短的时间以后，灭弧触头 4 断开，在它上面产生了电弧。由于横向磁场 H 等的作用，电弧上升，被驱入灭弧栅 5 中，把电弧分割成很多串联的短弧，任其在灭弧栅内燃烧，直到励磁绕组中电流下降到零时才熄灭。由于这些短弧的长度不变，所以当电流在很大范围内变化时，其压降也不变，命每个短弧压降为 e_Y，其有 n 个串联，于是得

$$e_{SD}=ne_Y=e_{21}$$

式中　e_{SD}——灭磁开关触头间的电压。

从图 2-35 可得

$$e_{rL}=e_{21}-U_e=ne_Y-U_e \tag{2-14}$$

由于 e_Y 与 U_e 都是常数，所以 e_r 在灭磁过程中保持不变，根据式（2-13）磁场电流就以等速衰减，直至于零。

适当选择 n 与 e_Y，使式（2-14）能得到满足，即

$$ne_Y=e_{rL,max}+U_e$$

则灭磁过程就按图 2-34 的直线 2 进行，在（0.167～0.2）t_{rL} 的时刻电弧熄灭，灭磁过程结束。这当然只是理想的情况，实际的灭磁时间约为 0.181t_{rL} 或稍长些，与理想灭磁过程的时间相当接近，故称为快速灭磁开关。

快速灭磁开关在大型机组上得到日益普遍的运用。其缺点是当转子电流过小时，反而不能很快地断弧。原因是电流小，磁动势 H 的数值就大为减小，吹弧能力也大为减弱，以致不能把电弧完全吹入灭弧栅 5 中，因而使快速灭磁过程失败，这是应予注意的实际问题。

四、直流励磁系统举例

现举一个自励直流励磁机系统的全图，作为了解励磁系统全貌的例子，图 2-36 为本例接线图。该励磁系统的自动调压器的电流既可送至励磁机的附加绕组也可送至主励磁绕组，并采用了快速灭磁开关，设有继电强行励磁。图中电阻 R_{1m} 称为减磁电阻。当发电机从母线断开时，为了避免励磁机的过电压而加在励磁机的励磁回路内，由灭磁开关控制投入的一个高值电阻，它起着将励磁机的感应电动势迅速降低的作用。R_{1m} 的数值约为励磁机励磁绕组电阻值的 10 倍。这种作用称为强行减磁。

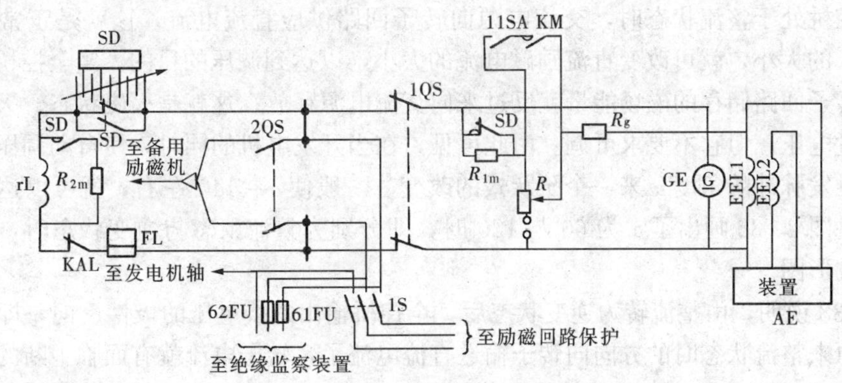

图 2-36　自励直流励磁机系统接线全图

R_{2m} 称为自同期保护电阻。当发电机以自同期方式并列时，断路器合上后，定子旋转磁场会在非同步转速的转子回路中感应出一很高的电动势，其值足以危及转子绕组的绝缘，这时需要在转子回路的两端跨接一个保护电阻 R_{2m}，以减少转子回路的端电压。转子回路的励磁开关投入后，此电阻被自动切除。R_{2m} 的大小可为转子电阻的 4～5 倍或由厂家规定。

五、交流励磁机系统的逆变灭磁

交流励磁机系统当然也应该满足电力系统运行提出的在强励作用方面的要求，也存在着发电机转子回路的灭磁问题等。但所采用的办法应与其励磁系统的工作特性相适应，而不能照搬直流励磁机系统的方案。下面仅就交流励磁机系统中可能采用的逆变灭磁的方案，进行一些讨论。

在交流励磁系统中（不论有无励磁机），如果采用了全可控整流桥向转子供应励磁电流时，就可以考虑应用全可控整流桥的有源逆变特性来进行转子回路的快速灭磁。虽然晶闸管的投资增加了，但在主回路内能不增添设备就进行快速灭磁，也是其优点。

全可控整流桥励磁又能进行逆变灭磁的转子回路原理接线图如图 2-37 所示。它由两部分组成：一部分是全可控整流桥；另一部分是转子过电压保护回路。

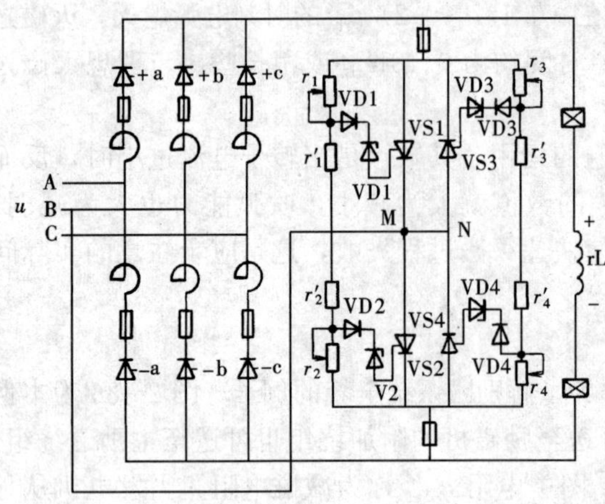

图 2-37 转子回路全可控整流桥逆变灭磁原理接线图

1. 全可控整流桥

在有关电子学的基础课中已经讨论过全可控整流桥（简称全控桥）的整流与逆变两种状态的条件与输出电压的波形。对于全可控整流桥，在一个周期内每隔 60°要轮流触发各相应的晶闸管，触发的顺序是＋a、－c、＋b、－a、＋c、－b、＋a…。虽然发电机转子是一个铁磁体，电感很大，续流作用很强，但为了保证小电流情况下全控桥的可靠运行，最好采取双脉冲触发制或脉宽大于 60°的办法。对于全可控桥，一般以自然换相点为 0°，触发脉冲角 α 决定了全可控整流桥的工作特性。$0° < \alpha < 90°$，全控桥处于整流状态；$90° < \alpha \leqslant 180°$，全控桥处于逆变状态。

当全控桥处于整流状态时，交流电源向转子回路供应直流电流，这就是正常的励磁状态。改变 α 的大小，就可改变直流励磁电流的大小，以达到调压的目的。当全控桥处于逆变状态时，转子回路储存的磁场能量就反过来向交流电源释放；这就是灭磁状态。灭磁要求快速，不要过电压，但它不要求可调。由此可见，在当开发电机的同时，使自动调压器向全控桥发出的触发脉冲的角度 α 来一个阶跃式的改变。一般使 $\alpha=140°$左右，就可以达到逆变灭磁的目的。图 2-38 画出了 α 为 60°与 120°时，即分别为整流状态与逆变状态时，全控桥输出电压的波形图。

图 2-38 说明，由整流转为逆变状态后，全控桥输出的线电压的极性反向，即交流电源不能再按原来整流状态时的方向向转子输送直流电流了，转子电流就有面临中断的危险。由于转子的电感很大，当电流要突然减小时，它就会产生一个很高的反向电动势，在图 2-37 中以＋、－标明了方向，以维持其原有的电流。于是转子储存的磁场的能量就以续流的形式经全控桥的逆变状态反送到交流电源，以使转子磁场的能量不断减少，这样就达到了灭磁的目的。

图 2-38 中逆变状态时，全控桥的输出电压就是转子回路的端电压，因此在逆变灭磁时，可以认为 e_{rL} 基本上是不变的。根据式（2-13），转子电流就以等速度减小。当转子电流小到不足以维持全控桥的逆变状态时，全可控整流桥即自行断流，转子回路的残余电流就改由图 2-37 中的 r_1、r'_1、r_2、r'_2与 r_3、r'_3、r_4、r'_4两个并联电阻回路放电。r_1、r_2、r_3、r_4 阻值的整定应使逆变灭磁结束时，转子回路的残余电流在这两路并联电阻回路上的压降，不足导通稳压管 V1、V2、V3 及 V4，因而晶闸管 VS1、VS2、VS3、VS4 均不致导通，残余的转子电流就以经电阻放电的形式降至零。据试验，逆变灭磁过程约为 0.6s，而电阻放电过程约为 2.8s。可见逆变灭磁过程部分还是相当快的。

要保证逆变过程不致“颠覆”，逆变角 β 一般取为 40°，即 α 取 140°，并有使 β 不小于 30°的限制元件；其次是逆变灭磁过程中，交流电源的电压不能消失。很明显，外加电动势消失了，就不成其为有源逆变过程了。在这方面，外加电源为交流励磁机时，由于在逆变灭磁过程中，励磁机的端电压不变，所以灭磁过程就快；而当励磁电压是取自发电机端电压

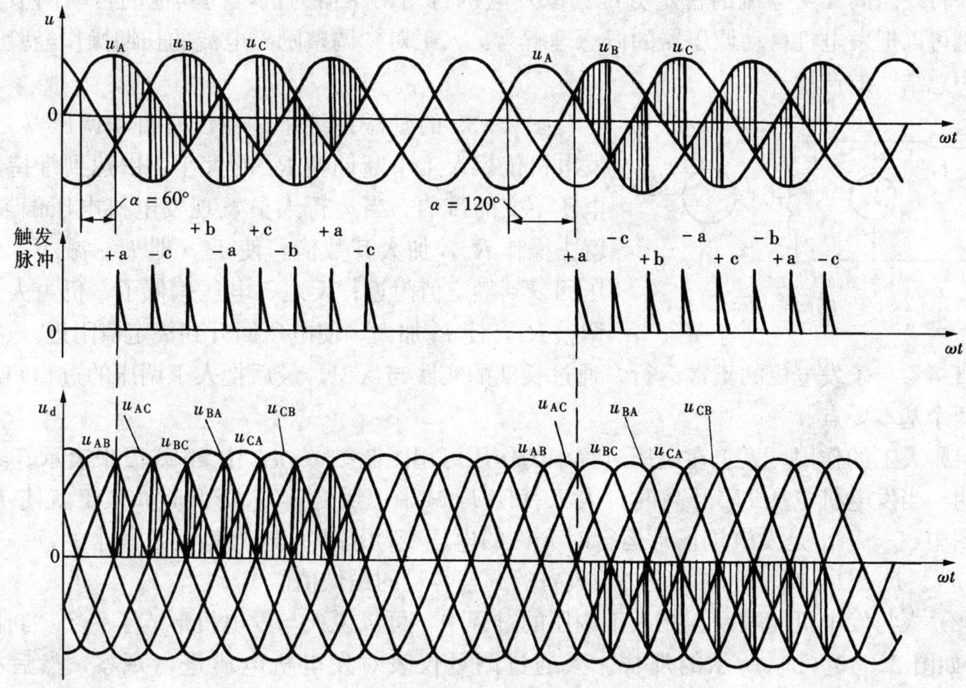

图 2-38　全控桥的整流与逆变波形

时，则随着灭磁过程的进行，发电机电压也随着降低，灭磁速度也随之减慢，总过程不如交流励磁机的快。

2. 过电压保护回路

当转子过电压如图 2-37 中的+、−方向时，其高电压经 r_1、r_1'、r_2、r_2'分压后，经二极管 VD2、稳压管 V2 而使晶闸管 VS2 导通，经二极管 VD1、稳压管 V1 而使晶闸管 VS1 导通，这些管子的导通就给转子的高电压提供了一条旁路；如果转子过电压是反方向时，则经过二极管 VD3、VD4，稳压管 V3、V4，而使晶闸管 VS3 及 VS4 导通，同样可为转子高电压提供旁路。这样就达到了转子过电压保护的目的。MN 连线的作用是利用励磁机 B 相的电位，在使原来处于保护导电状态的晶闸管 VS1、VS2 或 VS3、VS4，在不到励磁机交流电的一个周期的时间内，因晶闸管阳极电压反相而先后关断，保护电路因而停止工作，转子回路恢复到由励磁机经全控桥供电的正常状态。

至此，本章已对自动调节励磁系统的工作特性及其基本的自动控制设备，除自动调压器外，都已作了必要的讨论。很明显，自动调节励磁系统是必须包括自动调压器的。但是，现在除同步发电机的自动调压器外，还有运用较广的调压用电抗器（TCR）与电容器（SVC）等，因此另辟一节对电力系统的自动调压设备进行专门的分析与讨论。

第四节　电力系统自动调压器的概念与基本框图

电力系统自动调压器的最基本部分是一个闭环比例调节器。它的输入量是发电机电压 U_g 或线路送、受端电压 U_s、U_r。输出量是励磁机的励磁电流或线路电流，称为 I_e 或 I_L。它的主要功能有二：一是保持发电机的端电压或线路端电压基本不变；其次是保持并联机组间或并行线路间无功电流的稳定分配。以发电机自动调压器为例，同其他的自动调节器一样，也可以把发电机自动调压器的概念理解为：人工对“调整励磁电流的长期操作经验进行了集中总结”的产物。

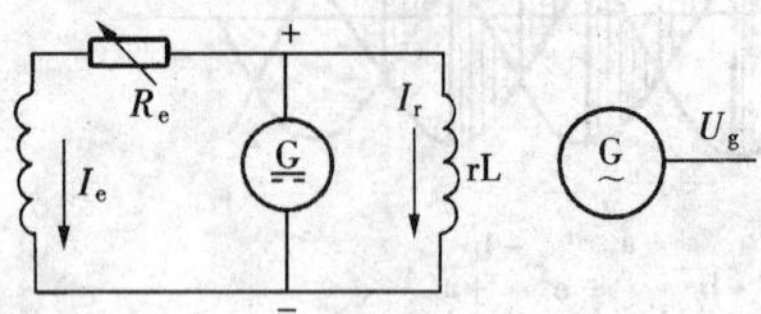

图 2-39 励磁系统一例

图 2-39 的励磁系统中，在没有自动调压器之前，发电机依靠人工不断调整 R_e 的大小，以达到维持其端电压不变的目的。当运行人员发现发电机电压偏高了，就去操作 R_e，加大其数值，使 I_e（即 I_r）减小，使电压回复到额定值附近；反之，电压偏低了，仍由人工去调整 R_e，使 I_r 加大，使电压回升到额定值附近。这样，人工直接参与了发电机的正常运行。通过长期的实践与认识，最后把人工调压的过程归结为下述两个基本要点。

（1）人工的作用。人工在调压过程中的作用可用图 2-40（a）中 $\overline{ab}$ 线段来表示。$\overline{ab}$ 线段说明：当发电机电压 U_g 升高时，人工就使 I_e 减小；反之，U_g 降低时，人工就使 I_e 增大。图中 $U_{ga}\sim U_{gb}$ 是发电机正常运行时允许的电压变动范围；这个范围是很小的，一般不超过 5%。$I_{ea}\sim I_{eb}$ 代表励磁系统必须具备的调整容量的最低值。

（2）人与发电机的联系。在人工调压的过程中，可以说人与发电机形成了一个“封闭回路”，如图 2-40（b）所示的那样。人通过测量仪表对发电机电压进行观察，然后按图 2-40（a）的规律作出判断，进行操作，去改变转子电流 I_e，这样就达到了调压的目的。

由此可见，如能按照上述特点制造一种设备，使它在正常运行的范围内也具有图 2-40（a）中 ab 线段的特性，而且也与发电机组成一个如图 2-41 中的封闭回路，就可以根据 U_g 的增量来改变励磁电流 I_e 的大小，实现自动调压的目的。从而大大减少，甚至完全解除值班人员在这方面的频繁劳动，并且显著地提高电压的质量。

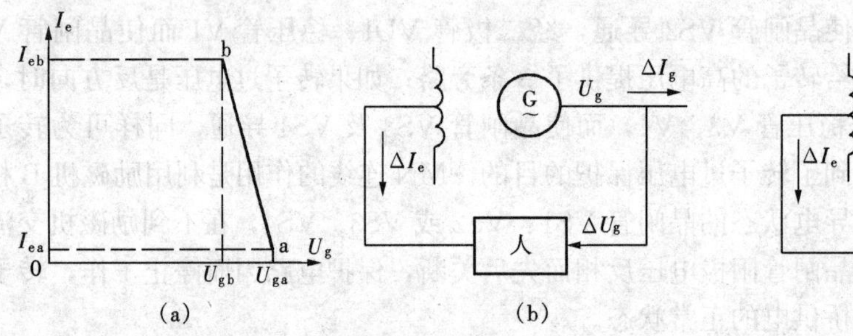

图 2-40 人工调压的作用

（a）人工调压的作用曲线；（b）原理框图

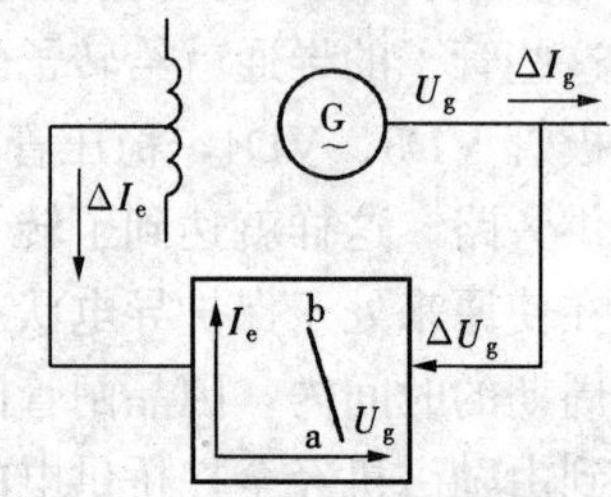

图 2-41 自动调压器概念

当发电机电压大于 U_{ga} 和小于 U_{gb} 时，即在 $U_{gb}>U_g>U_{ga}$ 这两个区域内，由于它们已不属于正常的运行范围，各种型号调压器的特性可以是不同的，不同的特性虽有优劣之分，但不论哪一种调压器，微机型的、全晶体管式的，电磁式的，等等，它们在 $U_{gb}\sim U_{ga}$ 区间，都必须具备图 2-40（a）中线段 $\overline{ab}$ 的特性，否则是不能进行自动调压的，因此线段 $\overline{ab}$ 是自动调压器共有的基本特性。这一点对分析和研究各种不同类型的电压调节器是十分重要的。

具有图 2-40（a）中 $\overline{ab}$ 线段特性的自动调压器的基本工作原理框图如图 2-42 所示。图中每个环节的微机子程序或晶体管具体电路及工作特性等，随所采用的芯片、元件、材料不同而有相当大的差异。但其基本工作原理则如图 2-42 的框图所示，将测得的发电

机端电压 U_g 与一基准电压 U_{rf} 进行比较，用其差值 ΔU_g 作为前置级至可控硅功率放大级的输入信息，最后在可控硅放大器的末端输出一个与此差值反方向的调整电流 ΔI_e，使调压器的输入量 U_g 与输出量 I_e 之间达到图 2-40（a）$\overline{ab}$ 线段表示的比例关系。当 U_g 下降时，I_e 就大为增加，发电机的感应电动势 E_g 随即加大，使 U_g 重新回到基准值附近；反之，当 U_g 升高时，I_e 就大为减少，又使 U_g 重新回到基准值附近。这就是闭环比例调节的工作原理。图 2-42 上还说明用于线路母线及负荷端电压的自动调节器，也是采用了同样的原理。

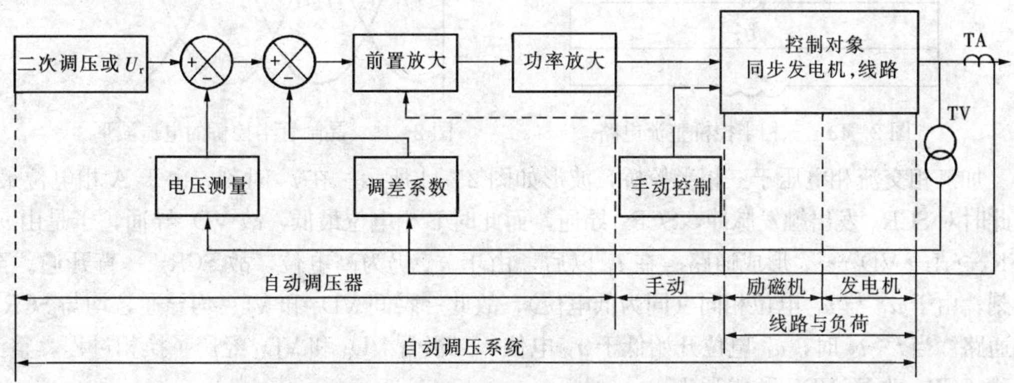

图 2-42 自动调压系统基本原理框图

目前，我国大小机组、并联电抗及电容上所使用的自动调压器种类较多，其工作原理也不尽相同。作为了解有关问题的例子，本书只准备介绍微机调压器的框图原理，及一种晶体管型的自动调压器的工作原理。关于调压器与电力系统稳定问题的关系，将在第三章中作一些必要的讨论。

一、同步发电机微机自动调压器的程序框图

图 2-42 所示的原理框图中，前置放大器之前的各项功能，微机自动调压器均可以用程序实现，例如参考电压 U_r 与测量电压 U_g 之差 ΔU_g，甚至考虑转子电流限制的强励曲线，图 2-26 等，都是如此。但前置放大与功率放大等需要功率或能量的环节，就不属于微机元件的范围，而且微机程序的输出还应该适应这些功率元件的输入特性的要求。因此，下面首先介绍现代自动调压器使用得最广泛的功率放大元件、晶闸管的工作特性。

1. 晶闸管主回路的工作原理

用于自动调压器的晶闸管整流电路主要由三相半控桥或三相全控桥组成，本节着重讨论三相半控桥的工作原理。

三相半控桥整流电路见图 2-43，是由三个晶闸管 SCR_A、SCR_B、SCR_C 和三个二极管 VD_A、VD_B、VD_C 组成的三相桥式整流电路，三相半控桥电路可以节省晶闸管元件，且简化了控制电路，但输出波形较全控桥差一些，不能实现逆变灭磁。

晶闸管的导通必须同时满足电位和触发两个条件，即晶闸管的阳极电位高于阴极电位，且在其控制极加正向触发脉冲时，晶闸管元件才能导通；一旦导通后，晶闸管则只能在其阳极与阴极处于反向电位时，才能截止。三相晶闸管整流桥完全适应了晶闸管的这种特性。三相半控桥电路可以将三个晶闸管元件的阴极连在一起（如图 2-43 所示），称为晶闸管共阴极型接线，也可以将三个晶闸管元件阳极接在一起，做成晶闸管共阳极型接线，这两种接线

的工作原理是一致的，只是对同步信号的相位要求不同。现以晶闸管共阴极型接线的三相半控桥电路为例说明其工作原理。

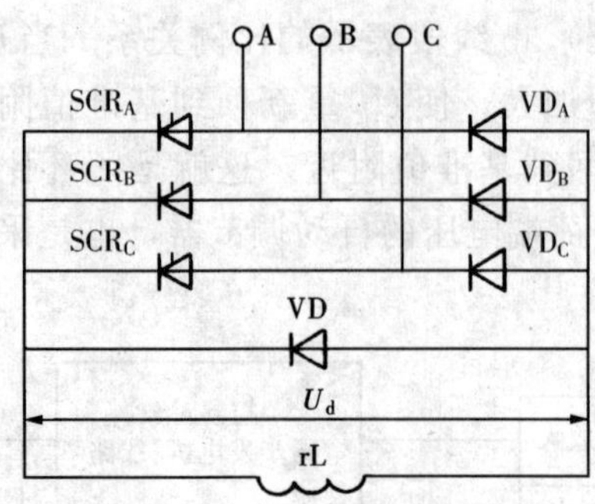

图 2-43 三相半控桥整流电路

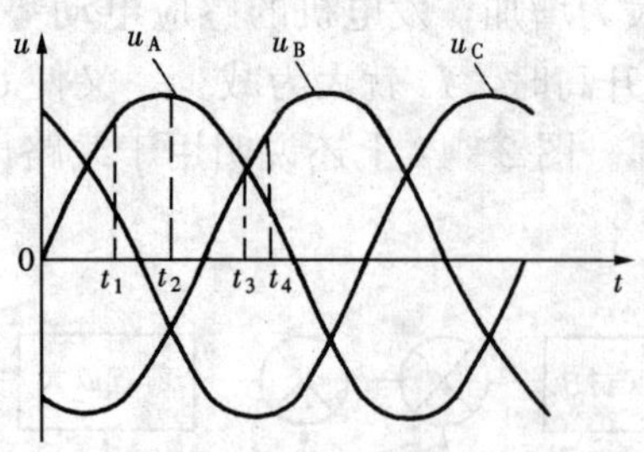

图 2-44 晶闸管半控桥的电压波形

加三相交流相电压于三相半控桥，波形如图 2-44 所示。在 t_1 时刻，由于 A 相电位最高，若此时对 SCR_A 发出触发脉冲，SCR_A 导通，而此时 B 相电位最低，故 VD_B 导通，于是由 u_A→SCR_A→rL→VD_B→u_B 形成通路。在 t_1 以后，由于 u_A 仍为高电位，故 SCR_A 一直开通。至 t_2 时刻，由于 u_B 与 u_C 电位相同（同为低电位），故此一瞬间 VD_B 和 VD_C 均导通，均与 SCR_A 构成通路。当 $t>t_2$ 时，u_C 电位开始低于 u_B 电位，二极管 VD_B 和 VD_C 经历了换相过程，整流电流由 SCR_A 改经 VD_C 形成通路。当 $t_3<t<t_4$ 时，虽然 u_B 电位已高于 u_A 电位，但因 SCR_B 的触发脉冲未到，故 SCR_B 不能导通，SCR_A 仍维持导电。当 $t=t_4$（相位上滞后 $t_1$120°）时，SCR_B 被触发导通，SCR_A 因此而处于反向电位，被关断，由此开始了 B 相可控硅元件 SCR_B 的导通过程，其工作情形与 SCR_A 的导通过程相仿，随后又会出现 SCR_C 的导电过程。从以上分析可以看出，对于晶闸管三相半控桥电路，只要使 SCR_A → SCR_B → SCR_C→SCR_A 依序被触发，则可完成晶闸管整流的任务。晶闸管整流电路在不同时刻加入触发脉冲时的导电情况和整流波形示于图 2-45。从波形图上可以看出，当 0°<α<60°时，整流波形是连续的，每个 SCR 元件的导通角等于 120°。当 60°<α<180°时，整流电压是不连续的，但励磁绕

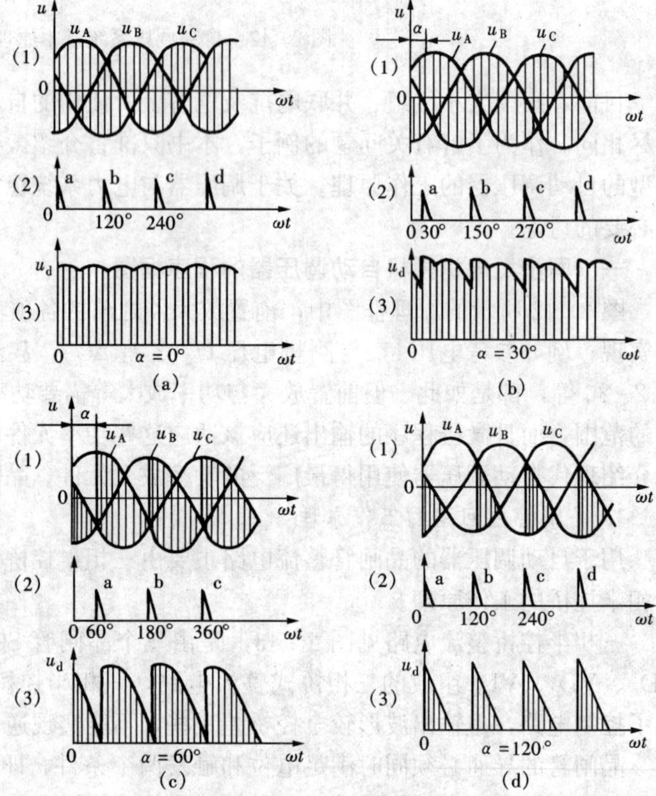

图 2-45 三相半控桥整流在不同导通角的输出电压波形

(a) α=0°；(b) α=30°；(c) α=60°；(d) α=90°

(1) 一加于晶闸管和二极管上的相电压（阴影为导通范围）；(2) 一晶闸管元件上的触发脉冲；(3) 一从相电压合成的直流输出电压

组是一个大电感，电感中的电流是不能突变的，因而在 rL 两端将感生很大的自感电动势，其方向是使所有晶闸管的阴极电位大大下降，阻止已导通的晶闸管关断，以维持电感 L 中原来的电流不变，这样便导致整流桥失控。在电路中装设续流二极管 VD 以后，在晶闸管电路关断时，励磁绕组电流可以通过续流二极管继续流通，从而使任一晶闸管都能可靠地关断，避免了失控现象的发生。

三相半控桥整流的平均输出电压 U_d 和触发角 α 的关系用下式表示

$$U_d = 1.35U_{\sim}\left(\frac{1+\cos\alpha}{2}\right)$$

式中　$U_{\sim}$——半控桥交流侧线电压有效值；

α——触发角，以自然换相角为 0°。

图 2-46 为据此作出的触发角 α 与输出电压 U_d 的关系曲线。显然，$\alpha=0°$时，整流输出最大，晶闸管元件处于全开放状态，$U_d=1.35U_{\sim}$，和三相不控整流桥输出电压一样。当 $\alpha=180°$时，晶闸管元件处于全关闭状态，输出为零。改变 α 可以改变整流输出电压的大小，以满足励磁调节对晶闸管元件实行控制的要求。

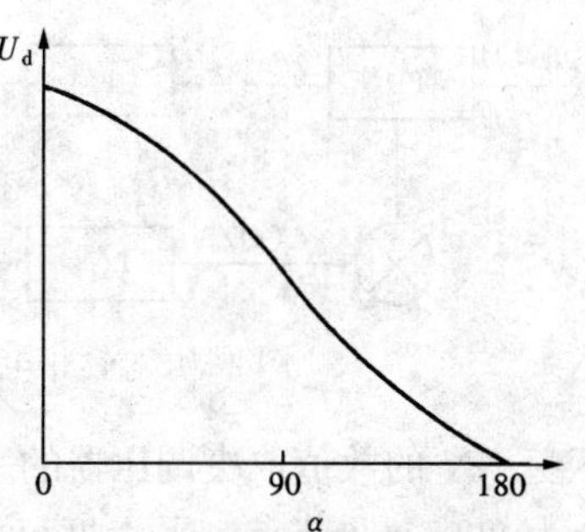

图 2-46　触发角 α 与输出电压 U_d 的关系曲线

2. 微机调压器的同步脉冲与触发脉冲

微机调压器可以使用图 2-43 的半可控整流桥，也可用图 2-37 的全控整流桥作为功率放大元件，但都需要对每个晶闸管确立其可以开始导电的时刻，称为同步脉冲，从此开始计算其触发角，发出触发脉冲，此后根据调压的要求改变触发角，以使整流桥输出的直流电流符合图 2-40 (a) 中 $\overline{ab}$ 线段的特性，即可达到调压的目的。现以图 2-43 的半可控整流桥为例，对微机调压器同步脉冲与触发脉冲分别进行讨论。

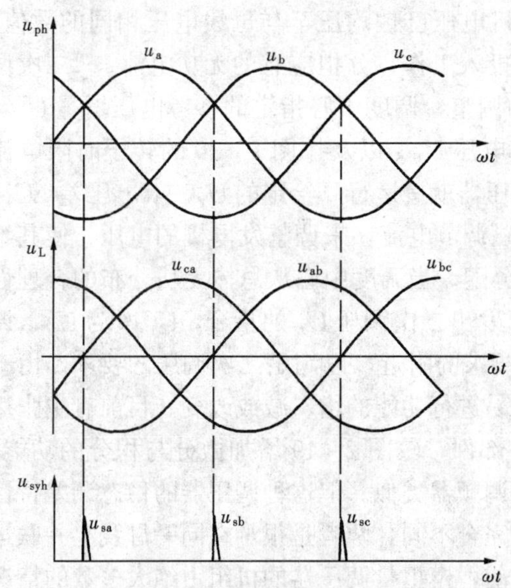

图 2-47　同步脉冲原理图

图 2-47 说明，a 相晶闸管的同步脉冲 u_{sa} 应在 u_a 与 u_c 自然换相角时发出，即在图 2-47 上线电压 u_{ca} 的过零点变正时发出，这并不困难，第一章已对过零脉冲一种技术方案作过仔细讨论。同理，在图 2-47 上也表明了 u_{sb} 与 u_{sc}，它们依次滞后 120°。

根据图 2-40 (a) 中 $\overline{ab}$ 线段的特性，晶闸管的触发角 α 应与电压差（ΔU_g）成反比，电压越低，偏离 U_N 越大，α 就越小，增加的励磁电流 ΔI_e 就越大，以使 U_g 重新回升到 U_N 附近。α 的大小则由微机的计数功能来完成，在同步脉冲分相到达后，微机调压器的相关程序开始分相先后计数，达到所要求的 α 值时，就发出触发脉冲。

严格地说，对于每个 α 值，与之相应的计数值应该不随电力系统频率的波动而改变，因为不论频率是否偏移，每个周期都是360°，并应以此来计算α的数值。微机调压器内部是晶体振荡器，其频率可视为不变的，于是当电力系统频率略高时，同样的计数值代表的α会偏大，而频率略低时，会偏小。为保持计数脉冲与α间的线性关系，另用一种振荡频率与电力系统频率时刻保持同步的装置作为计数脉冲的电源，这就是图2-48的锁相振荡器（Phase－locked Oscillayor）PLO。图中PD为鉴相器（Phase Detector），利用$f_i(t)$（Input Frequency）与$f_0(t)/N$（Output Frequency）的相位差输出一直流电压$u_d(t)$；LF（loop filter）为一线性滤过器，使$u_c(t)$不存在$u_d(t)$中的干扰因素；VOC为一压控振荡器（Voltage Controlled Oscillator），其振荡频率可由$u_c(t)$进行控制。$f_i(t)$的频率的变动，首先必反映在相位的变动上，根据反馈系统的工作原理，只有在f_i等于f_0/N时，图2-48的工作频率才会稳定，所以f_0一定等于NF_i，因此由f_0取出的计数脉冲必与f_i的变化同步，即对其360°的计数值不变，对应的α值也不变。N的数值取决调压器的平滑度，半控整流桥的正常工作范围为120°，如认为可将其分为200个调节点，平滑度已满足设计要求，则$N=600$。其实，对于全控整流桥确需要较为精确的α角控制，因为在临界状态下，α的控制失误，可能使桥路出现逆变状态，从而颠覆了整个励磁系统，成为严重事故；但这种可能性在半控整流桥是不会出现的，所以不一定要用锁相环路来生产α的计数脉冲，由于微机调压器有存储、计数、比较及子程序设计等功能，而上述PLO环路并不复杂，但安全可靠，所以在微机调压器中一般都加以采用。

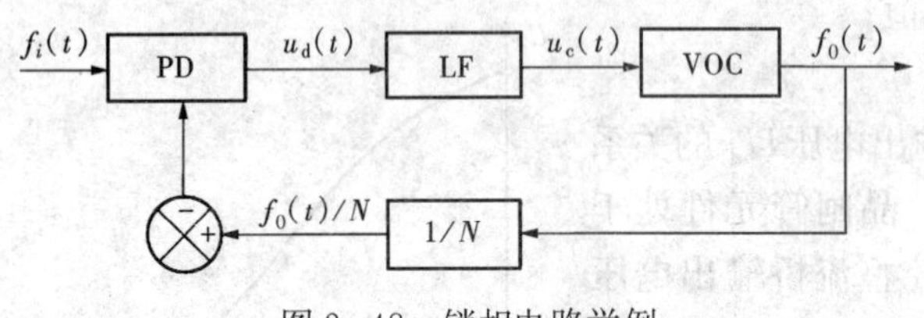

图2-48 锁相电路举例

3. 微机调压的原理程序及调压器示意框图

图2-49（a）是同步发电机微机自动调压器示意框图，图2-49（b）是其原理程序。其中“启动AVR”表示并列过程已经结束，发电机电压已被均压至与母线电压相同的数值，随即启动同步发电机AVR程序，将自动调压器投入工作，分担应有的无功电流。“二次调压”包括了较多内容：如已讨论过的调差系数的调整，调度中心指定的参考电压增量$U_s=\Delta U_r$，下章要讨论的提高运行稳定性的附加励磁电压U_{PSS}以及按图2-26的转子时限电流等。正常运行时，二次调节电压均为零，微机调压器就按运行厂给定的U_r，求出压差ΔU_g，据此算出触发角α，改变晶闸管整流桥输出的励磁调节电流，来调整发电机的电压，使其维持在U_N附近，使无功功率在机组间进行合理的分配。当调度中心从总体无功分布的合理性出发，认为应改变该厂的母线电压时，即向该厂发出二次调压U_s的指令，U_r改为U'_r，调压器输出的励磁电流就使母线电压保持在U'_r值要求的附近，以满足二次调压的要求。由于微机调压器的功能是通过程序实现的，因此很容易进行功能的增、减或改变。目前有主张用PID数值调节器芯片作为微机调压器装置的核心部件，较图2-49增加微分与积分的功能，以改善其动态特性，其工作原理与第七章的积差调频器类似。但这种调压器的稳态调差特性与现有的大量的模拟量调压器的调差特性的原理完全不同，两者是很难在同一母线上并联运行的。电力系统对电压的要求不如频率严格。目前，模拟量调压器的机组占绝大多数的情况下，对微机DIP调压器可不多述。

当系统发生故障需要发电机按图2-26的时限曲线增发无功电流时，制造厂在微机调压

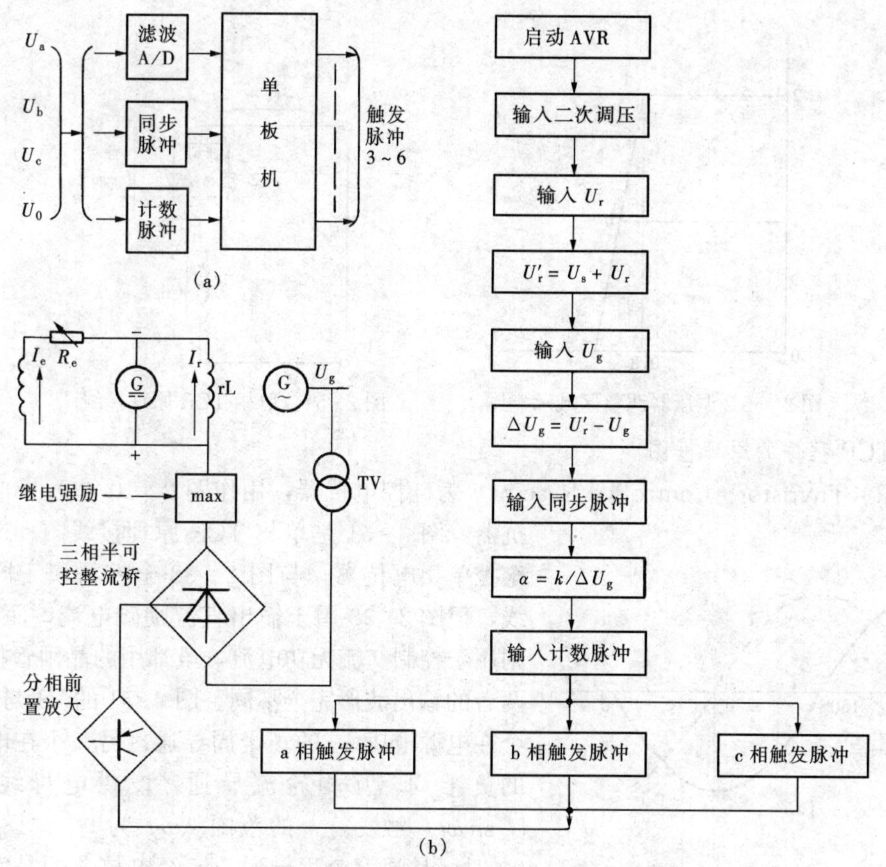

图 2-49　同步发电机微机自动调压器的原理框图

(a) 微机自动调压器端部图；(b) 调压器程序的原理框图

器内储存有该曲线的数值函数，用其作为 U'_r 的新值，调压器就会使触发角 α 跟随新值 U'_r 的 ΔU_g 而变化，既使发电机增发无功电流，又使转子不会过热；当继电强行励磁动作时，励磁机电压到达顶值，自动调压器被旁路，强励电流不由调压器供给。由此可以看出，有继电强励的调压器应具备的调整容量要小于按转子时限曲线进行强励的调压器的调整容量，图 2-50 线段 $\overline{ab'}$ 代表有时限特性强励的调压器的调整容量，而线段 $\overline{ab}$ 则代表有继电强励的调压器的调整容量。图 2-25 表示的是一个直流励磁机系统，有自励调节电阻 R_e，继电强励时，R_e 几乎被全部短接，励磁达到顶值；如果不采取继电强励措施，短接 R_e，而完全由 AVR 供电，则不但要负担强励时的全部 I_r，取代原来由 I_e 供给的那部分调整电流，而且由于 R_e 存在，在 I_r 到达顶值时，I_e 却不可能也达到顶值，电枢电动势也达不到顶值。于是调压器还得向励磁机电枢供电，这当然是十分有害的，所以直流励磁机系统必须使用继电强行励磁。而交流励磁系统不需要 R_e，所以只能由调压器进行有时限的强行励磁。

二、输、配电线路的无功补偿问题

输、配电线路的无功补偿目前主要使用静止无功补偿器（Static Var Compensators SVCs），其包括 TCR 与 TSC 两种调压器件，现分述如下。

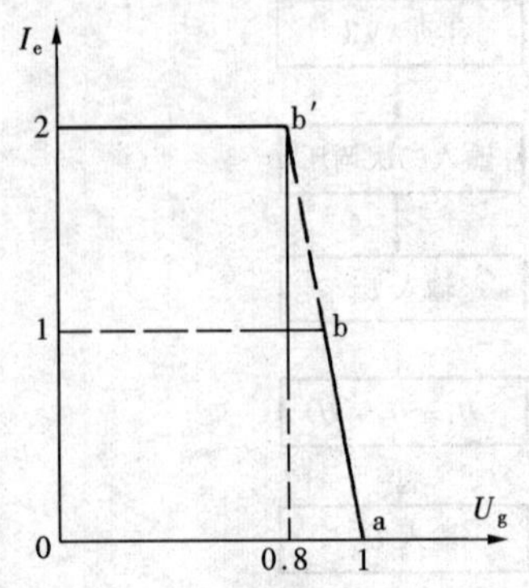

图 2-50 调压器调整区域示意图

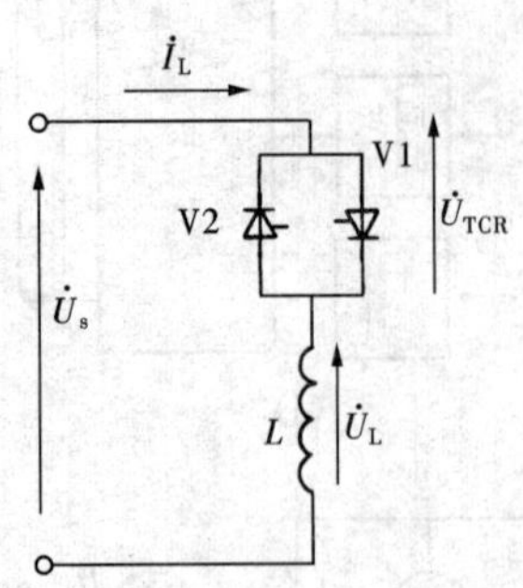

图 2-51 单相 TCR 原理接线图

1. TCR 程序的原理框图

TCR（Thyristor—Controlled Reactor）为硅控电抗器，用作图 2-10（a）中的调压电抗器，图 2-51 是单相 TCR 原理接线图。这是一个全控单相电抗器，与图 2-38 全控桥属于同一类接线，但图 2-38 用于输出直流励磁电流，而图 2-51 则用于控制交流无功电流，虽都用的晶闸管控制，但两者的输出波形完全不同。图 2-51 的 V1 与 V2 中一个在电源电压 u_s 的正半周导通，另一个在电源电压的负半周、互相轮流导通。设供电母线电压为 $U_s\sin\omega t$，触发角 α 的范围从 ωt 为 90°～180°。α 为 90°时，晶闸管全程导通，流经电抗器的是完好的正弦波；α 为 180°时，晶闸管全程关闭，TCR 无电流。图 2-52 举例说明 90°＜（α＝90°＋β）＜180°区间，电抗器电流受控制的波形图。忽视电抗器 L 的电阻，当晶闸管不存在时，流经电抗器的电流 i_r 滞后电源电压 u_s 为 90°，如图 2-52（a）的虚线所示，这是由于 i_r 的增减规律为 $L(\mathrm{d}i_r/\mathrm{d}t)=u_s$；当晶闸管接入后，$i_r$ 的增减规律仍不变。从 90°开始，i_r 按 u_s 的正值而不断增大，到 180°、u_s 为零时，i_r 停止增长；此后 $u_s<0$，但 i_r 并不立即跟着反向，而是维持原方向，利用反向电压经晶闸管逐步释放已经积累起来的磁场能量，释放的速度与该时刻的 u_s 有关，180°时，释放完毕也是正弦波形。图 2-52 说明了 TCR 的工作原理，将晶闸管 V1 与 V2 反相接入后，电抗器电流的增减规律仍为 $L(\mathrm{d}i_r/\mathrm{d}t)=u_s$，当 $\omega t=90°$时，u_s 虽为正，在没有触发脉冲时，也没有 i_L，u_s 全部降落在晶闸管上。图 2-52（b）说明，点燃角为 β 时，晶闸管导通，i_L 的增减规律与图 2-52（a）i_r 的相应部分完全一致，并表示熄灭角恰好为 270°－β。当然另一个晶闸管会在 270°后的 β 点燃，开始对 i_L 的下半周进行控制，其特性与上半周完全相似。图 2-53 表示触发角 α 为不同数值时，TCR 电抗器电流、端电压等的波形图。显然 i_L 导通角为 β，截止角为 270°－β 的条件是 u_s 的波形必须是 ωt 的奇函数，即对称于 ωt 的原点（0°、180°）。当 0°＜β＜90°时，i_L 波形都是不连续的，图 2-53 中的 i_L 的等值基波分量可分析如下。

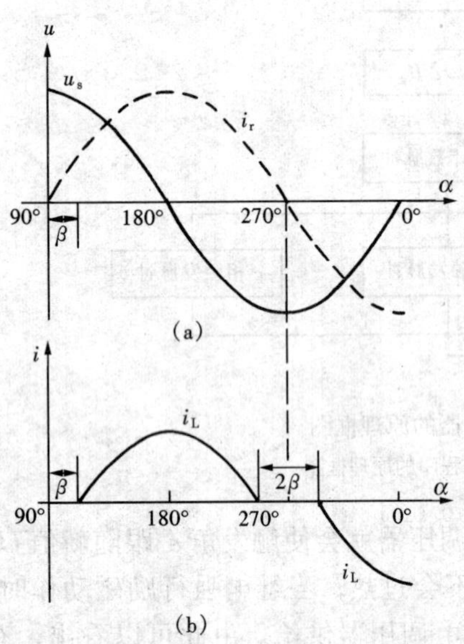

图 2-52 单相 TCR 工作特性示意图

(a) 晶闸管关闭；(b) 晶闸管导通

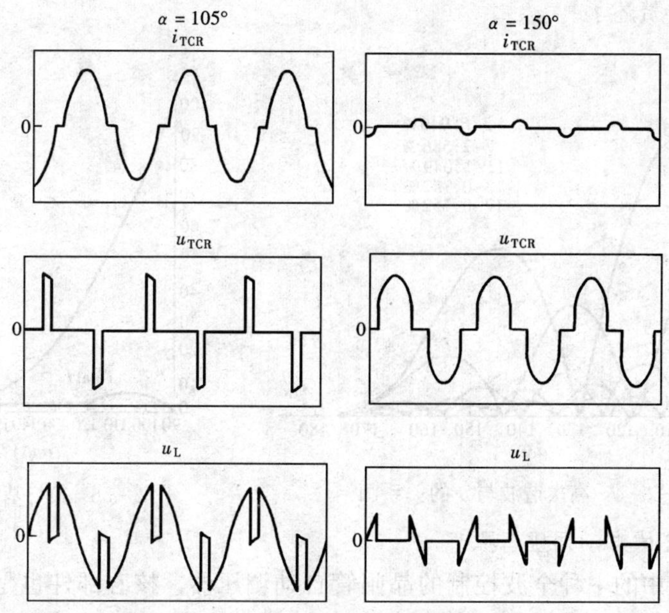

图 2-53　单相 TCR 各元件波形图

设 $u_s=U\sin\omega t$，由于 i_L 滞后于 u_s 为 90°，故有

$$i_L(t)=\frac{U}{\omega L}[\cos(\pi/2+\beta)-\cos\omega t],\beta\leqslant\omega t\leqslant3\pi/2-\beta$$

考虑到 i_L 的对称性，即 $i_L(t+T/2)=-i_L(t)$，运用 Fourier 级数法，可得其基波项的系数为

$$a_1=\frac{4}{T}\int_0^{T/2}i_L(t)\cos\frac{2\pi t}{T}\mathrm{d}t=1-\frac{2\beta}{\pi}+\frac{\sin2(\pi-\beta)}{2\pi}-\frac{\sin2\beta}{2\pi}$$

$$=1-\frac{2\beta}{\pi}-\frac{\sin2\beta}{\pi}$$

若代以 $\beta=\alpha-\pi/2$，α 为 $u_s=U\sin\omega t=0$ 瞬间开始计算的触发角，则有

$$a_1(\alpha)=2-\frac{2\alpha}{\pi}+\frac{\sin2\alpha}{\pi}$$

以 α 表示时，i_L 的基波分量为

$$I_1(\alpha)=\frac{U}{\omega L}\left(2-\frac{2\alpha}{\pi}+\frac{\sin2\alpha}{\pi}\right)$$

图 2-54 为其曲线图。

图 2-54 显示 i_L 的奇次谐波分量是不可忽视的，对于其中的三次谐波，可以用三相线电压的方式将其滤去，图 2-55 表示了高次谐波与 α 的关系；图 2-56 则表示了不同 α 值时，基波与谐波的关系，可看出 TCR 是实际可用的。至于在何种情况下，用何种接线方式滤去三次谐波，及对 i_L 高次谐波

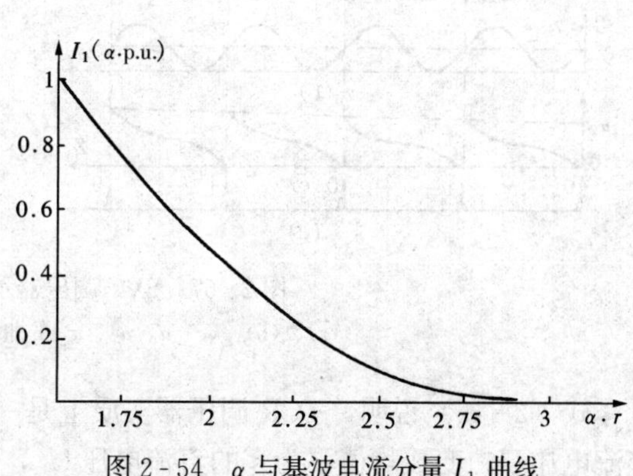

图 2-54　α 与基波电流分量 I_1 曲线

的分析等，就不再赘述了。

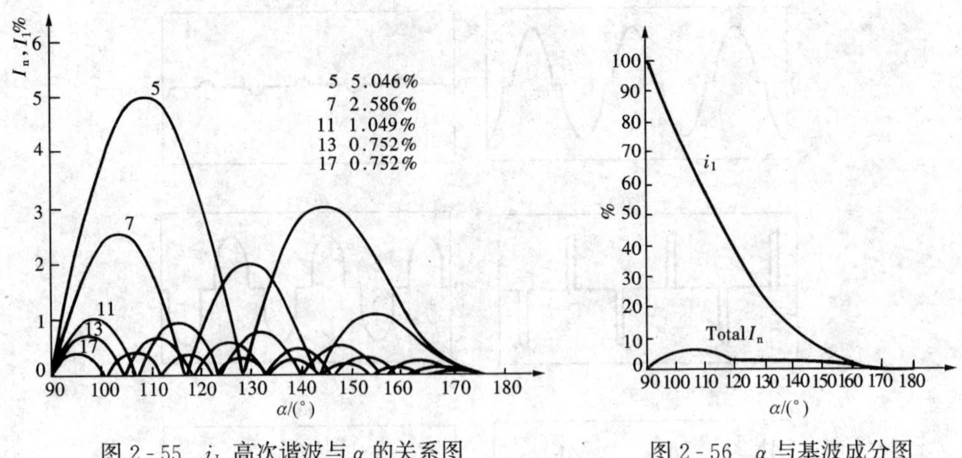

图 2-55 i_L 高次谐波与 α 的关系图　　图 2-56 α 与基波成分图

2. SVC-TCR 的自动调压器原理

TCR 是 SVC 中的一种全波控制的晶闸管自动调压器，核心部件也是一个“压控振荡器”，其主要原理与图 2-49、图 2-50 不同，所以原理接线图也相差很大，图 2-57（e）框图是应用较普遍的一种。

在图 2-57（e）中，母线电压经电压互感器引入并加以平方，即图（e）中的 U^2，作为 TCR 调压器的输入量，与经二次调压的参考值 U'_r 比较，差值为 U_C，再与限值 U_1 相加，其和值进入积分器，当积分到达 U_2 时，即启动脉冲发生器 PG（Pulse Generator），发出触发脉冲，一者进入二分器，如图（d）中所示，轮流触发晶闸管 V1 与 V2；另者将积分器清零，开始对下一次触发脉冲的积分计值。在正常稳定工作状态下，TCR 调压器正确工作的重要条件是

$$k\int_0^{T/2} U_1 \mathrm{d}t = 2f_0 U_2 \tag{2-15}$$

式中　f_0——系统的额定频率。

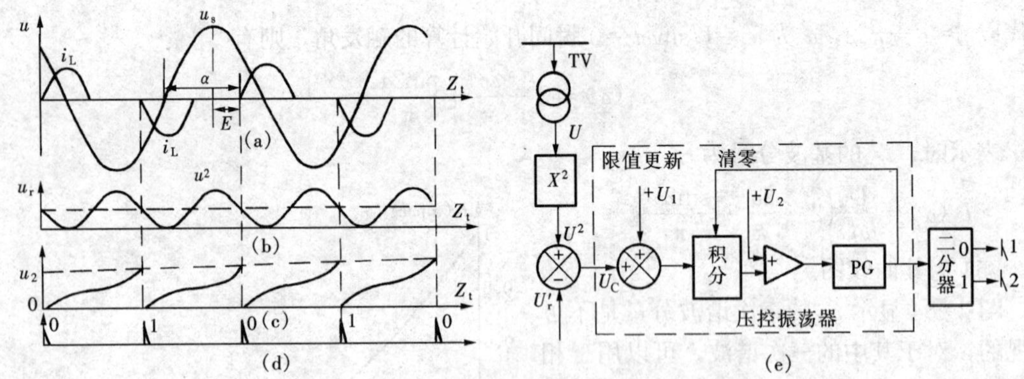

图 2-57 SVC 调压器示意框图及其工作特性

(a)、(b)、(c) u、u_r、u_2 的曲线；(d) 脉冲；(e) 原理框图

式（2-15）说明，TCR 调压器实质上是一个积分调节器。输入量之一为 U^2，目的是将交流电压 U，变成均值不为零的直流电压 U^2，以便与另一输入量、二次调整参考量 U'_r 进行

比较，图 2-57（b）表明了这一特性。按控制理论，积分调节的最终结果，是使输入的稳态值为零，即 u_C 的均值为零，所以从平均情况看，系统处于正常稳态运行时，积分器只对 u_1 进行积分。当达到 $2f_0u_2$ 时，就发出触发脉冲，并对积分器清零，进行下一轮工作。积分的限值写成 $2f_0u_2$，主要表示积分的周期是额定频率的半周，如图 2-57（c）所示；另一方面也说明其积分限值是不随系统频率改变的，这当然是个缺点，改进的办法是设法使 u_2 与系统频率的周期成正比，这会使设备复杂些，一般都不这样做，原因是有了自动调频后，系统频率变动不大，大都在 u_2 的安全限制值之内，故未给予特殊考虑。图 2-57 的 SVC 调压器的主要特点是运用了系统频率的半个周期为其积分限值的周期，如式（2-15）及图 2-57（c）所示，这样保证了 TCR 波形正、负半周的对称性，u_s 及 u_C 不含偶次谐波，不影响 u_s 对零点的对称性，不需在 u_C 配置滤波器，因而可以提高调压器的响应速度；又由于使用了积分技术，使 u_C 的一些随机性干扰受到抑制，不影响积分的结果，故性能较为稳定，使用得较为普遍。

在运行中，当 u_s 降低时，u_C 呈现负值，使 u_1 对积分器的输入减小，于是积分到达限值 u_2 的时间推迟，PD 推迟发出脉冲，使触发角 α 增大，电抗器电流的基波成分减小，以提高 u_s，直到 u_C 重新为零，u^2 又等于 U'_r，调节过程才会结束，这是无差调节，是积分调节器的特点。

要注意 TCR 与自动励磁调节器的不同，虽然都可使用可控硅的全控电路，但被控对象的差异很大，简单说来，AVR 的对象是直流电源，控制失误可能导致转入逆变状态，使励磁系统崩溃，所以对触发脉冲的同步性要求较严；而 TCR 控制的是一个本身不具电源能量的电抗器，即使控制失误，都在相电压的负半周触发，电抗器没有电流，也不致造成严重事故，只需改正 PD 输出脉冲序号与晶闸管 V1、V2 间的配合，TCR 就能正常工作了，这是由于 V1 与 V2 之间因式（2-15）而形成的半周限值积分的结果。在某些系统事故情况下，U_s 很低，或系统频率的偏离很大，总之完全超出了式（2-15）的约束范围，触发脉冲基本相距半周的条件就会丧失，触发就会出现混乱，电抗器不能正、负半周有序的导通，解决的办法是根据事故情况，更新 U_1 的设定值，使半周积分的限值要求能重新得到满足。

三相线路的 TCR 工作原理与单相的基本相同，但为了加强对线路谐波的过滤作用，在三相电抗器的接线上可有不同的几种方法，图 2-58 为三相 Δ 接法的 TCR 及其在不同触发角 α 时的线电流 i_{AB}、i_{CA} 与相电流 i_A。虽然 Δ 接法可以滤去 3 次等谐波，但在 $\alpha=140°$、输出的无功甚小时，而谐波占的分量仍较大。

3. TCR 的外特性

TCR 电抗器一般都需经过升压变压器 T 与高压线路相连，如图 2-59（a）所示，所以可选择正比于变压器后电压 $U'_r=U_{SN}+KI_LX_T$，作参考电压，如图 2-6 的曲线 2，即图 2-59（b）的曲线 0，但最终应使 U_s 具有下倾的外特性，如图 2-59 的曲线 2，能够与母线上其他的线路合理地分担无功补偿电流。如使 U_s 具有图中曲线 1 的特性，将不利于并联线路上电抗器的运行。当电抗器供给的无功容量超过 TCR 调整容量后，U_s 将按 I_LX_L 的数值上升；如再超过 TCR 的最大容许电流时，则应加以保护，使其不再加大。

4. SVC-TSC（Thyristor-switched capacitor）投、切电容器调压的控制问题

可以认为图 2-60（b）是瞬时投入或断开补偿电容 C，以实现对专线重负荷用户调压的

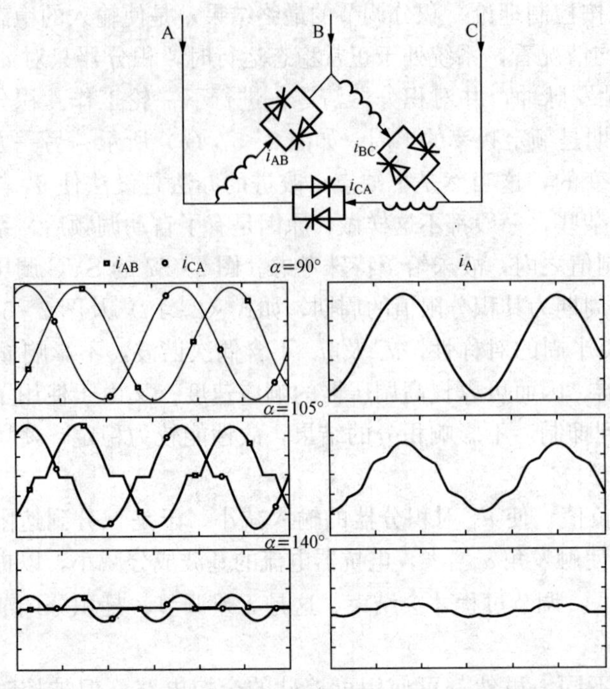

图 2-58 Δ接法的 TCR 及其在不同触发角 α 时的电流波形

原理接线图，图 2-60（a）则表示瞬时投、切可能出现的问题。电容器的初始电压为零，即 $u_C(0)=0$，如果投入瞬间 $u_s(0)\neq 0$，由于电容器的端电压不能跃变，就会出现 $i_C(0)=\infty$；如果投入瞬间 $u_s(0)=0$，由于 $i(0)=0$，就会出现 $\frac{di}{dt}=\infty$，以符合 $i(t)$ 的瞬时值，所以并联电容的快速投、切的问题是不能忽视的。实际的情况则如图 2-60（b）与（c）所示，图（b）表示用断路器 QF 投、切电容器 C，由于 QF 的投、切都由机械动作完成，需时较长，投入需 2 周波，断开约需 8 周波，且有接触电阻等，可以不按瞬时投、切来处理，而机械装置承受瞬时过电流的能力很强，所以 QF 可以直接投、切并联补偿电容器 C，但使用寿命较短。图 5-60（c）表示用反接的两个晶闸管投、切补偿电容，由于晶闸管动作快，投入只需半周波，而断开也只需一个周波，但本身承受电流的冲击能力低，所以必须串接一小电抗器 L 来缓解充电电流的冲击，而串联的 $L-C$ 电路会在晶闸管导通瞬间出现高频振荡或称高次谐波，现分析如下。

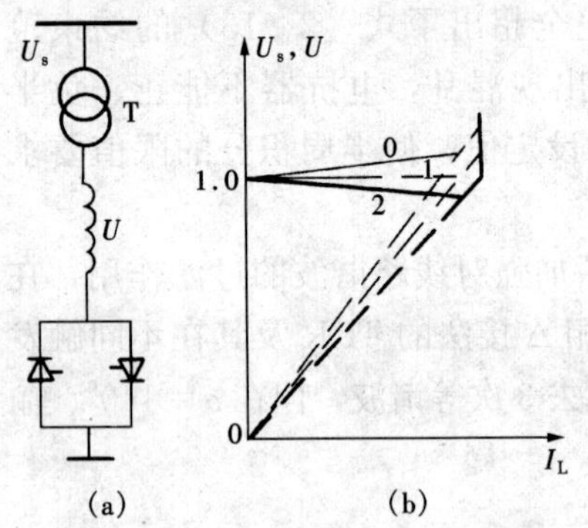

图 2-59 TCR 连接线及外特性

（a）电路图；（b）特性曲线图

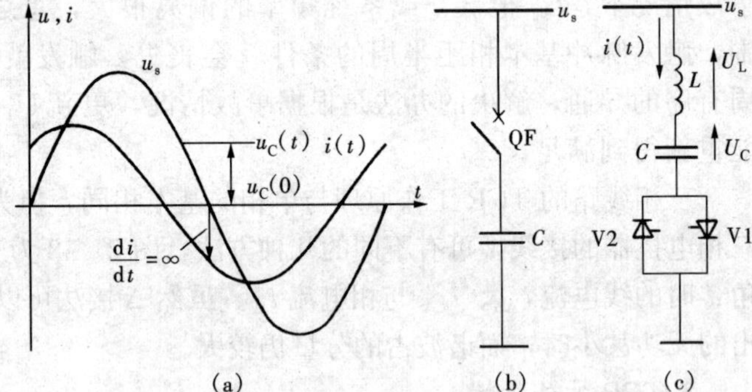

图 2-60 并联补偿电容投切电路及工作原理示意图

（a）曲线图；（b）工作原理接线图；（c）等值电路图

设图 2-60（c）中，$U_s=U\sin\omega_0\tau$，晶闸管的导通触发角为 α，则暂态方程式为

$$L\frac{d^2i}{dt^2}+\frac{1}{C}i=\omega_0 U\cos(\omega_0 t+\alpha)$$

初始条件为 $i(0)=0,\ U_{C0}=U\sin\alpha-L\left.\frac{di}{dt}\right|_{t=0}$

则暂态方程的解为

$$\frac{\sqrt{C}U\sin\frac{t}{\sqrt{LC}}\sin\alpha+C\sqrt{L}U\left(-\cos\frac{t}{\sqrt{LC}}\cos\alpha+\cos\omega_0 t+\alpha\right)\omega_0+\sqrt{C}\sin\frac{t}{\sqrt{LC}}U_{C0}(\omega_0^2LC-1)}{\sqrt{L}(\omega_0^2LC-1)}$$

$$=I_C[\cos(\omega_0 t+\alpha)-\cos\omega_n t\cos\alpha]-n\frac{1}{X_C}\left(U_{C0}-\frac{n^2}{n^2-1}U\sin\alpha\right)\sin\omega_n t \tag{2-16}$$

其中

$$\omega_n=n\omega_0=\frac{1}{\sqrt{LC}}=\omega_0\sqrt{\frac{X_C}{X_L}}$$

$$n=\sqrt{\frac{X_C}{X_L}}\ \text{及}\ \frac{n^2}{n^2-1}=\frac{X_C}{X_C-X_L}$$

$$I_C=\frac{U}{X_C-X_L}$$

在式（2-16）中，$\frac{n^2}{n^2-1}$与电抗器的大小有关，图 2-61 说明当$L-C$电路振荡频率ω_n达到 5 次谐波以上时，其值近于 1 而变动不大。式（2-16）说明，如电抗器L的数值不大，与并联补偿电容C构成的谐振频率达 5 次谐波或以上的数值时，即$\omega_n\geqslant 5\omega_0$时，当

$$\alpha=\sin^{-1}\frac{U_{C0}}{U}$$

$i(t)$将不再受电容器上残存电压的影响。但当$U_{C0}>U$时，这个条件是无法满足的，就得另想办法来减轻U_{C0}对$i(t)$的冲击影响。总之，要区分情况，用不同方法减轻U_{C0}对$i(t)$的冲击影响，具体控制线路有些繁琐，而原理简单，故不再赘述了。

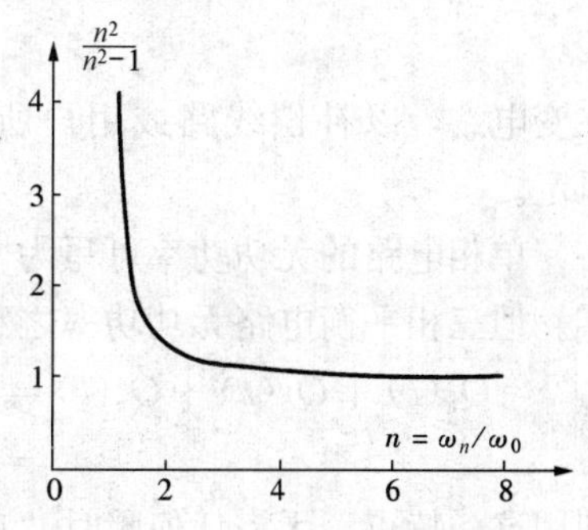

图 2-61　n对$\frac{n^2}{n^2-1}$的关系曲线

TSC 的晶闸管在运行的第一周期触发角为α，以后就轮流在$\alpha=90°$时，即$\tau=0$瞬间触发，形成完整的交流电流；当不再发出触发脉冲时，晶闸管停止导通，TSC 就关闭了，残存在电容器上的端电压恰好是供电交流电压的峰值，而无法迅速放电。所以在断开的一段时间内，晶闸管上承受的电压为电压峰值的两倍，故一般 TSC 上串接的晶闸管数目为 TCR 的两倍。

用 TSC 是无法进行平稳调压的，所以一般都并联一个同容量的 TCR，组成 SVC，用 TCR 均匀地调整容性无功电流，以达到平稳调压的目的，如图 2-62（a）所示。开始投入 TSC1 的同时，也投入 TCR，I_{TCR}的电流置于最大，总的无功电流为零。调压时，I_{TCR}的电流逐渐减小，容性电流I_{TSC1}就均匀地增加，直到 TCR 关闭，容性电流为$I_{TSC1.max}$；如果此时电压再降低，调节器再将 TSC2 与 TCR 同时“投入”，再经过改变以达到调压的目的。但图 2-62（b）也清楚地显示，TCR 上倾的$U-I_{TCR}$外特性，刚投入时，在当时负荷的阻抗下，会使电压U略有升高，因而造成了容性补偿电流的失灵区，即图中虚线为边界的阴影区域，解决的办法是加大 TSC2 及其以后各节补偿电容的容量，使其略大于 TCR 的感性电流，当刚同时工作时，失灵区会被多出的容性电流覆盖而消失。

当 TCR 有可能单独工作时，图 2-62 中的 5 次及以上谐波的滤波电路是不可或缺的。

三、(电子) 无功功率发生器原理

输、配电线路使用的（电子）无功功率发生器（Static Var Generator，SVG）主要安装

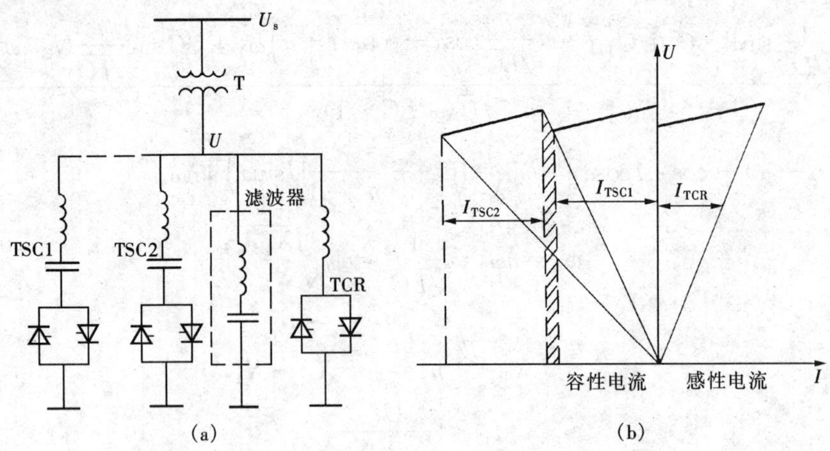

图 2-62 SVC（TCR-TSC）接线及工作原理图

（a）接线图；（b）工作原理图

在变电站，以补偿线路或用户所需（感性或容性）无功的缺额，维持变电站母线电压的恒定。

单相电路的无功功率可写为 $Q_\varphi(\mathrm{t})=K_{\mathrm{VI}}\sin(2\omega t)$，其平均功率为零，而瞬时功率不为零。但三相平衡电路无功功率之和的瞬时值也为零，即

$$\begin{aligned}Q_a(t)+Q_b(t)+Q_c(t)&=K_{\mathrm{VI}}[\sin(2\omega t)+\sin2(\omega t-120°)+\sin2(\omega t-120°)]\\&=0(t)\end{aligned}\tag{2-17}$$

利用这一特点，无需任何瞬时“功率资源”，只要有电压资源，再运用电子器件，就能向线路发送大量的三相无功功率，实现对线路的无功补偿，这就是 SVG。SVG 实质上是一个逆变器：利用电容器的直流电压资源、发出强大三相无功功率的逆变器。图 2-63（b）为 SVG 的示意图，开关晶闸管（Gate Turn Off thyristor，GTO）组成的三相逆变器即为无功功率发生器，直接与升压变压器的二次侧相连。SVC 与 SVG 一般都称为并联的无功功率补偿器，图 2-63（a）并列地绘出 SVC 的简图。SVC 除可控硅晶闸管外，还装有能承受相电压及无功电流的电抗器及电容器等大型器件，占地较 SVG 大，这是 SVG 的一个优点。但在探讨具体方案时，还应注意两者在电气性能上的差异，如耐压强度、容许电流及与有功协调控制等因素，SVG 并非在所有场合都适用。

SVG 与主系统的连接如图 2-64，SVG 的 U-I 工作特性可分析如 2-65 所示。当变电站感性无功负荷过大使 U_s 低于额定值 U_{ref} 时，如图 2-66（a），于是有 $U'_s>U_s$，即 SVG 控制器令 SVG 向系统送出容性无功电流为 i'_s。按图 2-64 可得

$$i'_s=\frac{U'_s-U_s}{\mathrm{j}X_T}=\frac{\Delta U'_s}{\mathrm{j}X_T}=\frac{-\Delta U_s}{\mathrm{j}X_T}$$

其中 X_T 为变压器的漏电抗，或外接小电抗器。

X_T 值甚小，不大的 $\Delta U'_s$也可获得足够大的无功电流 i'_s，相当于给系统并联了一条供应感性无功功率的支路，减轻了主线路上无功功率的负担及由此产生的压降，使 U_s 回到 U_{ref} 的数值。图 2-67 显示了 $\Delta U'_s$与 i'_s的基本关系。

设 i'_s使主线路减小的感性无功电流为 Δi_s，因此由图 2-64 应有

$$i'_s+\Delta i_s=0$$

得

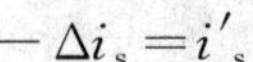

$$-\Delta i_s = i'_s$$

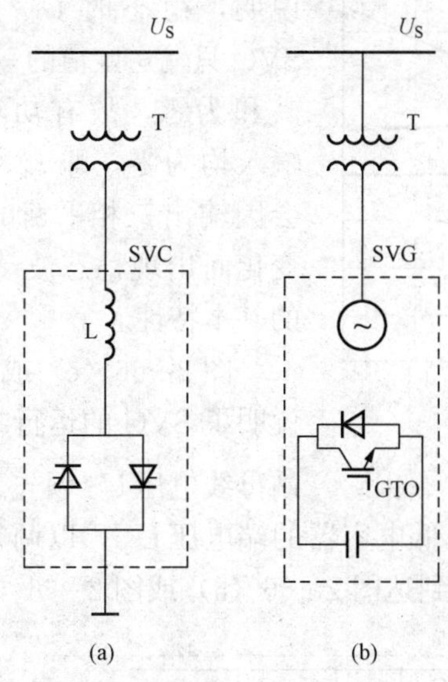

图 2-63　并联的无功功率补偿器

(a) SVC；(b) SVG

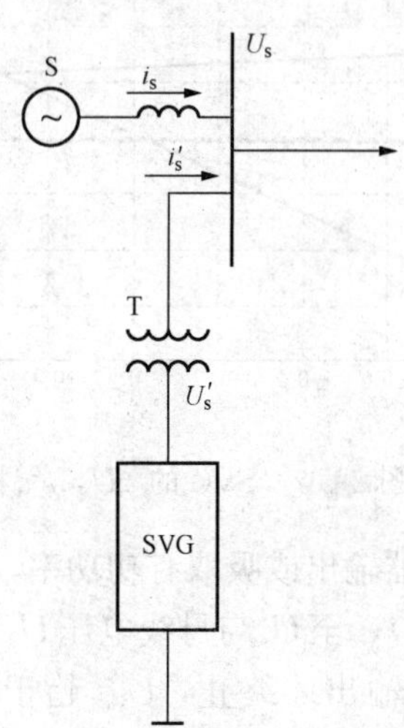

图 2-64　SVG 主接线图

相当于在主线路上增加了容性电流分量 Δi_s，因此有些文献将具此功能时的无功功率发生器称为变电站的容性负载。反之，当变电站容性无功耗量过大，U_s 高于额定值 U_{ref} 时，则 SVG 的控制器应使 $U'_s < U_s$，如图 2-66（b）所示，SVG 的功能相当于变电站的感性负载。

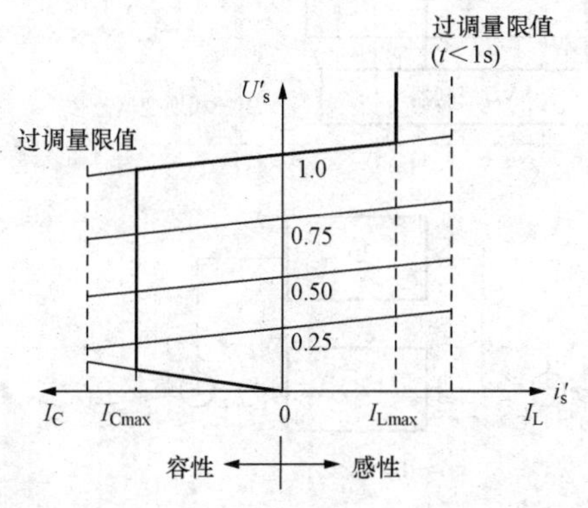

图 2-65　SVG 的 $U-I$ 特性

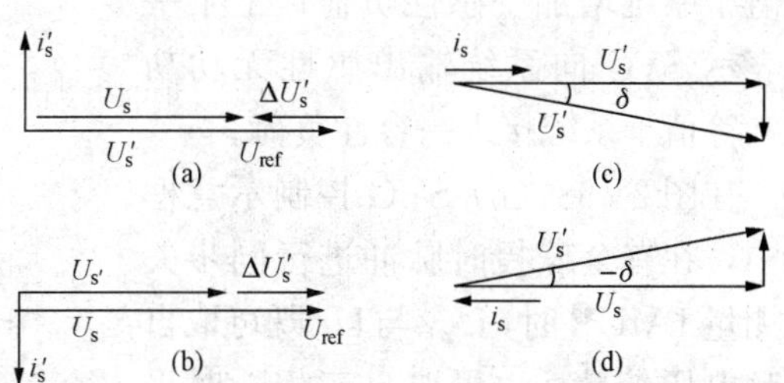

图 2-66　系统与 SVG 电压相量图

(a)、(b) 反映 SVG 的 U-I 工作特性；

(c)、(d) 反映 SVG 的运行特性

输出特性的斜率正比于 SVG 的外接电抗 X_T。当出现无功缺额时，不论其为正或负，SVG 最终都能使其回到额定值 U_{ref}，这是积分调节器特性，图 2-68（b）是其示意框图。

图 2-68（a）为 SVG 最基本的单臂主电路图，G_{a1}、G_{a2}、G_{b1}、G_{b2}、G_{c1}、G_{c2} 组成三相逆变器，G_{j1}、G_{j2} 组成 j {a，b，c} 相单臂电路。C 为供压电容器，端电压为 U_{dc}。流经电容器 C 的电流为 i_{dc}，即使是瞬时的冲、放电，i_{dc} 也具有有功电流属性，要求系统向三相逆变器输出或吸取有功功率。

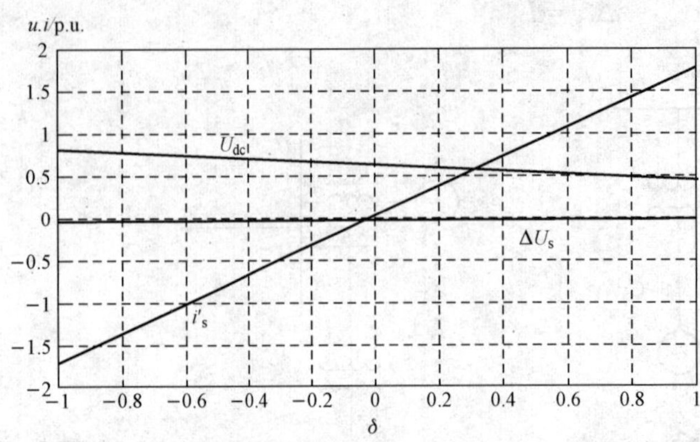

图 2-67 SVG 的 ΔU_s-i'_s 特性图

图 2-66（a）及图 2-66（b）说明，稳态时 $\dot{U}'_s$ 与 $\dot{U}_s$ 同相。SVG 只输送定值的三相无功功率，其和为零，故有功功率的输出、输入均为零，即 i_{dc} 为零，U_{dc} 不会因输出三相平衡的无功功率的变化而出现稳态波动，这是 SVG 的基本特性。

图 2-66（c）或图 2-66（d）说明了 SVG 的运行特性。当变电站母线电压 $\dot{U}_s$ 领先或滞后 $\dot{U}'_s$时，系统会向逆变器输出或吸取有功功率，提升或降低电容器的端电压 U_{dc}，以调整逆变器输出电 $\Delta U'_s(\Delta i'_s X_T)$，至 U'_s与母线电压 U_s 同相，即到达图 2-66（a）或图 2-66（b）时，有功功率的输入或输出才终止，U_{dc} 趋于稳定，电容器的调压过程结束，使 SVG 处于无功功率发生器的正常工作状态。因此，SVG 的交流侧为四象限工作器件，如图 2-69 所示。右半平面表示 SVG 向系统输出有功功率，$\dot{U}_{dc}$ 下降；左半平面表示系统向 SVG 输入有功功率，$\dot{U}_{dc}$ 上升。上半平面表示 SVG 向系统输出容性无功功率，等值于系统增加一感性负荷；下半平面表示 SVG 向系统输出感性无功功率，等值于系统接入一容性负荷。

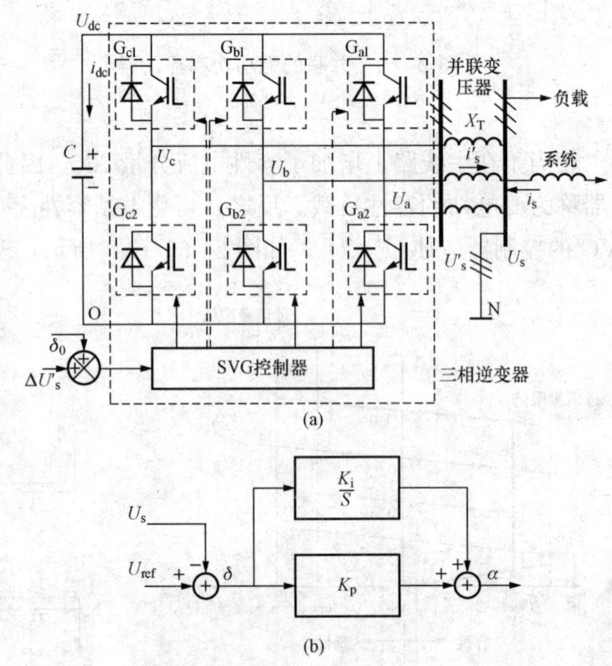

图 2-68 SVG 单臂主电路框图及控制框图

（a）单臂主电路框图；（b）控制示意框图

在图 2-68（b）SVG 控制示意框图中，在有全球授时脉冲进行同步矢量测量 PMU❶ 时，U_{ref} 与 U_s 既可取自工频电压矢量，也可取自三相瞬时采样电压矢量，两者都不难实现。控制器的作用是母线的电压差 $U_{ref}-U_s$ 转换为适合图 2-66（c）、（d）的相位差 δ，用作积分比例控制器 PI 的输入，控制 GTO 的触发角 α。积分控制的最终结果是使 $\delta=0$，如图 2-66（a）、（b），即$\dot{U}'_s$与 $\dot{U}_s$ 同相，$U_s=U_{ref}$，使 SVG 只具有无功补偿的作用。

SVG 用作无功补偿装置时，一般都希望充分利用 GTO 的电流可调范围。而联络变压器一、次侧的功率是相等的，所以当变电站需要不同额定容量的无功补偿时，就只能对 GTO

❶ 参见第六章第四节第一大方面第 3 点。

的基准值U_{ref}进行整定，再经由变压比配合，使U'_s与U_s的有效值相等。图 2-65 对不同基准值的 SVG 的$U-I$特性用了细线表示。

当系统向 SVG 中电容器充、放电时，其等值电路相当于外电抗X_T与供压电容器 C 串联，调节过程中一般会出现过调问题，GTO 为微电子元件，其过载能力有限，图 2-65 也注明了应注意瞬态过调量的限值范围。

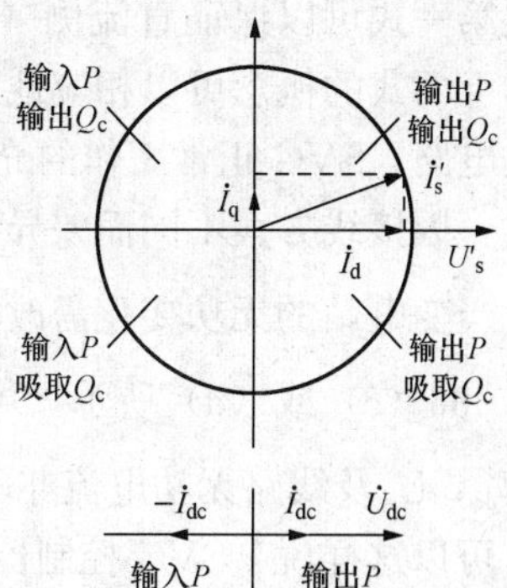

图 2-69　SVG$V-I$特性相量图

图 2-70 为 SVG 的基本工作原理图。其中 0 为直流侧电位的零点，α为以$\dot{U}_{ref}$为基准的触发角，脉冲宽度θ为 180°。虽然u_{ao}、u_{bo}及u_{co}脉冲电压都是直流的，合成后 0 点电位无直流或工频分量，只有三次谐波的干扰，可以用更合理的波形消除的。这说明该点的三相直流脉冲之和的有功功率的瞬时性为零，对电容的端电压无影响，与式（2-17）相符；而线电压U_{ab}则是交流的，所以U_{an}、U_{bn}及U_{cn}都是变压器侧的交流相电压。单相单臂 SVG 工作过程中，其开关逻辑为G_{a1}与G_{a2}、G_{b1}与G_{b2}、G_{c1}与G_{c2}均不得同时接通，以免电容器短路；也不能同时开路，以免U_j［$j \in$（a，b，c）］处于浮电位，所以电路总有三个 GTO 处于接通状态，形成交流电流的通路，这些是 SVG 正常工作的必要条件。为形成工频正弦电压，则图 6-68（a）的G_{a1}、G_{b1}及G_{c1}的点燃角与断流角在一周期内应轮差 120°（$\omega_0 t$）等，这可看成是 SVG 正常工作的充分条件。

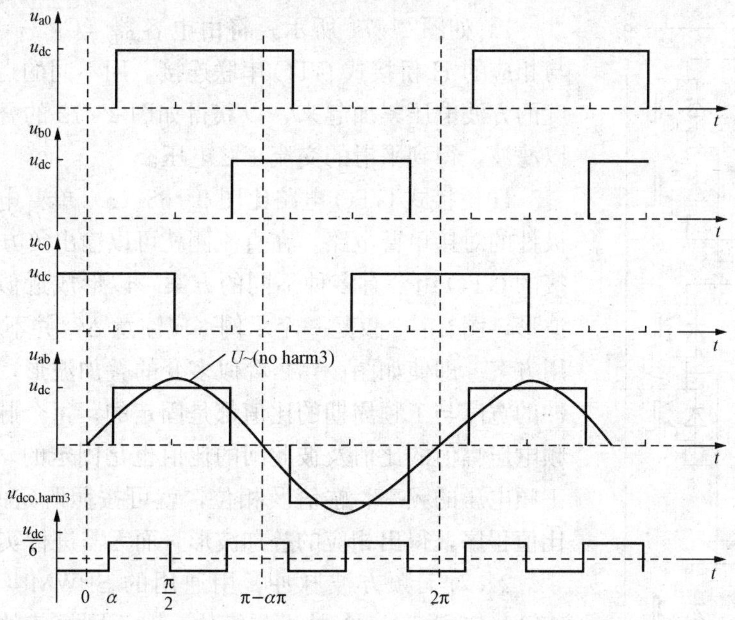

图 2-70　SVG 的基本工作原理图

开关逻辑的数学表示式为：命S_{ji}为 GTO 的运行状态，$S_{ji}=1$，表示G_{ji}处于接通状态：$S_{ji}=0$，表示G_{ji}处于关断状态。则 SVG 正常运行的必要条件为

$$\sum_{i=1}^{2} S_{ai} = \sum_{i=1}^{2} S_{bi} = \sum_{i=1}^{2} S_{ci} = 1;\ \sum_{j=a}^{c}\sum_{i=1}^{2} S_{ji} = 3$$

上述第一式可以保证直流侧（电容器）的安全运行，第二式主要是保证三相交流电流的输出。上两式的概念可以相应地扩展至每相有 $2n$ 个 GTO 单臂串接（$i=1$，…，n）的三相 H 桥式电路。SVG 正常工作的充分条件与时间轴有关，即变量为 S_{ji}（$\omega_0 t$），一般需写成矩阵形式，因接线方案不同而差异很大，不宜赘述。

当变电站的无功变化需改变电容器的端电压 $\dot{U}_{dc}$ 时，系统需向 SVG 交换有功功率。如图 2-66（c）或（d）所示，可以调节图 2-69 的点燃角 α，即调节 $\dot{U}'_s$ 与 $\dot{U}_s$ 间的相角 δ 以改变 U_{dc}，$\dot{U}'_s$ 及线路无功电流亦随之改变，最终达到 $\dot{U}'_s$ 与 $\dot{U}_s$ 同相，$\delta=0$，结束无功调节的任务。可以这样说，SVG 控制器是利用电容器的直流电压资源（U_{dc}），发出强大的三相交流无功功率，以自动完成维持变电站电压恒定的任务。

SVC 与 SVG 一般都接在配电变电站母线上，自动完成维持母线电压恒定的任务，它们都是实现我国无功功率“分区、分级、就地平衡”的规程要求的有力工具，可视具体条件采用其中一种线路调压设施。

现代化电网对电能质量的要求越来越高，SVG 是改善电压闪跳（眼睛能察觉的电压跳变）的有效方法之一，使用时需注意下述两点。

（1）点燃角的控制必须与系统频率的周期同步，以保持其准确性；为区别于旋转的同步补偿机，称 SVG 为静止同步补偿器（Static Synchronous Compensator，STATCOM）。

（2）尽力改善 SVG 的波形，使之接近平滑的正弦波，减少三次谐波对电容器端电压的干扰主要有下面两种方法。

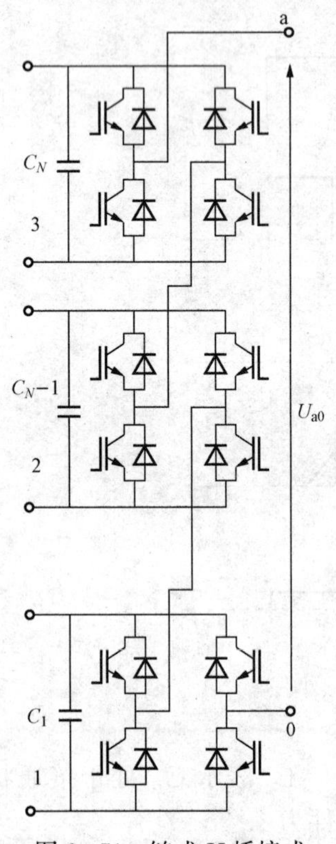

图 2-71　链式 H 桥接式 SVG 示意电路图

1）如图 2-71 所示，将由电容器（C_i $\{i=1, \cdots, n\}$）与相应的 H 桥接式 GTO 串联连接，用不同的点燃角与不同宽度的方波电压累加起来，以获得如图 2-72 的叠加波形，再加以滤波，得到平滑的交流正弦电压。

H 桥接式 GTO 电路比图 2-68（a）单臂电路多了一条反极性的对接单臂电路，在直流侧就可以输出负方波。链式 H 桥接的 GTO 组合有多种不同的方案，以形成近似正弦波的叠加波形，图 2-72 仅是一个示例（应注意 $\Delta\theta_i$ 并不相等），并非通用方案。即使如图 2-72 看似多变的叠加波形，它的每一个脉冲的宽度与工频周期的比值都是固定的；每个脉冲的幅值与工频电压幅值的比值及彼此间的比值也是固定的，所以只需给出工频电压的频率、幅值及相位，就可按照既定的（模块化的）比值程序，得出相应的叠加波形，而无需进行实时计算。

2）对工频方波脉冲，用通用的 SPWM（Sinusoid Pulse Width Modulation）技术与模块，对不同幅值的正负方波进行高频脉宽正弦调制，如图 2-73。调制脉冲的幅值相同，但每个脉冲周期内的占空比则与正弦波在同时程内的平均幅值成正比。从图 2-73（b）可知，对不同幅值、相位甚或频率稍有偏移的正弦电压，都可用标准的通用的 SPWM 模块波形，按比例“复制”出相应的 SPWM 结果。由于调制后的谐波频率高，容易过滤，有利于保持正弦波的光滑性。

这两种输出工频无功电流的方案，各有优点，采用哪一种，应视具体情况而定。

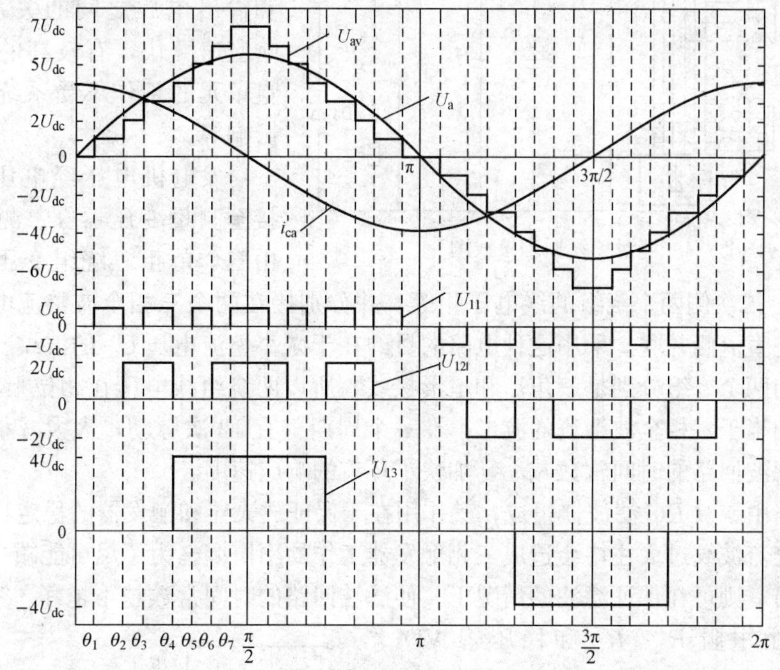

图 2-72　链式三级 H 桥接式 SVG 波形示例（u_a 与 i_{ca}）

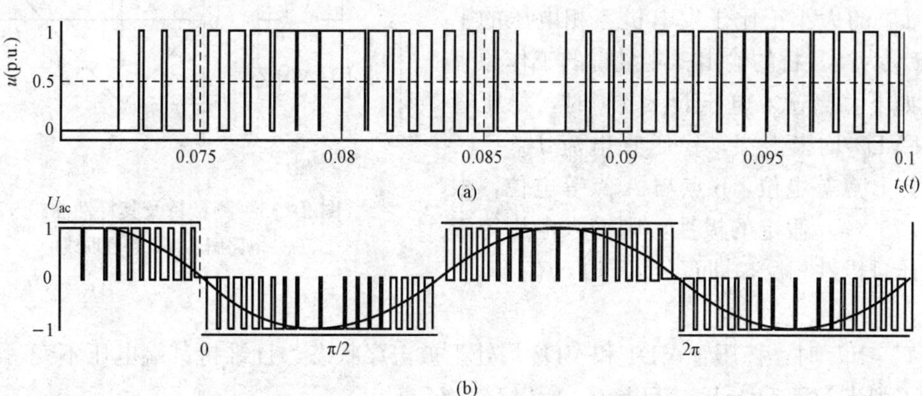

图 2-73　SVG 经 SPWM 的输出波形示例

（a）SPWM 电压输出波形；（b）GTO $S_{ji}=1$ 的工作波形

四、模拟元件发电机调压器的工作原理

我国是一个幅员辽阔、发展尚不够均衡的国家，在庞大的电力工业中，既有前述的各类微机调压器，也有为数不少模拟元件的自动励磁调压器，应用在中、小型机组上，它们也以半可控硅桥为功放元件，现对其他元件的工作原理介绍如下。

1. 测量单元

测量单元的作用，主要是按比例地反应发电机端电压对给定值的偏差。

测量单元一般由测量变压器、整流桥、滤波回路、整定电位器及测量桥等几部分组成，

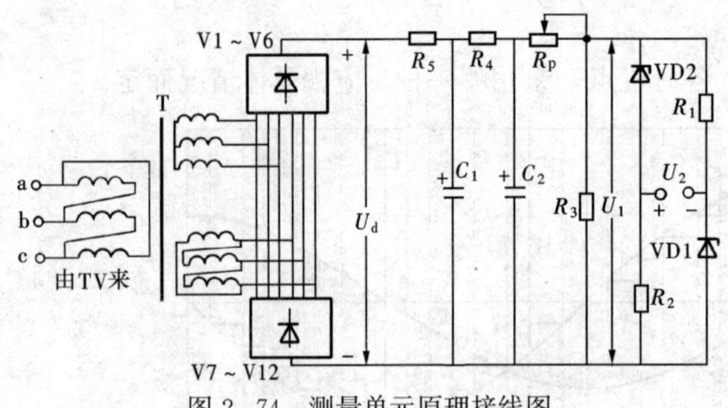

图 2-74　测量单元原理接线图

如图 2-74 所示。图 2-74 测量单元的主要特性是：测量单元输入电压和输出电压之间的关系是线性的，响应速度快，有较高的灵敏度及测量单元的工作不受系统频率变化的影响等。

发电机电压经电压互感器 TV 接至测量变压器 T。测量变压器 T 由三个单相三绕组变压器组成，并按 Ddy 接线，二次侧两个绕组的线电压相等，并分别接在两个三相全波整流电路上，然后两组整流桥在直流侧并联。采用这种电路的目的在于减小整流电压 U_1 的波纹。因为测量变压器二次侧的两个绕组分别是三角形和星形接线，所以两绕组线电压在相位上相差 30°，整流后的波形相当于六相全波整流的波形，在一个周期里有 12 次脉动，大大减小了整流电压的波纹。使滤波回路的时间常数减小，加快了环节的响应速度。

滤波回路由二级 *RC* 滤波器组成，其作用在于保证放大器和触发器的稳定工作，因为整流电压中的交流波纹过大往往会造成三相触发器工作的不协调。为了尽可能减少因滤波回路所增加的时滞，则可在保证滤波的情况下，使滤波回路的时间常数越小越好。

测量桥由电阻 R_1、R_2 和稳压管 VD1、VD2 组成，如图 2-75(a)所示。$R_1=R_2$，稳压管 VD1、VD2 的击穿电压为 U_z，测量桥的输入电压 U_1 的大小正比于发电机三相电压的平均值，U_2 为测量桥的输出。测量桥的工作原理可简述如下。当输入电压 $U_1<U_z$ 时，稳压管 VD1 和 VD2 均未击穿，稳压管电流 $I_{VD}=0$，故 a 点与 B 点等电位，b 点与 A 点等电位，根据图 2-75（a）假定的极性，则输入电压等于输出电压且极性相反，即 $U_1<U_z$ 时，有

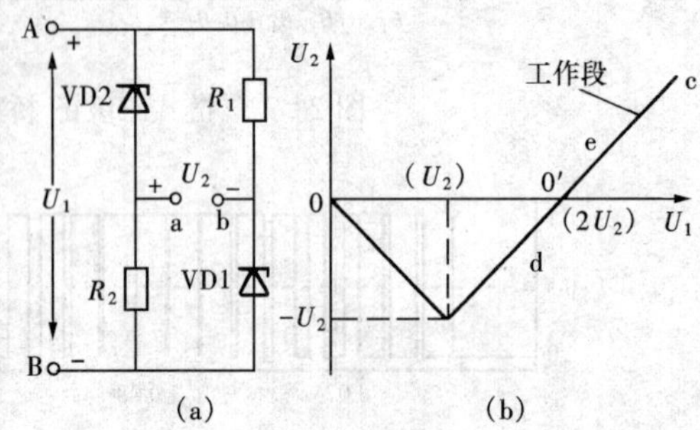

图 2-75　测量桥及其特性曲线

(a) 电路图；(b) 特性曲线

$$U_2=-U_1 \tag{2-18}$$

当 $U_1\geqslant U_z$ 时，稳压管 VD1 和 VD2 均处于被击穿状态，且维持其端电压不变，根据回路定理可列出 $U_2+U_z-U_1+U_z=0$，所以 $U_1\geqslant U_z$ 时

$$U_2=U_1-2U_z \tag{2-19}$$

根据式（2-18）、式（2-19）作出的测量桥的输入输出特性 $U_2=f(U_1)$ 示于图 2-75（b）。假定 $U_1=2U_z$，$U_2=0$［图 2-75（b）中的 e 点］为额定工作点，该点对应于发电机端电压运行在额定值，那么 $U_1>2U_z$，则 $U_2>0$ 表示发电机端电压高于额定值；反之，$U_1<2U_z$，$U_2<0$ 则表示发电机端电压低于额定值。

将式（2-19）按下述方法加以改造，即令

$$2U_z=KU_{gN} \text{ 及 } U_1=KU_g$$

式中　K——比例系数。

则从式（2-19）有

$$U_2=K(U_g-U_{gN})=K\Delta U_g \quad (KU_g \geqslant U_z)$$

显然利用测量桥特性中直线 $\overline{ced}$ 一段，可以按比例地测量发电机电压对其额定值的偏差。

在实际工作中，通常不选直线 $\overline{ced}$ 上的 $0'$ 点作额定工作点，因为发电机电压为额定时，$0'$ 点的输出电压 $U_2=0$；而当主机出口三相短路（发电机电压为零）时，测量特性的输出电压 U_2 也为零（此时工作点在 0 点）。显然，测量桥无法将额定工况和短路状态加以区别。通常在发生短路故障时，一般要求瞬时增加励磁功率，以产生强励作用，故可将额定工作点选在直线 $\overline{ce}$ 上，取 $\overline{ce}$ 段为工作段，这样当输入电压低于 e 点的对应值时，调节器便进入强励工作状态。

R_w 为电压整定电位器。电压整定电位器 R_w 的作用，在单机运行时，用以改变发电机电压的整定值；在并列运行时，用以调节发电机输出的无功功率的大小。下面利用图 2-76（a）来分析 R_w 对测量环节特性的影响。

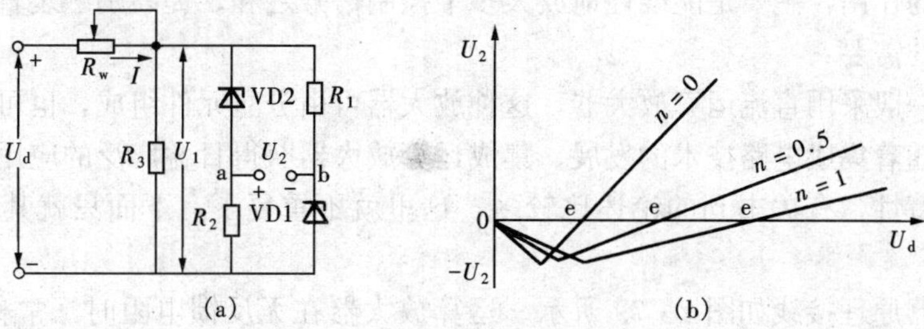

图 2-76　测量环节总特性

（a）电路图；（b）特性曲线图

$U_1 \geqslant U_z$ 时，因为

$$U_2=U_1-2U_z$$

$$U_1=U_d-IR_w$$

且令

$$R_1=R_2=R_3=R$$

则

$$I=\frac{3U_1-2U_z}{R}$$

所以

$$U_1=U_d-\left(\frac{3U_1-2U_z}{R}\right)R_w$$

$$U_1=\frac{U_d+2U_z\left(\frac{R_w}{R}\right)}{1+3\left(\frac{R_w}{R}\right)}$$

$$U_2=\frac{U_d-\left[1+2\left(\frac{R_w}{R}\right)\right]2U_z}{1+3\left(\frac{R_w}{R}\right)}$$

为了表示可变电位器 R_w 处于不同位置时，对测量单元特性的影响，可令 $\frac{R_w}{R}=n$，即 R_w 的阻值为零时，n 为零；R_w 阻值等于 R 时，$n=1$，以此类推，则

$$U_2=\frac{U_d-(1+2n)2U_z}{1+3n}$$

n 为不同值时，$U_2=f(U_d)$ 的特性示于图 2-76（b），由图可见，在 U_d 为一定值时，改变 n 的大小（即调节电位器 R_w），可以达到改变发电机电压额定值 e 点的整定值的目的。

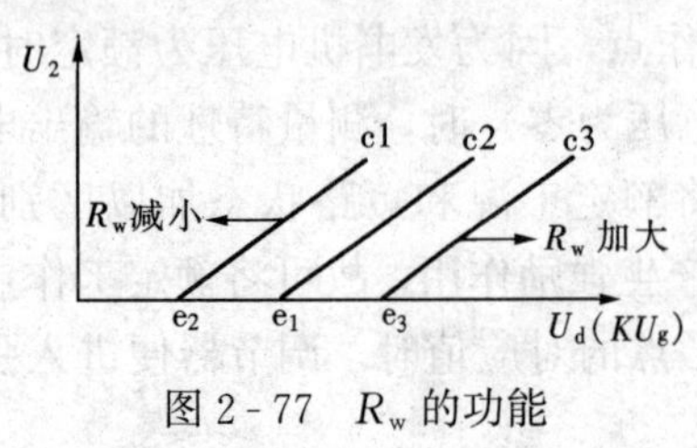

图 2-77　R_w 的功能

图 2-76（b）还说明，当 n 值到达某一范围（如 $n>0.5$）时，系数 n 数值的改变对图 2-75（b）测量单元特性上 ce 工作段的斜率并无明显影响，却使 e 点的整定值发生了较明显的移动。因此，R_w 的特性可以表示在图 2-77 中。R_w 减小，测量元件的输出特性左移；反之，特性则右移。

测量桥的另一种常见的形式如图 2-78 所示，为单稳压管的测量桥。其工作特性与图 2-45 的相仿，只是灵敏度稍逊，读者可以自己分析。

2. 放大单元

放大单元的作用，主要是能线性地放大多个控制信号之和，提高励磁装置的灵敏度，以满足励磁调节的需要。

放大单元一般采用直流运算放大器，这种放大器可由分立元件组成，也可采用集成运算放大器。目前随着集成电路技术的发展，集成运算放大器获得日益广泛的应用。关于运算放大器的电路与特性，有关书刊的论述比较多，这里就不重复了，下面只就其原理作一简单介绍。

运算放大器原理接线如图 2-79 所示。运算放大器在无反馈电阻时（常称开环），是一个放大系数极高的直流放大器，接入负反馈电阻 R_{fa} 后，构成闭环，成为通称的运算放大器。

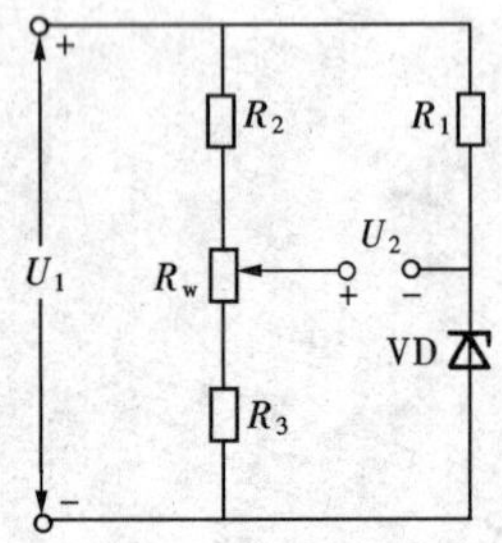

图 2-78　单稳压管测量桥

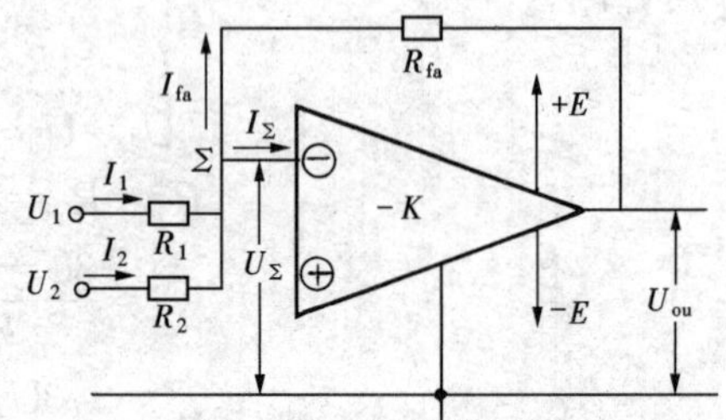

图 2-79　运算放大器原理接线图

在实际工作时，不仅放大器的开环放大系数 K 很大（如 $K>10^4\sim10^5$）。而且加入反馈电阻 R_{fa} 后，反馈系数也很大（负反馈很深），相加点 Σ 的电位总是接近于零电位，即电压 $U_\Sigma\approx0$；而且也几乎没有电流流入放大器，即电流 I_Σ 也近似为零。

如令 $I_\Sigma=0$，$U_\Sigma=0$，则

$$I_1+I_2=I_{fa}$$

$$I_1=\frac{U_1-U_\Sigma}{R_1}=\frac{U_1}{R_1}$$

$$I_2=\frac{U_2-U_\Sigma}{R_2}=\frac{U_2}{R_2}$$

$$I_{fa}=\frac{U_\Sigma-U_{ou}}{R_{fa}}=\frac{-U_{ou}}{R_{fa}}$$

故
$$\frac{U_1}{R_1}+\frac{U_2}{R_2}=-\frac{U_{ou}}{R_{fa}}$$

$$U_{ou}=-\left(\frac{R_{fa}}{R_1}U_1+\frac{R_{fa}}{R_2}U_2\right)$$

上式说明，运算放大器的输出电压U_{ou}的大小等于多个输入信号（U_1、U_2…）按不同比例相加后之和，其比例系数可以分别进行整定。由于各控制信号的放大倍数只取决于反馈电阻与其输入电阻之比，因此在运算放大器的开环放大系数足够大时，完成运算的精确度不取决于放大器本身的参数，而取决于输入回路电阻和反馈回路电阻的精确度及其参数的稳定性。

上面的分析是假定$U_{\Sigma}=0$的，这个假设只有在放大器开环放大系数为无限大时才是正确的。但在实际上运算放大器的开环放大系数虽然极大，却不会等于∞，因此，运算结果就有一定误差。计算表明，晶体管运算放大器若要求运算精确度在0.1%以内，其闭环放大系数为10，那么开环放大系数应不小于10^5。

运算放大器的工作特性如图2-80（a）所示。在将要讨论的自动调压器ZTL-1型励磁调节装置中，为了最终合成特性的需要，需将测量单元的输出U_2反向后，作为放大单元的输入，所以“放大单元”的输入输出特性也可以用图2-80（b）表示，图中还包括了将运算放大器的特性用电路进行平移后的结果。

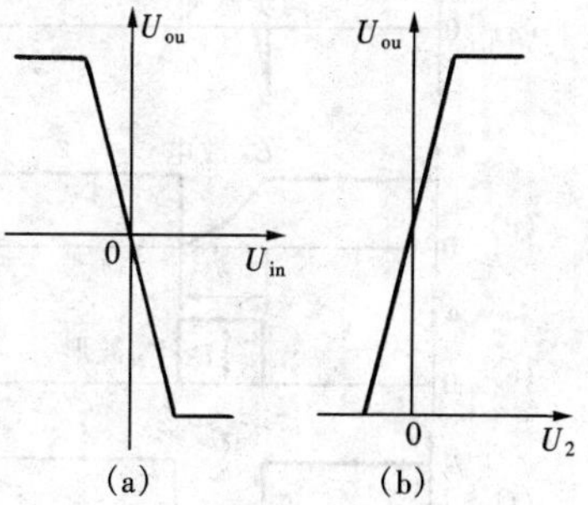

图2-80　放大器输入输出特性

（a）工作特性；（b）输入输出特性

3. 触发单元

触发单元的作用主要是将控制信号按照调压器工作特性的要求转换成移相脉冲，并触发晶闸管元件。

在各种晶闸管励磁的接线中，触发器的形式是多种多样的，如单稳触发器、单晶管触发器、磁放大器触发器等。在大功率的晶闸管励磁调节器中，触发器产生的触发脉冲还需经脉冲放大器放大，以便能同时触发多个晶闸管元件。

现在以单稳触发器为例说明触发单元的工作原理。其原理接线示于图2-81。

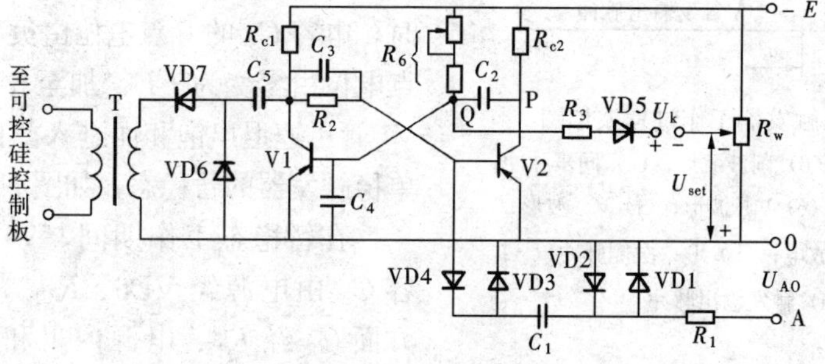

图2-81　单稳触发器原理接线图

触发单元是三相的，每相的触发电路相同。每个触发电路包括同步回路、单稳触发回路及脉冲输出电路三部分。

同步回路由削波二极管VD1、VD2及微分电容C_1等组成。同步信号由同步变压器提供。同步变压器的二次侧电压为图中的U_{A0}；同步变压器一次侧接晶闸管元件的交流电源，但按照同步触发的要求，在相位上要适当配合，其接线稍后讨论。

由 V1 与 V2 组成的单稳触发器电路是很典型的。控制信号 U_k 取自放大单元或手控单元，前者用于自动调节，后者用于手动调节，可以通过切换开关将手动和自动互相切换。

脉冲输出电路由微分电容 C_5，脉冲变压器 T 等组成。脉冲变压器的二次侧分别输出至相应的晶闸管元件的控制极上。

为了便于说明，先分析不加控制信号，并假定整定电压 U_{set} 由电位器 R_w 分压后取得的情况（此时 U_{set}、U_k 的极性示于图 2-81），然后再分析加入控制信号后的情况，用以说明触发单元输出脉冲的相位随 U_{set}、U_k 变化的关系。触发器工作过程波形示于图 2-82。

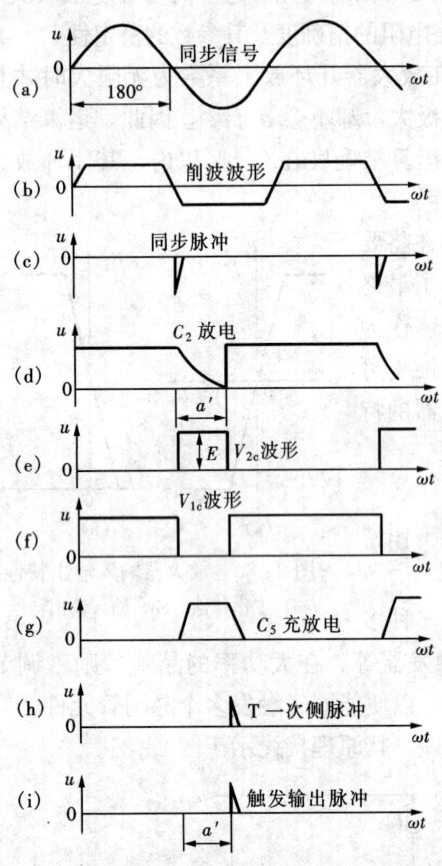

图 2-82　触发器工作过程波形图
(a) 同步信号；(b) 削波波形；(c) 同步脉冲；(d) C_2 放电；(e) V_{2e} 波形；(f) V_{1c} 波形；(g) C_5 充放电；(h) T 一次侧脉冲；(i) 触发输出脉冲

(1) 不加控制信号，即 U_k 回路断开。单稳触发器处于稳态时，三极管 V1 饱和导通，V2 处于截止状态，电容 C_2 被充电，P 点电位为负，Q 点电位为零，充电电压数值接近电源电压 E。同时由于 V1 饱和导通，电容 C_5 上无电压，脉冲变压器 T 无输出。

同步交流信号从图 2-81 中 A、0 两点加入，经限流电阻 R_1 加至由 VD1 和 VD2 组成的削波器及电容 C_1 等组成的微分电路。所谓削波器，即利用二极管正向伏安特性具有稳压性能的特点，将输入的正弦信号转换成近似的矩形波，如图 2-82 (b) 所示。

当同步信号的正半周输入时，微分电容 C_1 被充电，当同步交流信号变为负半周的瞬间，C_1 对 V2 发射极放电，形成一个负的尖脉冲电流，使 V2 迅速由截止变为饱和导通。该尖脉冲通常称为“同步脉冲”如图 2-82 (c) 所示。

当同步脉冲来到，V2 由截止变成饱和导通时，电容 C_2 的 P 点电位由负变为零电位，其 Q 点电位由零变为 $+E$，加至 V1 管基极，从而使 V1 管迅速退出饱和而进入截止状态，即进入了单稳触发器的暂稳态，如图 2-82 (f) 所示。

在暂稳态工作期间，V1 截止，一方面电容 C_5 由电源经 VD6、R_{C1} 等迅速充电，另一方面 C_2 经 R_6、电源内阻和三极管 V2 放电，当 C_2 放电终了时，V1 重新导通，V2 又重新截止；于是 C_5 经 VD7、V1 等向脉冲变压器 T 一次侧放电，则脉冲变压器二次侧将感应出一脉冲电压，去触发相应的晶闸管元件，如图 2-82 (i) 所示。这时，单稳触发器又恢复到新的稳态，等待下一次同步脉冲的到来。

显然，从同步脉冲产生到脉冲变压器 T 发出触发脉冲所经历的时间 t，可由 C_2 和 R_6 的数值大小确定（忽略电源内阻和 V2c—e 间内阻）。

上面的分析是假定控制回路断开，C_2 也只经过 R_6 这一个支路放电的情形。通常 R_6 的

阻值比较大，因而这个放电回路的时间常数也比较长，故称时间 t 为最大放电时间，并用 t_{max} 表示，即

$$t_{max}\approx 0.7R_6C_2$$

（2）在实际工作时，总有控制信号 U_k 加入，单稳触发器的工作与上述情况大致相同，简单地说来，不同的只是在有 U_k 时，C_2 的放电支路改为两条，见图 2-83，影响了放电时间的长短。现对 C_2 仅有两条放电支路时的工作特性扼要的分析如下。

第一支路即前述的 R_6 放电支路，第二支路即 C_2 经 R_3、VD5，U_k、U_{set} 等的放电。通常 R_3 选得较小，因而第二支路的放电时间常数较短。为了对晶闸管整流进行“全控”（即从全开放到全关闭），通常令第一支路放电时，$t_{max}\geqslant\frac{7T}{12}$，其中 T 为晶闸管交流电源的周期，即相当于控制角 $\alpha\geqslant 180°$，从而保证晶闸管元件能处于全关闭状态，即图 2-83（b）的曲线 A。同时，当两个支路并联放电时，放电时间最短，放电时间用 t_{min} 表示。在参数选择时，应保证 $t_{min}=\frac{T}{12}$，此时相当于晶闸管元件的控制角 $\alpha=0°$，以满足晶闸管元件可以工作于全开放状态，即图 2-83（b）的曲线 B。

在实际工作时，由于 R_6 支路和 R_3 支路都在工作，因此，到底哪条是主要放电支路，放电时间是多少要看 U_k、U_{set} 及电容 C_2 上的电压 U_{C2} 的情况而定。

当 $U_{C2}\geqslant U_k-U_{set}$ 时，电容 C_2 经两支路同时放电，放电过程进行得较快；由于 R_3 支路放电时间常数甚小，所以放电过程主要在 R_3 支路进行，故按图 2-83（b）的曲线 B 放电至 a 点；在点 a，$U_{C2}=U_k-U_{set}$，因而 C_2 经 R_3 支路的放电停止。在 $U_{C2}\leqslant U_k-U_{set}$ 时，C_2 只能经 R_6 支路放电，这时放电过程将按图 2-83（b）的曲线 A 的规律进行，一直到 C_2 放电终了（t_a），触发器翻转，输出触发脉冲。

由于电容 C_2 上的初始电压 U_{C2} 为一定值 E，因此改变 U_k-U_{set} 的大小就可以改变 C_2 放电时间的长短，从而可以控制晶闸管元件触发角 α 的大小。

晶闸管元件触发角 α 与 U_k、U_{set} 的关系示于图 2-84。

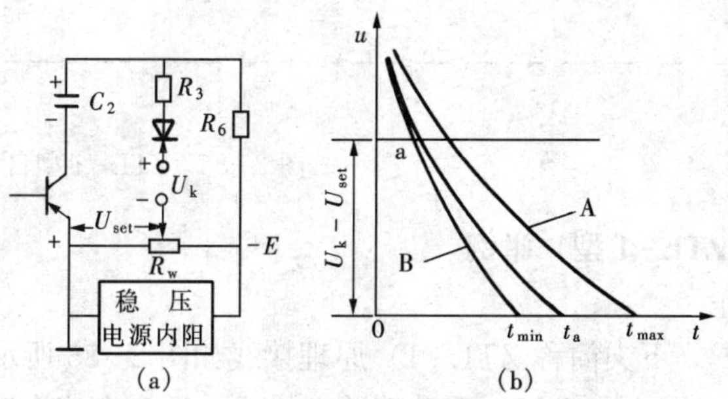

图 2-83　单稳触发元件放电原理图
（a）原理接线图；（b）放电过程曲线图

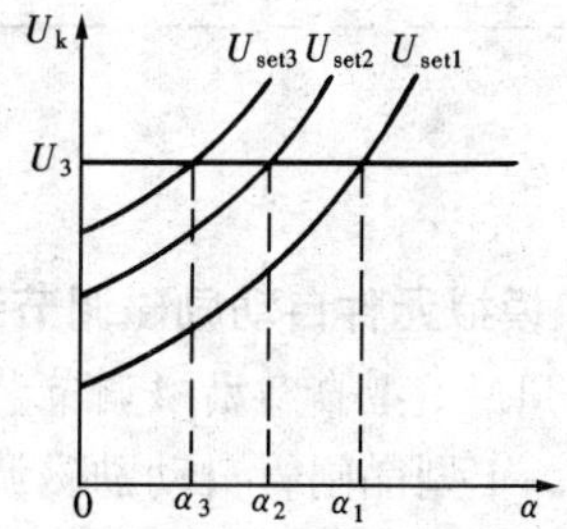

图 2-84　晶闸管元件的触发角 α 与 U_k、U_{set} 的关系曲线

通常 U_{set} 在整定好以后就不再改变了，所以 U_k 的变化将能直接改变触发脉冲的角度 α。由图 2-84 可见，U_{set} 一定时，U_k 越大，α 亦越大；反之，U_k 越小，α 越小。一般令 $U_k=U_{set}$ 时，$\alpha=0°$，晶闸管元件全开放；令 $U_k-U_{set}\approx E$ 时，$\alpha\geqslant 180°$，晶闸管元件全关闭，即 U_{set} 的大小要根据调节器各单元的特性加以整定。

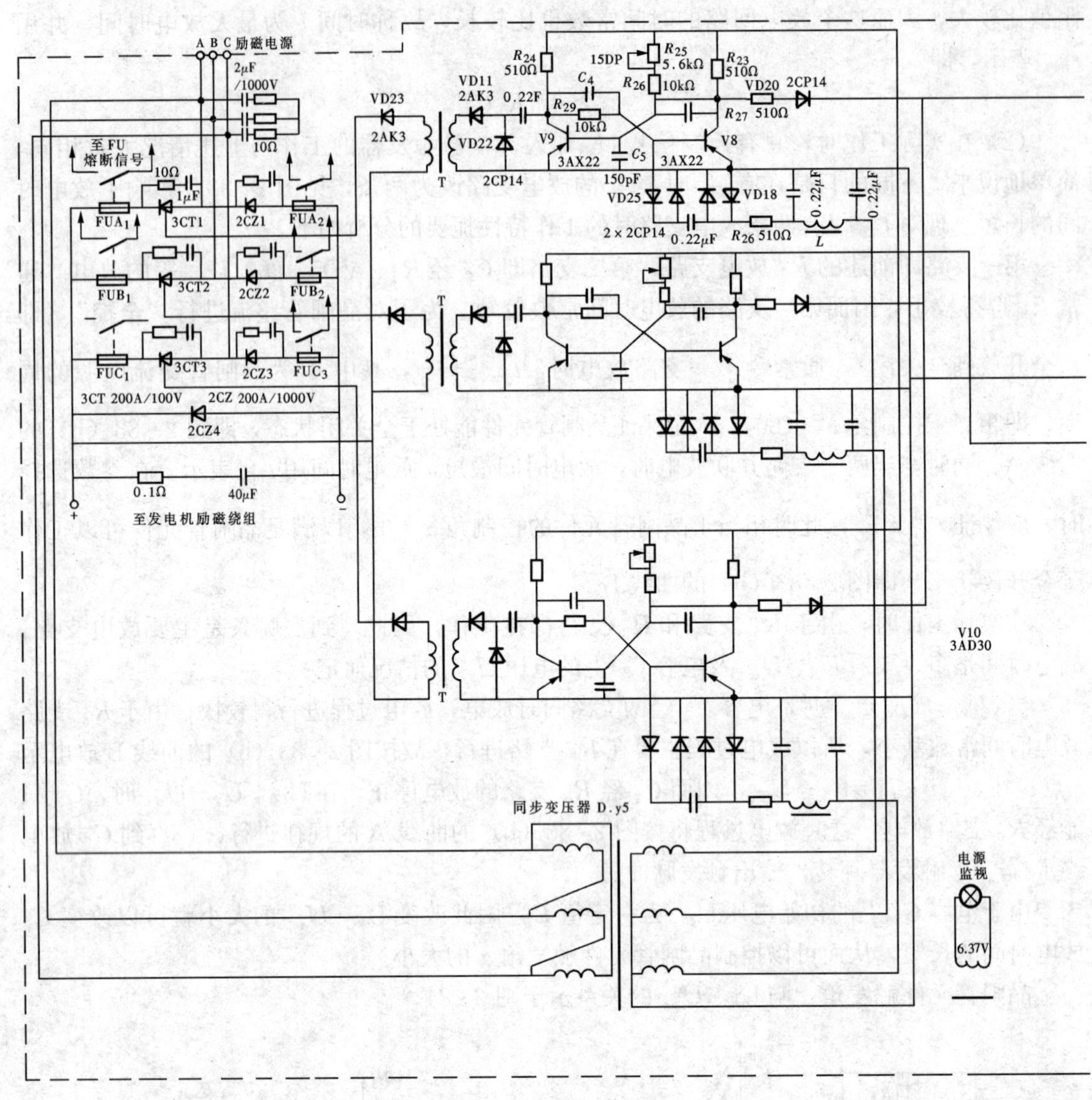

图 2-85 ZTL-1 型自动励磁

五、模拟元件自动励磁调节装置（ZTL-1 型）举例

1. ZTL-1 型自动励磁调节装置简介

ZTL-1 型晶闸管自动励磁调节装置（下文简称 ZTL-1）原理接线如图 2-85 所示。

该装置由调差、测量、放大、触发、同步、稳压、手动等单元构成，励磁电流由三相半控桥提供。其中有关测量、放大和触发等单元的工作原理已有叙述，现就调节器中其他问题作一些分析。

（1）同步电压信号的相位问题：根据对晶闸管进行导通控制的要求，晶闸管元件上所加的电压和控制极上所加的触发脉冲在相位上必须配合合理，否则晶闸管将无法正常工作。这就是同步信号的相位问题。

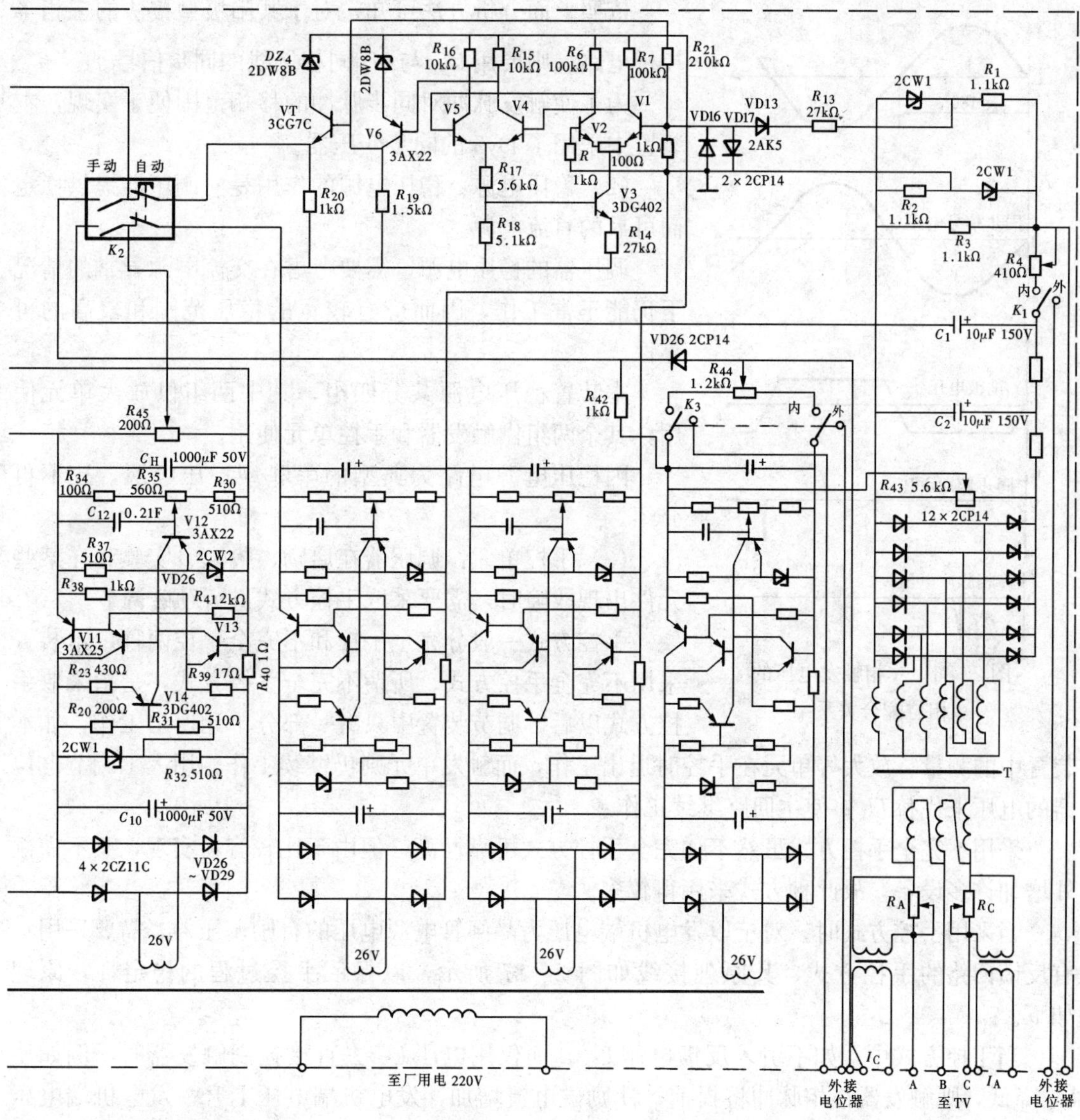

调节装置原理接线图

同步信号的取法和晶闸管整流电路的接线型式有关。当主回路为三相半控桥，且晶闸管采用共阴极型接法时，同步信号电压相位必须与晶闸管所加电压相位“相反”。下面先分析共阴极型接线要求的同步信号的极性，再说明实际电路中同步信号的取法。

假定三相半控桥所加电压为 $\dot{U}_A$、$\dot{U}_B$、$\dot{U}_C$ 时，并假定同步变压器为 Yy6 接线，这样在同步变压器二次侧得到电压 $\dot{U}_a$、$\dot{U}_b$ 和 $\dot{U}_c$ 分别与相应的电压 $\dot{U}_A$、$\dot{U}_B$ 和 $\dot{U}_C$ 相位差 180°。如图 2-86 所示，从 A 相触发器的电压相位配合关系中，不难看出，对应于共阴极型接线，只有 $\dot{U}_A$ 与 $\dot{U}_a$ 反相时，同步回路对触发器发出的同步脉冲，才标志着 A 相晶闸管元件阳极电压 $\dot{U}_A$ 的正半周刚好开始；随后根据调压器的需要发出移相脉冲，从而满足对晶闸管元件进行导通控制的要求。

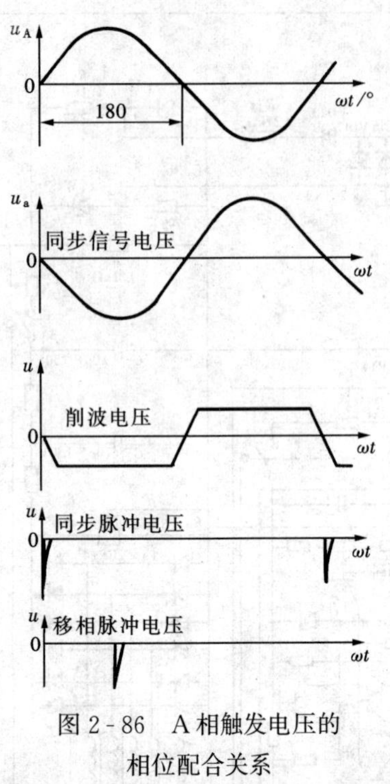

图 2-86 A相触发电压的相位配合关系

依照上面分析方法可知，对于共阳极型接法的三相半控桥电路，则要用 $\dot{U}_A$ 与 $\dot{U}_a$ 同相接线的同步信号了。

为了使触发脉冲对同步脉冲的移相范围便于实现，本装置中采用了 Dy5 的同步变压器。

(2) 稳压电源：稳压电源的作用是向调压器提供稳定而可靠的直流电源。

调压器的稳压电源，需要考虑在交流电源异常的情况下仍能正常工作，因而应有较宽的稳压范围和较高的可靠性。

本装置稳压电源共分四组，其中两组供放大单元使用，其余两组供触发器和手控单元使用。

因稳压电源电路为典型的串联型稳压电源，故不再介绍。

(3) 手控单元：调压器在启励、投入、实验和在某些元件出现故障时，需要采取手控方式进行励磁调节。

手控方式一般分完全手控和不完全手控两种，本装置采用不完全手控方式。所谓不完全手控方式，是指采取手控方式以后，调节装置中只有一部分单元退出工作，如本装置中的测量、放大等单元在手控时退出工作，而触发单元则仍继续工作，用人工调节电位器的电压来代替 U_k，使主回路继续工作。

采用不完全手控方式虽然不如完全手控方式可靠性高，但由于比较容易实现，又不需额外增加许多设备，故此种方式采用得较多。

当采用手控方式时，对于以发电机端电压为晶闸管电源电压的自励调压器，需要采用具有反馈回路的手控方式，其原理接线如图 2-87 所示，以保证手控过程的稳定性，原理如下。

当手控方式中，如不引入反馈电压 U_{fa}，而仅用电压 U_s 去直接控制触发器时，例如使 U_s 降低，则触发器移相脉冲将提前，使励磁电流增加，发电机端电压上升；发电机端电压上升后，晶闸管因电源电压的上升又会进一步增加输出，使励磁电流进一步增加，发电机端电压又继续上升。因而有使发电机电压失去控制的危险。为此，自励系统的手动控制，一般需要引进反馈回路。在本装置中，电位器 R_{43} 引入测量单元整流电压，其极性如图 2-87 所示。

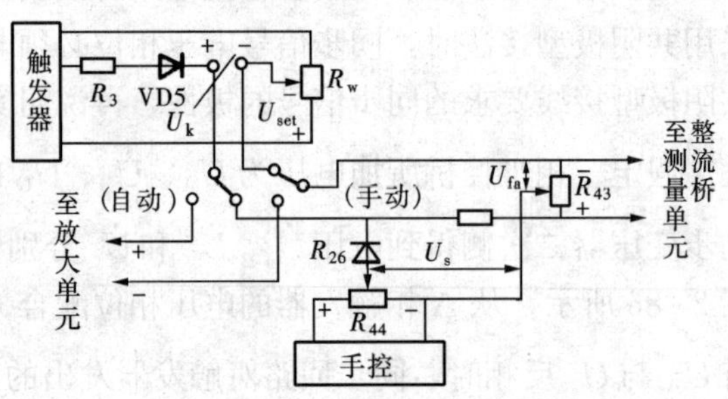

图 2-87 手控方式自动调压器原理接线图

引入反馈电压 U_{fa} 之后，在上述例子中，当发电机电压上升时，U_{fa} 也上升，因而使手控电压 (U_s+U_{fa}) 也随着上升，触发器发出的移相脉冲会稍向后移，限制了励磁电流的“循环上升”。只要 U_{fa} 取得恰当，就可以保证在手控时，发电机电压的平稳调节。

手动方式与自动方式互相切换时，为了保证能平滑地进行，应预先测量手控输出电压和放大器输出电压的大小，只有二者相等时，才允许切换，否则将会引起较大的电压摆动，特别是在从自动切换为手动时，更应当注意。在一些大机组的励磁调节器里，设有专门的平衡指示电路，以保证励磁调节方式平稳地进行切换。

2. ZTL-1 型自动励磁调节装置的工作特性

(1) 空载工作点：ZTL-1 型励磁调节装置简化框图如图 2-88 所示。对各环节的工作特性都已作了分析后，现在利用作图法求 ZTL-1 型的空载工作点。

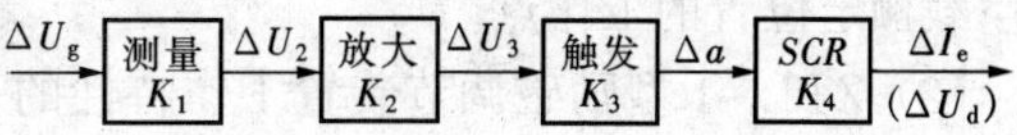

ΔU_g → 测量 K_1 → ΔU_2 → 放大 K_2 → ΔU_3 → 触发 K_3 → $\Delta \alpha$ → SCR K_4 → ΔI_e (ΔU_d)

图 2-88　ZTL-1 简化框图

测量单元的工作特性示于图 2-89 (a)，它的输出电压 U_2 和发电机电压 U_g 之间的关系为

$$\Delta U_2 = K_1 \Delta U_g = K_1 (U_g - U_{gN})$$

式中　K_1——测量元件的放大系数；

U_{gN}——发电机电压的额定值。

放大单元是线性元件，故

$$\Delta U_3 = K_2 \Delta U_2$$

式中　K_2——放大单元的放大系数。其工作段的特性示于图 2-89 (b)。

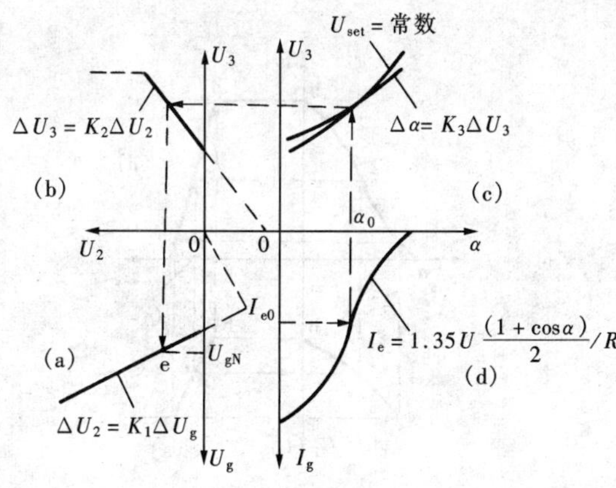

图 2-89　ZTL-1 型励磁调节装置开环时各单元特性曲线配合

(a) 测量单元的工作特性；(b) 放大单元的工作特性；(c) 触发单元的工作特性；(d) 励磁电流与导通角的关系

触发单元的工作特性是非线性的，为讨论方便起见，可以把特性曲线工作段局部线性化，使

$$\Delta \alpha = K_3 \Delta U_3$$

式中　K_3——触发单元的等值放大系数。

晶闸管主回路的输出电压特性已示于图 2-46，将此整流电压加至转子回路，则稳态时的励磁电流为

$$L_e = \frac{U_d}{R} = \frac{U_e}{R}$$

励磁电流 I_e 与导通角 α 的关系示于图 2-89 (d)，它具有与 $U_d = f(\alpha)$ 相似的变化规律。

图 2-89 表示 ZTL-1 型励磁调节装置在开环实验时各单元工作特性的配合关系。在图 2-89 (d) 中，取 I_{e0} 为发电机空载时的励磁电流，在 $I_e = f(\alpha)$ 曲线上可以求出相应的 α_0，通常为了保证调压器具有一定的励磁调节范围，一般 α_0 可取 90°。为了保证这一要求，应使

$$U_{d0} = 1.35U_{\sim}\left(\frac{1+\cos\alpha}{2}\right) = I_{e0}R = U_{e0}$$

$$= 1.35U_{\sim}\left(\frac{1+\cos 90^\circ}{2}\right) = \frac{1}{2} \times 1.35U_{\sim}$$

所以
$$U_{\sim}=\frac{2U_{d0}}{1.35}=1.48U_{d0}=1.48U_{e0}$$

在图 2-89（c）上，利用曲线 $\alpha=f(U_k)$ 求出 α_0 对应的 U_3 值。然后在图 2-89（b）上求出对应的 U_2 值。由于是空载额定工况，故上面求出的 U_2 在测量特性上应与发电机的额定电压 U_{gN} 相对应。调整电压整定电位器 R_w，可使测量特性恰过 e 点［见图 2-89（a）］，这样便可以确定电压整定电位器 R_w 的空载额定位置。同时调压器的各单元也都可以找到相应空载额定位置的工作点。

(2) ZTL-1 型励磁调节装置工作特性的合成：为了作图方便，在作 ZTL-1 型励磁调节装置工作特性之前先作出测量单元和放大单元的组合特性，即求 $U_3=f(U_g)$，如图 2-90 所示。图中 $\overline{ab}$ 线段为工作区域。图 2-90（a）是测量单元特性，图 2-90（b）是放大单元特性，图 2-90（c）是“测量—放大”单元的合成特性，并将图 2-77 的特性引入，表示了 R_w 加大时，测量—放大单元合成特性的变化。作图时，先从 U_g 轴上工作区间的任一点开始，按虚线箭头方向作图，即可求出图 2-90（c）的合成特性，具体可参照图 2-90 的做法。

图 2-91 是用作图法求 ZTL-1 型励磁调节装置工作特性的例子，其中图 2-91（a）表示 $U_3=f(U_g)$ 特性，图 2-91（b）为触发单元特性 $\alpha=f(U_k)$，图 2-91（c）为励磁电流 $I_e=f(\alpha)$ 特性。

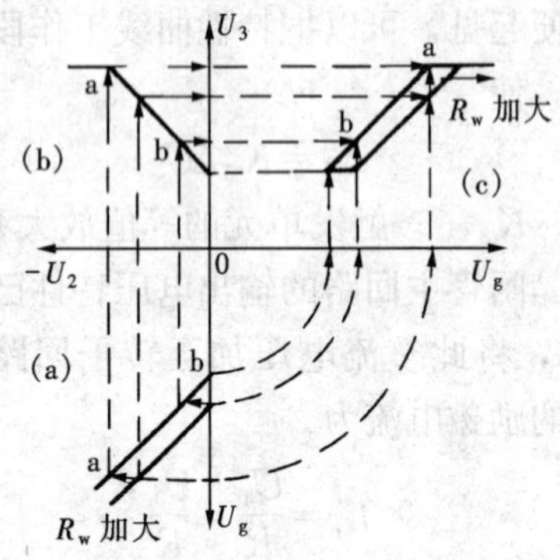

图 2-90 ZTL-1 型励磁调节装置测量及放大单元的合成特性
(a) 测量单元特性；(b) 放大单元特性；(c)“测量—放大”单元合成特性

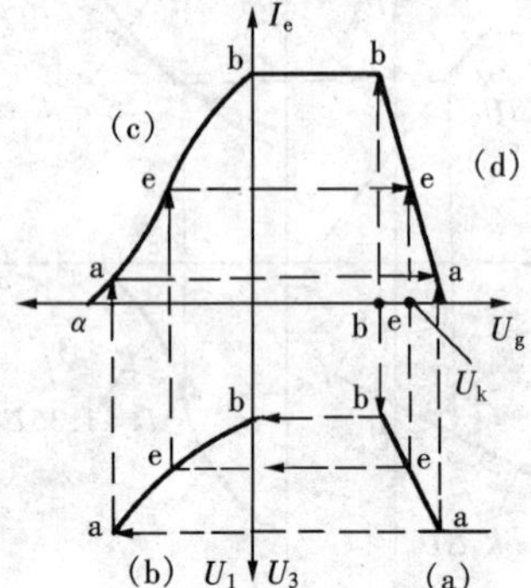

图 2-91 ZTL-1 型励磁调节装置的工作特性
(a) $U_3=f(U_g)$ 特性；(b) 触发单元特性；(c) 励磁电流 $I_e=f(\alpha)$ 特性；(d) $I_e=f(U_g)$ 合成特性

从发电机电压 U_g 坐标轴工作区内的最低点 b 向下作虚线交 $U_3=f(U_g)$ 特性于 b 点，并由此向左交 $\alpha=f(U_k、U_{set})$ 曲线于 b 点，然后由此向上，交 $I_e=f(\alpha)$曲线于 b 点，从此点向右和由 U_g 坐标轴上 b 点向上的两条虚线交于 b 点。按照这种步骤，可以逐次求出图 2-91（d）中的 b、e 等各点，从而合成如图 2-91（d）的 $I_e=f(U_g)$ 合成特性。这条 $I_e=f(U_g)$ 特性就是 ZTL-1 型励磁调节装置的工作特性。

图 2-91（d）说明，在 ZTL-1 型励磁调节装置的工作区内，U_g 升高，I_e 就急剧减小；U_g 降低，I_e 就急剧增加，其中 $\overline{ab}$ 线段为工作区，e 为额定工作点。当发电机电压降到某一数值时，I_e 出现饱和，电流不再增加，可控硅已经全开放了。当发电机电压高于某一数值

时，I_e 为零，可控硅已经全关闭了，比较图 2-91（d）与图 2-40（a）的特性，可以看出，两者完全一致，所以 ZTL-1 型励磁调节装置的工作特性满足自动调节励磁的要求。

自动调节器的工作特性曲线在工作区域内的陡度，是调节器性能的重要指标之一。即

$$K=\frac{\Delta I_e}{\Delta U_g}$$

式中　K——ZTL-1 型励磁调节装置在工作段的放大系数。

为了讨论问题简便起见，可将图 2-62 中各曲线在工作段均进行线性化，即令

$$\Delta U_2=K_1\Delta U_g$$

$$\Delta U_3=K_2\Delta U_2$$

$$\Delta\alpha=K_3\Delta U_3$$

$$\Delta I_e=K_4\Delta\alpha$$

式中　$K_1\sim K_4$——各单元的放大系数。

于是得

$$K=\frac{\Delta I_e}{\Delta U_g}=\frac{\Delta U_2}{\Delta U_g}\times\frac{\Delta U_3}{\Delta U_2}\times\frac{\Delta\alpha}{\Delta U_3}\times\frac{\Delta I_e}{\Delta\alpha}=K_1K_2K_3K_4 \tag{2-20}$$

式（2-20）说明，调压器总的放大系数等于各单元的放大系数的乘积。这个总的放大系数也称调节器开环放大系数，它表示调节器工作特性曲线的斜率的大小。

（3）ZTL-1 型励磁调节装置的调差系数：要使 ZTL-1 型励磁调节装置产生调压作用，必须和发电机组成一个闭合回路（如图 2-42 所示），并使调压器在工作特性的 $\overline{ab}$ 段工作。

ZTL-1 型励磁调节装置与发电机合环以后，其最终的运行特性不但与 ZTL-1 型励磁调节装置的工作特性有关，而且与发电机的特性有关。

已知同步发电机的调整特性是发电机在不同电压值时，发电机转子电流 I_e 与无功负荷电流 I_w 的关系。考虑到发电机在装有励磁调节器时，其正常运行时的电压总在其额定值附近变动，为简化计算，仅取 $U_g=U_{gN}$ 时的发电机调整特性，如图 2-92（a）所示。图 2-92（c）是利用作图法作出的带自动励磁调节器的发电机的外特性曲线 $U_g=f(I_w)$，图上用虚线表示工作段 a、b 两点的作图过程。

图 2-92（c）曲线说明，发电机在加装励磁调节器以后，当无功电流 I_w 变动时，发电机电压 U_g 基本维持不变，达到了自动调压的目的；而发电机外特性曲线又稍有下倾，下倾的程度代表发电机正常运行特性的一个重要参数，即所谓调差系数，它决定并联机组间无功电流的分配关系，如图 2-92（b）所示。

调差系数用 δ 表示，其定义可用下式表示

$$\delta=\frac{U_1-U_2}{U_{gN}} \tag{2-21}$$

式中　U_{gN}——发电机额定电压；

U_1、U_2——空载、负荷电流的无功分量为额定值时的发电机电压（如图 2-93 所示），一般取 $U_2=U_{gN}$。

调差系数 δ 也可用百分数表示，即

$$\delta\%=\frac{U_1-U_2}{U_{gN}}\times100\%$$

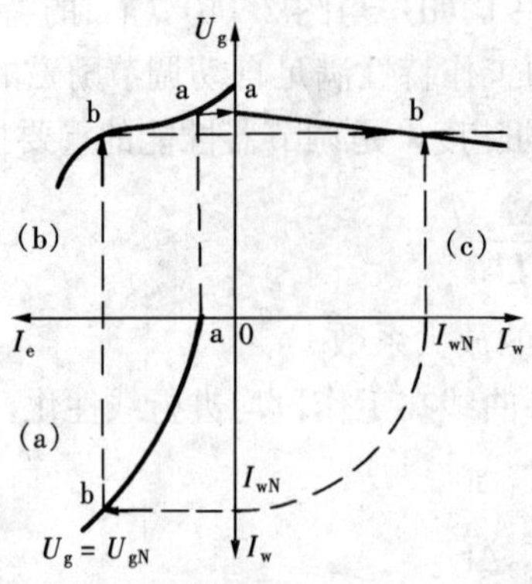

图 2-92 利用发电机的调整特性及 ZTL-1 型励磁调节装置的工作特性求发电机的外特性

(a) 发电机的调整特性；(b) 无功电流的分配关系；(c) 发电机的外特性曲线

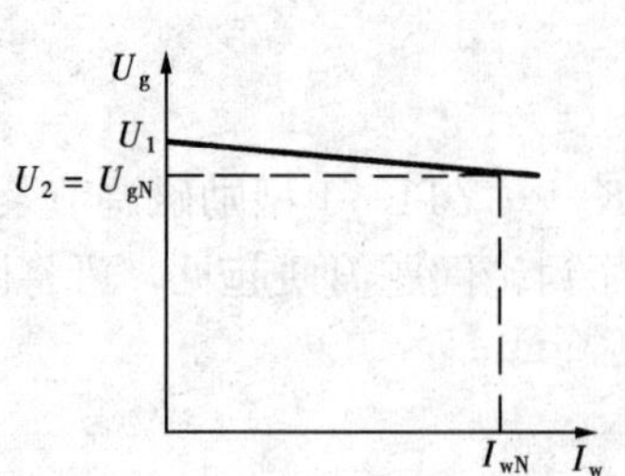

图 2-93 发电机调差系数

显然调差系数 δ 表示负荷无功电流从零变至额定值时，发电机电压的相对变化，即

$$\delta = \frac{U_1 - U_2}{U_{gN}} = \frac{\Delta U_g}{U_{gN}} = \frac{\Delta U_g}{\Delta I_w} \times \frac{\Delta I_w}{U_{gN}} = K' \frac{\Delta U_g}{\Delta I_w}$$

其中

$$K' = \frac{\Delta I_w}{U_{gN}}$$

式中 ΔI_w——负荷无功电流由零变至额定值的差值。

按照以前的方法，将发电机的调整特性 $I_w = f(I_e)$ 线性化，即把发电机也看作放大系数为 K_g 的一个元件，则

$$K_g = \frac{\Delta I_w}{\Delta I_e}$$

于是

$$\delta = K' \frac{\Delta U_g}{\Delta I_w} = K' \frac{\Delta U_g}{\Delta I_e} \times \frac{\Delta I_e}{\Delta I_w} = \frac{K'}{K} \times \frac{1}{K_g}$$

$$= \frac{K'}{K_1 K_2 K_3 K_4 K_g} \propto \frac{1}{K_\Sigma} \tag{2-22}$$

式中 K——励磁调节器开环放大系数，参见式 (2-14)；

K_1、K_2、K_3、K_4——励磁调节器各单元的放大系数；

K_Σ——自动励磁调节系统的总放大系数，即自动励磁调节系统总的放大系数等于各单元放大系数的乘积。

式 (2-22) 说明调差系数 δ 与励磁系统总放大系数成反比，K_Σ 越大，δ 愈小，K_Σ 越小，则 δ 愈大。但不能由此得出结论，认为要改变调差系数 δ 只能通过改变 K_Σ 的大小来实现，例如要使 $\delta=0$，则 $K_\Sigma \to \infty$，这显然是不现实的。调差系数的调整问题将在下面讨论。

六、模拟元件励磁调节器静态特性的调整

对自动励磁调节器工作特性进行调整，主要是为了满足运行方面的要求。这些要求是：①保证并列运行发电机组间无功电流的合理分配；②保证发电机能平稳地投入和退出工作，平稳地改变无功负荷，而不发生无功功率的冲击现象；③保证自动调压过程的稳定性。

1. 调差系数的调整

由式（2-22）可见，发电机的调差系数决定于自动励磁调节系统总的放大系数。实际上，一般自动励磁调节系统的总的放大系数是足够大的，因而发电机带有励磁调节器时的调差系数一般都小于1%，近似为无差调节。这种特性不利于发电机组在并列运行时无功负荷的稳定分配，因此发电机的调差系数要根据运行的需要，人为地加以调整，使调差系数加大到3%～5%左右。

当调差系数 $\delta>0$ 即为正调差系数时，表示发电机外特性下倾，即发电机无功电流增加，其端电压降低，$\delta<0$ 即为负调差系数时，表示发电机外特性是上翘的，即发电机无功电流增加，其端电压上升，$\delta=0$ 即为无差调节。图2-94表明了上述三种情况。在实际运行中，发电机一般采用正调差系数，因为它具有系统电压下降而发电机的无功电流增加的这一特性，这对于维持稳定运行是十分必要的。至于负调差系数，一般只能在大型发电机－变压器组单元接线时采用。

正、负调差系数可以通过改变调差接线极性来获得，调差系数一般在±5%以内。调差系数的调整原理如下。

在不改变调压器内部元件结构的条件下，在测量元件的输入量中（有时改在放大元件的输入量中），除 u_g 外，再增加一个与无功电流 i_w 成正比的分量，就可获得调整调差系数的效果。

在图2-95中，测量单元的内部结构并未改变，其放大系数仍为 K_1，只将输入量改为

$$u_g \pm K_\delta i_w$$

于是测量输入变为

$$U_{RFF}-(u_g \pm K_\delta i_w)=\Delta u_g \mp K_\delta i_w$$

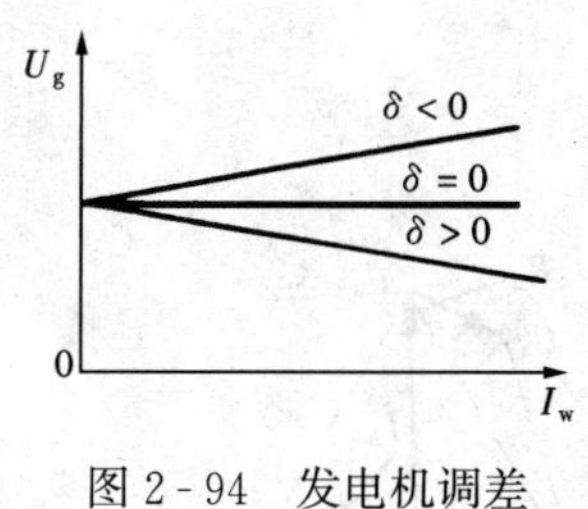

图2-94　发电机调差系数与外特性

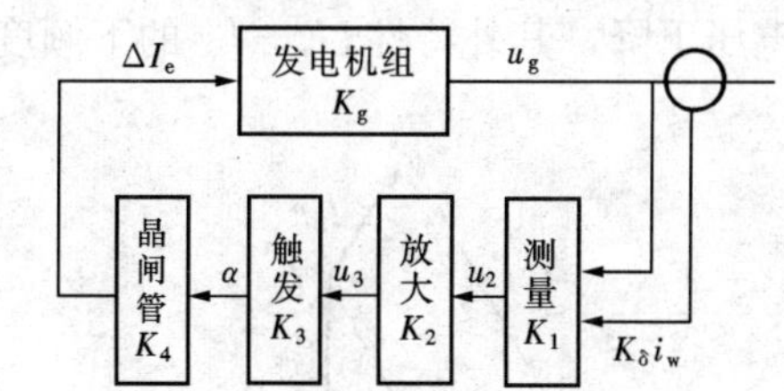

图2-95　调差系数调整原理框图

由于测量单元的放大系数并未变化，所以有

$$K_1=\frac{\Delta u_2}{\Delta u_g \mp K_\delta i_w}$$

仿照式（2-21）的推导过程，并因此时无功电流由零变化至额定值，故 $\Delta i_w=i_{wN}$，则可得

$$\frac{\Delta u_g \mp K_\delta i_{wN}}{i_{wN}}=\frac{\Delta u_g \mp K_\delta i_{wN}}{\Delta u_2}\times\frac{\Delta u_2}{\Delta u_3}\times\frac{\Delta u_3}{\Delta\alpha}\times\frac{\Delta\alpha}{\Delta I_e}\times\frac{\Delta I_e}{\Delta i_{wN}}$$

$$=\frac{1}{K_1K_2K_3K_4K_g}=\frac{1}{K_\Sigma}$$

所以

$$\frac{\Delta u_g}{\Delta i_w}=\frac{1}{K_\Sigma}\pm K_\delta$$

按式（2-21），$\delta=K'\dfrac{\Delta u_g}{\Delta i_w}$，有

$$\delta = K'\left(\frac{1}{K_{\Sigma}} \pm K_{\delta}\right) = \delta_0 \pm K'_{\delta} \tag{2-23}$$

及
$$\delta_0 = \frac{K'}{K_{\Sigma}}, \quad K'_{\delta} = K'K_{\delta}$$

其中 δ_0 为测量单元未增加无功电流 i_w 输入时的调差系数，增加无功电流输入 i_w 后，式（2-23）说明适当选择系数 K_δ，将可以改变调差系数 δ 的大小。

下面以两相式正调差接线为例，说明调差环节的工作原理，其原理接线如图 2-96 所示。

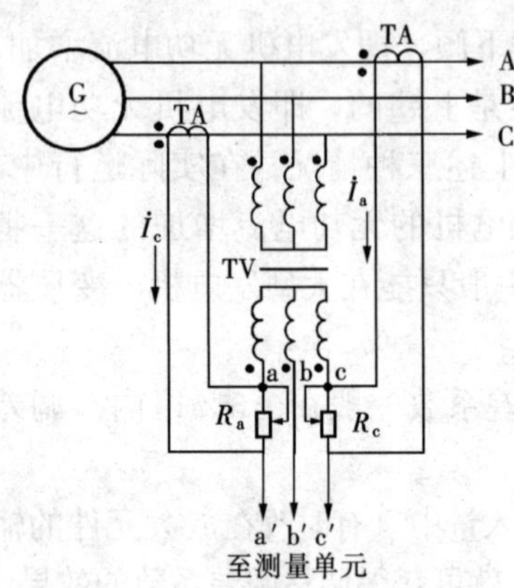

图 2-96 两相式正调差原理接线

在发电机电压互感器二次侧，a、c 两相中分别串入电阻 R_a 和 R_c，在 R_a 上引入 c 相电流 $\dot{I}_c$，在 R_c 上引入 A 相电流 $\dot{I}_a$。这些电流在电阻上产生的压降与电压互感器二次侧三相电压按相位组合后，送入测量单元的测量变压器。

在正调差接线时，其接线极性为 $\dot{U}_a + \dot{I}_c R_a$ 和 $\dot{U}_c - \dot{I}_a R_c$。

由图 2-97（a）可知，当 $\cos\varphi=0$ 时，即发电机只带无功负荷时，测量变压器输入的电压为电压 $\dot{U}'_a$、$\dot{U}'_b$、$\dot{U}'_c$，显然较电压互感器副边电压 $\dot{U}_a$、$\dot{U}_b$、$\dot{U}_c$ 的值大，而且其值 U'_a、U'_b、U'_c 随无功电流的增长而增大。根据励磁调节装置的工作特性，测量单元输入电压上升，励磁电流将减少，迫使发电机电压下降，其外特性 $U_g - I_w$ 的下倾度加强。

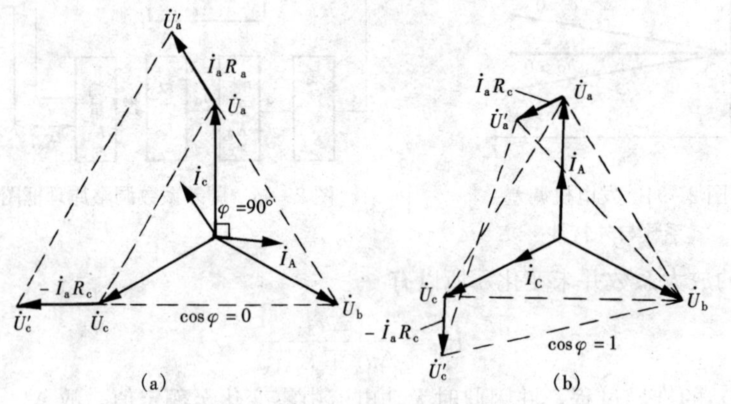

图 2-97 正调差接线矢量图

（a）$\cos\varphi=0$ 时；（b）$\cos\varphi=1$ 时

当 $\cos\varphi=1$ 时，由图 2-97（b）可知，电压 $\dot{U}'_a$、$\dot{U}'_b$、$\dot{U}'_c$ 虽然较电压 $\dot{U}_A$、$\dot{U}_B$、$\dot{U}_C$ 有变化，但幅值相差不多，故可以近似地认为调差装置不反映有功电流的变化。

当 $0<\cos\varphi<1$ 时，发电机电流均可分解为有功分量和无功分量，测量变压器一次侧电压可看成是图 2-97（a）和（b）叠加的结果，由于可以忽略有功分量对调差的影响，故只要计算其中无功电流的影响即可。下面举例说明之。

若要求在额定工况时（$\cos\varphi=0.8$，其调差接线矢量图如图 2-98 所示）调差系数为

5%，调差环节的参数可近似地计算如下。

由于$U_{ab}=100V$，经调差后$U'_{ab}=105V$，所以在图 2 - 98 上 $\Delta a'ba$ 中

$$\angle baa'=180°-(120°-\varphi)+30°=90°+\varphi$$

所以

$$U_{a'b}^2=U_R^2+U_{ab}^2-2U_RU_{ab}\cos\angle baa'$$
$$=U_R^2+U_{ab}^2+2U_RU_{ab}\sin\varphi$$
$$U_R^2+2U_RU_{ab}\sin\varphi+U_{ab}^2-U_{a'b}^2=0$$
$$U_R^2+200\sin\varphi U_R-1025=0$$
$$U_R=\frac{-200\sin\varphi\pm\sqrt{(200\sin\varphi)^2+4\times1025}}{2}$$

取正根

$$U_R=-100\sin\varphi+\sqrt{(100\sin\varphi)^2+1025}$$

因为　$\cos\varphi=0.8,\quad \varphi=36.87°,\quad \sin\varphi=0.6$

所以　$U_R=-60+\sqrt{60^2+1025}=8(V)$

因而在额定功率因数下运行时，若要调差系数 δ 为 5%时，调差电阻上的电压降应为 8V（当 TV 二次侧电压为 100V 时）。据此可以对调差回路的参数进行初步的整定，然后经试验确定。

对于负调差接线，其极性关系为$\dot{U}_a-\dot{I}_cR_a$，$\dot{U}_c+\dot{I}_aR_c$。负调差接线及矢量图的做法以及分析方法均与上述大致相同，读者可以仿照上面的方法自行画出。

2. 励磁调节器工作特性的平移

当几台发电机并联在母线上运行时，若需要改变某台机所负担的无功负荷时，最好的办法是将这台机的外特性曲线上下平行移动，如图 2 - 99 所示。

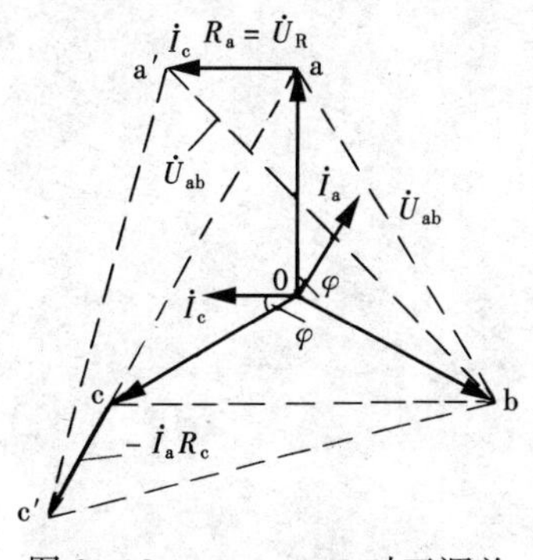

图 2 - 98　cosφ=0.8 时正调差接线矢量图

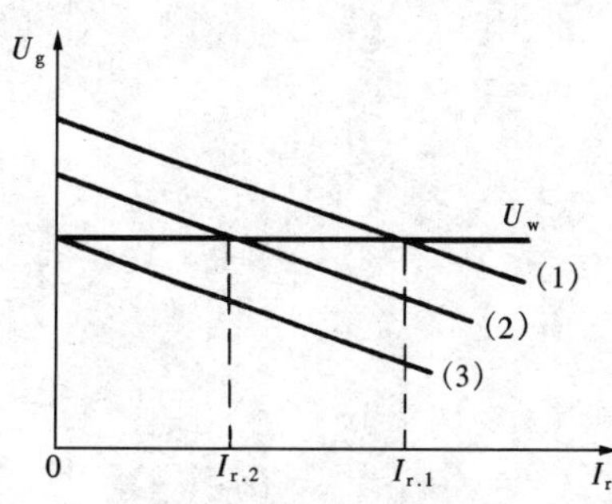

图 2 - 99　发电机外特性的平移

为了更易显示问题的本质，可假定这台发电机无功负荷的变化对系统母线电压 U_w 不产生影响，换句话说，即认为发电机接在无限大母线上。图 2 - 99 说明，欲将发电机无功电流从 $I_{r.1}$ 减至 $I_{r.2}$，只需将外特性曲线由（1）平移至（2）的位置。如果将外特性曲线继续向下平移，达到（3）的位置时，则这台机的无功电流将减少到零，这样即使把这台机从母线上退出运行，也不会对系统发生无功功率的冲击现象。

同理，把一台发电机平稳地投入工作，也要使它的外特性曲线处于（3）的位置，投入

后再将其外特性曲线平行地上移，直到无功电流达到要求的数值。

励磁调节器对发电机外特性的调整是通过调整测量单元的电压整定电位器来实现的。图2-91中ZTL-1型励磁调节装置工作特性合成时，由调节器各单元的特性作出了ZTL-1型励磁调节装置的工作特性。图2-90说明当R_w加大时，“测量—放大”合成特性向右平移，因此对应每一条“测量—放大”特性都可以相应地作出一条ZTL-1型励磁调节装置的工作特性，如图2-100（b）所示。R_w加大，$I_e=f(U_g)$曲线平行上移；R_w减小，曲线则平行下移。这点可以仿照图2-91的方法加以证明。于是从图2-100（c）上可以清楚地看到，调节R_w的大小，可以达到使发电机的外特性曲线上下平移的目的。

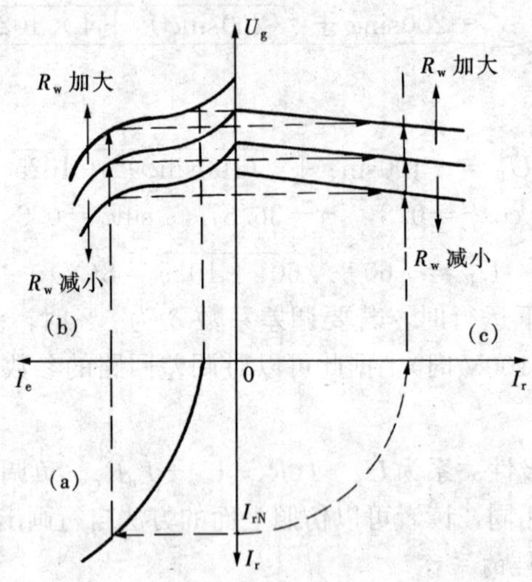

图2-100　发电机外特性平移原理

(a) 第3象限；(b) 第2象限；(c) 第1象限

第三章 自动励磁调节系统的动态特性与有关问题

第一节 概 述

电力系统的自动电压调节器有多种类型，如 TCR 调压器与同步发电机的自动励磁调节器等，各有不同的动态特性特点，但以自动励磁调节器的动态特性最有典型性，且对整个电力系统的稳定性也有较大的影响，本章将以其为对象进行有关动态稳定性的分析。

自动励磁调节系统（以下简称励磁系统）的动态特性是指在较小的或随机的干扰下，自动励磁调节系统的时间响应特性。在日常的随机变动下，自动调压器、励磁机以及同步发电机等都有充分的调整余量，因此，从一个稳定状态过渡到另一个稳态的励磁系统动态特性，一般都可用常系数微分方程组来描述。在本章中，不但讨论自动励磁调节系统本身的动态特性，而且还要分析自动调压器对电力系统动态稳定的影响。分析这些问题的方法有经典的传递函数法及现代的状态变量法两种。由于即使是在分析自动调压器对电力系统稳定的影响时，也并不着眼于电力系统或同步发电机内部的状态量的变化，只是从电力系统稳定的角度看励磁调节的作用和应该遵循的规律；对自动调压器来说，它必须保证发电机端电压的稳态值基本不变，因此 ΔU_g 是它的基本输入量，它输出至发电机组的控制量也只有一个，即发电机的励磁电流 ΔI_e，为单输入—单输出系统（SISO），最适于采用传递函数为主的经典分析方法，所以本章主要采用了传递函数及根轨迹法。

在研究励磁调节系统过程的动态特性时，一般把同步发电机也算作该系统中的一个元件，与自动调压器、励磁机共同组成一个封闭的反馈系统，将图 2-42 简化成图 3-1。

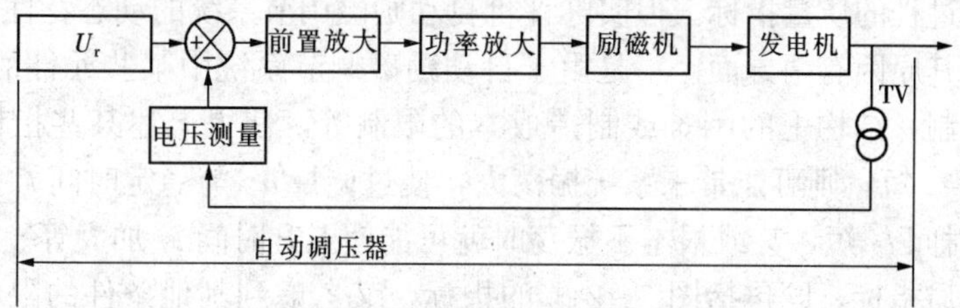

图 3-1 自动励磁调节系统框图

与其他自动控制系统一样，要研究自动励磁调节系统的动态特性问题，首先必须知道图 3-1 框图中每一方框的传递函数，其次是要根据给定的要求，选择一种适当的描述系统动态响应特性的方法，在这方面用得最普遍的是根轨迹法与频率特性法，本章将主要采用根轨迹法。计算技术的高度发展使自动控制系统动态特性的研究获得了十分强有力的工具，本章的计算结果都是在 PC 机上使用有关程序进行计算得到的。

一、自动励磁调节系统响应曲线的一般讨论

从图 3-1 可以看出，自动励磁调节系统的动态方程是一个三阶以上方程式，因此，它有稳定问题，也有其动态过程的质量问题。正如对其他多阶系统的处理方式一样，励磁系统的动态响应特性，一般也可用在其中起主导作用的二阶系统特性作为其整个系统的基本的响

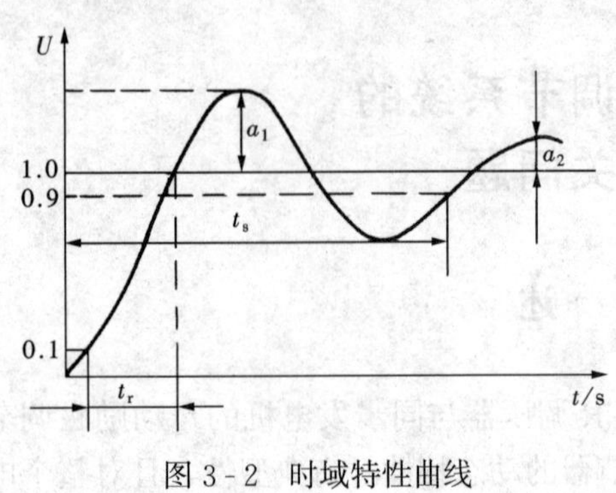

图 3 - 2　时域特性曲线

应曲线的合理代表。这当然只是一种近似关系，但是这种近似关系往往是人工有意造成的，通过设计、试验并反复修改之后，有意识地使一个多阶系统的传递函数趋向于出现两个“最小阻尼”极点。对励磁系统一般也做同样处理，所以，基本上是一个二阶系统的时域特性的曲线，如图 3 - 2所示，也可以作为励磁系统动态特性的基本表达形式。下面用工程术语来表示图 3 - 2 曲线的技术特性。

一般用下述三个工程术语来描述图 3 - 2 的响应曲线。

(1) 过调量 a_1（标幺值）是响应曲线超过稳态响应的最大值。

(2) 上升时间 t_r 是响应曲线自 10%稳态响应值上升到 90%稳态响应值时所需的时间。

(3) 稳定时间 t_s 是对应一个阶跃函数的响应曲线的时间，在此以后响应曲线的值，始终保持在最终值的百分数为 a_2 的范围内。

阻尼比则是下述闭环系统传递函数中的 ζ 值，即

$$\frac{C(s)}{R(s)}=\frac{K}{s^2+2\zeta\omega_n s+\omega_n^2}$$

阻尼比 ζ 与两个相继的过调量 a_1 和 a_2 有关。当 $\zeta=0$ 时，系统是振荡的，励磁系统就是不稳定的；当 $\zeta=0.7$ 时，则只有很小的过调量（约 5%）；当 $\zeta=1.0$ 时，可说是临界阻尼。

二、自动励磁调节系统的评价

评价自动励磁调节系统动态特性的优劣，从图 3 - 2 来看，是较简单的问题，如稳定时间 t_s 应该短，过调量 a_1 应该小，上升时间 t_r 应该短等，t_s 的长短、a_1 的大小、t_r 的长短过去统称为调节过程的质量指标。但实际评价自动励磁调节系统的动态特性，比单纯比较这些指标要复杂。其原因有两方面。一是由于自动励磁调节系统中某些元件的限制，如电压、电流极限值的限制，结构上的困难或制造成本的限制等，使得上述某些指标之间会发生矛盾。如上升时间 t_r 短，则可能带来系统振荡大，使过调量 a_1 与稳定时间 t_s 都加大；如过调量 a_1 小，稳定时间 t_s 短，甚或根本不振荡时就可能使上升时间 t_r 加大等。因此，如何定出一个综合性的品质指标，既包括图 3 - 2 上的指标，又考虑到其他条件的限制与经济成本等因素，并且又能用恰当的数学式描述，则是相当复杂的问题。另一个原因是，最近的研究结果说明，自动调压器是改善电力系统稳定的一项有效措施。有人主张用电力系统稳定方面的品质指标作为评价自动励磁调节系统动态特性的依据，但这类品质指标的数学表达式尚在研究中，并无定论。因此，本章只着重讲述自动励磁调节系统的稳定性，而对其动态特性的品质问题，则不作过多的讨论。

当进行继电强行励磁时，励磁系统的响应曲线则常常是过阻尼的，即 $\zeta>1$。在这种情况下，电压上升是较为“缓慢”的，如图 3 - 3 所示。它的过调量是零；稳定时间是 t_s，即在此以后，响应曲线与最终值的偏离

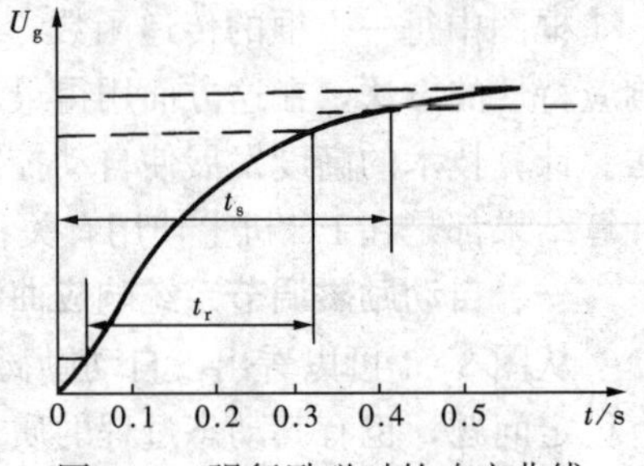

图 3 - 3　强行励磁时的响应曲线

始终不大于 K；上升时间为 t_r。强励时励磁系统的响应曲线可以通过试验来确定，取此响应曲线 0.5s 内的面积，即可得到式（2-9）所要求的响应比，电机制造厂一般以它作为该励磁系统磁场建立速度的指标。

第二节　自动励磁调节系统的稳定性

一、自动励磁调节系统的传递函数

分析自动励磁调节系统的稳定问题，要先求出励磁系统的传递函数。而该系统的传递函数，则可以按图 3-4 表示的基本的自动励磁调节系统的框图，由各个元件的传递函数来组成。

在求解各元件的传递函数之前，还要指出，图 3-4 各元件都被认为只具有单方向作用的特性。一个单方向作用元件的输出量只取决于它的输入量，而忽视下一元件因电路偶合中的某些次要因素所产生的反作用。在某些情况下，元件的单方向特性只是一种假设，但为了用最简便、合理的方法，理解一个系统的基本响应特性中稳定问题的主要特点，以求到工程技术上满意的解答，作一些不损害整个系统基本特性的假定是完全可以的，而且是必要的，因为只有这样，才能显出产生问题的实质性要素，又勿伤于整个系统的基本特性，元件的单方向作用特性正是为此而普遍采用的一种假定。

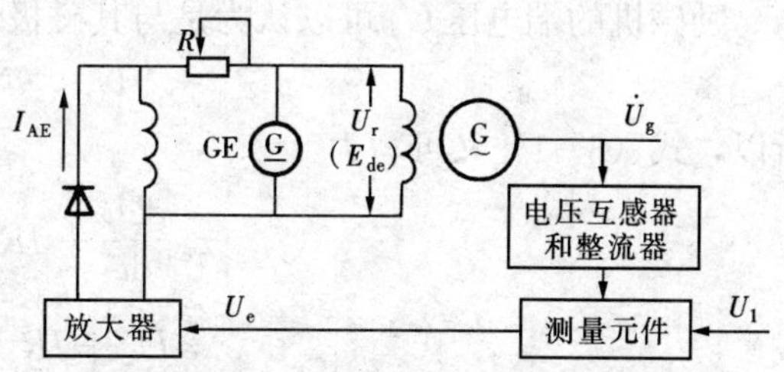

图 3-4　基本的自动调节励磁系统框图

在图 3-4 各元件的传递函数中，励磁机的传递函数是较为复杂的，就先从它开始讨论。

1. 励磁机的传递函数

以自励式直流励磁机为例，如图 3-5（a）所示，其输入量为自动调压器的输出电流 I_{AE}，输出量为发电机转子端电压 U_r（将 U_r 归结到发电机定子感应电动势即为 E_{de}）。为了励磁系统动态过程模拟与计算的方便，一般用图 3-5（b）的等值图，即将自动调压器输出电流 I_{AE} 的效果用等值电压 U_R 来代替，于是输入量就改用 U_R 了。励磁机就被认为是一个单方向作用元件，具体说来，忽视（I_{AE} 改变引起的）I_2 的变化对 I_{AE} 的反作用，则图 3-5 自励式直流励磁机接线图的传递函数可以推导如下。

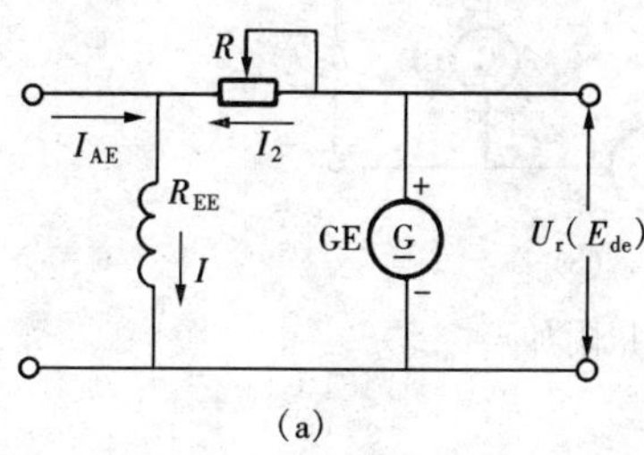

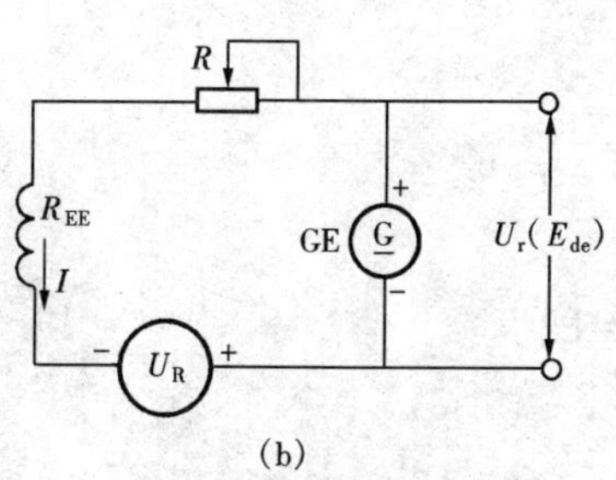

图 3-5　自励式直流励磁机接线图与其等值图

（a）接线图；（b）等值电路图

在图 3-5（a）中，有

$$N\frac{d\phi}{dt}+I_2(R+R_{EE})\approx U_r$$

式中 ϕ 为键链励磁机励磁绕组的磁通，它由 I_2 与 I_{AE} 共同产生。以 $I=I_2+I_{AE}$ 和 $R_\Sigma=R+R_{EE}$ 代入上式，可写为

$$N\frac{d\phi}{dt}+IR_\Sigma-I_{AE}R_\Sigma\approx U_r$$

即

$$N\frac{\mathrm{d}\phi}{\mathrm{d}t}+IR_{\Sigma}\approx U_{\mathrm{r}}+I_{\mathrm{AE}}R_{\Sigma}$$

得

$$N\frac{\mathrm{d}\phi}{\mathrm{d}t}+IR_{\Sigma}\approx U_{\mathrm{r}}+U_{\mathrm{R}} \tag{3-1}$$

式（3-1）可认为是图3-5（b）的回路方程式，它说明图3-5（b）就是图3-5（a）的励磁机的等值电路图。但是要注意，在式（3-1）中，由于励磁机铁芯的饱和关系，其励磁绕组中的电流 I 与其磁通 ϕ 之间是非线性的关系，所以式（3-1）是非线性方程式。

励磁机的端电压 U_{r} 可以认为是与其磁极的磁链 $N\phi$ 成正比的，即

$$U_{\mathrm{r}}\propto N\phi=K\phi$$

所以，式（3-1）又可写为

$$\tau_{\mathrm{e}}\frac{\mathrm{d}U_{\mathrm{r}}}{\mathrm{d}t}+IR_{\Sigma}\approx U_{\mathrm{r}}+U_{\mathrm{R}}$$

或

$$\tau_{\mathrm{e}}\dot{U}_{\mathrm{r}}+IR_{\Sigma}\approx U_{\mathrm{r}}+U_{\mathrm{R}}$$

式中 τ_{e} 的单位为s。

将自动调压器的输出置于励磁机附加励磁绕组时，其接线图如图3-6（a）所示，等值图也与图3-5（b）一样。推导过程如下。

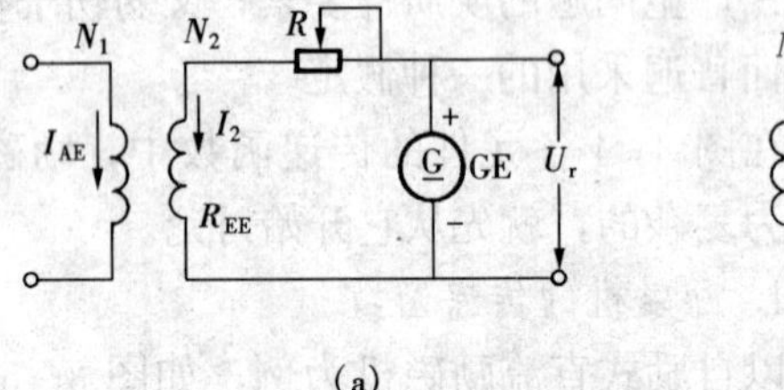

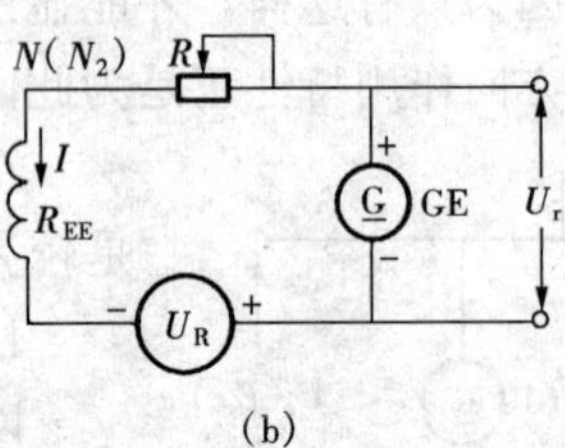

图3-6　将自动调压器的输出置于励磁机附加励磁绕组时的接线图与其等值图

(a) 接线图；(b) 等值电路图

从图3-6（b）有

$$N_2\frac{\mathrm{d}\phi_2}{\mathrm{d}t}+I_2(R+R_{\mathrm{EE}})+N_2\frac{\mathrm{d}\phi_{\mathrm{AE}}}{\mathrm{d}t}=U_{\mathrm{r}}$$

$$N\frac{\mathrm{d}(\phi_2+\phi_{\mathrm{AE}})}{\mathrm{d}t}+I_2(R+R_{\mathrm{EE}})=U_{\mathrm{r}}$$

令 ϕ 为键链主励磁绕组的总磁通，则

$$N\frac{\mathrm{d}\phi}{\mathrm{d}t}+I_2R=U_{\mathrm{r}}$$

令归算至主励磁绕组侧的调压器输出电流值为 I'_{AE}，则图3-6（b）之 I 为

$$I=I'_{\mathrm{AE}}+I_2$$

于是得

$$N\frac{\mathrm{d}\phi}{\mathrm{d}t}+IR_{\Sigma}=U_{\mathrm{r}}+I'_{\mathrm{AE}}R_{\Sigma}=U_{\mathrm{r}}+U_{\mathrm{R}}$$

其中
$$U_{R}=I'_{AE}R_{\Sigma}$$
仿前，可得有附加励磁绕组的励磁机的方程式为
$$\tau_{L}\dot{U}_{r}+IR_{\Sigma}=U_{r}+U_{R} \tag{3-2}$$
在一般情况下
$$R\gg R_{EE}$$
当完全忽略励磁机励磁绕组的电阻时，非线性方程式（3-2）就可以成为励磁机动态特性的普遍表达式。

其次，为使式（3-2）应用起来方便，对于式中 U_r 与 I 的非线性关系，即励磁机磁场的饱和特性，要有一个工程技术上允许的近似表示方法。图 3-7 为其饱和曲线图。

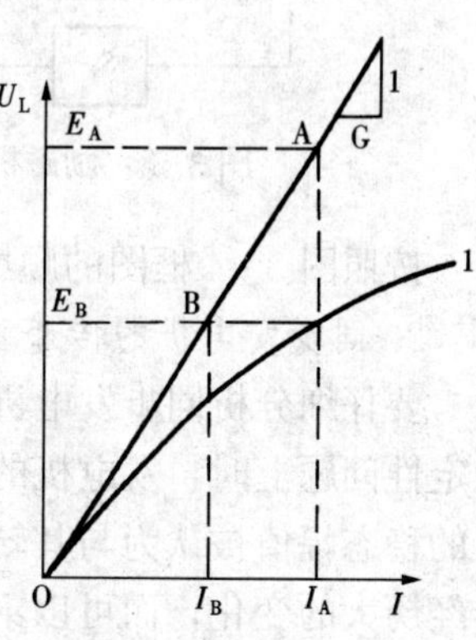

图 3-7　励磁机的饱和曲线

在图 3-7 中，除磁场饱和曲线 1 外，另作一条与之在原点相切的直线 OA，OA 可以认为是励磁机气隙的磁化曲线。设 U_r 为 E_B 值时，由于磁饱和效应，励磁电流为 I_A。图中清楚地表明增量 I_A-I_B 是由于励磁机的饱和特性所引起的，于是饱和系数 S_E 定义为
$$S_{E}=\frac{I_{A}-I_{B}}{I_{B}}$$
得
$$I_{A}=(1+S_{E})I_{B}$$
或
$$E_{A}=(1+S_{E})E_{B}=(1+S_{E})U_{r}$$
系数 S_E 是非线性的，在整个运行范围内，可以用适当的非线性函数来近似地表示。在图 3-7 中，令气隙特性的斜率为 $1/G$，则磁场总电流为
$$I=GU_{r}(1+S_{E})=GU_{r}+GU_{r}S_{E} \tag{3-3}$$
将式(3-3)代入式(3-2)，得励磁机的方程式为
$$\tau_{L}\dot{U}r=U_{r}+U_{R}-IR_{\Sigma}=U_{r}+U_{R}-R_{\Sigma}GU_{r}-R_{\Sigma}GU_{r}S_{E}$$
整理之，得
$$\tau_{L}\dot{U}r+(R_{\Sigma}G-1)U_{r}=U_{R}-R_{\Sigma}GS_{E}U_{r}$$
于是，得励磁机的运算方程式为
$$U(S)=\frac{U_{R}(S)-R_{\Sigma}GS_{E}U_{r}(S)}{(R_{\Sigma}G-1)+\tau_{L}S}=\frac{U_{R}(S)-S_{L}U_{r}(S)}{K_{L}+\tau_{L}S} \tag{3-4}$$
其中
$$S_{L}=R_{\Sigma}GS_{E}$$
$$K_{L}=R_{\Sigma}G-1$$
式中　S——微分运算符号。

由此得励磁机模拟计算框图如图 3-8 所示。在图 3-8 中还考虑了励磁机端电压 U_r 与其在同步发电机上的感应电动势 E_{de} 的换算关系。由于发电机的定子绕组是三相的，流过的是交流电流；而转子绕组则是直流绕组，所以在动态过程中，把转子端电压换算成定子绕组的感应电动势时，要乘以 $\frac{L_{ad}}{\sqrt{3}r_f}$ 的换算系数。将此系数乘以式（3-4）的两端，对 U_R 重新加以定义，就得

$$E_{\mathrm{de}}(S)=\frac{U_{\mathrm{R}}(S)-S_{\mathrm{L}}E_{\mathrm{de}}(S)}{K_{\mathrm{L}}+\tau_{\mathrm{L}}S} \tag{3-5}$$

式（3-5）称为规格化的励磁机的运算方程式，其框图如图 3-9 所示。

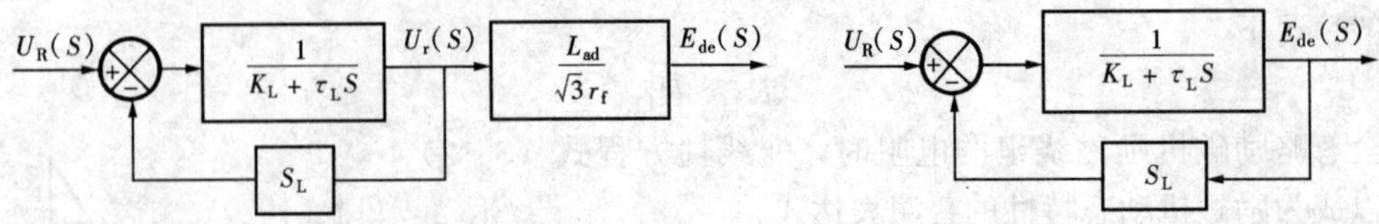

图 3-8 励磁机的模拟计算框图　　图 3-9 励磁机规格化框图

按照图 3-4 框图的顺序，接着讨论同步发电机的传递函数。

2. 同步发电机的传递函数

要仔细分析同步发电机的传递函数，是一个相当复杂的任务。当把重点放在励磁系统的稳定性问题上时，发电机的传递函数就可以简化，定性地加以表示。简单说来，发电机端电压的稳态幅值被认为与其转子励磁电压成正比。这是因为假定在运行区域内，发电机电压不会经历大的变化，而可以不考虑它的饱和特性。其次，认为发电机的动态响应可以简化为用一阶惯性元件的特性来表示，其空载时的时间常数为 τ'_{d0}，短路时的时间常数为 τ'_{d}，正常运行中的时间常数为 τ_{g}，与负荷有关，其值在空载与短路两种极端情况之间。由此，用 K_{g} 表示发电机等值一阶元件的放大系数，用 τ_{g} 表示其时间常数，忽略其饱和作用，得同步发电机的传递函数为

$$U_{\mathrm{g}}(S)=\frac{K_{\mathrm{g}}E_{\mathrm{de}}(S)}{1+\tau_{\mathrm{g}}S}$$

3. 电压互感器与整流电路的传递函数

在我国，用于自动调压器的电压互感器组的接法是多种多样的。电磁式调压器一般直接从三相电压互感器二次侧取得电压，而晶体管调压器则有应用三相整流桥，六相以至十二相整流桥的输出端取得电压。所以，一般说来，认为经过整流滤波后输出的电压 U_{dc} 的幅值与发电机电压 U_{g} 成正比，整流装置中的滤波作用可以用时间滞后来表示，则 U_{dc} 的传递函数为

$$U_{\mathrm{dc}}(S)=\frac{K_{\mathrm{R}}U_{\mathrm{g}}(S)}{1+\tau_{\mathrm{R}}S}$$

式中　K_{R}——电压幅值比例常数；

τ_{R}——滤波回路的等值时间常数，一般可假设 $0<\tau_{\mathrm{R}}<0.06\mathrm{s}$。

4. 测量元件的传递函数

所有的测量元件的作用可以概括为将发电机端电压与某一基准电压 U_{RFF} 进行比较，以求出其差值。测量元件的输出与此差值成正比，一般没有时间的延迟，即

$$U_{\mathrm{e}}(S)=K(U_{\mathrm{RFF}}-U_{\mathrm{dc}})$$

式中　U_{e}——测量元件的出口电压。

5. 放大元件的传递函数

放大元件可以是磁放大器，也可以是晶体管放大器（包括前置放大级与功率放大级）、晶闸管放大器（包括触发脉冲、脉冲展宽电路）等。在任何一种情况下，均可假定它具有线性的电压放大系数 K_{A} 和时间常数 τ_{A}，放大元件的传递函数为

$$U_R(S)=\frac{K_A U_e(S)}{1+\tau_A S}$$

式中　U_R——放大元件的输出电压。

放大元件输出电压U_R即功率放大器的输出电压，以不同形式送至励磁机，发挥对励磁系统的调节作用。因此，可以认为U_R与式（3-2）的U_R只是比例关系，在方框图中可以互换。

对于任何放大器，均需规定一限幅值，如

$$U_{R.min}<U_R<U_{R.max}$$

图3-10就是自动调压器放大元件的框图。

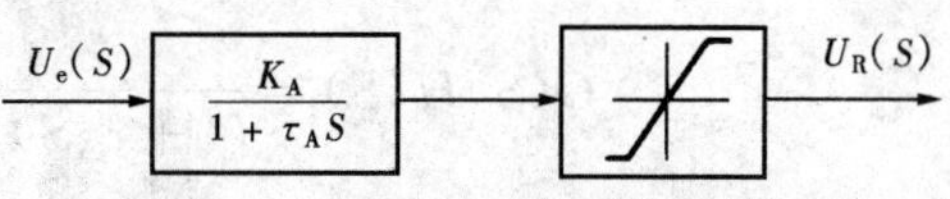

图3-10　自动调压器放大元件框图

6. 自动励磁调节系统的传递函数

由各元件的框图按图3-4的连接方式组成自动励磁调节系统的模拟框图，如图3-11所示。

在图3-11中，如果用$G(S)$表示前向传递函数，用$H(S)$表示反馈传递函数，则根据调节系统的一般公式，该系统的传递函数为

$$\frac{U_g}{U_{RFF}}=\frac{G(S)}{1+G(S)H(S)}$$

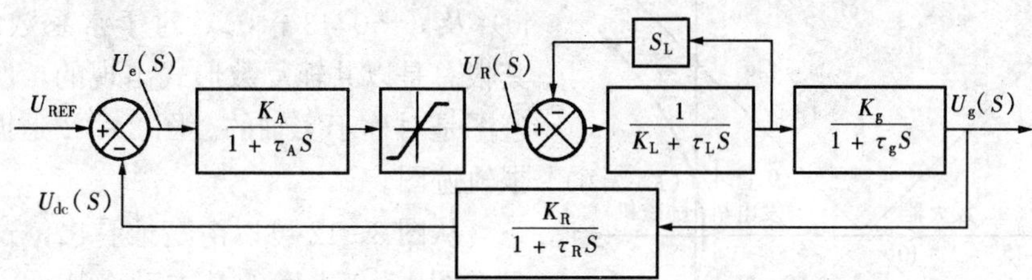

图3-11　自动励磁调节系统模拟框图

为简化起见，忽略励磁机的饱和特性和放大器的饱和限制，则由图3-11可得

$$G(S)=\frac{K_A K_g}{(1+\tau_A S)(K_L+\tau_L S)+(1+\tau_g S)} \tag{3-6}$$

$$H(S)=\frac{K_R}{(1+\tau_R S)}$$

所以

$$\frac{U_g(S)}{U_{RFF}(S)}=\frac{K_A K_g(1+\tau_R S)}{(1+\tau_A S)(K_L+\tau_L S)(1+\tau_g S)(1+\tau_R S)+K_A K_g K_R}$$

式（3-6）为励磁系统的传递函数，是四阶的。

二、自动励磁调节系统的稳定性

对任一线性自动控制系统，在知道其传递函数后，可以利用它的特征方程式，按照稳定判据来判定该系统是否稳定。发现该系统稳定性不够好时，最好是能找出影响系统稳定性最有效的参数，采取适当的补偿措施，以改善系统的稳定特性。在这方面，根轨迹法是很有用的。因为它指明了开环传递函数极点与零点应当怎样变化，才能使系统的动态特性满足技术上的要求。这种方法特别适用于迅速地获得近似结果。

下面结合例题来讨论有关励磁系统稳定性的一些问题。

1. K_R 的允许值范围

根据自动励磁调节系统稳定性的需要，首先讨论 K_R 值的允许范围。

【例 3-1】 设一常规励磁系统的传递函数与式（3-6）相同，其励磁系统框图如图 3-11 所示，不考虑饱和的影响，已知常规励磁系统的有关参数为：$\tau_A=0.1s$、$\tau_g=10s$、$\tau_L=0.5s$、$\tau_R=0.05s$、$K_A=40$、$K_g=1.0$、$K_L=-0.05$。试求 K_R 的允许范围。

解 按照根轨迹图的步骤，先求图 3-11 系统的开环传递函数。很明显，其开环传递函数为

$$G(S)H(S)=\frac{K_AK_gK_R}{(1+\tau_AS)(K_L+\tau_LS)(1+\tau_gS)(1+\tau_RS)}$$
$$=\frac{400K}{(10+S)(-0.1+S)(1+S)(S+20)}$$

其中
$$K=K_AK_gK_R$$

开环传递函数有四个极点（$-20+j0$）、（$-10+j0$）、（$-1+j0$）、（$0.1+j0$），其中有一个在根平面实轴原点的右侧。由于开环传递函数设有零点，所以根轨迹的渐近线为两条与实轴交角为45°的直线，经计算，交点在（$-7.75+j0$）。一般四阶以上根轨迹曲线的分离点用试探的方法来确定，本题的分离点为（$-16.4+j0$）及（$-0.43+j0$）。对于常系数线性方程，其根总是以共轭复数形式出现的，所以其根轨迹图是对称于实轴的。图 3-12 是据此作出的根轨迹图。

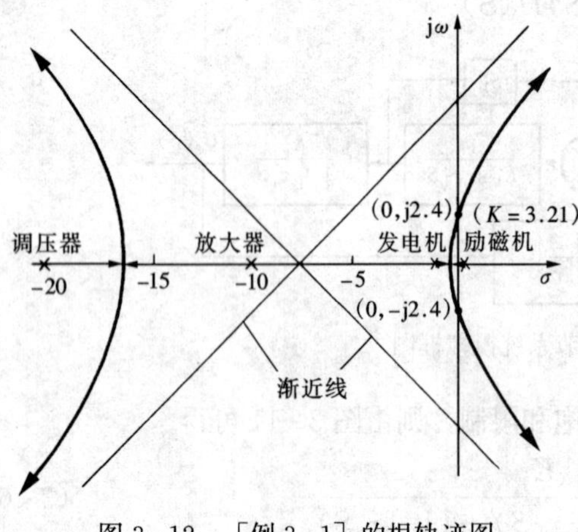

图 3-12 ［例 3-1］的根轨迹图

从图 3-12 可以清楚地看出，这个系统也具有图 3-2 表示的基本动态特性。它的两个“最小阻尼”极点是由发电机与励磁机的参数引起的。但由于都很靠近原点，在 $0<K<3.21$ 的范围内，满足不了调压的需要，因此励磁系统不能稳定运行。而测量元件的极点（$-20+j0$）与调节器的极点（$-10+j0$），阻尼系数都很大，对系统的稳定不产生影响。

交流励磁机系统大致分两种情况：图 3-13（a）代表晶闸管接在发电机转子回路内，励磁机供给恒定电压 U_e，其动态特性对发电机端电压的动态特性不构成影响，图 3-13（c）是其传递函数框图。图 3-13（b）代表将励磁机的可控端电压经二极管接至发电机转子绕组，励磁机相当于一个自励式高频发电机，图 3-13（d）是其传递函数框图，与图 3-11 属于同一类型，但励磁机时间常数等均较小。交流主励磁机一般为 100Hz 的交流同步发电机，由于频率高、功率小，所以其时间常数较主发电机至少小一个数量级，现在数字技术的发展也使调压作用的时间常数及测量环节的时间常数等也大为减小。晶闸管的电源是 100Hz 时，其周期为 0.01s，如使用半可控桥，触发脉冲的间隔为 120°，即 0.0033s，在数字调压器按程序运行，不再有电容、电感等造成的延时，可以认为 $\tau_A=0.005s$，如为全控整流桥，$\tau_A=0.003s$。测量元件的时间常数至少不应大于这一数值，所以交流励磁调压系统的响应速度已大为提高，这很有利于励磁调节系统本身的稳定运行，称为快速励磁系统。

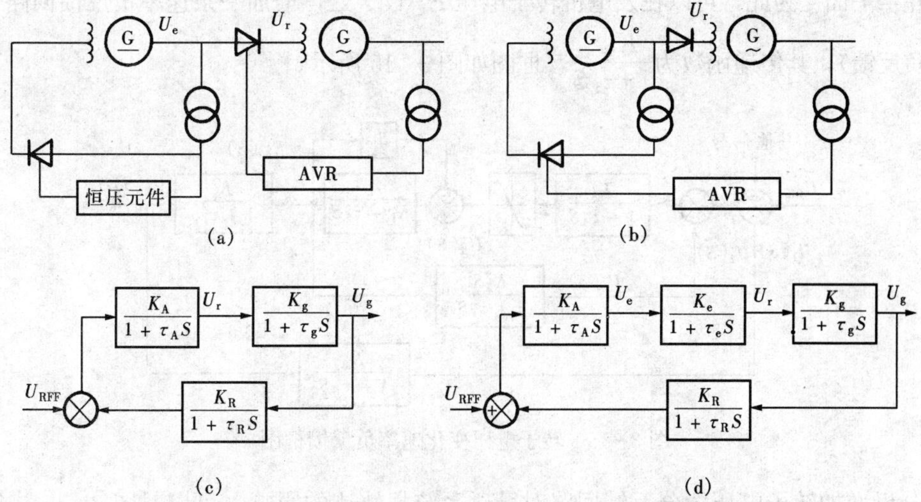

图 3-13　交流励磁机系统原理示意框图及其传递函数框图举例

(a)、(c) 当晶闸管接在发电机转子回路时的原理接线图及其传递函数框图；(b)、(d) 励磁机的可控端电压经二极管接至发电机转子绕组时的原理接线图及其传递函数框图

【例 3-2】　设一快速励磁系统的参数为 $\tau_A=0.005s$，$\tau_R=0.003s$，$\tau_e=0.08s$，$\tau_g=5s$，$K_A=200$，$K_e=1$，$K_g=1$。试求 K_R 的允许值范围。

解　仿［例 3-1］的解法，可得图 3-13 (d)，由于励磁机时间常数小了一个数量级多，使相应的极点左移很多，系统的开环传递函数为

$$G(S)H(S)=\frac{200K}{(1+0.005S)(1+0.003S)(1+0.08S)(1+5S)}$$

其特征方程为

$$6\times10^{-6}S^4+0.003\,2762S^3+0.440\,655S^2+5.088S+200K+1=0$$

按照刚性微分方程原理，S^4 的系数的数量级太小，可以略去，简化为一个三阶系统，其近似的特征方程为

$$0.003\,2762S^3+0.440\,655S^2+5.088S+200K+1=0$$

图 3-14 是其根轨迹图，在低阻尼区与原特征方程的无异：与虚轴的交点为 $K_R=3.34437$，$\omega=\pm39.4084$。系统的总放大系数超过 600，已经超过运行所要求的范围。

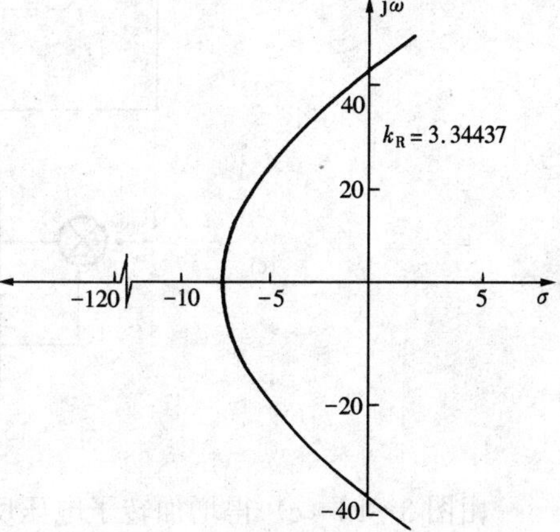

图 3-14　图 3-13 (b) 系统的根轨迹图举例

图 3-13 (a) 的系统由于可以在动态框图中不考虑励磁机，其允许的放大值会更大。所以微机调压的快速励磁系统本身，没有空载电压稳定性问题。

2. 常规励磁系统稳定性的改善

图 3-12 的根轨迹说明，为改善该自动励磁调节系统的动态性能，可改变励磁机极点与发电机极点间根轨迹的射出角，就是说改变渐近线，使之只处于虚轴的左半平面。要做到这一点只需增加开环传递函数的零点，使渐近线平行于虚轴

并处于左半平面。为此，可以在发电机转子电压 $E_g(U_r)$ 处，增加一条速率负反馈回路（也称为微分负反馈），其传递函数为$\dfrac{K_F S}{1+\tau_F S}$，框图如图 3-15 所示。

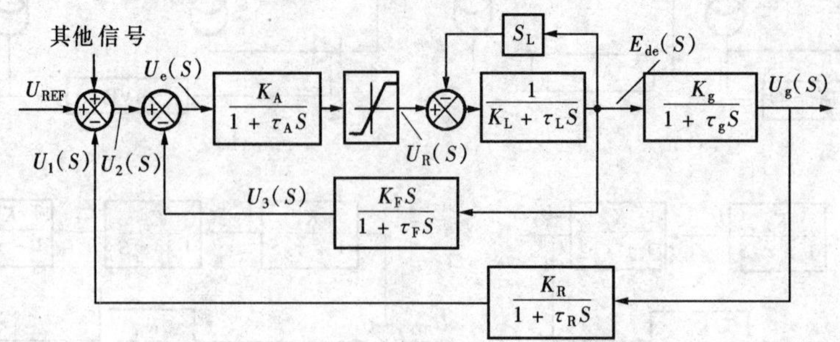

图 3-15 转子电压变化速率负反馈框图

要分析增加转子电压微分反馈回路对励磁系统根轨迹的影响，可以对图 3-15 进行如图 3-16 的简化与等值转换。

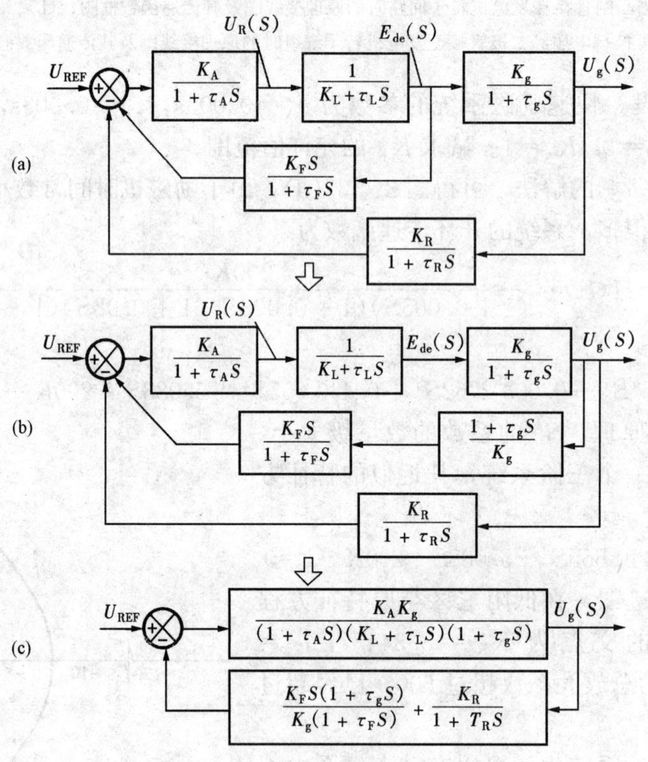

图 3-16 图 3-15 的简化等值框图

由图 3-16（c）得增加转子电压反馈回路后，励磁系统的等值前向传递函数为

$$G(S)=\frac{K_A K_g}{\tau_A\tau_L\tau_g}\frac{1}{\left(S+\dfrac{1}{\tau_A}\right)\left(S+\dfrac{K_L}{\tau_L}\right)\left(S+\dfrac{1}{\tau_g}\right)}$$

反馈传递函数为

$$H(S)=\frac{\left(\frac{K_F\tau_g}{K_g\tau_F}\right)S\left(S+\frac{1}{\tau_g}\right)\left(S+\frac{1}{\tau_R}\right)+\left(\frac{K_R}{\tau_R}\right)\left(S+\frac{1}{\tau_F}\right)}{\left(S+\frac{1}{\tau_F}\right)\left(S+\frac{1}{\tau_R}\right)}$$

于是得开环传递函数为

$$G(S)H(S)=\frac{K_AK_F}{\tau_A\tau_L\tau_F}\times\frac{S\left(S+\frac{1}{\tau_g}\right)\left(S+\frac{1}{\tau_R}\right)+\left(\frac{K_RK_g\tau_F}{\tau_R\tau_gK_F}\right)\left(S+\frac{1}{\tau_F}\right)}{\left(S+\frac{1}{\tau_A}\right)\left(S+\frac{K_L}{\tau_L}\right)\left(S+\frac{1}{\tau_g}\right)\left(S+\frac{1}{\tau_F}\right)\left(S+\frac{1}{\tau_R}\right)}$$

为了与图 3 - 12 的根轨迹作明显对比，取 $K_R=1.0$，K_A 不定，其余参数均照原有数值代入，得增加转子电压变化速率负反馈后的开环传递函数为

$$G(S)H(S)=20K_A\frac{K_F}{\tau_F}\frac{S^3+21S^2+20\left(1+\frac{\tau_F}{K_F}\right)S+\frac{20}{K_F}}{(S+10)(S+1)(S+20)(S-0.1)\left(S+\frac{1}{\tau_F}\right)}$$

它有五个极点，三个零点，因此其闭环系统根轨迹的渐近线与实轴的交角为 90°，交点与 τ_F 的大小有关。

计算说明，当 $1<\frac{1}{\tau_F}<20$ 时，渐近线与实轴的交点的横坐标 m 为 $-10<m<-3.5$。经过多次的计算与选择，可以使其开环传递函数的三个零点处于图 3 - 17 的 Z_1、Z_2、Z_3 三个位置，除原有四个极点外，增加的一个极点 $\left(-\frac{1}{\tau_F}+j0\right)$ 在点（0+j0）与点（−10+j0）之间。整个根轨迹如图 3 - 17 所示，比起图 3 - 12 来，励磁系统的动态特性已经大大改善。

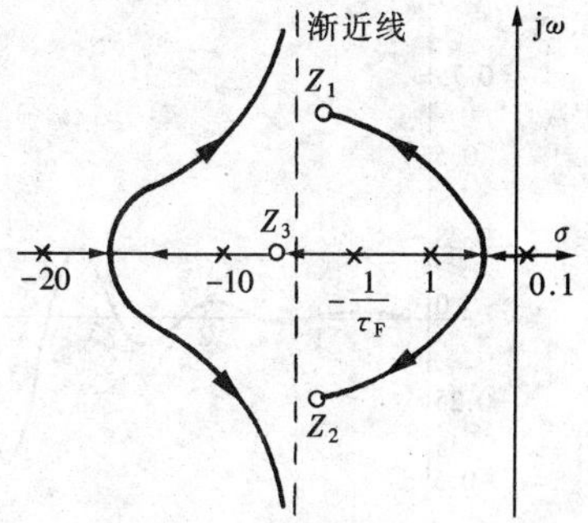

图 3 - 17　图 3 - 15 的根轨迹

当然，为了将渐近线的交角改为 90°，并改变图 3 - 12 中发电机与励磁机极点间的射出角，也可以在图 3 - 11 的前向通路中，增加发电机电压 U_g 的一次微分与二次微分的输入控制，20 世纪 50 年代我国称其为强力式调压器，现在已很少采用。

3. 励磁系统动态特性的仿真计算

在励磁系统的框图及其参数经根轨迹等近似方法确定后，还需计算出系统动态过程的仿真曲线，以确定近似结果的可靠性，比较其稳定性能的优劣，过去这一工作是用模拟计算机完成的，在接线方法上要注意一些，所得稳定性结果才能与根轨迹法一致。现在数字计算技术已有专门的软件来绘制控制系统动态过程的仿真曲线，只需输入系统的特征方程甚或只需原理框图，并给定一个选定的输入函数类型，如阶跃、脉冲等，计算结果立刻就会绘成 $x_{out}(t)$ 曲线，显示在显示器上或进行打印，使系统的稳定性一目了然，已相当的智能化；而且有不止一种软件能完成这一任务，故无必要来讲述某一软件。本章所使用的根轨迹图也不是过去根据极点、零点、渐近线等绘出的近似根轨迹图；而是由 PC 机算出根的真实值后，将其连接起来绘制成的根真值轨迹图；渐近线是为教学目的，加强形象化效果而有意加上的。

所以励磁系统的微机仿真已是轻而易举，其结果与本章的根轨迹结果是可以互换的，都比模拟计算机的仿真结果准确。

【例 3 - 3】 利用微机仿真，求［例 3 - 1］励磁系统加微分负反馈前后的动态特性。

解 微机仿真的一个特点是高度的智能化，如对［例 3 - 1］的常规系统，先设定 $K_A=50$ 的常规值，作出其 $U_g(t)$ 的动态仿真特性如图 3 - 18 所示，是不稳定的，不能正常运行。然后按照图 3 - 17 提出的原则性指导方案，先求出三个分布较好的零点，在本例中，$K_F=0.02$，$\tau_F=0.2s$，得三个零点分别为{−8,90 526，−6.04 737±j8,70 187}，则经微分负反馈改善后的励磁系统的动态仿真特性为图 3 - 19 所示，不但解决了稳定问题，且有不错的动态表现。

经验说明大多数研究励磁系统动态特性的问题都要应用计算机，同时在现有的为励磁系统提出的几种框图模型上，较多的差别是在数据的形式上，而不是在模型的正确性方面，因此可以简要地介绍几种在我国使用得较为广泛的励磁系统的数学模拟框图。在这些模拟框图中，均采用标幺值，其中 1.0（标幺值）U_g 为额定的发电机电压，1.0（标幺值）U_e 是在发电机气隙特性直线上产生额定定子端电压所需的励磁机端电压，即在空载且忽略饱和效应时，$E_{de}=1.0$。在下面介绍的框图中都没有包含发电机，即都只是开环的励磁系统模型。

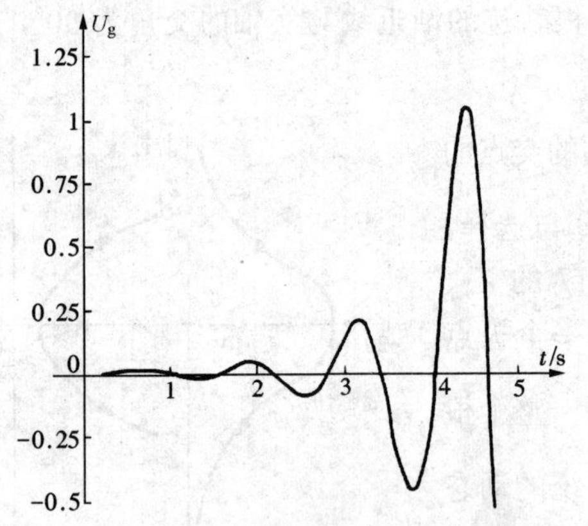

图 3 - 18 ［例 3 - 1］励磁系统的动态微机仿真特性

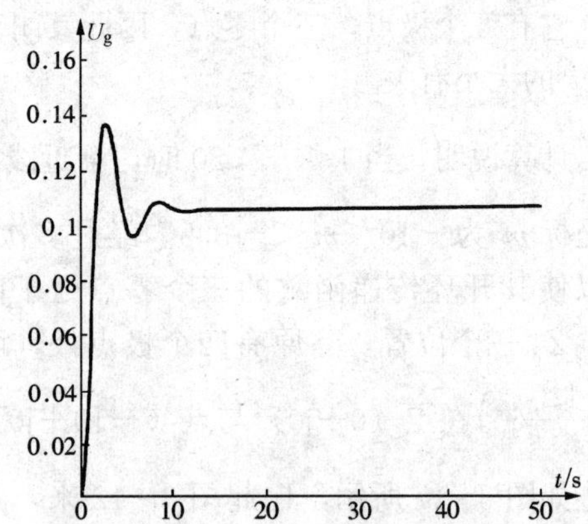

图 3 - 19 微分反馈后的励磁系统微机仿真特性

图 3 - 20 是一般励磁系统的模拟计算框图。对于相复励调压器，其模拟计算框图如图 3 - 21 所示。相复励电压用 U_{TH} 表示，常数 K_U 与 K_I 是比例因子，分别表示电压电流信息在戴维南电压 U_{TH} 中的比例，这样就把 U_{TH} 随发电机电压电流间相角变化的关系也考虑了进去。

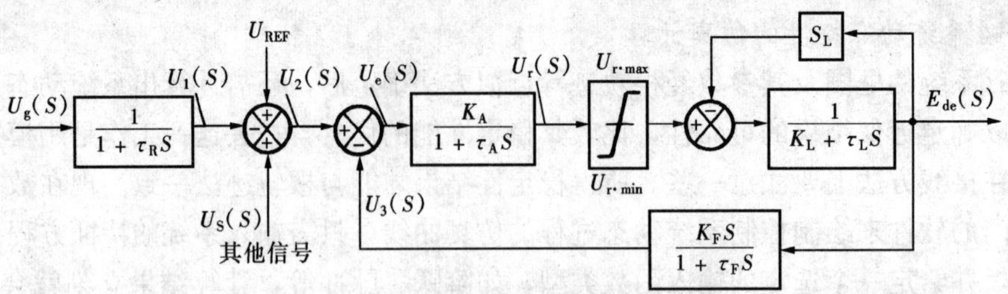

图 3 - 20 励磁系统模拟计算框图

对图 3 - 22 无刷励磁系统的模拟计算框图，由于其转子电压元件都是旋转的，要作出转子电压微分负反馈是很不方便的，因此一般都改用调压器出口电压微分负反馈。

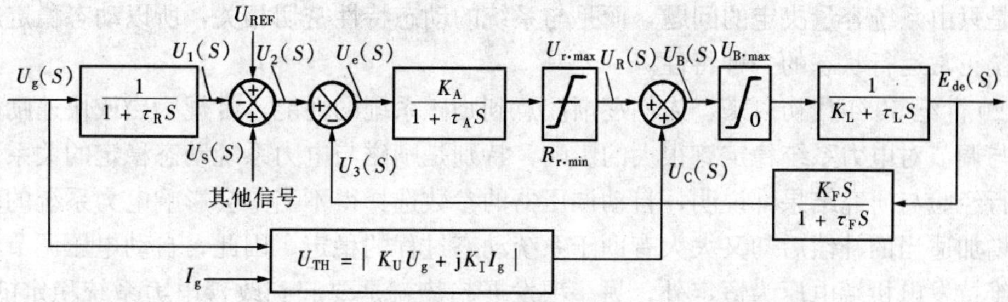

图 3-21　相复励自动调压器模拟计算框图

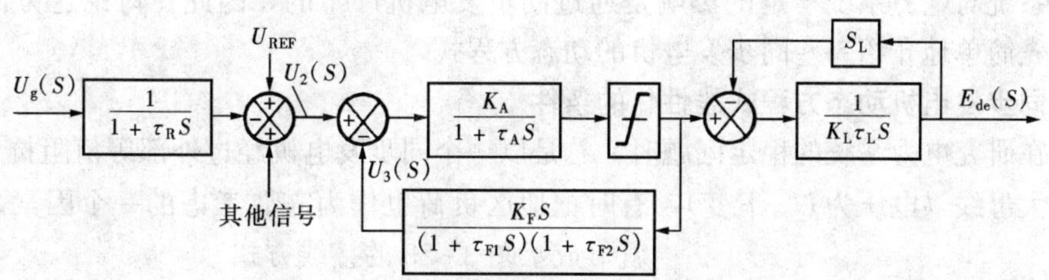

图 3-22　无刷励磁系统的模拟计算框图

另外还有一类是没有励磁机的发电机自励系统。其框图较已介绍的要简单一些，此处不再赘述。

第三节　线性化的同步发电机动态方程式

电力系统正常运行的稳定问题与同步发电机受到干扰后的运行特性有关。一个稳定的电力系统在受到干扰（或称刺激）时，系统内的同步发电机经过一段动态过程后，或者回到原始运行状态；或者逐渐达到一个新的稳定运行状态，而不致失去同步。

所有互联的同步发电机保持同步运行，指的是它们的转子都以相同的转速并联旋转（当然是指经过电气连接的并联旋转），因此它们转子之间的旋转角差是一定的数值。在同步发电机受到干扰后的动态过程中，转子间的角差会是一个振荡性质的过程。如果转子角差的振荡过程是衰减的，则电力系统的正常运行就是稳定的；如果转子角差的振荡过程不衰减，甚至振荡幅值不断增大，则电力系统就是不稳定的，是不能正常运行的。

电力系统稳定一般专指有转子角差的振荡过程的稳定问题。电力系统中也有不包含转子角差的振荡过程，如在第二节中讨论的稳定问题，它只有电压幅值的振荡。凡是不包含转子角差振荡的一般都不属于电力系统稳定的范畴；只有电压振荡过程的稳定问题，称为调节系统的稳定性。

电力系统稳定又分为暂态稳定与动态稳定。暂态稳定是由突然巨大的冲击引起的，这时电机可能失去同步。这种大冲击出现的概率是有限的，因而系统设计应承受得住那些冲击，必须在事前按规程进行选择。所以暂态稳定的分析是一件十分具体的工作，工程人员可据此作出在给定的系统情况与给定的冲击下，同步发电机是否能保持同步的结论。动态稳定则是由较小的和较经常的随机冲击引起的，如负荷的随机变化就是一个例子。按照电力系统原来设计的容量，应付这些冲击是足够的。但是系统从一个运行点进到另一运行点的动态过程，却远不是只由系统容量决定的问题，而是与系统的动态特性密切相关，所以动态稳定趋向于说明系统正常运行状态的一种特性。

从20世纪50年代初以来，人们逐渐注意到励磁系统的性能，常规励磁或快速励磁，它的控制与调节对电力系统稳定有很大的影响，特别是励磁与电力系统动态稳定的关系更是密切。运行经验与研究结果都说明，自动调压器的参数选择得不当，会影响电力系统的动态稳定，而增加适当的补偿后却又大大有助于系统动态过程的稳定。因此，自动电压调节器的任务除了维持发电机端电压为恒定外，另一项发展趋势就是要起到改善电力系统稳定的作用，这是电力系统自动化工作者不能不注意的问题。

励磁系统对电力系统稳定的影响是通过同步发电机产生的，因此在讨论这方面的问题前，必须先简单地介绍一些同步发电机的动态方程式。

一、同步发电机动态方程式线性化的条件

一般在研究电力系统的稳定问题时，总是以一个同步发电机经过外部等值阻抗 R_e+jX_e 接于无穷大母线（电压为 U_∞ 不变），有时把地区负荷也作为需要考虑的一个因素，该系统就形成了图3-23的接线方式。

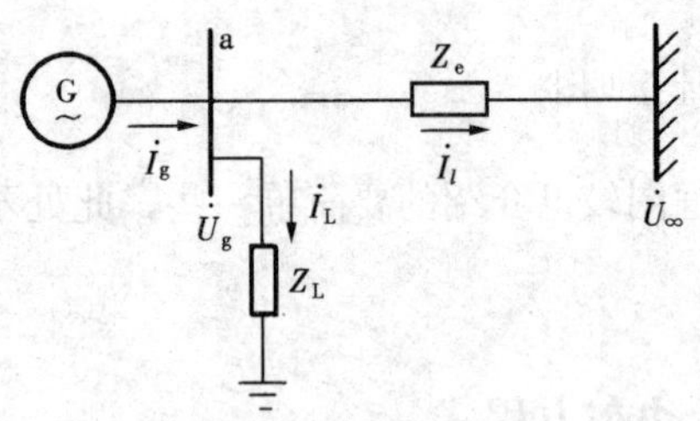

图3-23　具有地区负荷的发电机经外部等值阻抗接于无穷大母线时的接线图

在确定同步发电机的动态方程式时，可认为只是在小干扰情况下，即认为一般参数的偏离值均不大，因此对其运动方程式都可进行线性化，另外还需作如下一些假定。

(1) 选定初始点后，饱和效应可以忽略。

(2) 定子电阻可以忽略。

(3) 在d、q轴感应电动势中的 $\dot{\lambda}_d$ 和 $\dot{\lambda}_q$ 项与转速电动势 $\omega\lambda_q$ 和 $\omega\lambda_d$ 相比可以忽略（其中 λ_d 与 λ_q 代表定子d、q轴磁链）。

(4) 感应电动势中的 $\omega\lambda$ 项，假定近似等于 $\omega_0\lambda$，而 ω_0 为同步角速度。

经过这些简化后的线性动态方程能够突出基本的关系，既易理解，而又不过于烦琐，故使用得较多。

应该指出，同步发电机组的运动方程式的推导是一个专门的课题，而且很费篇幅。本课程对此不多加讨论。本书则在“电力系统短路电流的暂态过程”课所得结论的基础上，以本门课程方便的形式写出同步发电机的动态方程式，然后作进一步的分析与讨论。

在写同步发电机动态方程式时，一般认为定子绕组没有中线，定子三相电流矢量被相应的电流矢量 I_d 与 I_q 所替代，如图3-24所示。所有参数都取标幺值，以发电机的三相容量、相电压及相电流的额定值为基准，交流量均取其有效值。转子磁链的标幺值以其在定子侧感应的旋转电动势的标幺值来表示。由于转子绕组的匝数与电阻值是一定的，所以转子电压及电流都可以通过等值磁链的标幺值用定子侧相应的旋转电

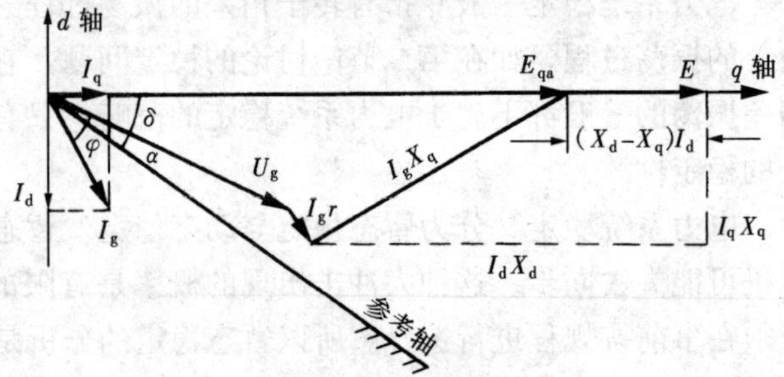

图3-24　同步发电机矢量图（一）

动势来表示。

要注意，在图 3-24 的 d、q 轴方向中，I_d 一般是负值。

于是同步发电机的动态方程式可推导如下。

二、暂态电动势 E_q' 的方程式

根据“短路电流暂态过程”的分析结果，可知 E_q' 就是转子合成磁链 λ_r 在定子侧的等值电动势的标幺值。同时，E_q 是转子电流 I_r 产生的总磁链在定子侧的等值电动势的标幺值；E_{de} 是转子端电压 U_r 在定子侧的等值电动势的标幺值。

从同步发电机感应电动势矢量图图 3-25 上，在 q 轴方向上有

$$E_q' = E_q + (X_d - X_d')I_d \tag{3-7}$$

根据转子回路的方程式

$$U_r = I_r R_r + \dot{\lambda}_r$$

一般此式用定子侧相应的感应电动势表示为

$$E_{de} = E_q + \tau_{d0}' E_q'$$

以式（3-7）代入，得

$$E_{de} = E_q' + \tau_{d0}' \dot{E}_q' - (X_d - X_d')I_d$$

其运算形式为

$$E_{de}(S) = (1 + \tau_{d0}' S)E_q'(S) - (X_d - X_d')I_d(S) \tag{3-8}$$

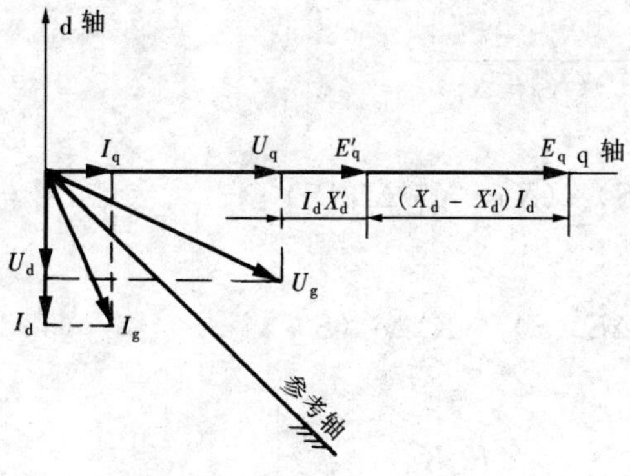

图 3-25　同步发电机矢量图（二）

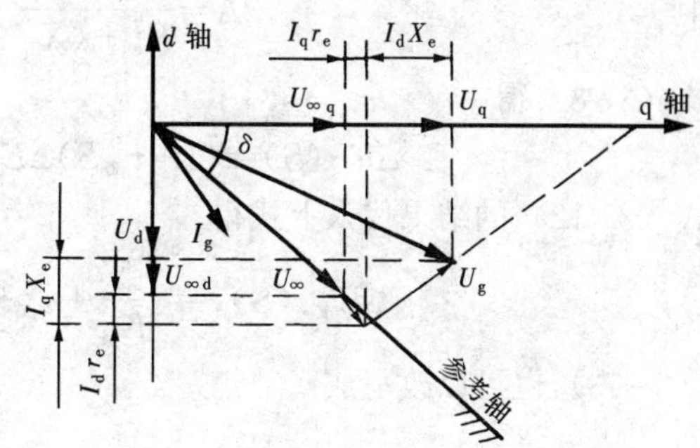

图 3-26　经外阻抗接于无穷大母线时，同步发电机矢量图

要研究的是发电机经过外阻抗（$R_e + jX_e$）接到无穷大母线（U_∞）的情形。由于无穷大母线电压的幅值与相角都是不变的，故选取该电压为参考轴。根据图 3-26（即忽略图 3-23 的 I_L），得 U_∞ 与发电机端电机 U_g 的关系为

$$U_{\infty.q} = U_\infty \cos\delta = U_q + I_d X_e - I_q R_e$$

同理有

$$U_{\infty.d} = -U_\infty \cos(90^\circ - \delta) = U_d - I_d R_e - I_q X_e$$

联立之，得

$$\left.\begin{aligned} U_q &= U_\infty \cos\delta + I_q R_e - I_d X_e \\ U_d &= -U_\infty \sin\delta + I_d R_e + I_q X_e \end{aligned}\right\} \tag{3-9}$$

式（3-9）为一对非线性方程式，将其在起始点进行线性化时，由于无穷大母线的电压幅值是不变的，则

$$\frac{\partial U_\infty \cos\delta}{\partial U_\infty}\Delta U_\infty = \frac{\partial U_\infty \sin\delta}{\partial U_\infty}\Delta U_\infty = 0$$

得

$$\left.\begin{aligned}\Delta U_q&=\frac{\partial U_q}{\partial\delta}\Delta\delta+\frac{\partial U_q}{\partial I_d}\Delta I_d+\frac{\partial U_q}{\partial I_q}\Delta I_q\\&=-U_\infty\sin\delta_0(\Delta\delta)+R_e(\Delta I_q)-X_e(\Delta I_d)\\\Delta U_d&=\frac{\partial U_d}{\partial\delta}\Delta\delta+\frac{\partial U_d}{\partial I_d}\Delta I_d+\frac{\partial U_d}{\partial I_q}\Delta I_q\\&=-U_\infty\cos\delta_0(\Delta\delta)+R_e(\Delta I_d)+X_e(\Delta I_q)\end{aligned}\right\}\tag{3-10}$$

从图 3-25 得

$$U_q=E_q+I_dX_d$$

即

$$\Delta U_q=\Delta E_q+X_d(\Delta I_d)$$

由式（3-7）知

$$\Delta E_q=\Delta E'_q-(X_d-X'_d)(\Delta I_d)$$

所以

$$\Delta U_q=\Delta E'_q+X'_d(\Delta I_d)$$

以此代入式（3-9）第一式并整理之，得

$$-(X'_d+X_e)(\Delta I_d)+R_e(\Delta I_q)=\Delta E'_q+U_\infty\sin\delta_0(\Delta\delta)$$

同理，可得

$$R_e(\Delta I_d)+(X_q+X_e)(\Delta I_q)=U_\infty\cos\delta_0(\Delta\delta)\tag{3-11}$$

由式（3-11）可解出 ΔI_d，ΔI_q，解为

$$\begin{bmatrix}\Delta I_d\\\Delta I_q\end{bmatrix}=A\begin{bmatrix}-(X_q+X_e) & R_e\cos\delta_0-(X_q+X_e)\sin\delta_0\\ r_e & (X'_d+X_e)\cos\delta_0+R_e\sin\delta_0\end{bmatrix}\begin{bmatrix}\Delta E'_q\\U_\infty(\Delta\delta)\end{bmatrix}\tag{3-12}$$

其中

$$A=\frac{1}{R_e^2+(X_q+X_e)(X'_d+X_e)}$$

由式（3-8）得

$$\Delta E_{de}(S)=(1+\tau'_{d0}S)\Delta E'_q(S)-(X_d-X'_d)\Delta I_d(S)$$

以式（3-12）的结果代入上式得

$$\Delta E_{de}(S)=\left[\frac{1}{K_3}+\tau'_{d0}S\right]\Delta E'_q(S)+K_4\Delta\delta(S)\tag{3-13}$$

式（3-13）也可以改写成

$$\Delta E'_q(S)=\frac{K_3}{1+K_3\tau'_{d0}S}\Delta E_{de}(S)-\frac{K_3K_4}{1+K_3\tau'_{d0}S}\Delta\delta(S)\tag{3-14}$$

其中

$$\frac{1}{K_3}=1+A(X_d-X'_d)(X_q+X_e)$$

$$K_4=U_\infty A(X_d-X'_d)\left[(X_q+X_e)\sin\delta_0-r_e\cos\delta_0\right]$$

在式（3-14）中，K_3 是只与阻抗有关，而与同步发电机的初始状态无关的系数；K_4 则与转子角 δ 变化时所引起的去磁效应有关。由式（3-14）可知，当外加转子电压 $E_{de}(t)$ 不变时，转子绕组磁链会因转子角差而变化，而稳态偏移率与 K_4 成正比，即

$$K_4=\frac{-1}{K_3}\times\frac{\Delta E'_q}{\Delta\delta}\bigg|_{\Delta E_{de}=0,t=\infty}$$

三、电磁转矩方程式

以标幺值表示的同步发电机电磁转矩 T_e 数值等于其三相功率，即

$$T_e=(U_dI_d+U_qI_q)$$

由图 3-25 有

$$U_d=-X_qI_q,\ U_q=E'_q+I_dX'_d\tag{3-15}$$

得
$$T_e = [E'_q - (X_q - X'_d) I_d] I_q$$
将此式在起始点线性化，得
$$\Delta T_e = I_{q0}\Delta E'_q + [E'_{q0} - (X_q - X'_d) I_{d0}] \Delta I_q - (X_q - X'_d) I_{q0}\Delta I_d$$
由图 3-24 有
$$\begin{aligned} E_{q0} &= E_0 + (X_d - X_q) I_{d0} \\ &= E'_{q0} - (X_d - X'_d) I_{d0} + (X_d - X_q) I_{d0} \\ &= E'_{q0} - (X_q - X'_d) I_{d0} \end{aligned}$$
于是
$$\Delta T_e = I_{q0}\Delta E'_q + E_{q0}\Delta I_q - (X_q - X'_d) I_{q0}\Delta I_d$$
以式（3-12）代入，转矩增量为
$$\begin{aligned} \Delta T_e &= AU_\infty \{E_{q0} [R_e \sin\delta_0 + (X'_d + X_e) \cos\delta_0] \\ &\quad + I_{q0} (X_q - X'_d) [(X_q + X_e) \sin\delta_0 - R_e \cos\delta_0]\} (\Delta\delta) \\ &\quad + A \{I_{q0} [R_e^2 + (X_q + X_d)^2] + E_{q0} R_e\} \Delta E'_q \\ &\triangleq K_1 (\Delta\delta) + K_2 (\Delta E'_q) \end{aligned} \tag{3-16}$$
式中　K_1——在恒定的 d 轴磁链下，相应于转子角有小变化时引起的电磁转矩的变化，即同步转矩系数，并且
$$\begin{aligned} K_1 = \left.\frac{\partial T_e}{\partial \delta}\right|_{E'_q = E'_{q0}} &= AU_\infty \{E_{q0} [R_e \sin\delta_0 + (X'_d + X_e) \cos\delta_0] \\ &\quad + I_{q0} (X_q - X'_d) [(X_q + X_e) \sin\delta_0 - R_e \cos\delta_0]\} \end{aligned}$$
$$K_2 = \left.\frac{\partial T_e}{\partial E'_q}\right|_{\delta = \delta_0} = A \{R_e E_{q0} + I_{q0} [R_e^2 + (X_q + X_e)^2]\}$$

四、发电机端点电压方程式

根据图 3-35，有
$$U_g^2 = U_d^2 + U_q^2$$
将此式在起始点线性化，有
$$\Delta U_g = \left(\frac{U_{d0}}{U_{g0}}\right) \Delta U_d + \left(\frac{U_{q0}}{U_{g0}}\right) \Delta U_q \tag{3-17}$$
将式（3-15）线性化结果代入式（3-17），得
$$\Delta U_g = -\left(\frac{U_{d0}}{U_{g0}}\right) X_q \Delta I_q + \left(\frac{U_{q0}}{U_{g0}}\right) (X'_d \Delta I_d + \Delta E'_q)$$
再以式（3-12）代入上式，消去 ΔI_d 与 ΔI_q，得
$$\begin{aligned} \Delta U_g &= \left\{\left(\frac{AU_\infty X'_d U_{g0}}{U_{g0}}\right) [R_e \cos\delta_0 - (X_q + X_e) \sin\delta_0] \right. \\ &\quad \left. - \left(\frac{AU_\infty X_q U_{d0}}{U_{g0}}\right) [(X'_d + X_e) \cos\delta_0 + R_e \sin\delta_0]\right\} \Delta\delta \\ &\quad + \left\{\left(\frac{U_{q0}}{U_{g0}}\right) [1 - AX'_d (X_q + X_e)] - \left(\frac{U_{d0}}{U_{g0}}\right) AX_q R_e\right\} \Delta E'_q \\ &\triangleq K_5 (\Delta\delta) + K_6 (\Delta E'_q) \end{aligned} \tag{3-18}$$
式中　K_5——在恒定的 d 轴磁链下相应于小的转子角变化时引起的发电机端点电压的变化，

并有$K_5 = \left.\dfrac{\partial U_g}{\partial \delta}\right|_{E'_q = E'_{q0}}$；

K_6——在恒定的转子角下相应于小的 d 轴磁链的变化引起的发电机端电压的变化，并有$K_6=\left.\frac{\partial U_g}{\partial E'_q}\right|_{\delta=\delta_0}$。

五、转子摇摆方程式

摇摆方程决定发电机转子的运动，它是从机械转动的定律出发的。作用于转子上的机械转矩与电磁转矩的合成转矩一定与转子的角加速度成正比，即

$$J\theta=T_0=T_m-T_e$$

式中 θ——机械角；

δ——图 3-24 与图 3-25 中的电气角 δ，是对某一同步旋转参考轴的相对角差；

J——转动惯量；

T_0——转子上加速转矩。

在电气方程式中，不用转矩 T，而用三相功率 P。在电力系统稳定问题中可认为转速变化的百分值是很小的，所以在标幺值的方程式中，经过一定的换算后，可以认为转矩的标幺值就等于三相功率的标幺值。

经过从机械量到电气量的换算，并以标幺值表示时，得转子摇摆方程为

$$2H\frac{d\omega}{dt}=P_m-P_e$$

也可写成

$$T_j\omega=P_m-P_e=T_m-T_e \tag{3-19}$$

式中 P_m、P_e——发电机的机械功率与电磁功率的标幺值；

ω——角速度的标幺值$\left(\omega\text{ 标幺值}=\frac{\omega\text{ 瞬时值}}{\omega\text{ 额定值}}=\frac{\omega}{\omega_N}\right)$；

T_j——转子时间常数，以 s（秒）为单位。

转子摇摆方程中的 H 为惯性常数，并有

$$H\triangleq\frac{W_K}{S_N}$$

式中 S_N——发电机三相额定功率；

W_K——转子额定转速时的动能。

转子摇摆方程还可以有其他形式，总之在使用时一定要注意其单位与量纲。

六、同步发电机动态方程组

将式（3-14）、式（3-16）、式（3-18）、式（3-19）以动态方程的形式汇总起来，就得到同步发电机的动态方程组如下

$$\left.\begin{aligned}
&\Delta E'_q(S)=\frac{K_3}{1+K_3\tau'_{d0}S}\Delta E_{de}(S)-\frac{K_3K_4}{1+K_3\tau'_{d0}S}\Delta\delta(S)\\
&\Delta T_e(S)=K_1\Delta\delta(S)+K_2\Delta E'_q(S)\\
&\Delta U_g(S)=K_5\Delta\delta(S)+K_6\Delta E'_q(S)\\
&\Delta\omega(S)=\frac{\Delta T_m(S)-\Delta T_e(S)}{T_jS}\\
&\Delta\delta(S)=\frac{\omega_N}{S}\Delta\omega(S)=\frac{314}{S}\Delta\omega(S)
\end{aligned}\right\} \tag{3-20}$$

根据式（3-20）可得同步发电机动态框图，如图3-27所示。

式（3-20）与图3-27是讨论同步发电机动态过程的基础，虽然经过了简化，但近代关于同步发电机稳定运行的研究成果，差不多都可以用图3-27的框图来加以解释。

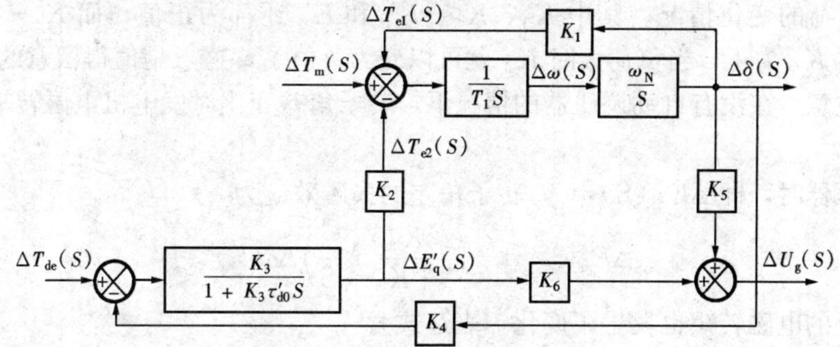

图3-27　同步发电机动态框图

在运用同步发电机动态方程组分析励磁系统对电力系统稳定的影响之前，可先讨论一下外接负荷对式（3-20）中参数的影响。

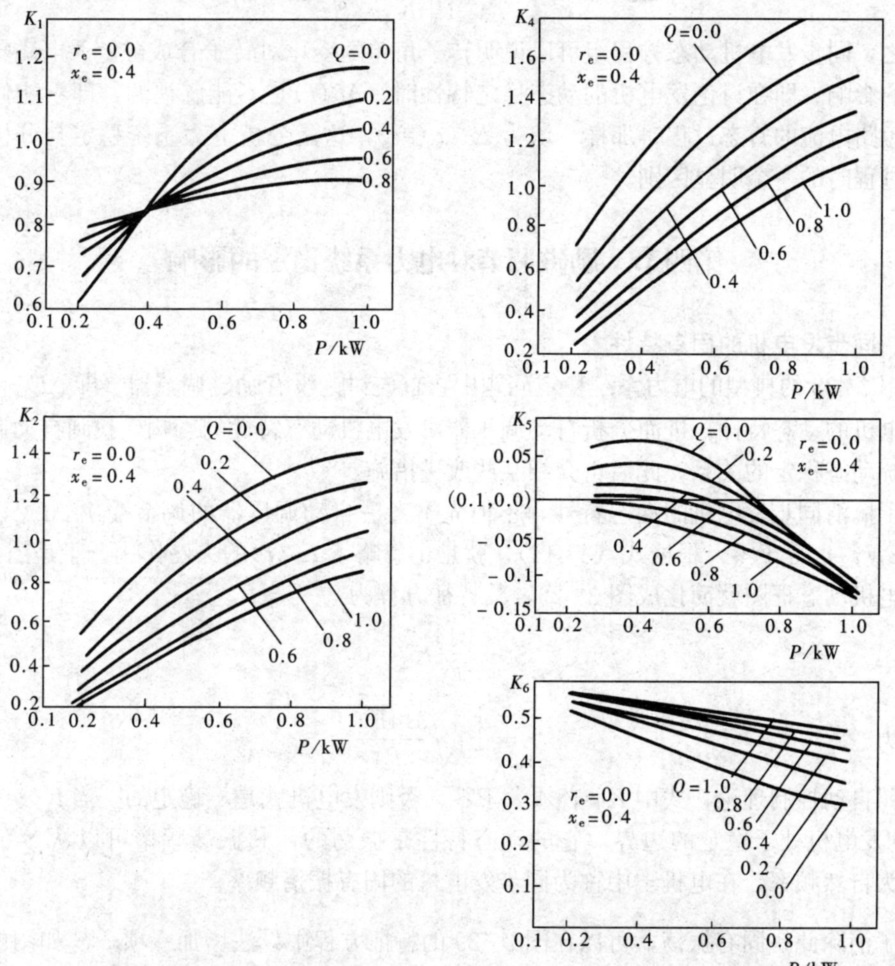

图3-28　参数K_1、K_2、K_4、K_5、K_6随负荷的变化情况举例

首先要说明，式（3-20）的几个参数中，只有 K_3 是与外加串联阻抗有关，而与发电机的起始负荷无关，当然也与图 3-23 的 I_2 无关；它是不随负荷而变化的。其余参数：K_1、K_2、K_4、K_5、K_6 都与发电机起始负荷有关。图 3-28 分别表明了在某种情况下，这些参数随发电机负荷的变化情况。其中 K_1、K_2、K_4 和 K_6 还都为正值，而 K_5 却可以有正有负，负荷小时 K_5 为正，当负荷大时 K_5 就可以变为负值了，这点是值得留意的。

其次要注意，在没有自动调压器的情况下，转子角差变化对发电机电磁转矩和发电机端电压的影响。

没有调压器时，即 $\Delta E_{de}(S)=0$，转子角差的去磁效应为

$$\Delta E'_q(S)=-\left(\frac{K_3K_4}{1+K_3\tau'_{d0}S}\right)\Delta\delta(S)$$

结果使发电机的电磁转矩也发生了变化，表达式为

$$\Delta T_e(S)=\left(K_1-\frac{K_2K_3K_4}{1+K_3\tau'_{d0}S}\right)\Delta\delta(S)$$

同样的，将 ΔU_g 代入上式，得发电机端电压变化的表达式为

$$\Delta U_g(S)=\left(K_5-\frac{K_3K_4K_6}{1+K_3\tau'_{d0}S}\right)\Delta\delta(S)$$

总之，同步发电机动态方程组可以说明转子角差的变化对转子合成磁链、电磁转矩及其端电压的影响，即在讨论发电机的动态稳定特性时，$\Delta\delta(t)$是不能忽视的，即不能像讨论电力系统短路电流的暂态过程时那样，认为 $\Delta\delta(t)=0$，这是分析电力系统稳定与分析短路电流暂态过程时的一个明显区别。

第四节　励磁调节对电力系统稳定的影响

一、同步发电机的固有特性

在图 3-23 的典型的电力系统稳定问题中，首先讨论没有励磁调节器（即 $\Delta E_{de}=0$）时，同步发电机的动态特性，进而分析自动调压器对发电机动态特性的影响，找到自动调压器与电力系统动态稳定的关系，此后再介绍某些改进措施。

为了搞清同步发电机的动态特性，不但先不考虑自动调压器的调节输出 ΔE_{de}，还暂且认为 $\Delta E'_q(t)$也等于零，根据式（3-14），就是也忽略了 $\Delta\delta(t)$的去磁作用。于是图 3-27 的同步发电机动态框图就简化成图 3-29，其特征方程为

$$S^2+\frac{314}{T_j}K_1=0$$

特征根为

$$S=\pm j\sqrt{\frac{314K_1}{T_j}}$$

按照自动控制理论，式中 K_1 必须大于零，否则发电机就是不稳定的。当 $K_1>0$ 时，图 3-29 的发电机处于稳定的边界，它的动态特性是振荡的，其振荡频率可以从 S 的根中得到，称为自然频率，在电机学中称为同步发电机的固有振荡频率。

为了消除此一固有振荡，可以在图 3-29 的特征方程中设法增加一项$\frac{D}{T_j}S$ 如图中虚线所示，即特征方程变为

$$S^2+\frac{D}{T_j}S+\frac{314}{T_j}K_1=0$$

特征根为 $S=\frac{-D}{2T_j}\pm\frac{\sqrt{D^2-1256K_1T_j}}{2T_j}$。式中，$\frac{D}{2T_j}$称为阻尼系数，该系统稳定的条件为 $D>0$ 及 $K_1>0$。但必须注意，同步发电机是大功率运行设备，在电机学中，功率或力矩是必须的重要的分析参数，因此，我们对图 3 - 29 等值发电机转子角摆动的稳定运行条件，也必须作出相应的力矩说明。在电机学中，当 $\Delta T_m=0$ 时，图 3 - 29 表示的同步发电机的力矩方程为

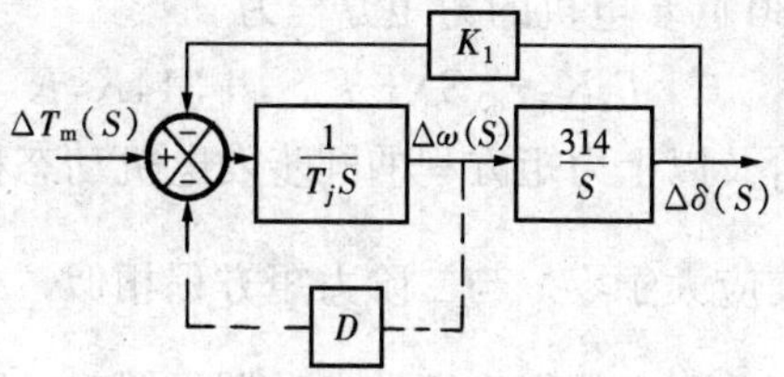

图 3 - 29　忽略去磁作用时图 3 - 27 的简化框图

$$T_j\frac{d^2\Delta\delta}{dt^2}+D\frac{d\Delta\delta}{dt}+314K_1(\Delta\delta)=0$$

式中：$T_j\frac{d^2\Delta\delta}{dt^2}$为惯性力矩增量；$D\frac{d\Delta\delta}{dt}$为阻尼力矩增量；$K_1(\Delta\delta)$为同步力矩增量 ΔT_e。并定义：D 为阻尼力矩系数 T_D；K_1 为同步力矩系数，$T_s=\left.\frac{\partial T_e}{\partial\delta}\right|_{t=\infty}$。

图 3 - 29 表示阻尼力矩可以由转速增量 $\Delta\omega(t)$进行负反馈得到。在古典电机学中，二阶力矩方程的同步发电机动态稳定的充要条件是同步力矩系数与阻尼力矩系数均大于零，这与特征方程的结论是一致的，而且还可发现特征方程与力矩方程是等价的，因此用同步发电机等值框图的特征方程分析其动态稳定条件是有相应的技术含义的。

接着，再考虑 δ 变化引起的去磁效应对稳定产生的影响，即取消 $\Delta E'_q(t)=0$ 的限制。于是同步发电机动态框图就从图 3 - 27 简化成图 3 - 30。其闭环传递函数为

$$\frac{314}{T_jS^2}\Bigg/\left[1+\frac{314}{T_jS^2}\left(K_1-\frac{K_2K_3K_4}{1+K_3\tau'_{d0}S}\right)\right]$$

特征方程式为

$$S^3+\frac{1}{K_3\tau'_{d0}}S^2+\frac{314K_1}{T_j}S+\frac{314}{T_jK_3\tau'_{d0}}(K_1-K_2K_3K_4)=0$$

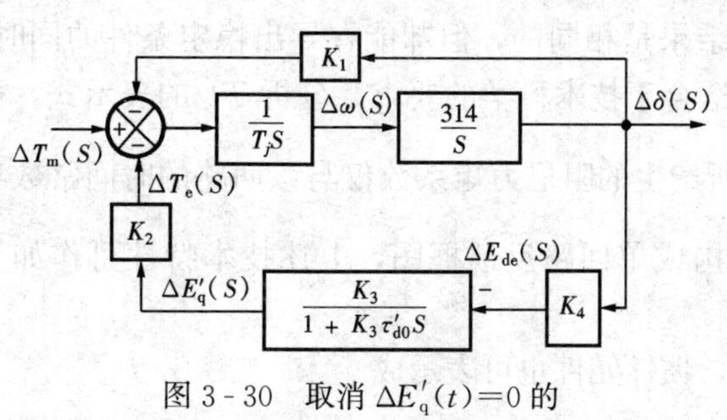

图 3 - 30　取消 $\Delta E'_q(t)=0$ 的限制时，图 3 - 27 的简化框图

同时也可看出此三阶系统的开环传递函数有三个极点与一个零点，但却不宜用根轨迹法去分析其稳定运行条件，因为同步电机结构紧凑复杂，其等值框图中类似放大系数的 K_i 的任何变动，都将引起其他参数的变动，使根轨迹图变得实用意义甚少。于是运用胡尔维茨准则，由胡尔维茨行列式$\Delta_3>0$、$\Delta_2>0$、$\Delta_1>0$ 得出同步发电机稳定运行的条件为

$$\left.\begin{aligned}K_1-K_2K_3K_4>0\\K_2K_3K_4>0\end{aligned}\right\}$$

很明显，用控制理论的稳定准则虽然可以得出同步电机稳定运行的条件，但却不能直接说明这两个条件在电机学上的技术含义。因此仿照二阶框图的方法，$\Delta T_m=0$ 时，得图

3-30 同步电机的力矩方程为

$$\left[T_jK_3\tau'_{d0}S^3+T_jS^2+314K_1K_3\tau'_{d0}S+314\ (K_1-K_2K_3K_4)\right]\Delta\delta\ (S)\ =0$$

三阶及以上力矩方程的同步发电机动态稳定的充分必要条件仍为同步力矩系数及阻尼力矩系数均应大于零。与二阶力矩方程相似，$t=\infty$时的$\frac{\partial T_e}{\partial\delta}$即为其末项的系数“$a_n$”，所以从三阶力矩方程立即得出不加自动调压器时，图 3-30 发电机的同步力矩系数为

$$T_s=\left.\frac{\partial T_e}{\partial\delta}\right|_{t=\infty}=K_1-K_2K_3K_4 \tag{3-21}$$

三阶方程的阻尼力矩系数较古典的二阶方程复杂，现介绍一个有效的定义，稍后在第六节进行推导。三阶及三阶以上同步发电机的转速阻尼力矩系数（又称综合阻尼力矩系数）可定义为 $T_D=\frac{\Delta_{n-1}}{\Delta_{n-2}}$，其中$\Delta_i$为胡尔维茨 i 阶行列式，并知

$$\Delta_n=\begin{vmatrix} a_1 & a_3 & a_5 & \cdots & \cdots & 0 \\ a_0 & a_2 & a_4 & \cdots & \cdots & 0 \\ \cdots & \cdots & \cdots & \cdots & \cdots & 0 \\ \cdots & \cdots & \cdots & \cdots & a_n & 0 \\ \cdots & \cdots & \cdots & \cdots & a_{n-1} & 0 \\ \cdots & \cdots & \cdots & \cdots & a_{n-2} & a_n \end{vmatrix}$$

则Δ_i为前 i 行 i 列构成的方阵（$i=n-2$、$n-1$）。该定义用于二阶力矩方程时，$\Delta_{n-1}=\Delta_1=D$，而$\Delta_{n-2}=1$，所得阻尼力矩系数与古典定义相符，显然是正确的。对图 3-30 的三阶力矩方程，得

$$T_D=\frac{\Delta_2}{\Delta_1}=\frac{T_jK_1K_3\tau'_{d0}-T_jK_3\tau'_{d0}(K_1-K_2K_3K_4)}{T_j}$$

不计入因转速取标幺值的系数 314

$$T_D=K_2K_3K_4\ (K_3\tau'_{d0}) \tag{3-22}$$

可见，未加自动调压器的发电机动态稳定运行的充分必要条件，同步力矩系数与综合阻尼力矩系数均大于零的表示式与胡尔维茨准则的结果是相同的，但却能在导出稳定条件的同时，又阐明了该条件在电机学中的物理意义，较适合于技术科学的要求。分析 T_D 的表示式，可以发现，经过$\frac{1}{1+K_3\tau'_{d0}S}$惯性环节反馈回路所产生的阻尼力矩系数仅与该回路的时间常数项的分量有关。对图 3-30 这样典型的由 K_4 构成单回路反馈框图，上述技术特性可作如下理解。

在分析电力系统动态失稳的低频振荡时，惯性元件也可表示成

$$\frac{1}{1+K_3\tau'_{d0}S}\approx1-K_3\tau'_{d0}S+\cdots\approx1-K_3\tau'_{d0}S \tag{3-23}$$

式（3-23）右端为逐项异号的等比级数，是收敛的，可取其线性近似值。这说明图 3-30 反馈支路的$\frac{K_3}{1+K_3\tau'_{d0}S}$环节可用两并联环节代替：一为$K_3$，另一为 $K_3\ (-K_3\tau'_{d0}S)$。在仅限于讨论阻尼效应时，式（3-22）说明，只需考虑式（3-23）右端的第二项，即时间常数项

分量，于是可将阻尼力矩系数 T_D 单独用一示意等值框图表示，如图 3-31（a）所示。由此图可以（不计 ω_0）得出图 3-31（b）。对比图 3-29 阻尼反馈回路中的常数 D 与图 3-31（b）中等值反馈常数 $K_2K_3K_4$（$K_3\tau'_{d0}$），两个回路的特性完全相同，这说明式（3-22）T_D 定义的物理意义得到了较严格的证明。

当进一步考虑上述两个稳定条件时，就会发现两者实际上是矛盾的。如果希望阻尼力矩大，即 $K_2K_3K_4$ 大，那么这种情况下的同步力矩就会相应减小，即（$K_1-K_2K_3K_4$）变小；相反如果加大同步力矩，那么阻尼就会相应减小。电力系统自动化工作者应当重视的问题，不在于如何去改善同步发电机本身的动态特性，而是要观察这两个互相矛盾的条件，在加上电压调节器后将会如何。

二、自动调压器对电力系统动态稳定的影响

在讨论自动调压器对电力系统动态稳定的影响时，如果将图 3-11 或图 3-15 有关调压器的部分全部加在图 3-27 上，形成一个总框图，在对其动态特性进行文字分析时，就会遇到很大的困难。为此，一般在分析电力系统稳定时，都对励磁系统进行允许的必要的简化。如图 3-32 所示，将励磁系统的有关回路简化成一个等值一阶滞后环节，此环节的等值放大系数为 K_e，时间常数为 τ_e。于是，得到有自动调压器时电力系统动态稳定的框图，如图 3-33（a）所示。

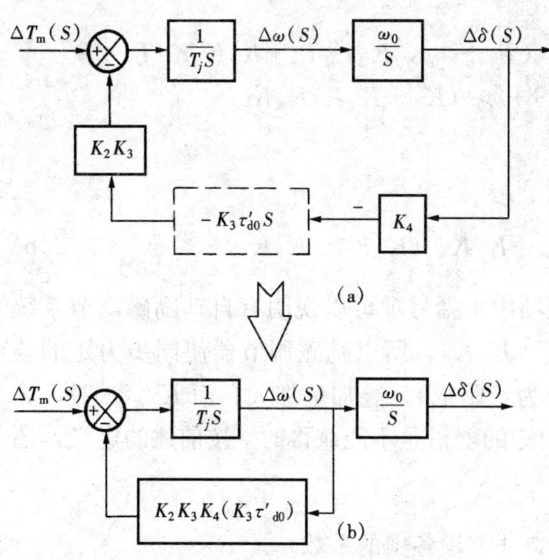

图 3-31　阻尼力矩系数示意框图

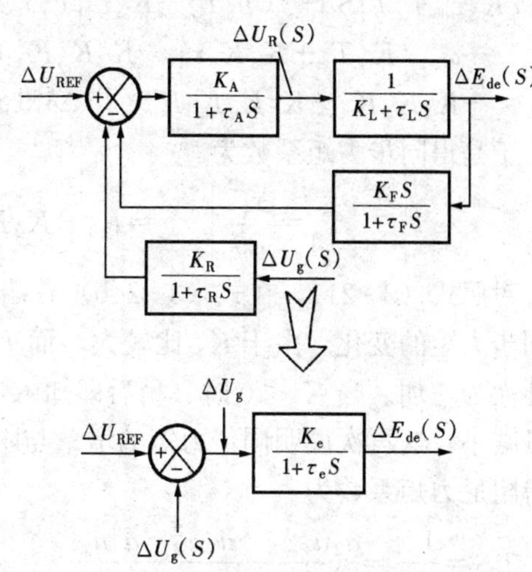

图 3-32　励磁系统的简化一阶滞后环节框图

图 3-33 说明，加入自动励磁调节系统后，在电力系统框图中，增加了一条 K_5 支路，图 3-33（b）将 K_4 支路移至与 K_5 支路并联后的等值框图，以此比较。图 3-33（b）说明 K_4 对 ΔE_{de} 的影响比 K_5 小 K_e 倍，一般励磁系统的放大系数 K_e 是相当大的，而快速励磁系统的 T_e 又很小，所以在有些文献中，完全忽视 K_4 支路对系统动态特性的影响，只考虑 K_5 的作用，使问题大为简化。在某些情况下，这种简化很能说明问题的实质，但图 3-33 说明，K_5 有等于零的区域，此时 K_4 的影响就不能忽视了，所以本章对两者都将予以考虑，并在必要时指出关键作用，并加说明。

在 20 世纪 50 年代就已发现，在采用快速励励磁系统后，当发电机与系统的联系较弱、而输送的功率又较大时，发电机侧转子会发生低频振荡，不能正常运行，为此，需要求出有

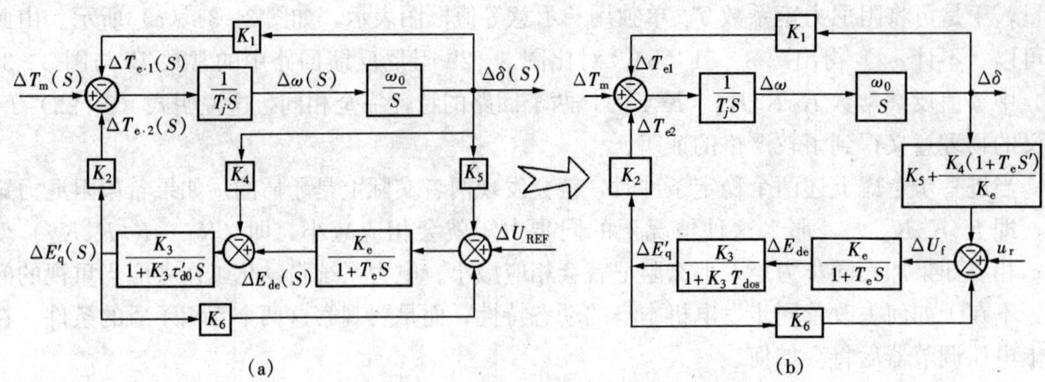

图 3-33 有自动调压器时的电力系统动态框图

自动励磁调节系统时，图 3-18 系统中同步发电机的力矩方程式，并分析其同步力矩及综合阻尼力矩。

当 $\Delta T_m=0$ 时，图 3-33（a）中同步发电机力矩方程式为

$$(a_0S^4+a_1S^3+a_2S^2+a_3S+a_4)\Delta\delta(S)=0 \tag{3-24a}$$

即

$$\begin{aligned}[&K_3\tau_{d0}'T_eT_jS^4+(T_eT_j+K_3\tau_{d0}'T_j)S^3+(T_j+\omega_0K_1K_3\tau_{d0}'T_e+K_3K_eK_6T_j)S^2\\&+\omega_0(K_1T_e+K_1K_3\tau_{d0}'-K_2K_3K_4T_e)S+\omega_0(K_1+K_1K_3K_6K_e\\&-K_2K_3K_4-K_2K_3K_5K_e)]\Delta\delta(S)=0\end{aligned}$$

于是得同步力矩系数为

$$T_s=\left.\frac{\partial T_e}{\partial\delta}\right|_{t=\infty}=K_1-K_2K_3K_4+K_3K_e(K_1K_6-K_2K_5) \tag{3-24b}$$

对照式（3-21），在式（3-24b）右端的三项中，括号项可以说明有自动励磁调节系统后同步力矩的变化。由于 K_e 比较大，而 $K_1K_6>K_2K_5$，所以励磁调节器使同步力矩的叠加性大为增加。当 $K_5<0$ 时（稍后即知 $K_5<0$ 为负阻尼），叠加量加大；而 $K_5>0$ 时，叠加量减小，这再次说明同步力矩的增量与阻尼力矩的增量是不能兼得的。按前述的定义，还可得阻尼力矩系数为

$$T_D=\frac{\varDelta_3}{\varDelta_2}=\frac{a_1a_2a_3-a_0a_3^2-a_1^2a_4}{a_1a_2-a_0a_3}\quad(a_i\text{ 为特征方程各项的系数})$$

$$\begin{aligned}&=\frac{\omega_0T_jK_2K_3K_5K_e(T_e+K_3\tau_{d0}')^2+\omega_0T_jK_2K_3K_4(K_3\tau_{d0}')(T_e+K_3T_{d0}')}{T_j(1+K_eK_3K_6)(T_e+K_3\tau_{d0}')+\omega_0K_2K_3K_4T_e^2(K_3\tau_{d0}')}\\&-\frac{\omega_0T_jK_2K_3^2K_4K_6K_eT_e(T_e+K_3\tau_{d0}')}{T_j(1+K_eK_3K_6)(T_e+K_3\tau_{d0}')+\omega_0K_2K_3K_4T_e^2(K_3\tau_{d0}')}\\&+\frac{\omega_0[K_1K_2K_3K_4T_e^2(K_3\tau_{d0}')(T_e+K_3\tau_{d0}')-K_2^2K_3^2K_4^2T_e^3(K_3\tau_{d0}')]}{T_j(1+K_eK_3K_6)(T_e+K_3\tau_{d0}')+\omega K_2K_3K_4T_e^2(K_3\tau_{d0}')}\end{aligned} \tag{3-25a}$$

式（3-25a）只有右端分子的第一项含 K_5 因子，可见这是由 K_5 支路产生的阻尼分量；以后各项均以 K_4 为因子，可见 K_4 对阻尼的作用略为复杂。

为了简要地说明调压器与发电机振荡的关系，当时某些文献忽略了 K_4 支路的作用，于是可将式（3-25a）简化为

$$T_D \approx \frac{K_2K_3K_5K_e(T_e+K_3\tau'_{d0})}{1+K_eK_3K_6} \tag{3-25b}$$

当发电机负荷较重时，由图 3-28 知，K_5 将成为负值，因而使阻尼力矩 T_D 为负，找出了造成低频振荡的主要原因。只考虑 K_5 支路所产生的阻尼作用时，图 3-33（a）简化成图 3-34（a），沿 K_5 方向的回路放大系数为 $K_2K_3K_5K_e$；由于存在 K_6 反馈回路，如图 3-34（b）所示，K_5 要经过时间常数分量为 $\left[-\frac{(T_e+K_3\tau'_{d0})S}{1+K_3K_6K_e}\right]$ 的环节，以形成类似图 3-31（a）的等值框图，如图 3-34（c）所示。图 3-34（c）只可用来帮助理解式（3-25b）的技术意义，说明由 K_5 形成的阻尼力矩系数与图 3-31 中 K_4 形成的阻尼系数性质相同，只是系统有别而已。

令式（3-25a）中的 K_4 为零，并忽视其分母中的 T_e^2 项（快速励磁系统的 T_e 很小），即忽视与 S^2 项有关的系数，就得到了 K_5 的线性表示式（3-25b）。图 3-34（c）是图（b）的线性化框图，两者并非等值转换，所以用虚线箭头表示。

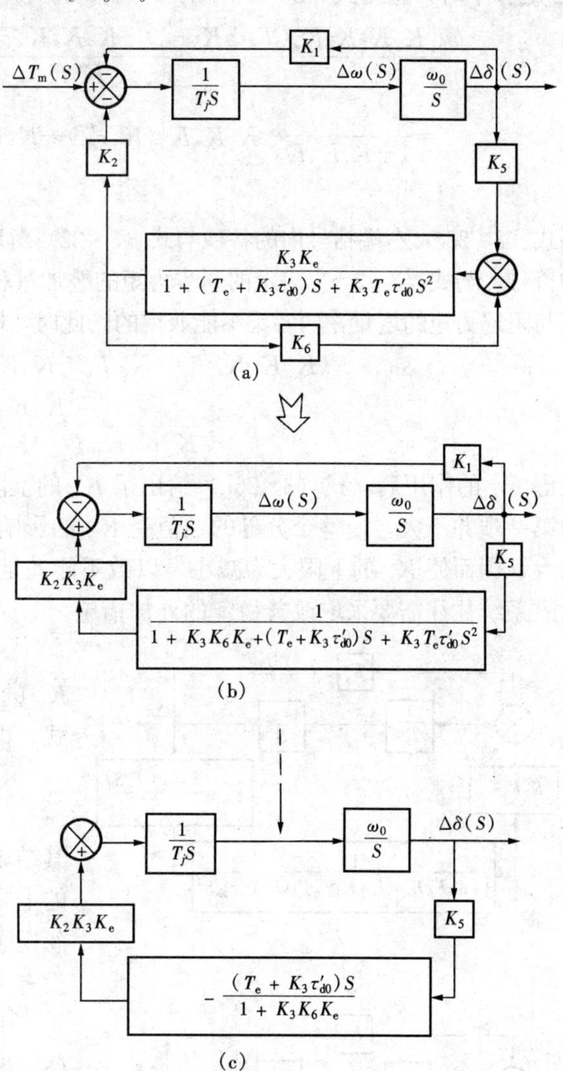

图 3-34　综合阻尼力矩示意框图

式（3-25b）所表示的同步发电机的阻尼特性，取决于 K_5 的符号，"K_5 为负，因而导致低频振荡"的概念，简要地说明了励磁系统稳定的发电机会在"重负荷"时出现动态稳定问题的原因，对电力系统理论的发展作出了历史性的贡献。式（3-18）说明，K_5 表示 $\Delta\delta(t)$ 对 $\Delta u(t)$ 的关系，实质上是发电机的有功出力对其端电压的影响，图 3-28 说明 K_5 值有正有负，简言之，其均值为零，这与第二章中忽视发电机有功功率对端电压影响的命题是一致的。但在研究 $\Delta\delta(t)$ 振荡问题，如电力系统的动态稳定时，K_5 的瞬时正或负，就成了至关重要切不可忽视的了。另外也要注意，忽视 K_4 支路对发电机固有阻尼作用的影响，在某些情况下，也是不能令人满意的。例如按式（3-25b），发电机的阻尼力矩系数的正、负只与 K_5 有关，而与 T_e 及 K_e 的大小无关，即不论常规励磁或快速励磁，也不论励磁系统的等值放大系数 K_e 的大小，均与电力系统的动态稳定问题无关。此结论既不符合运行经验，当然更不能令电力系统自动化工作者满意。于是进而讨论加入 K_4 回路后所产生的阻尼特性问题，就十分必要了。

图 3-33（a）说明，τ'_{d0}、T_e 分别是两个 S 项的唯一参数，所以这两个的乘积或自身的

平方代表着 S^2 项，即非线性项，而它们的一次方项，就代表 S 多项式的线性项。据此，当 T_e 足够小时，忽略式（3-25a）的 T_e^2 项，得

$$T_D \approx \frac{\omega_0[K_2K_3K_5K_e(T_e+K_3\tau'_{d0})+K_2K_3^2K_4\tau'_{d0}-K_2K_3^2K_4K_6K_eT_e]}{1+K_eK_3K_6}$$

$$=\frac{\omega_0}{1+K_eK_3K_6}\{K_2K_3K_4(K_3\tau'_{d0})-K_2K_3K_e[K_3K_4K_6T_e-K_5(T_e+K_3\tau'_{d0})]\} \tag{3-25c}$$

将式（3-25c）右端括号内的各项与式（3-22）对比，可见阻尼力矩也具有叠加性，且其增量的符号，与式（3-24a）表示的同步力矩的叠加量相反，这进一步说明了发电机同步力矩的增量与阻尼力矩的增量，两者是不能兼得的。此时，同步发电机稳定运行的条件 $T_D>0$，即为

$$(K_3K_4K_6T_e-K_5T_e-K_3K_5\tau'_{d0})\ K_e<K_3K_4\tau'_{d0}$$

$$K_e<\frac{K_3K_4\tau'_{d0}}{K_3K_4K_6T_e-K_5T_e-K_3K_5\tau'_{d0}} \tag{3-26a}$$

考虑 K_4 的作用后，式（3-26a）给出了 K_e 的上限。当 T_e 很小时，式（3-26a）右端分母的第一项并不大，使整个分母的数值受 K_5 的影响很大；当 K_5 为负时，分母可成数量级的加大，因而使 K_e 的上限大为减小，以致不能满足正常运行对调压精度的要求，这说明快速励磁系统往往需要采取改善稳定的外加措施。

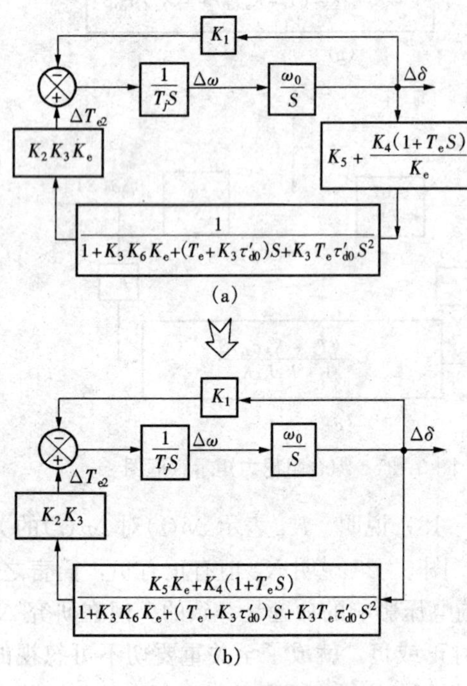

图 3-35 系统简化框图

与式（3-25b）忽略 K_4 的作用相反，在求 K_e 的上限时，某些文献中又建议采用下述公式，即

$$K_e<\frac{\tau'_{d0}}{K_6T_e} \tag{3-26b}$$

其结论是励磁系统的等值时间常数 τ'_{d0} 越小，K_e 的上限就越大。很显然，这是在式（3-26a）中忽视了 K_5 的作用，适用于 $K_5=0$ 附近时使用，没有大范围起作用的参考价值。

上述的讨论都是以式（3-25a）的线性化式（3-25c）为基础进行的，这说明它们是可行的，使用方便的，此外，对它们的可信性、特别是式（3-25c）的正确性，除了在第六节简介外，可在此先进行技术上的证明。为此，对系统原始框图 3-33 进行如下的线性转换。

图 3-35（a）为图 3-33（b）的反馈回路并入其反馈主支路后的系统框图。图 3-35（b）则是将 K_4、K_5 并入反馈主回路后的系统框图，它属于经常看到的并联反馈的系统框图。系统的总反馈系数为

$$-K_1+\frac{K_2K_3\ [K_5K_e+K_4\ (1+T_eS)\ ]}{1+K_3K_6K_e+\ (T_e+K_3\tau'_{d0})\ S+K_3T_e\tau'_{d0}S^2}$$

对其进行线性化处理，得

$$-K_1+\frac{1}{1+K_3K_6K_e}\left\{\left[1-\frac{(T_e+K_3\tau'_{d0})S}{1+K_3K_6K_e}+\cdots\right]K_2K_3[K_5K_e+K_4(1+T_eS)]\right\}=$$

$$-K_1+\frac{1}{1+K_3K_6K_e}\left\{K_2K_3(K_4+K_5K_e)-\frac{K_2K_3[K_5K_e(T_e+K_3\tau'_{d0})+K_3K_4(\tau'_{d0}-K_6K_eT_e)]S}{1+K_3K_6K_e}\right\}$$

这就是图 3-36 的表示式，图中略去了前向支路后，将所有反馈支路集中起来的系统反馈支路总图，$-K_1$ 与 $\frac{1}{1+K_3K_6K_e}$ 因子后的 $\{K_2K_3\times(K_4+K_5K_e)\}$ 都具同步力矩的性质，而因子 $\frac{1}{1+K_3K_6K_e}$ 实质上是结合点的转换系数，在图 3-36 上将 $-K_1$ 下移与 $\{K_2K_3(K_4+K_5K_e)\}$ 并联，即用转换系数改写结合点的输入量与输出量，于是可得由 $\Delta\delta$ 产生的线形总力矩，其中由 $\Delta\delta$ 产生的线性同步力矩系数为

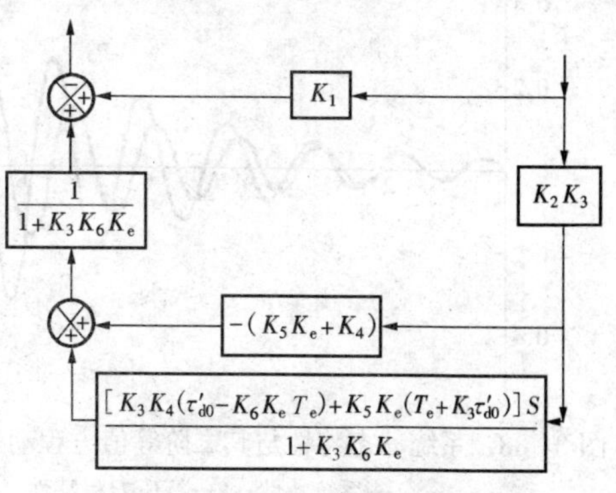

图 3-36　系统反馈支路总图

$$K_1(1+K_3K_6K_e)-K_2K_3(K_4+K_3K_e)=K_1-K_2K_3K_4+K_3K_e(K_1K_6-K_2K_5)$$

它与原系统方程的同步力矩系数式（3-24a）完全一致。而由 $\Delta\delta$ 产生的阻尼力矩为

$$\frac{K_2K_3[K_5K_e(T_e+K_3\tau'_{d0})+K_3K_4(\tau'_{d0}-K_6K_eT_e)]S}{1+K_3K_6K_e}$$

与式（3-25c）完全一致。据此可得图 3-33（a）系统的线性等值框图如图 3-37 所示，其中的惯性时间常数为 $(1+K_3K_6K_e)T_j$，也是原系统力矩方程惯性常数项 a_2，即"$T_j+K_3K_6K_eT_j+\omega_0K_1K_3\tau_{d0}T_e$"的线性值。图 3-37 与图 3-29 属于同一类型，它应是系统图 3-23 的线性二阶等值框图，其系数就是式（3-24a）的综合阻尼力矩系数等的线性值，所以按式（3-24a）的同步力矩与式（3-25a）的阻尼力矩的定义可得系统的等值二阶动态方程为

$$a_2\frac{d^2\delta}{dt^2}+\frac{\Delta_3}{\Delta_2}\times\frac{d\delta}{dt}+a_4\delta=0 \tag{3-27}$$

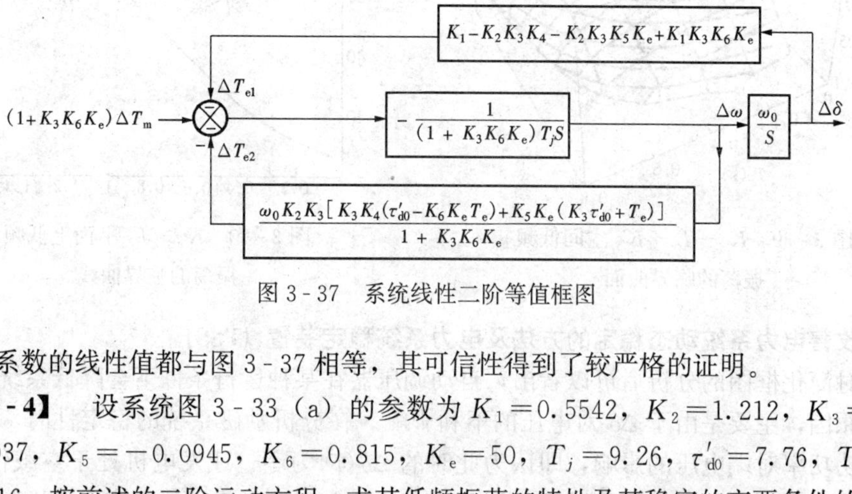

图 3-37　系统线性二阶等值框图

它的每项系数的线性值都与图 3-37 相等，其可信性得到了较严格的证明。

【例 3-4】　设系统图 3-33（a）的参数为 $K_1=0.5542$，$K_2=1.212$，$K_3=0.6584$，$K_4=0.7037$，$K_5=-0.0945$，$K_6=0.815$，$K_e=50$，$T_j=9.26$，$\tau'_{d0}=7.76$，$T_e=0.05$，$\omega_0=314.16$。按前述的二阶运动方程，求其低频振荡的特性及其稳定的充要条件的数值。

解 系统的等值低频振荡特性式（3-24）的数值形式为

$$36555x^4+47.774x^3+302.181x^2+889.432x+5853.49=0$$

特征根为 $\{x\mid_{(18)=0}\}=\{0.25854\pm j4.58431,\ -10.3564\pm j3.18035\}$ 是不稳定的。

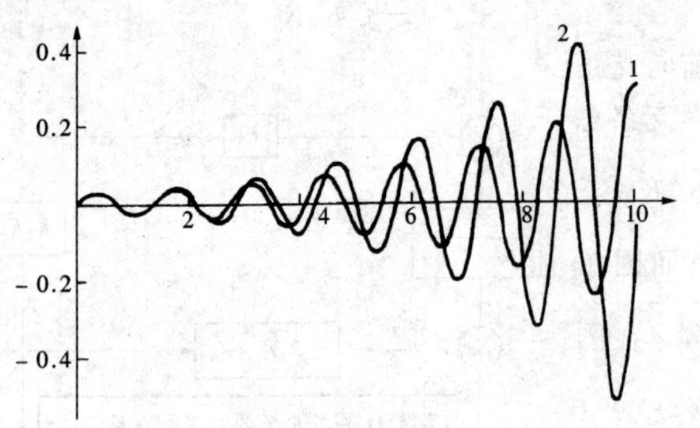

图 3-38 系统动态特性与其二阶等值方程动态特性的比较

1—系统特性；2—等值方程特性

按照综合阻尼原理的二阶等值运动方程为

$$302.181x^2-193.872x+5853.49=0$$

也是不稳定的。两者的动态特性分别为图 3-38 的曲线 1 与曲线 2，他们的不稳定特性是相当相近的。

总之，降价等值方程是有限目的的产物，等值二阶运动方程式对分析系统发生低频振荡的临界条件是十分有效的。

一般说来，二阶等值运动方程的主要目的，不在于仿真高阶原系统任意状态下的动态特性，这近于不可能；其主要目的在于用最简明的、最关键的力矩系数，说明系统是否发生低频振荡的临界参数。在这方面式（3-27）是完全符合要求的。低频振荡是在综合阻尼力矩为负时发生，其临界参数为 $T_D=0$，等值于$\Delta_{n-1}=0$，图 3-39 是 K_5 为不同值时，T_e-K_e 形成的临界曲面，图 3-40 则是本例中 $K_5=-0.1$ 最小运行值时的 T_e-K_e 的临界曲线。从中可以看出快速励磁是引起低频振荡的主要原因，要使 K_e 达到 50 以上运行要求值，励磁系统的等值时间常数需大于 0.8s，即中速励磁系统一般不存在低频振荡问题，这已为我国电力系统运行的历史经验所证实。

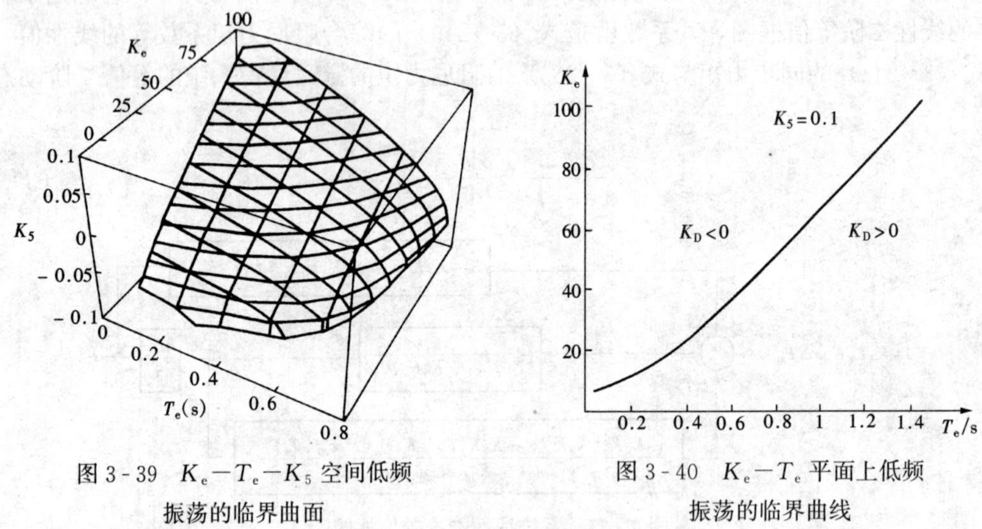

图 3-39 $K_e-T_e-K_5$ 空间低频振荡的临界曲面

图 3-40 K_e-T_e 平面上低频振荡的临界曲线

三、改善电力系统动态稳定的方法及电力系统稳定装置（PSS）

经过对简化框图的分析后可以看出，自动调压器在某种运行条件下会降低系统的固有阻尼作用的原因，主要是由于 $\Delta\delta$ 对电压的不利影响。在分析励磁系统的稳定性时，一般忽略发电机有功功率对端电压的影响，即认为此时的 $\Delta\delta(t)$ 为零，或发电机处于空载恒速状态。但在分析发电机的动态稳定问题时，其有功功率对端电压的影响，就成了发电机动态失稳的重要原因，对照 K_4、K_5 对发电机力矩产生的影响，对了解这点是有帮助的。当发电机不带调压器时，发电机的动态框图如图 3-30 所示，有功功率输出的增加，即 $\Delta\delta(t)$加大，会产生去磁作用，即 K_4 为正，由 ΔE_{de} 至 $\Delta E''_q$，使气隙等值感应电动势减小，因而使发电机的同步力矩减小，式（3-21）说明了这点，另一方面由于等值惯性环节时间常数 $K_3\tau'_{d0}$的存在，$\Delta\delta(t)$去磁效应的滞后分量，即产生了正的阻尼力矩，式（3-22）说明了这点。当发电机接入调压器后，又需要考虑发电机有功功率对端电压的影响了，$\Delta\delta(t)$增加时，一般来说，发电机的端电压会减小，当图 3-33（a）的 K_5 为负，由于调压器的作用，ΔU_g 为负时，会产生一个较大的 $\Delta E'_q$增量，从而使同步力矩增大，同时其经过等值惯性环节的滞后分量，却又使阻尼力矩为负，并成为发电机动态失稳的重要原因。式（3-24a）与式（3-25b）进一步说明了发电机内部反馈对同步力矩与阻尼力矩不能同时有利的情况。

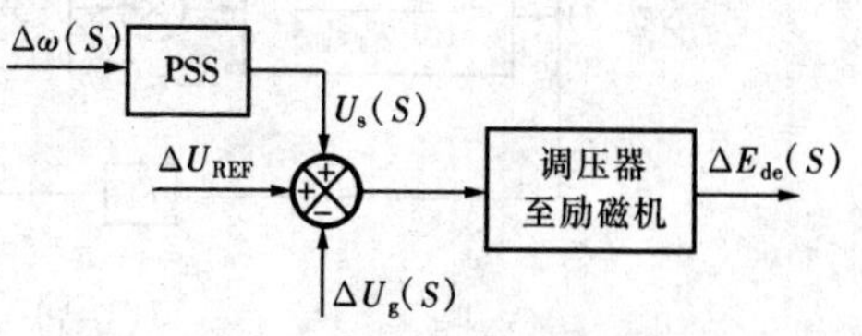

图 3-41　PSS 稳定信号示意图

为了解决发电机动态失稳的问题，一般是在其调压器外部增加一个反馈环节，经 U_{REF} 点与发电机框图相连，以改善整个系统的阻尼特性。当然希望此外加反馈回路的特性不再重蹈发电机内部反馈的覆辙，而是在增加阻尼力矩的同时，不致产生同步力矩减小的缺点，即其效果应如图 3-29 的虚线回路所示，只是单纯地增大了发电机的阻尼力矩。这个外加的反馈回路一般称为电力系统稳定装置（PSS），其稳定信号如图 3-41 所示。PSS 的输入一般为发电机的电气转速增量 $\Delta\omega$，其输出信号命为 U_s。带 PSS 装置的发电机框图如图 3-42（a）所示。由图 3-42（a）可以清楚地看到，由发电机内部经 K_5（或 K_4）反馈产生的阻尼力矩与外部 PSS 反馈回路欲产生的阻尼力矩性质是不同的。发电机的内部反馈是由 $\Delta\delta$ 输入的，到力矩合成点止是一种正反馈，它需利用等值惯性环节的时间常数才能获得如图 3-29 中的阻尼力矩分量。而 PSS 的输入量是转速增量 $\Delta\omega$，与图 3-29 虚框的输入量相同，到力矩点也为一负反馈，若欲使 PSS 装置最终能产生一个单纯的阻尼力矩，由图 3-42（c）可以看出，PSS（S）必须将 K_6 负反馈造成的等值传递函数

$$\frac{K_eK_3}{1+K_3K_6K_e+(T_e+K_3\tau'_{d0})S+K_3T_e\tau'_{d0}S^2}$$

中的极点完全对消，即 PSS（S）应该由二阶的“纯超前”支路组成，才能达到产生“纯”阻尼力矩的目的。一方面单纯的超前网络，即只有零点没有极点的超前网络技术上是做不到的，所以 PSS 装置不可能如图 3-29 虚线框图所示只产生阻尼力矩，而一定会有一些其他性质的力矩附加在 PSS 所产生的正阻尼力矩上。另一方面 K_3、K_6 等参数是随着网络运行情况而改变的，而 PSS 的参数并不随着改变，因此它所产生的阻尼力矩系数，也不能如图 3-29 中的 D 一样，继续保持常数。所以电力系统稳定装置（PSS）确有产生以阻尼力矩为主的作用，因而达到了改善电力系统动态稳定的目的，但它又不可能是一个单纯的阻尼装置，因此对其网络的设计与参数的选择，就成了必须讨论的问题。

PSS 的最一般的传递函数形式为

$$G_{PSS}(S)=\frac{T_0S}{1+T_0S}\left[\frac{K_c(1+\tau_1S)(1+\tau_3S)}{(1+\tau_2S)(1+\tau_4S)}\right] \tag{3-28a}$$

其中，$\tau_1\gg\tau_2$，$\tau_3\gg\tau_4$，以达到超前支路的目的，这种形式一般需用有源电路来完成。

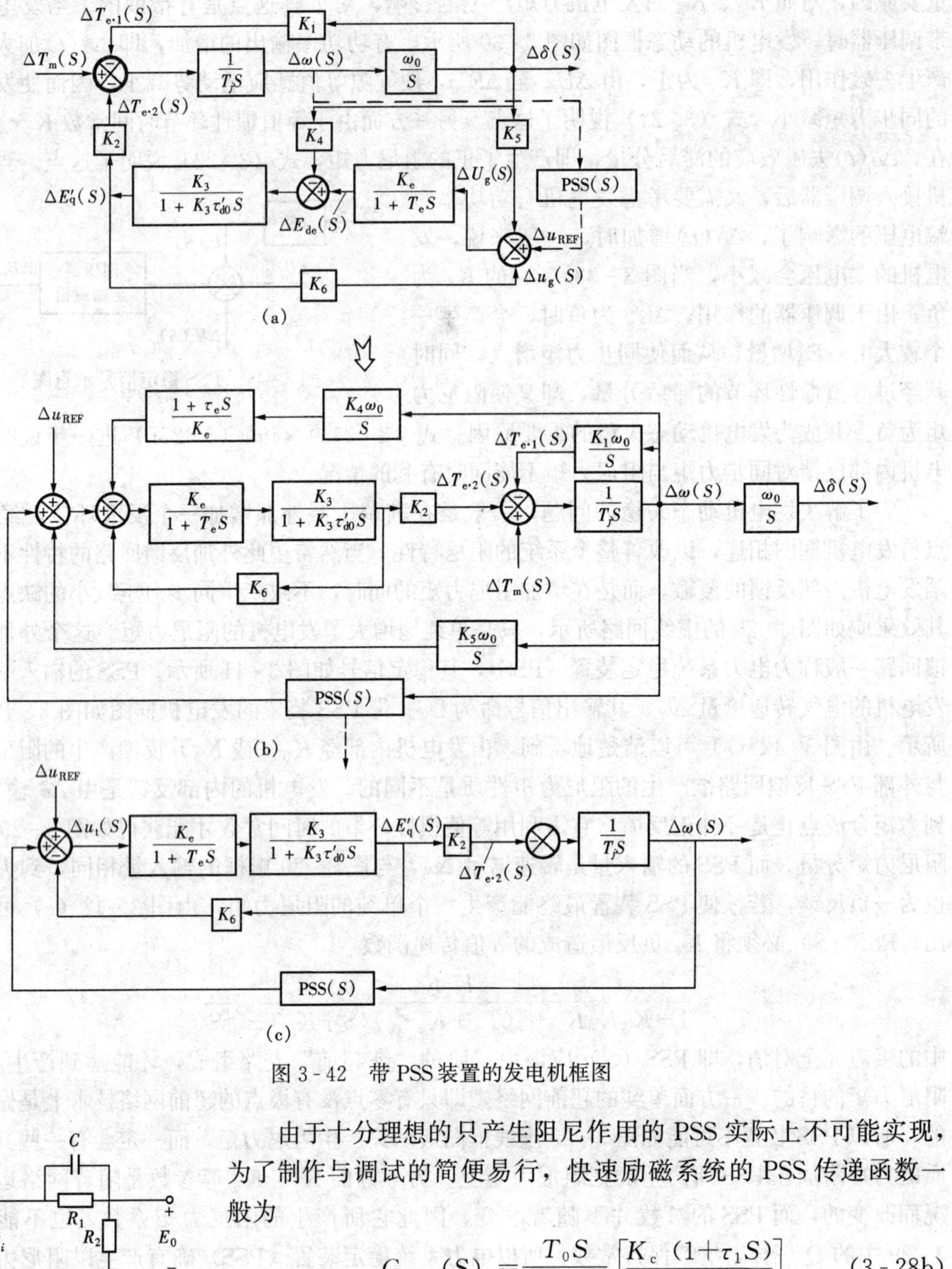

(a)

(b)

(c)

图 3-42 带 PSS 装置的发电机框图

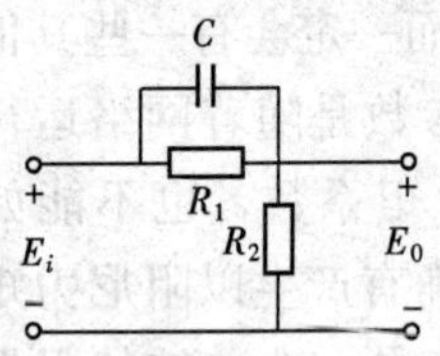

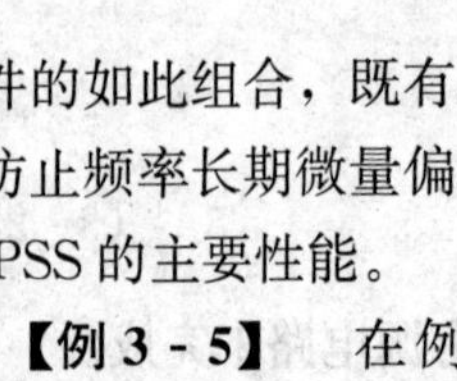

图 3-43 无源 PSS 电路

由于十分理想的只产生阻尼作用的 PSS 实际上不可能实现，为了制作与调试的简便易行，快速励磁系统的 PSS 传递函数一般为

$$G_{PSS}(S)=\frac{T_0S}{1+T_0S}\left[\frac{K_c(1+\tau_1S)}{1+\tau_2S}\right] \tag{3-28b}$$

即只用一节超前补偿，可用图 3-43 的无源元件实现。PSS 元件的如此组合，既有理论依据，也有实践中总结的经验，这两个传递函数中的"T_0S"都是防止频率长期微量偏移所造成的端电压的永久误差，T_0 一般取 3～20s 或 30s，它并不反映 PSS 的主要性能。

【例 3-5】 在例［3-3］的同步发电机参数下，接入 PSS，如忽视 T_0，取 $\tau_1=$

0.6851s、$\tau_2=0.1$s，求励磁系统等值 $K_{e.max}$ 与 T_e 的关系。

解 运用 $T_D>0$，即$\Delta_{n-1}>0$ 的条件，分别取 $K_c=10$、20、30，得 $K_{e.max}$ 与 T_e 的关系如图 3-44 所示。

由图 3-44 可以看出，PSS 补偿了式（3-26a）中 K_5 的负阻尼作用，使 $K_{e.max}-T_e$ 曲线呈式（3-26b）表现的反比关系；另一方面也可看出，PSS 对改善快速励磁对系统的作用虽然十分明显，必不可少，但对常规励磁系统却是毫无必要的。

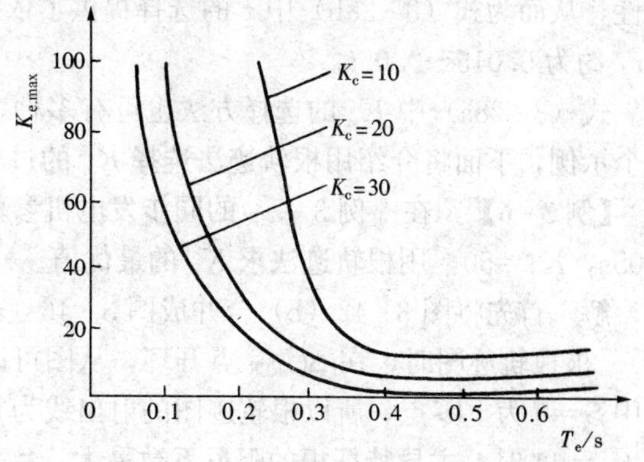

图 3-44 ［例 3-5］的 $K_{e.max}-T_e$ 图

$K_{c.max}$ 的数值随发电机运行参数的变化有较大差异，因此 K_c 值的选择是设计 PSS 的一个重要问题。

对 PSS 参数的选择，目前多采用控制理论中的频率法，首先需确定它工作的频率范围，使其在指定的频率下得到较为优良的超前补偿特性。电力系统因传输功率发生低频振荡而需要采用 PSS 增强稳定效果的，主要有两种情况。一种是一个机组或者一个厂的机组距系统较远，联系较弱，而传输功率相对较重，这相当于一个机组经输电线后对无穷大系统发生的振荡，属于“局部振荡”的类型，其振荡频率约为 0.8～1.8Hz。另一种是系统中一群机组经联络线与另一群机组间发生的相对振荡，属于“区间振荡”的类型。由于参加振荡的机组较多，故振荡频率较低，约为 0.2～0.5Hz。这两种不同的情况，也反映在发电机参数 K_i 的不同数值上，很明显，加装了 PSS 的机组应该在发生上述两种类型的振荡时，都具有适当的阻尼特性，这要求 PSS 元件在每个频率段内，都能发挥适当的超前补偿作用。由图 3-42（c）可知，PSS 的最终补偿效果可以由图 3-45 的等值框图求出。

$$\xrightarrow{\Delta\omega(S)}\boxed{G_{PSS}(S)}\xrightarrow{\Delta U_{REF(S)}}\boxed{GER(S)}\xrightarrow{\Delta E'_q(S)}\boxed{K_2}\xrightarrow{\Delta T_{e\cdot 2}(S)}$$

图 3-45 补偿回路等值图

图中 $$GER(S)=\frac{K_eK_3}{1+K_eK_3K_6+(T_e+K_3\tau'_{d0})S+K_3T_e\tau'_{d0}S^2}$$

在指定的频段内，要使 $G_s(S)\cdot GER(S)$ 的频率特性满足要求，在设计或调试 $G_s(S)$ 的参数之前，需先对机组的 $GER(S)$ 的频率特性有一定的了解，为此可以采用现场试验或按设计参数估算的方法。

在图 3-42（a）中，励磁系统是经过简化的等值电路，其参数有时需进行测试，现场测试时，由图 3-42（a）可知，当 $\Delta\omega=0$，即发电机转速恒定时，K_4、K_5 支路均不起作用，这时，在 Δu_{REF} 点加上频率可调的试验电压 Δu_{REF}（jω），就可得到图 3-45 中 GER（jω）的特性，但图中 $\Delta E'_q(\mathrm{j}\omega)$ 及 $\Delta T_{e.2}$（jω）均在发电机内部，不易测量，便改而测量发电机端电压 Δu_g，由图 3-42（a）可知，此时有

$$GER(\mathrm{j}\omega)=\frac{\partial E'_q(\mathrm{j}\omega)}{\partial U_{REF}(\mathrm{j}\omega)}=\frac{1}{K_6}\times\frac{\partial U_g(\mathrm{j}\omega)}{\partial U_{REF}(\mathrm{j}\omega)}$$

式中的 K_6 认为已由其他途径给出了。

有了 GER（jω）后，根据补偿后应达到的要求，可以确定在指定频段内 $G_s(j\omega)$ 的基本特性，从而为式（3-28b）中 τ 的选择提供了依据，一般说来，$\tau_1=\tau_3$ 约为 0.15～0.5s，$\tau_2=\tau_4$ 约为 0.015～0.05s。

式（3-28a）中 K_c 的选择方法也可有多种，由于侧重点不同，结果也有所差异。作为一个示例，下面将介绍用根轨迹法选择 K_c 的过程。

【例 3-6】 在［例 3-3］的同步发电机参数下，按［例 3-5］的参数接入 PSS，$T_e=0.05$s，$K_e=50$，用根轨迹法求 K_c 的最优值。

解 首先将图 3-42（b）合并成图 3-46（a），再转换成以 PSS 为反馈回路的图 3-46（b）。求根轨迹图时，在 ΔU_{REF} 点开环，从图可以看出，此开环系统有 6 个极点，3 个零点，其中 $S=0$ 为重零点，所以根轨迹图的射出线为 60°，图 3-47 是其根轨迹图。图 3-47 表明，在 $K_c=11$ 时，主导特征根的阻尼系数最大。

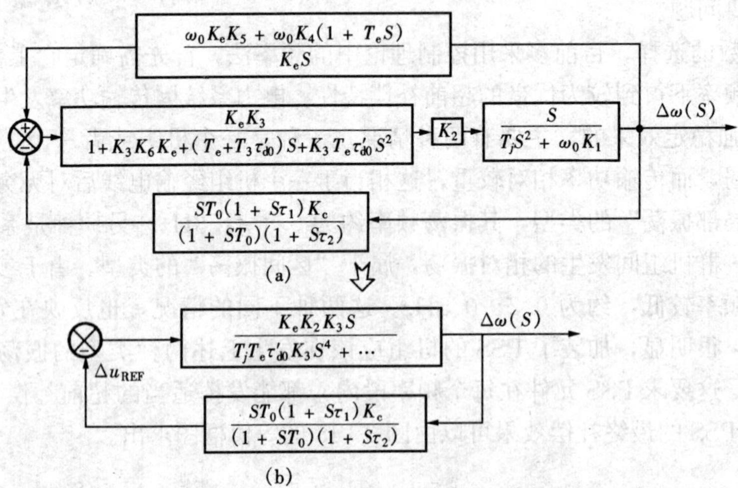

图 3-46 ［例 3-6］中 PSS 环路示意图

另外还有将线性最优控制器“LOC”（Linear Optimal Controller）用于发电机励磁控制方案中的，其反馈量为 ΔU_g、$\Delta\omega$ 及 $\Delta\delta$，较之 PSS 多使用了一项“$\Delta\delta$”的反馈控制作用。其着眼点在于用最少的控制能量，达到最佳的控制效果，即获得最好的阻尼效应。对高增益的快速励磁系统，这种控制方案的效果是很显著的，与其他方案的对比性结果，不再赘述。

PSS 环节中的 $\Delta\omega$ 是转子电气转速对其稳态值 ω_0 的偏移，而 LOC 中的 $\Delta\delta$ 则是转子 d 轴位置电气角 δ_{Eq} 的偏移，且有 $\Delta\omega=\Delta\delta/\Delta t$。所以测量转子 d 轴位置电气角的瞬时值是必不可少的，一般文献上称其为功角测量。功角测量的技术方案虽有不同，但其原理却是一致的，或利用转子电子测速表上的电脉冲（代表转子轴的一固定电气角位置 δ_m），或在靠背轮上加装代表转子轴某固定位置的电气触点以产生脉冲，再使用守时锁相振荡器技术，造成相应于发电机极对数频率的方波（含水、汽轮机），对每一方波的前沿进行脉冲采样，并求取其与发电机空载时三相端电压 u_{f0} 的 u_{q0} 间的角差，设为 δ_0，即有 $\delta_{Eq.0}=\delta_{m.0}-\delta_0=0$，则以后的任一瞬间，均有 $\delta_{Eq}(t)=\delta_m(t)-\delta_0$，并由 $\delta_{m.i}-\delta_{m.i-1}$ 求到相应于 ω_i 的瞬时值 $\Delta\omega_i$。

总之，在选择附加的改善同步发电机动态稳定的励磁控制方案时，可以多进行一些考虑，从当时电力系统的实际工况、发展规划及制作、仿真实验条件等出发，选择一种较为适合的方案并确定其参数。

对于只发生"局部振荡"的机组，改善其动态稳定特性的附加励磁控制装置的参数选择是较为容易的，收效也较肯定。改善"区间振荡"机组动态稳定的装置的参数选择，有时较为困难，因为在一个复杂系统中，有一部分机组既是某一区间振荡的成员，又是另一区间振荡的成员，而在这两种情况下，机组的系统参数相差很大，造成改善稳定的励磁装置参数配合与选择上的困难，因而更需谨慎对待。目前，我国网站采用广域同步测量系统（WAMS）的已相当普遍，关于发电机的转速及转子的电气位置角等，都能做到瞬时传输，这对消除区间振荡开辟了很好的前景。

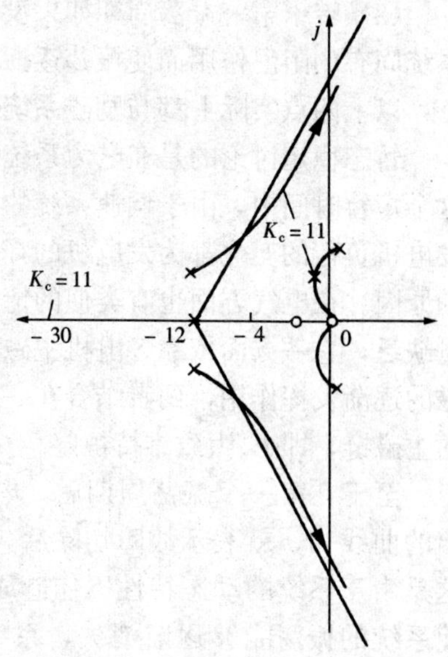

图 3-47　［例 3-6］的根轨迹图

总之，励磁系统的自动调压器给电力系统的稳定带来过某种影响，但是经过研究，改进对励磁系统的调节与控制之后，电力系统的稳定大为改善。目前，励磁系统的控制方案已成为提高电力系统稳定，尤其是动态稳定的一项有力措施。

第五节　励磁系统对暂态稳定的影响

电力系统的暂态稳定是指同步发电机受到大的冲击（通常是电力系统的一部分故障）后，能否回到同步运行的问题。在图 3-48 所示网络中，如在一回线上发生了三相短路，于是机端电压剧烈下降，线路的传输能力变为零，发电机转子急剧加速，在这种情况下，要想发电机不致失步，必须快速断开故障线路。故障线路断开后，另一回线路传输能力又恢复了，发电机转子又开始减速。由于这时一回线已被断开，线路阻抗增加，系统传输的功角曲线已较故障前低，但正如图 3-49 所示，只要面积 $A_1 \leqslant A_2$，就认为这个系统的暂态是稳定的。计算暂态稳定先要给出系统的起始运行点，如 $P_0=0.8$，则可算出 $\dot{U}_{g0}=1.05\underline{/13.21^\circ}$、$\delta_0=21.09^\circ$、$\dot{E}'_q=\dot{U}_{g0}+\dot{I}_d X'_d=1.11\underline{/21.09^\circ}$。

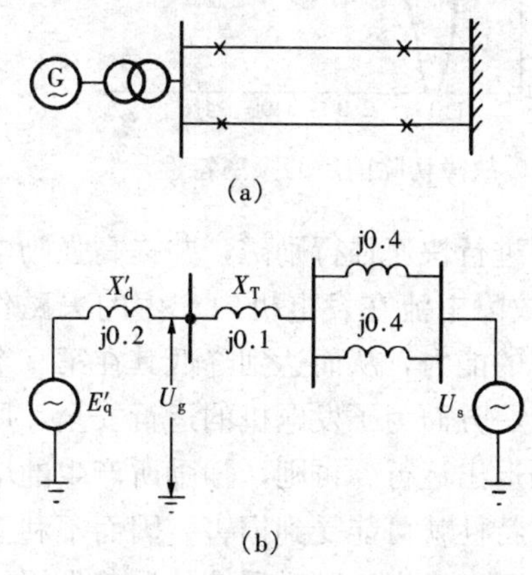

图 3-48　双回线系统及其等值电路

在暂态稳定的转子第一个振荡周期中，认为 E'_q 不变，于是从图 3-49 可以看出，保障暂态稳定的极限切除角 δ_c 为 74.43°，极限摆动角为 149.73°。

从所举暂态稳定计算的简单例子中可以看出，进行暂态稳定计算有两个前提。

（1）暂态稳定计算过程中 E'_q 不变。

(2) 转子第一振荡周期如果没有失步，那么接下去的第二个、第三个……振荡，会由于系统固有的阻尼作用而使振荡逐渐消失。

以上两点实际上都与励磁系统的控制与调节有关。

暂态稳定讨论的是在电力系统受到大冲击后发生的一个短暂时间内电力系统的特性。在这个短暂时间中，由于调速系统的“迟缓”现象，发电机的机械功率是来不及改变的。所以发电机负荷的变化都为发电机的释放旋转动能所补偿，这就是发电机转速下降而δ不断增加的原因。在电气方面也有类似的情况，即在故障存在的这一短暂时间内，电力系统的无功大量缺乏，它一方面依靠各电机主磁场中电磁能量的释放，另一方面又依靠励磁系统的快速励磁的逐渐发挥作用，两者结合在一起，结果在1s或小于1s的第一个振荡周期内，转子绕组的主磁链，即E'_q大致维持恒定。

至于在第一个振荡周期后，电力系统的稳定与励磁系统的关系更为密切。图3-50示出的曲线A，就表示故障切除后，电力系统已经可以恢复正常状态时发生的不稳定现象，这是由于系统的动态特性不佳造成的。所以在第一个振荡周期结束后，即$\delta<\delta_{max}$时，要使系统的振荡能够逐渐消失，系统的动态特性必须优良，即必须具备很好的阻尼性能。因此，要想通过励磁系统的控制与调节对电力系统的暂态稳定发生有益的影响，必须从两方面考虑。

(1) 减小第一个振荡周期的幅值。

(2) 使后继的振荡都小于第一次振荡。

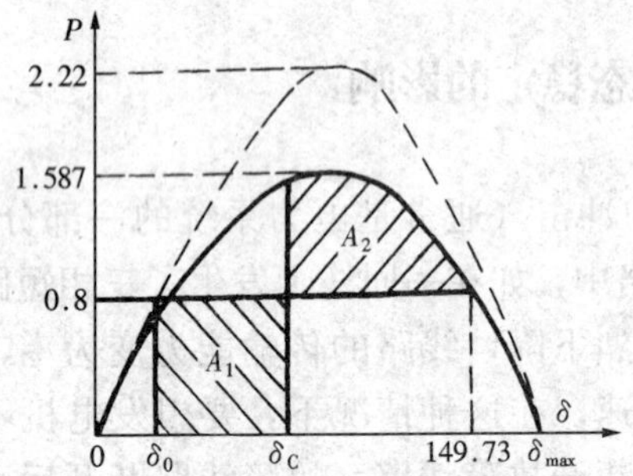

图3-49 等面积判据求系统的极限切除角

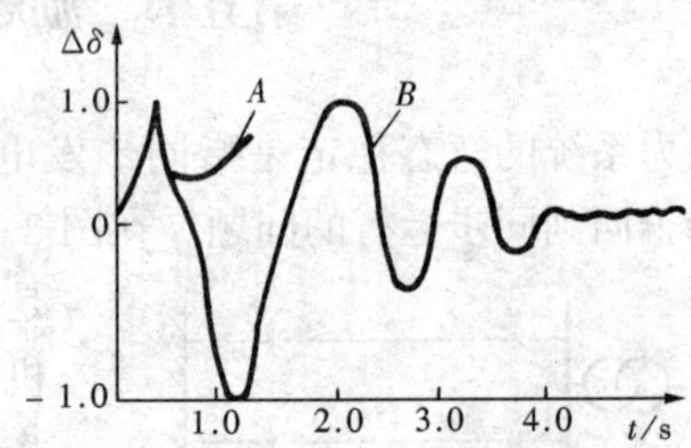

图3-50 故障切除前后的频率特性

目前，要使第一点要求起作用，在励磁系统方面就要进行快速强行励磁，并提高强励电压的顶值，以尽量补偿系统在故障时的无功缺额，抵消故障电流在发电机内产生的去磁作用，提高故障时发电机端电压的顶值，以提高其输送功率的能力，从而达到降低其在第一个振荡周期内的加速度功率，减小振荡幅值的目的。但是，一方面为了发电机的运行安全，厂家规定强行励磁装置只能工作一个很短的时间，然后必须退出运行。再则，强励所产生的增大转子绕组主磁通的作用虽然可使同步功率增加，但阻尼特性就可能受到损害，因而不利于后继振荡周期的幅值的衰减，除非对极限断开时间较长的暂态稳定，励磁系统的调节作用可以对减小其第一个振荡周期的幅值产生较明显的效果外，一般说来，励磁系统的调节作用对减轻第一个振荡周期的严重性的作用是相对地小的。也就是说，十分快速的高响应速度的励磁系统，通常也只对第一个振荡角降低几度，或者说，只能使发电机的暂态稳定功率极限的百分值少量提高。但是，正如已经了解的那样，励磁系统对第二个要求的作用是十分有效的，而在现代大容量的复杂系统中，这一要求也是很重要的。因此，为了达到改善电力系统暂态稳定的目的，目前正在试验一种附加离散控制的励磁系统方案，图 3-51 是其控制部分的框图。

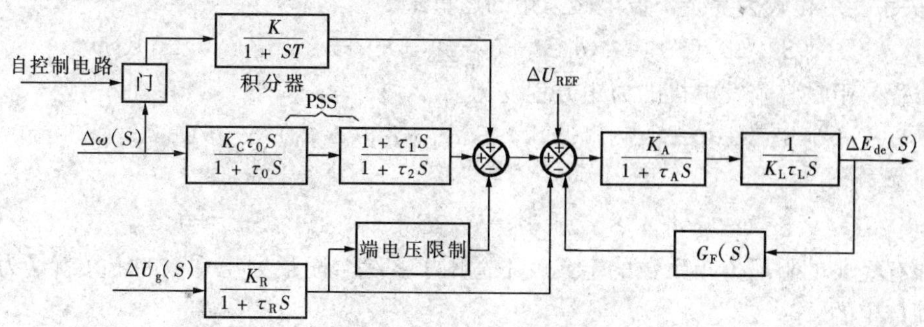

图 3-51　附加离散控制的励磁系统的框图

图 3-51 与图 3-42（a）相比，在自动调压器的控制回路中增加了一个由“门”电路控制 $\Delta\omega$ 的积分元件 $K/(1+ST)$，得到一个与转子角差 $\Delta\delta$ 成正比的控制信号，输入至调压器的放大元件的入口。积分元件的时间常数 T 要根据电力系统情况进行选择，以保证该元件的积分性能。这个附加的 $\Delta\delta$ 信号受到一个“门”电路的控制。在正常时，也就是在动态稳定的范畴时，“门”电路无输出，积分器不工作，没有 $\Delta\delta$ 的控制信号，励磁系统照正常状态工作。在发生暂态稳定问题的故障时，系统的电压必然剧烈下降，发电机转速必然急剧增加，两者都会超出其平时工作的范围。于是由控制电路打开积分电路回路中的“门”电路，$\Delta\delta$ 信号就附加在 PSS 信号之上，对励磁系统进行调节。一旦发电机转速即 $\Delta\omega$ 回升到正常调节过程的范围，“门”电路又重新关闭，$\Delta\delta$ 也以时间常数 T 按指数函数退出控制。由于 $\Delta\delta$ 的控制信号只在暂态稳定的第一振荡周期投入一段短时间，所以称为离散式的控制信号。在整个控制过程中，如果发现发电机的端电压超出其额定值的 15%，则端电压限制器动作，将 PSS（如 $\Delta\delta$ 信号仍在，也包括在内）控制信号停发，暂时由 ΔU_g 进行调节，所以端电压限制器是有 PSS 回路时的一种保护措施。

这种励磁方案的一个特点，是在 $\Delta\delta$ 被关闭退出工作后，整个暂态振荡过程都加入了 PSS 的控制（在 U_g 不超过 15%的情况下），当然是认为 PSS 对暂态过程的大振荡，也像对动态过程的小振荡一样，有良好的阻尼效应；但是像这类推广应用的结论并非无条件正确，它的有效性与系统的运行情况有关，由于分析较为麻烦，故不再赘述。

图 3-51 的励磁系统进行过现场试验，在一定的运行条件下对改善电力系统的暂态稳定效果颇好。

*第六节　综合阻尼力矩系数简介

一、经典的阻尼力矩定义

经典同步发电机阻尼力矩的定义，来自经典的同步发电机二阶力矩方程式

$$T_j\frac{d^2\Delta\delta}{dt^2}+T_D\frac{d\Delta\delta}{dt}+T_S\Delta\delta=0 \tag{3-29}$$

与一个机械旋转体的二阶力矩方程式相似，故也称 T_D 为发电机的阻尼力矩系数，T_s 为同

步力矩系数。同步力矩是由发电机内部的电磁过程产生的，其值为 $T_S\Delta\delta$ 的电磁力矩是最简单的情形。当发电机装有调压器并考虑其有功功率的去磁等作用时，动态过程的电磁力矩与 $\Delta\delta$ 间的关系，变得较为复杂，设电磁力矩的运算式为

$$P(S)\Delta\delta(S)=(b_0S^n+b_1S^{n-1}+\cdots+b_{n-1}S+b_n)\Delta\delta(S)$$

的高阶方程，于是整个发电机的力矩方程变为

$$[b_0S^n+b_1S^{n-1}+\cdots+(b_{n-2}+T_j)S^2+(T_D+b_{n-1})S+b_n]\Delta\delta(S)=0$$

或写成

$$(a_0S^n+a_1S^{n-1}+\cdots+a_{n-1}S+a_n)\Delta\delta(S)=0 \tag{3-30}$$

这时，原有经典的阻尼力矩系数的定义就不适用了。综合阻尼力矩系数的定义就是为解决这一问题而产生的。

将式（3-29）改写成为

$$\left.\begin{aligned}&\frac{\mathrm{d}\Delta\delta}{\mathrm{d}t}=\Delta\omega \quad （令\ \omega_0=1）\\&\frac{\mathrm{d}\Delta\omega}{\mathrm{d}t}=\frac{-1}{T_j}(T_D\Delta\omega+T_S\Delta\delta)\end{aligned}\right\}$$

可得一不含时间变量的一阶微分方程式

$$\frac{T_j\,\mathrm{d}\Delta\omega}{-(T_D\Delta\omega+T_S\Delta\delta)}=\frac{\mathrm{d}\Delta\delta}{\Delta\omega}$$

即
$$T_j\Delta\omega\mathrm{d}\Delta\omega=-(T_D\Delta\omega\mathrm{d}\Delta\delta+T_S\Delta\delta\mathrm{d}\Delta\delta)$$

于是有
$$\frac{T_j}{2}(\Delta\omega^2-\Delta\omega_0^2)=-T_D\int_{(X_0,X)}\Delta\omega\,\mathrm{d}\Delta\delta-\frac{T_S}{2}(\Delta\delta^2-\Delta\delta_0^2)$$

得
$$\frac{1}{2}T_j\Delta\omega^2+\frac{T_S}{2}\Delta\delta^2+T_D\int_{(X_0,X)}\Delta\omega\,\mathrm{d}\Delta\delta=\frac{T_j}{2}\Delta\omega_0^2+\frac{T_S}{2}\Delta\delta_0^2$$

即
$$V(X^\tau)+T_D\int_{(X_0,X)}\Delta\omega\,\mathrm{d}\Delta\delta=V(X_0^\tau) \tag{3-31}$$

式中，$X=[\Delta\delta,\Delta\omega]^\tau$；$V(X^\tau)=X^\tau AX$，为二次型能量函数。

$V(X^\tau)$ 为运动过程中的任一点的能量型李亚普诺夫函数，$V(X_0^\tau)$ 为初始点的能量，$\int_{(X_0,X)}\Delta\omega\mathrm{d}\Delta\delta$ 为沿相平面"$\Delta\delta-\Delta\omega$"上运动轨线进行的线积分，代表从 X_0 点到 X 点的阻尼能量。

式（3-31）的物理意义是很清晰的，运动物体在任意点的能量，包括动能与势能，只与该点的坐标 X^τ 有关，而与运动过程的轨迹无关，阻尼能量的概念却与此不同，阻尼就是能量的不断耗散，因此运动过程中的阻尼能量就是沿轨线进行的能量耗散的累计值，所以它应是沿轨线进行的线积分，其值与轨线有关。式（3-31）是从数学表达式上将运动物体具有的能量与其已经因阻尼而耗散的能量明确的区分开来，而经典的阻尼系数的定义，就是阻尼能量项的系数 T_D。根据这个概念，就可以推导出高阶力矩方程合理的阻尼系数的定义。

二、综合阻尼力矩系数的定义

高阶力矩方程式（3-30）与下述状态方程组等阶

$$\left.\begin{aligned}\dot{x}_1&=x_2\\\dot{x}_2&=x_3\\&\vdots\\\dot{x}_{n-1}&=x_n\\\dot{x}_n&=-\frac{1}{a_0}(a_nx_1+a_{n-1}x_2+\cdots+a_1x_n)\end{aligned}\right\}\tag{3-32}$$

由式（3-32）可得（$n-1$）个对称方程组

$$\left.\begin{aligned}x_n\mathrm{d}x_n&=-\frac{1}{a_0}(a_nx_1+a_{n-1}x_2+\cdots+a_1x_n)\ \mathrm{d}x_{n-1}\\\cdots\\x_2\mathrm{d}x_n&=-\frac{1}{a_0}(a_nx_1+a_{n-1}x_2+\cdots+a_0x_n)\ \mathrm{d}x_1\end{aligned}\right\}\tag{3-33}$$

对式（3-33）的每一式两端沿轨线取积分，则得到如下的普遍形式

$$a_0\int_{(X_0,\ X)}x_i\mathrm{d}x_n=-a_n\int_{(X_0,\ X)}x_1\mathrm{d}x_{i-1}-\cdots-a_1\int_{(X_0,\ X)}x_n\mathrm{d}x_{i-1}\quad(i=2,\ \cdots,\ n)$$

对积分$\int_{(X_0,\ X)}x_m\mathrm{d}x_l$注意下述两种情况。

（1）l与m之差为偶数。如令$l=m+2k$（$k>0$），利用式（3-32）则有

$$\begin{aligned}\int_{(X_0,\ X)}x_m\mathrm{d}x_{m+2k}&=\int_{X_0}^{X}\mathrm{d}(x_mx_{m+2k})-\int_{(X_0,\ X)}x_{m+2k}\mathrm{d}x_m\\&=\int_{X_0}^{X}\mathrm{d}(x_mx_{m+2k})-\int_{(X_0,\ X)}x_{m+1}\mathrm{d}x_{m+2k-1}\\&=\int_{X_0}^{X}[\mathrm{d}(x_mx_{m+2k})-\mathrm{d}(x_{m+1}x_{m+2k-1})]+\int_{(X_0,\ X)}x_{m+2}\mathrm{d}x_{m+2k-2}\\&=\int_{X_0}^{X}\mathrm{d}[x_mx_{m+2k}-x_{m+1}x_{m+2k-1}+\cdots+(-1)^{k-1}x_{m+k}^2]\\&=x_mx_{m+2k}-x_{m+1}x_{m+2k-1}+\cdots+(-1)^{k-1}x_{m+k}^2-x_{m.0}x_{m+2k.0}\\&\quad+x_{m+1.0}x_{m+2k-1.0}-\cdots+(-1)^{k-2}x_{m+k.0}^2\\&=U_1(X^\tau)-U_1(X_0^\tau)\end{aligned}$$

式中，$X=(x_1,\ x_2,\ \cdots,\ x_n)^\tau$；$U_1(X^\tau)$与$U_1(X_0^\tau)$分别为$X^\tau AX$与$X_0^\tau AX_0$的二次型函数。

（2）l与m之差为奇数。如令$l=m-2k-1$，仿前可得

$$\begin{aligned}\int_{(X_0,\ X)}x_m\mathrm{d}x_{m-2k-1}&=\int_{X_0}^{X}\mathrm{d}[x_{m-2k}x_{m-1}-\cdots+(-1)^{k-1}x_{m-k-1}x_{m-k}]\\&\quad+(-1)^k\int_{(X_0,\ X)}x_{m-k}\mathrm{d}x_{m-k-1}\\&=U_3(X^\tau)-U_3(X_0^\tau)+(-1)^k\int_{(X_0,\ X)}x_{m-k}\mathrm{d}x_{m-k-1}\end{aligned}$$

式中$U_3(X^\tau)$、$U_3(X_0^\tau)$为与$U_1(X^\tau)$、$U_1(X_0^\tau)$类似的二次型函数，但比差为偶数时多了最后一项线积分。

据此，可将式（3-33）的积分结果整理成如下的矩阵形式

$$\begin{bmatrix} a_1 & -a_3 & a_5 & \cdots & 0 \\ -a_0 & a_2 & -a_4 & \cdots & 0 \\ 0 & -a_1 & a_3 & \cdots & 0 \\ & & \cdots & & \\ 0 & & \cdots & & a_{n-1} \end{bmatrix} \begin{bmatrix} \int_{(X_0,\ X)} x_n \, \mathrm{d}x_{n-1} \\ \int_{(X_0,\ X)} x_{n-1} \, \mathrm{d}x_{n-2} \\ \int_{(X_0,\ X)} x_{n-2} \, \mathrm{d}x_{n-3} \\ \cdots \\ \int_{(X_0,\ X)} x_2 \, \mathrm{d}x_1 \end{bmatrix} = \begin{bmatrix} M_{n-1}(X_0^{\tau}) - M_{n-1}(X^{\tau}) \\ M_{n-2}(X_0^{\tau}) - M_{n-2}(X^{\tau}) \\ M_{n-3}(X_0^{\tau}) - M_{n-3}(X^{\tau}) \\ \cdots \\ M_1(X_0^{\tau}) - M_1(X^{\tau}) \end{bmatrix} \tag{3-34}$$

式（3-34）中的系数方阵的行列式值与式（3-30）的胡尔维茨行列式中的Δ_{n-1}相等，即易证得

$$\begin{bmatrix} a_1 & -a_3 & a_5 & \cdots & 0 \\ -a_0 & a_2 & -a_4 & \cdots & 0 \\ 0 & -a_1 & a_3 & \cdots & 0 \\ & & \cdots & & \\ 0 & & \cdots & & a_{n-1} \end{bmatrix} = \begin{bmatrix} a_1 & a_3 & a_5 & \cdots & 0 \\ a_0 & a_2 & a_4 & \cdots & 0 \\ 0 & a_1 & a_3 & \cdots & 0 \\ & & & \cdots & \\ 0 & & \cdots & & a_{n-1} \end{bmatrix} = \Delta_{n-1}$$

按照线性代数方程求解的方法由式（3-34）可得

$$\begin{aligned} \int_{(X_0,\ X)} x_2 \mathrm{d}x_1 &= \frac{A_{n-1,\ n-1}}{\Delta_{n-1}} [M_1(X_0^{\tau}) - M_1(X^{\tau}) + \cdots] \\ &= \frac{A_{n-1,\ n-1}}{\Delta_{n-1}} [V(X_0^{\tau}) - V(X^{\tau})] \end{aligned}$$

式中　$A_{i,\ i}$——Δ_{n-1}的对角线元素的代数余子式。

于是得

$$V(X^{\tau}) + \frac{\Delta_{n-1}}{\Delta_{n-2}} \int_{(X_0,\ X)} x_2 \mathrm{d}x_1 = V(X_0^{\tau}) \tag{3-35}$$

比较式(3-35)与式(3-31)可定义高阶系统式(3-30)的综合阻尼力矩系数为

$$T_{\mathrm{D}} = \frac{\Delta_{n-1}}{\Delta_{n-2}}$$

式中　Δ_i——式(3-30)的i阶胡尔维茨行列式。

第四章 电力系统调度自动化引论

第一节 电力系统调度的主要任务

电力系统（包括近年来兴起的分布各地的再生能源微电网）调度的任务，简单说来，或按本书涉及的问题来看，就是控制整个电力系统骨干电网的运行方式，使之无论在正常情况或事故情况下，都能符合安全、经济及高质量供电的要求。具体任务主要有以下几点。

1. 保证供电的质量优良

电力系统首先应该尽可能地满足用户的用电要求，即其发送的有功功率与无功功率应该满足

$$\left.\begin{aligned}\sum_i P_{g,i}-\sum_j P_{f,j}=0\\ \sum_i Q_{g,i}-\sum_j Q_{f,j}=0\end{aligned}\right\}\tag{4-1}$$

式中 $P_{g,i}$、$P_{f,j}$——i 发电单位发送的有功功率及 j 用户或线路消耗的有功功率；

$Q_{g,i}$、$Q_{f,j}$——i 发电单位发送的无功功率及 j 用户或线路消耗的无功功率。

这样就使系统的频率与各母线的电压都保持在额定值附近，即保证用户得到了质量优良的电能。为保证用户得到优质电能，系统的运行方式应该合理。此外还需要对系统的发电机组、线路及其他设备的检修计划做出合理的安排，尤其在有大量再生电源的电网中，更应仔细考虑检修计划的安排；在有年调节或多年调节的大型水电厂的系统中，还应考虑枯水期与丰水期的差别，但这方面的任务接近于管理职能，它的工作周期较长，一般不算作调度自动化计算机的实时功能。

2. 保证系统运行的经济性与环保要求

电力系统运行的经济性当然与电力系统的设计有很大关系，因为电厂厂址的选择与布局、燃料的种类与运输途径、输电线路的长度与电压等级等都是设计阶段的任务，而这些都是与系统运行的经济性有关的问题。对于一个已经投入运行的系统，其发、供电的经济性就取决于系统的调度方案了。一般来说，大机组比小机组效率高，新机组比旧机组效率高，高压输电比低压输电经济，而再生能源充分合理的使用则是最经济且符合环保要求的。但调度时首先要考虑系统的全局，保证必要的安全水平，所以要合理安排备用容量的分布，并在充分发挥再生能源的效能后，确定主要机组的出力范围等。由于电力系统的负荷是经常变动的，再生能源发送功率的不确定性较大，主干电网的功率也必须随之变动。因此，电力系统的经济调度是一项实时性很强的工作，在使用了计算机以后，尤其在完善的“智能[1]”化电网中，这项任务已基本完成了。

3. 保证较高的安全水平——选用具有足够的承受事故冲击能力的运行方式

电力系统发生事故既有外因也有内因。外因是自然环境、雷雨、风暴、鸟栖等自然“灾

[1] 智能电网的“智能”是技术类专业名词，不同于其在思想意识学方面的意义，即不能理解为具有“自动将感性经验集中、提升为规律性的理性认识，并加以利用的智慧与能力。”

害”；内因则是设备的内部隐患与人员的操作运行水平欠佳。一般来说，完全由于误操作和过低的检修质量而产生的事故也是有的。事故多半是由外因引起，通过内部的薄弱环节而爆发。世界各国的运行经验证明，事故是难免的，但是一个系统承受事故冲击的能力却与调度水平密切相关。事故发生的时间、地点目前尚无法事先完全、准确断定，要衡量系统承受事故冲击的能力，无论在设计工作中，还是在运行调度中都是采用预想事故的方法，即对于一个正在运行的系统，必须根据规定预想几个事故，然后进行分析、计算，如事故后果严重，就应选择其他的运行方式，以减轻可能发生的后果，或使事故只对系统的局部范围产生影响，而系统的主要部分却可免遭破坏，这就提高了整个系统承受事故冲击的能力，称为提高了系统的安全水平。由于系统的数据与信息的数量很大，负荷又在经常变动，要对系统进行预想事故的实时分析，也只在电子数字计算机应用于调度工作后，才有了实现的可能。

4. 保证提供强有力的事故处理措施

事故发生后，面对受到损伤严重或遭到破坏了的电力系统，调度人员的任务是及时采取强有力的事故处理措施，调度整个系统，使对用户的供电能够尽快地恢复，把事故造成的损失减少至最小，把一些设备超限运行的危险性及早排除。只造成电力系统局部停电的小事故，或某些设备的过限运行，调度人员一般可以从容处理。大事故则往往造成频率下降、系统振荡甚至系统稳定破坏，系统被解列成几部分，造成大面积停电，此时要求调度人员必须采用强有力的措施使系统尽快恢复正常运行。

从目前情况看，调度计算机还不具备自动化处理事故的完善功能，仍是自动按频率减负荷（第八章）、自动重合闸、自动解列、自动制动、自动快关汽门、自动加大直流输电负载等，由当地直接控制，不由调度进行启动的一些“常规”自动装置在事故处理方面发挥着强有力的作用。在预防近年来连环事故的发生及在事故后恢复正常运行方面，设有专用的事故仿真计算机，不但提供事故后的实时信息，并可用作某些预防性的试验调度，以防止事故的连环扩大，或加快恢复正常运行的过程。由此可见，电力系统调度自动化的任务仍是十分艰巨的。因此本章仅把前三项正常状态时的调度任务作为讨论电力系统调度自动化的主要内容，因为事故毕竟只是个别而少见的情况。

第二节　电力系统的分区、分级调度管理

为完成前述的调度任务，根据电力系统在结构与分布上的特点，一直盛行分级调度管理的制度。即一般将整个电力系统按输电线路与变电站的电压等级分属不同的调度单位进行电能生产的日常管理与控制。例如 220kV 以上的网络及有关的主要电厂由中心调度管辖，220kV 以下的网络及有关的电厂由省级调度管辖，城市用电则归供电局管辖等。我国目前的大型电力系统都横跨几个省，基本上与行政区划分的地域相应，如图 4-1 所示。图中▭为中心调度，它担负着全系统性的调度任务，并有直接归他调度的重要电厂；○为省级调度中心，担负着省级电网所属地区网络的调度工作；●则为地区调度所或供电局；△为以再生能源为中心的分布于各地的微电网，通过 PCC（Point of Common Coupling）与供电网相连。

在分级调度中，下一级除完成上一级调度分配的任务外，还接受上级调度的指导与制约。图 4-2 是将一个大电力系统分三级进行调度管理时的隶属结构示意图。电力系统的分

级调度虽然与行政隶属关系的结构相类似，但却是电能生产过程的内部特点所决定的。一般来说，高压网络传送的功率大，影响着该系统的全局。如果高压网络发生了事故，有关的低压网络肯定会受到很大的影响，致使正常的供电过程遇到障碍；反过来则不一样，如果故障只是发生在低压网络，高压网络则受影响较小，不致影响系统的全局，这就是分级调度较为合理的技术原因。从网络结构上看，低压网络，特别是城市供电网络，往往线路繁多、构图复杂；而高压网络则线路反而少些；但是电力系统调度人员却总是对高压网络运行状态的分析与控制倍加注意；对其运行数据与信息的收集与处理、运行方式的分析与监视等都做得十分严谨，也是基于上述的原因。因此，骨干电网的中心调度是电力系统实时调度及调度自动化的典型例子。

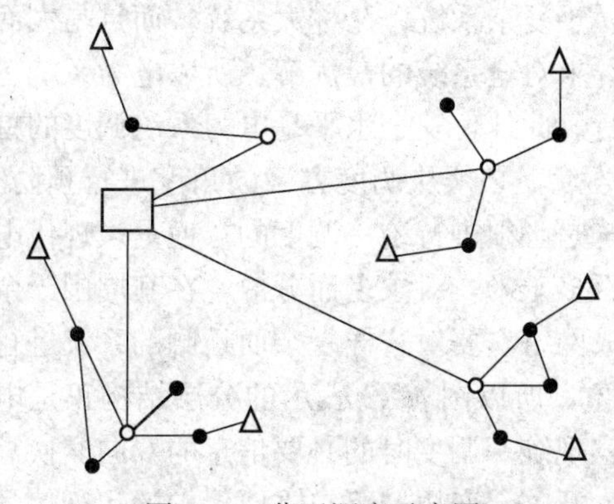

图 4-1　分区调度示意图

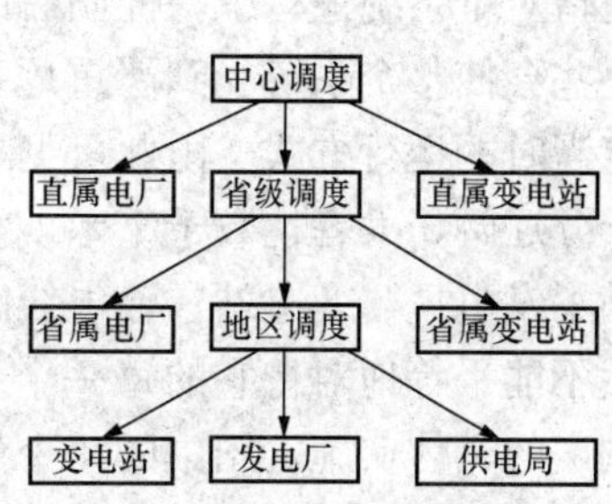

图 4-2　分级调度隶属结构示意图

分级调度管理使得等值网络法的概念在各调度中心分析所属网络的运行状态时，得到了广泛的应用。例如在分析高压网络的运行状态时，将各低压网络的某些部分当成纯负荷来对待；而在计算、分析地区网络的运行方式时，又可将高压网络看成是一个等效发电机系统。图 4-3 是等值网络法的框图。各级调度对自己所辖部分的厂、网可看成是图 4-3 中的待分析系统，而把电力系统中的其余部分均看作外部网络并对其进行等值简化，集中力量对本系统进行严密的分析与计算。分级调度采用合理的等值网络法后，就可以使各级调度所需掌握的实时数据和信息大为减少，使信息的传输合理分散，从而大大减少远动装置与信息传输的投资，同时减小中心调度计算机的容量并提高其工作速度，也为在电力系统调度自动化中采用可靠性较高的微型计算机打下了基础。

图 4-4 是分区调度的联合系统示意图，A 系统与 B 系统都是较大的电力系统，各有自己的中心调度与分级调度，然后又有联络线将 A、B 两系统连接起来。这种情况出现在电力系统发展的后期，如一系统以水电为主，另一系统以火电为主，由联调调度联络线上的交换功率。丰水季时，水电系统支援火电系统；枯水季时，火电系统支援水电系统。联络线上的潮流是联调根据 A、B 两系统的全面情况调度的；A 中调与 B 中调都不能任意改变联络线上的潮流。由于 A 系统与 B 系统分布面都很广，两系统的尖峰负荷的出现时间有先后，所以用联络线进行系统间备用容量的交相利用上是较为有利的。

由于联调只是搜集与处理各系统的有关信息、规定联络线的潮流，对中调进行事故处理支援，所以它更接近于管理机构的职能。国家总调则统一各个联调的调度管理工作。

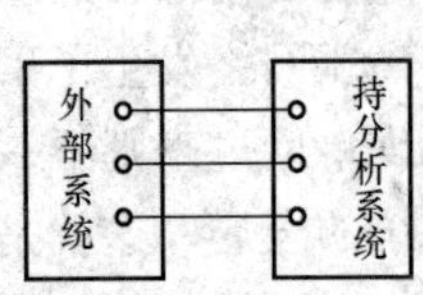

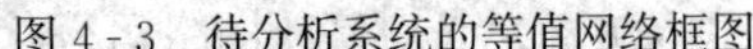

图 4-3 待分析系统的等值网络框图

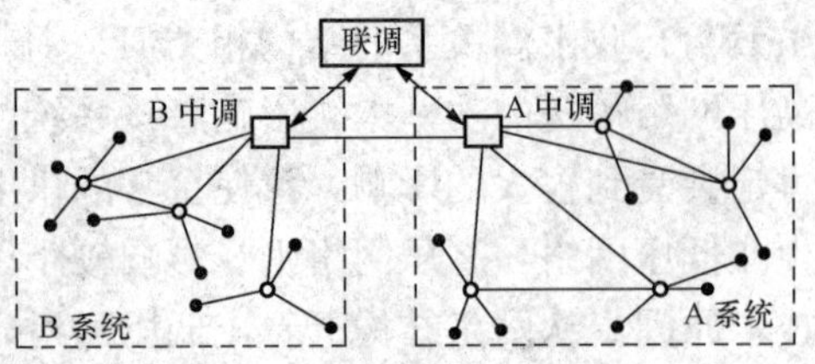

图 4-4 分区调度联合系统示意图

第三节 电力系统调度自动化控制系统的功能概述

从自动控制系统理论的角度看，电力系统属于复杂系统，又称大系统，而且是大面积分布的复杂系统。复杂系统的控制问题之一是要寻求对全系统的最优解，所以电力系统运行的经济性是指对全系统进行统一控制后的经济运行。此外，安全水平是电力系统调度的首要问题，对一些会使整个系统受到严重危害的局部故障，必须从调度方案的角度进行预防处理，从而确定当时的运行方式。由此可见，电力系统是必须进行统一调度的。但是，现代电力系统分布十分辽阔，大者达数千千米，小的也有百多千米，对象多而分散，在其周围千余千米内，布满了发电厂与变电站；输电线路多得形成网络。要对这样复杂而辽阔的系统进行统一调度，就不能平等地对待它的每一个装置或对象，所以图 4-2 表示的分层结构正是电力系统统一调度的具体实施。图中的每个矢量表示实现统一调度时的必要信息的双向交换。这些信息包括电压、电流、有功功率等的测量读值，开关、变压器等与重要保护的运行信号、调节器的整定值、开关状态改变等及其他控制信息。

测量读值与运行信号这类的信息一般由下层往上层传送，可以是有顺序的传送，或只在信息有增量或变动时才往上层传送，其中智能电网则采用文件格式经以太网传送等不同方式，但都应该具有上层随时向下层索要某项特需信息的应对功能，做到即索即予，并保证对象与信息的准确无误。控制信息的传送方式与控制方案有关。与复杂系统的控制分层相似，根据被控设备当地的信息，按照一定的规律，直接反馈给设备，以对其进行控制，如自动并列及自动调压等，一般称常规自动装置；如果采用了数字控制的方式，则称为直接数字控制(Direct Digital Control，DDC)。另一类控制信息是由调度中心发出，设备所在单位接收后，使设备按调度中心的信息进行的控制，这类控制信息大都为全系统运行的安全水平与经济性所必需的。如图 4-2 所示，调度中心根据各直属电厂与各省级调度传送的信息，得到了当时各地的负荷分布、电厂的运行出力、线路的潮流分布及母线电压等的系统实时数据，再加上调度中心经过离线计算后存储的检修计划、负荷预报等信息，就可以根据一定的控制规律，协调各厂及有关网络的运行方式，其目的是使整个系统的安全水平与经济性都达到最佳的状态，这种功能可以称为协调（Coordination)。根据协调信息对具体设备进行的控制称为协调控制（Coordinated Control)。协调信息分为离线协调与在线协调。离线协调信息的周期很长，一般都是离线算出后，发至各电厂或变电站进行控制装置动作值的整定。在装置进行控制动作的过程中协调信息是不变的，即不直接参与对设备的实时控制过程。第八章的按频率自动减负荷就属于这一类控制。离线协调控制装置由于在动作过程中不再与调度中心进行远距离的信息交换，因而大大缩短了动作时间，提高了可靠性，很有利于系统事故的快速处理。在线协调信息的周期相对地就短多了。可以这样说，调度中心虽然距离被控设备很远，但中调所属的在线协调控制装置已是厂、站具体设备的闭环控制系统中的一个重要组成元件或核心元件，第七章的自动调频装置就属于这类控制装置。

由此可见，在电力系统调度自动化的控制系统中，调度中心计算机必须具有两个功能，其一是与所属电厂及省级调度等进行测量读值、开关状态及控制信号的远距离的可靠性高的双向交流，简称为电力系统监控系统，即 SCADA（Supervisory Control and Data Acquisition）；另一是本身应具有的协调功能。具有这两种功能的电力系统调度自动化系统称为能量管理系统 EMS（Energy Management System，EMS）。图 4-5 是调度中心 EMS 的功能组合示意框图，其中的 SCADA 子系统直接对所属厂、网进行实时数据的收集，以形成调度中心对全系统运行状态的实时监视功能；同时又向执行协调功能的子系统提供数据，形成数据库，必要时还可人工输入有关资料，以利于计算与分析，形成协调功能。协调后的控制信息，再经由系统发送至有关网、厂，形成对具体设备的协调控制。图 4-5 表示了 EMS 信息流程的主线。

此外，图 4-5 还给出了远方省级调度及远方电厂与调度中心进行信息交换的功能示意框图。在电力系统的分层控制中，省级调度也有对其所属电厂与网络在一定范围内进行调度的任务，所以它也配有自己的 EMS 系统，规模较小，其中部分的 SCADA 子系统通过远动通道专门与调度中心进行信息交流。远方厂、站所需的功能及其实施情况，较调度单位有所不同，它不再需要系统意义上的协调功能，主要是将所属设备的运行信息、测量读值等传送给有关的调度所；又能接受调度所发来的控制指令，并可靠地进行实施，所以只需具备 SCADA 功能。经远动终端（Remote Terminal Units，RTU）向各级调度发送 SCADA 的是最末端的变电站与发电厂。

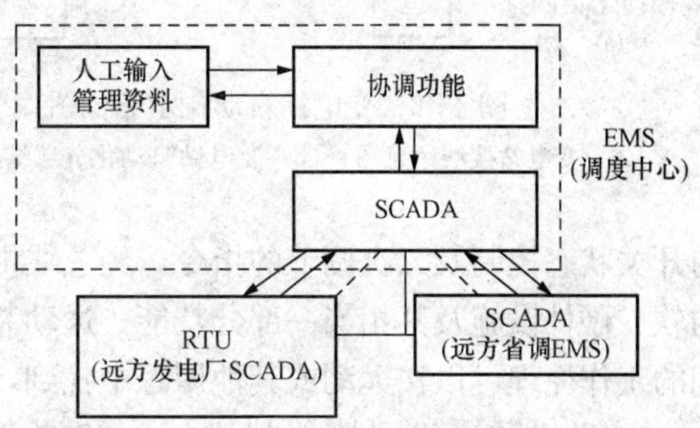

图 4-5　调度中心 EMS 功能组合示意框图

我国从 20 世纪 80 年代以来，变电站的自动化就已全面展开，其特点是变电站户外设备与监控室之间基本上已没有互感器二次电压、电流及中间执行继电器电流等模拟量的直接传送，将这些电器量就地分别转换成数值信息的设备称为智能电气装置（Intelligence Electronic Device，IED），其输出都汇接至信息总线上。所有的测量读值、触点信号、控制指令及二次调节指令等，都经过总线按一定的通信规约来实现，甚至变压器保护与其断路器跳闸线圈之间，都是经过信息总线，用中断软件来保证它们之间指令的快速传递。唯一的例外是微机保护装置的输入量，常规自动化变电站仍是直接使用互感器的二次电压与电流，以保证其精确度和不受其他信号的干扰，但其输出的动作指令及信号，均信息化后并接至总线上，这是一种新老结合的方式。变电站自动化有以下突出优点。

（1）用信息传递代替了常规变电站中互感器二次电流、电压及中间继电器动作电流等的直接传送，提高了可靠性与经济性。

（2）用信息量的逻辑组合代替了常规继电保护等触点的“联动与闭锁”等功能，提高了可靠性与灵活性。

（3）便于站内管理层监测设备运行及信息系统的情况，特别是调度中心可以直接监控变电站的运行情况，等于开放了变电站的监控及运行情况，很有利于无人值班变电站的发展。

总之变电站自动化（又称综合自动化）的优点是大大提高了“二次线”的可靠性、灵活性及经济性，并实现了与外界的直接监控联系，打破了原有的封闭状态，堪称变电站监控的首次“技术革命”，继续推进其改革则是意料中事。

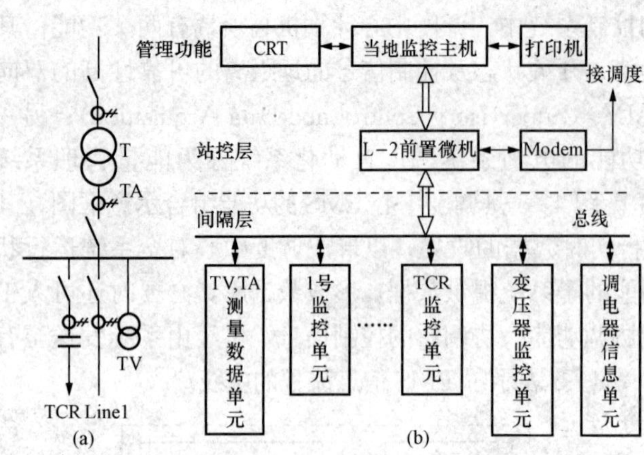

图 4-6 变电站自动化示意框图

(a) 变电站接线示意图；(b) 变电站自动化分层结构框图

图 4-6（a）是变电站接线的简单示意图，图 4-6（b）是其自动化分层结构框图举例，每一条线路、TCR、变压器及其高低压侧开关的信息，所有的互感器的测量信息以及微机保护的输出信息等，构成图 4-6（b）中的一个个间隔，形成自动化变电站中的“间隔层”。每一间隔的信息都直接按公约与总线进行交换。总线之上是“站控层”，层内设有前置机，是专司总线信息交换指令的微机，并经调制解调器（Modem），将各种运行信息送至有关的调度中心，并接受中心发来的开关状态控制及二次调节的指令，经总线由相应间隔的 IED 执行。由此可见，变电站自动化的软、硬件设施及其相当一部分功能，远动装置中也会用到。当然调度自动化中也会应用，它们的工作原理可以在远动或其他课程中找到，不属本书重点内容，故不再赘述。

21 世纪初，我国接着就进行了智能变电站的发展工作，电子式电流、电压互感器（ECT/EVT）全面取代了原有的电磁式互感器（TV/TA）的功能，是促成智能电网发展的主要推手。

电子式互感器有多种结构，其共同特点是将交流的高电压、大电流转换成用光纤输出的光脉冲数字序列，再经过光电转换器件，形成最终能为现行计算机及其网络使用的电脉冲数字序列，并具有足够的精确度。其优点是：①光纤本身是绝缘体，可使电子式互感器的体积相对很小，其作用类似于电—光传感器；②光纤传送信号不易受干扰；③原有向各种仪表、控制及保护装置等传送互感器电压、电流的常规电线及其端子排被全部取消，代之以光纤或光缆、光电接口、以太网及相应的数据库及软件等，使穿越厂、站间的缆、线大为简化。

智能电网实质上是将近代计算机网络通信的理念与技术应用于电力系统的二次联系，用数字通信代替电线联系，完全取代了原有的二次线系统，构成智能电网的典型单位是智能变电站。IEC 61850 是目前仅有的由国际电工委员会（International Electrotechnical Commission）制定的智能变电站通信网络标准。该标准规定变电站的通信网应分三层，较图 4-6 增加了过程层，如

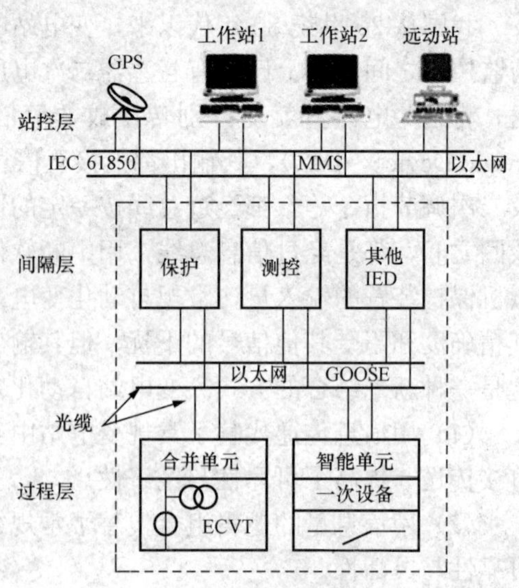

图 4-7 智能变电站通信网络示意图

MMS（Manufacturing Message Specification）—制造厂信息规范

图 4-7 所示。过程层主要是为利用电子式互感器（ECVT）产生同步光脉冲数字序列增设的，它们需有合并单元对其光脉冲测值进行同步化等处理，并转换为网络通信可使用的电脉冲数字序列。于是也将原有的一次设备智能化包括在内，形成了新的过程层。

电力系统调度自动化与变电站自动化的主要区别，按照本课程涉及的内容，主要在于调度中心必须具备图 4-5 中的系统协调功能。例如，对 SCADA 收集到的大量的系统测量数据，进行协调、精化，提高其准确度；分析系统的实时安全状况，提高其安全运行水平；协调系统出力与用户需求间的平衡，求取经济运行的效益等，并向有关变电站发送指令，以达到协调全系统运行方式，取得整体的安全与经济运行的目的。本书以后各章将分别讨论调度中心的这些协调功能、工作原理及其自动化的基本设施。

第四节　电力系统调度自动化控制系统简介

电力系统的技术特性要求对其运行方式进行统一调度与分层控制。为了实现这一要求，随着信息与控制技术的进步，电力系统调度的实施方案经历了几个可以明确区分的阶段，现简要回顾其发展过程，并简单介绍其控制系统的现状，以有助了解调度自动化控制系统的主要特性。

一、电力系统调度自动化发展阶段的回顾

电力系统担负着广大用户的能源供应任务，为求得优良的电能质量，安全可靠的供电及运行的高度经济性，电力系统从其开始出现时起，就有着能量经营或能量管理的问题，只是随着技术的进步，其实施方案经历了几个不同的阶段。

最初，图 4-2 的各层间的信息交换的方式是电话，即人工通信，各厂、站不可能同时向调度中心进行通话，只能轮流“汇报”各厂、站的运行情况，需耗费延续很长时间，所以调度中心用人工通信得到的系统运行信息，带有“历史性”与平均性，只起计划性的作用，不能反映系统的实时运行状况。图 4-8 表示的人工电话调度的示意框图可以说明电力系统调度自动化发展的阶段性。图中的横向虚线表示调度人员的视觉与手工操作，无论是对系统运行状态进行监控的 SCADA 信息交换功能，还是调度中心进行的协调功能，都是由人工来完成的，而电话通信是必备的手段。

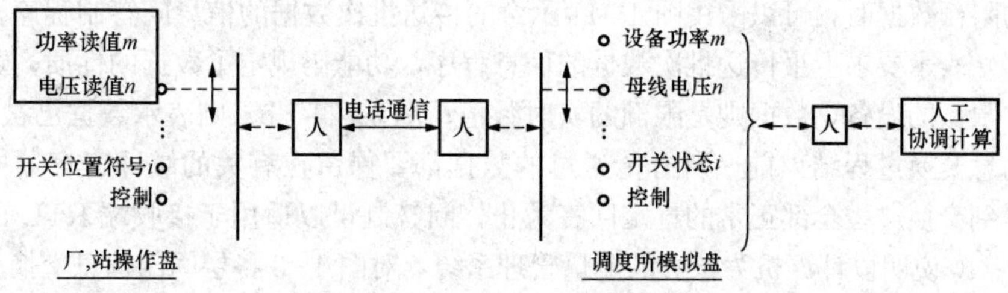

图 4-8　人工电话调度示意框图

20 世纪 50 年代，应用了当时兴起的远动技术，使电力系统的调度发展到一个新的阶段。远动装置将远方厂、站运行设备的测量读值、运行数据等通过硬件联系，由远动通道将信息送至调度所；同样可以将调度所发出的协调控制信息送至有关的厂、站，对设备进行遥控，称为“三遥”（即遥测、遥信、遥控）。当时，模拟计算技术也趋于成熟，模拟计算机被

用来进行调度所的协调功能，以代替图 4 - 8 中的人工计算。图 4 - 9 表示了用远动装置实现的电力系统调度示意框图。图中表示厂、站端与调度端各有一个同型号的（机械的或电子的）步进器，运行中要严格保持同步。于是厂、站设备的测量读值通过步进器的相应触点及远动通道，在同一时刻由调度模拟盘上的对应表计显示出来。远动信息可以是模拟量也可以是数字量。步进器依次接通各点，所以信息的传送是有顺序的，两端必须保持严格的同步。如果某一轮的同步出现了问题，则这轮的信息全部无效，重新校验同步后再开始新一轮的信息有效交流。由于模拟计算机（或数值计算机）难以与远动装置的硬件进行直接对接，即所谓“接口”问题，所以它们之间的信息交换仍需通过人工来完成。比较图 4 - 8 与图 4 - 9，可以看出远动化代替了电话通信，确实使电力系统调度的监控功能发展到了一个新阶段，通过硬件联系使调度人员能对所属厂、站的运行情况进行实时的监视。这种监视系统一般称为硬线监控系统（Hard Wired SCADA），再加上模拟机的协调功能，应该说，技术意义上的能量管理系统（EMS）已经开始形成了。

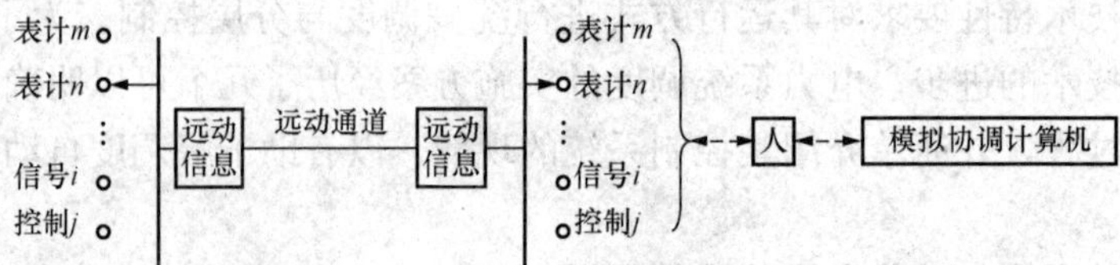

图 4 - 9　远动化 EMS 示意框图

20 世纪 60 年代中到 70 年代，数字计算机兴起，特别是此后微型计算机（以后简称微机）的发展已日趋成熟并采用，使电力系统调度自动化跃上了一个新的阶段。由于计算机都有存储器，所以如图 4 - 6 的远方站 RTU（Remote Terminal Unit）的实时测量读值及开关状态等，都可以以二进制数据的形式按地址存储起来，准备调度端的随时随意提取，而不必将读取与传送在通信线上按对象同步进行，即硬件意义上的步进器可以取消，将同步制改成问答制。同时，计算机的功能是根据指令程序进行的，换一个指令就可以改为执行另一种程序的功能，运用十分灵活。图 4 - 10 是运用计算机技术建立的能量管理系统 EMS 示意框图。由于调度中心的协调功能是通过计算机的程序实现的，它与 SCADA 系统的信息接口就不再存在任何困难。图中双向箭头所表示的信息交换都是用程序子系统或程序包来完成的。由调度中心向某厂或省调传送一些设备的限额数据时，可以采用图 4 - 11 示意的传送批次数据的信息问答制程序指令，其中图 4 - 11（a）表示要求上报传送批次数据的信息程序，功能码规定了数据的性质，数据地址规定了被指定限额的设备，数据则是限额的实时数值；图 4 - 11（b）则表示数据已被 RTU 正确送出；在信息交换过程结束前，所有传送过的数据都要保留在有关的缓冲寄存器中，以防丢失，直到得到交换过程全部正常的肯定回答为止，问答制可以适用于接收端 RTU 的任何接线方式。图 4 - 10 说明以计算机为核心的能量管理系统，对图 4 - 2 各层间的信息交换全部是用软件来实现的，它的 SCADA 功能与协调功能及其间的信息交换也都可以用有关的程序包来完成，应该说电力系统调度自动化的结构已经形成，且发展到一个崭新的阶段。

21 世纪初兴起了智能电网，其特点是将电网中的信息传送，不论远近，都改为网络通信。一般来说，远动技术特点是“功能”的实时传送，含功能码（分为遥测、遥信、遥控等不同功能），实体对象的地址码，实时数据码等，按约定规则形成数据序列，不采用语言描述的方法。智能电网则直接以信息化的实体对象（设备）为传送目标，采用网络通信的理念

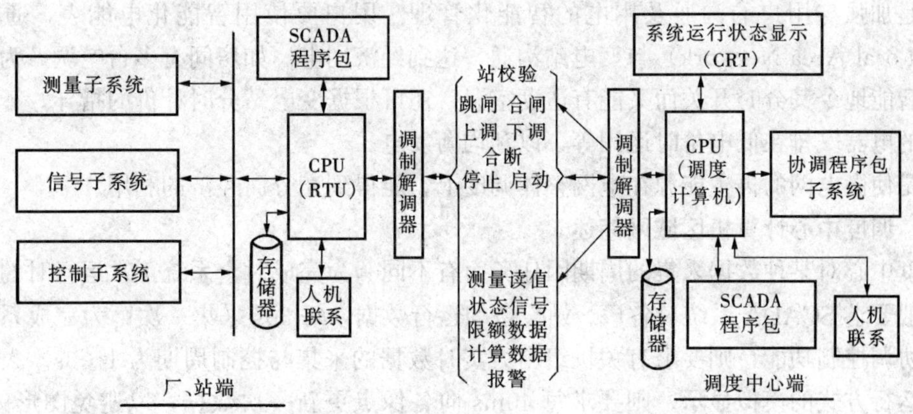

图 4-10　能量管理系统 EMS 示意框图

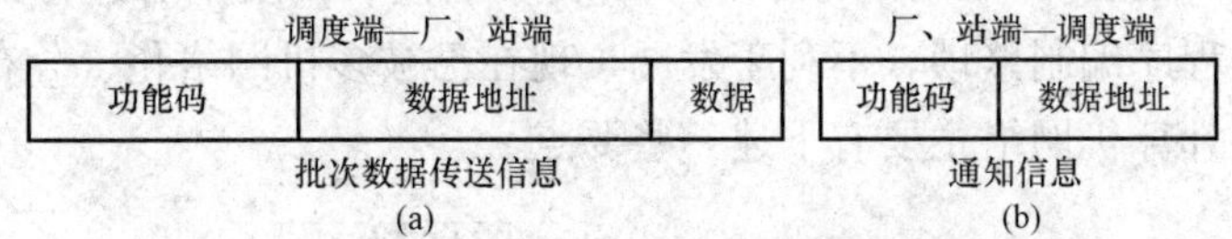

图 4-11　传递批次数据的信息问答制程序指令示意图
(a) 传递批次的信息程序；(b) 数据已被 RTU 正确接收后的回答

与技术，按约定的网络语言规则，向实体对象直接传送所需要的信息。图 4-7 是符合 IEC 61850标准的智能变电站通信网络示意图，图中的以太网（Ethernet）只是一种技术规范，不是具体的物理网络。可视同变电站（Generic Object Oriented Substation Event，GOOSE）的通信网络，使用变电站配置描述语言（Substation Configuration Language，SCL)。一个设备的 SCL 描述文件一般包括头（如保护“优先”）、变电站名、设备名、数据及类别名（电压、电流、温度等)、节点名（设备位置)、设备编号等，后缀为. icd，称为对象的自我描述。GOOSE 要求在设备源有本身的自我描述，在接收端有自我说明，实质是用传输中的信息对应，使监控信息比功能码序列更趋向“人性化”，完成设备的物理应对，类似日常生活中“在约定地点用规定语句彼此互认”的方式，类似“接头”。当然，这类通信工程的对应传送，是否能在任何情况下都满足电力系统可靠性的要求，尚需经过更多方面、更长时间的运行检验。

IEC 61850 标准要求对电力系统的所有设备进行自我描述，实现全系统只一种标准，原有设备（如 RTU 通信口）经 IED 后，能进行无缝对接；新设备可即插即用（Plug and Play)。

由于智能电网的信息是光纤传送，容量大，抗干扰力强，且以设备为信息对象，故又使用各类传感器对在线设备进行重要工况的非断开检测（No outage tests)，如变压器油的质量、线路各段的冰雪垂度等。将设备的实时状态信息传送至站控层，对预防事故有较大效果。

图 4-12 是国外资料关于 EMS 发展过程介绍，从中可以看出电力系统调度自动化发展的概况。

目前在智能电网的发展重点上大约有三种考虑。

一是加强对设备运行工况的检测；利用柔性电网设备，进行预防性调度，减轻隐患发展成故障或危机的机会，加强电网的安全性。

二是加强与用户的沟通及用电的智能化管理。用户要使用智能化电能表，通过区网LAN（Local Area Network）与变电站沟通，达到经济用电。如房间有多台空调，为维持室温，可智能地令其分时开关而又能有适度室温，还可根据变电站分时计价的指导，智能地将耗电大的电器安排在低电价时运用等，以利均衡发电。

三是使微电网的再生能源在电网整体调度上，能得到充分而经济的利用。

二、调度中心计算机区域网简述

调度中心对某种数据采集的周期因任务而有不同。为完成对全系统正常运行时的监视功能，一般要求SCADA系统对各厂、站设备的运行数据，每30s采集一次；为完成系统有功平衡的协调控制功能，则要求有关机组出力实时数据的采集与控制周期为1～3s。人机联系中关于运行方式的模拟显示，则要求每40ms向各像点更新一次数据，以避免图形的闪动。将时程要求各不相同的SCADA及协调功能全部集中由一台主计算机加以分时实现是调度中心的单机配置方案，如图4-13所示。图4-13实质上代表调度中心进行集中控制的一个极端示例。集中式的程序编制繁琐，不利于发展，现在已被多机网络化、分布式及开放式系统所取代。调度中心计算机网络主要有下述一些要点。

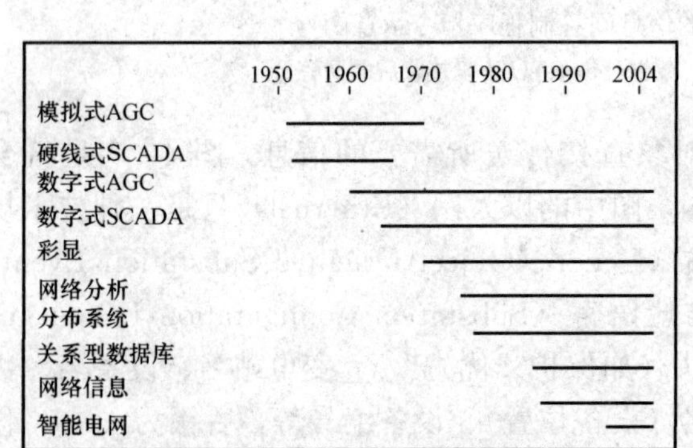

图4-12 EMS发展概况图

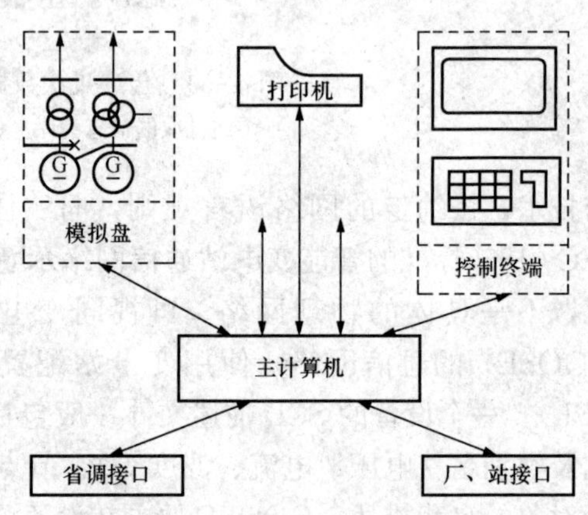

图4-13 调度中心单机配置方案示意图

(1) 将SCADA功能与调度中心的协调功能分别由两台计算机担任，其中担任与厂、站省调频繁地按公约标准进行数据信息交流任务的称为前置机，前置机接至局域网LAN。网上有一台容量较大的主机，主机建立起自己的可以开放、分层使用的数据库，部分数据接至以太网，供前置机使用，将运行信息发至相关厂、站。调度中心的部分运行数据还可以在下级调度的工作站驻留，便于下级调度按当时全系统的运行状态，确定该站等值外部网络的参数，一般称为系统的分层或分布特性。

(2) 微机本身有充裕的存储空间，完善的计算机功能。一般一台微机作为一个人机对话单元。在调度中心，除值班调度员需经常进行人机联系，从视屏显示的系统实时运行方式全面监视全系统及所属厂、站的运行状态外，还有其他一些项目的工作人员也需要不时地利用实时运行数据进行预报或计划运营与检修等，使调度网成为全局网，有利于现在市场经济的运营发展方向，当然只有值班调度员的微机才具有直接向厂站发送信息的功能，图4-14是微机分布配置示意图。这要求调度主机能够容纳多种类型信息及其工作软件的运行需求，解决的办法是配备开放式的支撑平台系统软件，如操作系统接口标准、数据库访问标准及语言标准等，这样可使主机系统对各种不同类别的软件实行开放、使用，一般称为系统的开放性。目前某些大型调度中心为求全系统营运信息的及时、通畅，拟租用数据通信线路、增设交换机、网关、路由器等，有发展成广域网 WAN（Wide Area Network）的趋势。

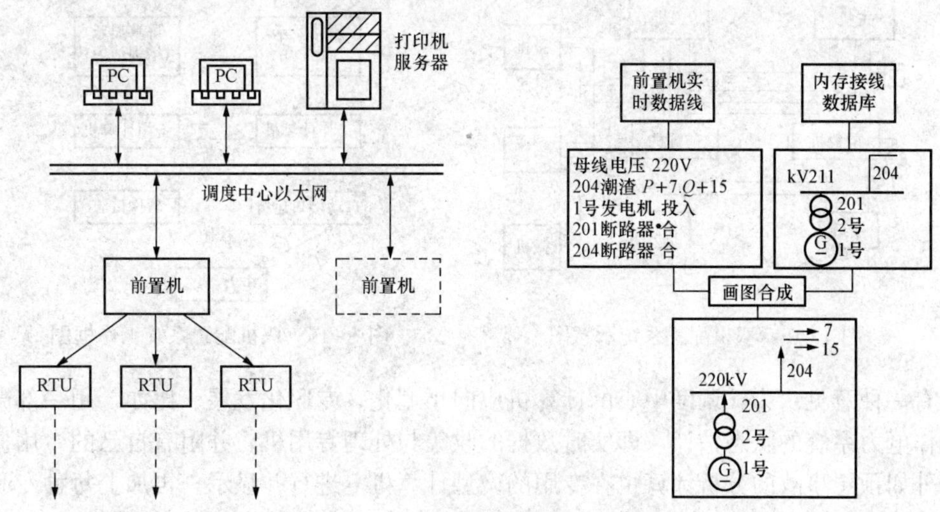

图 4-14　微机分布配置示意图

（3）双机配置系统的可用率是调度计算机的重要指标，即

$$\text{可用率}=\frac{\text{运行时间}}{\text{运行、停用及维修时间等}}\times 100\%$$

一般认为可用率要达到 99.5%～99.9%才能作为调度计算机使用。为了提高对电力系统运行状况进行实时监控的连续性与可靠性，调度中心的能量管理系统一般都采用双机配置系统，其示意框图如图 4-15 所示。双机配置系统的可用率达 99.9%，即同时停用的概率不大于 1%。把计算机的主体与其外围设备的故障率进行比较，一般主体的可靠性大大高于其外围设备，微机也是，其键盘及显示器的故障率高于其主体。在双机配置系统中，与值班调度员对电力系统的实时监控及运行方式记录、报送直接有关的外围设备，如打印机、人机联系的值班微机等，都应该是双份的，并可切换到任一台前置机的实时数据线上。

双机配置系统的数据传送、交换与储存问题是需要仔细筹划的。为了能在任一台主机或外存器发生故障时，另一台主机或外存器能迅速地接替工作并进行正常运行，它们所存储的数据与程序都是完全相同的。在双机配置系统中，一台计算机处于运行状态，另一台处于备用状态。为了保证接替工作能迅速顺利地完成，备用计算机原则上也需要存储与工作计算机相同的必要的实时数据。双机系统中所谓备用计算机的“备用”两字的含义与电力系统中备用机组中的含义是相当不同的，备用计算机只是不进行实时调度而已，它的经常性的“运算”任务是很繁重的，图 4-16 表示双机配置系统工作框图。在工作计算机进行实时调度的同时，备用计算机可以完成大量的离线计算任务，以丰富调度人员的经验，有助于作出正确的判断。在备用计算机上还可以进行人员的培训与实习，也可以进行新的实时调度程序的试验，以不断扩大实时调度的功能等。它还可以进行一些管理职能的运算任务，如核算电费、排列检修计划等。图 4-16 还说明备用计算机需有自己的外围设备，可单独显示或打印自己运算的结果。

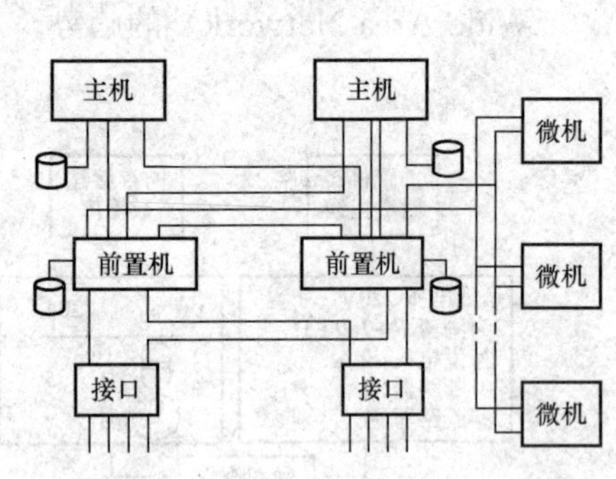

图 4-15 双机配置系统示意图

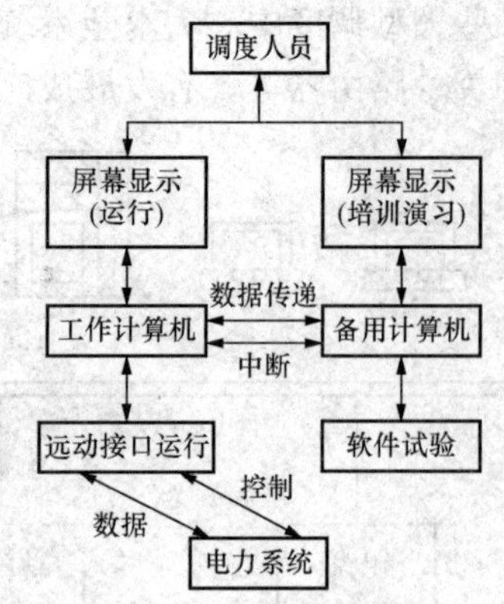

图 4-16 双机配置系统工作框图

还有一种意见认为，调度中心的计算机应向小型化、专职化发展，比如，用一部微型计算机专作电力系统的状态估计，即实时数据的收集与处理专用机，并附有自己的专用显示屏幕。另外如预想事故的分析计算也在专用的微型计算机上进行并显示。再加上每种专职的微型计算机一般也考虑用两台。所以一个调度中心的微型计算机可以多至十多台或几十台。在这种情况下，各计算机间的数据与信息的传送问题，更是值得仔细规划的了。

调度计算机的选型问题与该电力系统的节点的数量与计划完成的实时功能的内容密切有关。电力系统状态向量的维数很高，数据与信息容量大，要达到实时调度的目的，就需要存储容量大、运算速度快的电子计算机；由于电力系统的潮流方程式是非线性的，因此，最好希望所选计算机型号的指令系统中，有相应的、便于解算相应的非线性方程的指令系统，这样可以简化程序而提高运算速度。另一方面，国家所生产的计算机型号就只有那么几类（并没有专为电力系统调度用的计算机型号），可供选择的余地不大，所以现在的趋势是希望国内各电力系统计算机型号能够统一或兼容，这样可以交流彼此的技术经验，有利于先进技术在各电力系统中的推广。

第五节 电力系统调度自动化的主要内容

电力系统调度自动化（不包括事故的实时处理）主要有下述一些内容。

一、实时运行数据信息的收集与处理

按照图 4-2 的分层结构，电厂、站 RTU 及调度所 EMS 中 SCADA 子系统组成的信息网络，其主要功能就是完成调度中心对全系统运行实时数据信息的收集与交换，以利于对电力系统实时运行状况的监视与协调控制。实时数据的分级收集与处理，可以大大减轻中心调度必须容纳的数据量，对提高实时性是有利的。

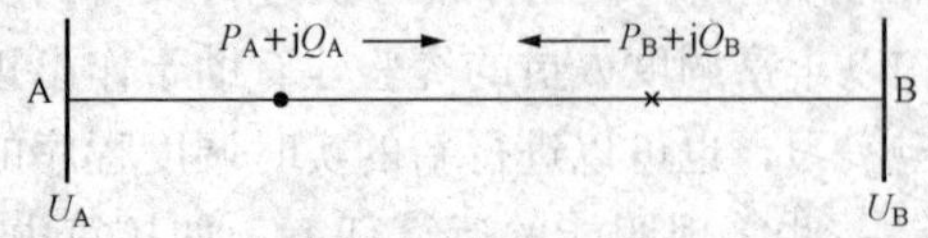

图 4-17 长距离输电线路数据显示完整性说明

要达到对全系统运行状况进行实时监控目的，除去数据的实时性外，值班人员还要求运行方式数据显示的完整性与准确性。为说明完整性问题，可以图 4-17 所示的长距

离输电线路为例，调度人员为掌握其运行情况，要求显示 A、B 的母线电压 U_A、U_B 及两端的潮流 P_A+jQ_A、P_B+jQ_B，甚至线路电流 I_A、I_B。这样就必须将实时的 U_A、U_B、I_A、I_B、P_A、P_B、Q_A、Q_B 都传送到调度中心，所占用的传感器及通道等较多。如果这六个运动量中少传送一个 Q_B，严格说来，B 端送出的无功功率就是未知数，只能依靠调度人员的经验或计算，即对已有数据进行处理的方法来加以补充，以使显示的数据齐全。对于新建电厂、电站或扩建的机组、线路，常有可能在它们投入运行后，相应的 RTU 装置尚在调试，来不及提供相应的数据，而且在大系统中，为了掌握系统的实时运行情况，也并不需要在每个变电站都装齐 RTU 后，EMS 中的 SCADA 子系统才能发挥其监控作用。这些都说明实时数据的收集与数据的处理问题是不能完全分开来考虑的。

关于准确性问题，要考虑两种情况。一种是向调度中心传送了错误数据，即偏离真值很大。以微机为核心的 RTU 装置本身有数据处理能力，因此发送个别错读数据的可能性极小，在装置故障或通道干扰时，错误数据则是成批的出现，调度中心的能量管理系统 EMS 应能识别这些错误数据，并进行修改、补充，通过 SCADA 子系统的调度人员显示一批较接近于系统运行状况真值的数据，以完成其连续监控的任务。另一种是向调度中心传送数据的准确度不能满足协调功能或协调人员对网络作深入分析时的要求。如图 4-17 的传输线是一条较长的联络线，A、B 两端可能分属两个不同的省调度所管理，它们根据各自的局部网络进行数据处理后，传送至调度中心的 P_A 与 P_B、Q_A 与 Q_B、I_A 与 I_B 间可能有较大的差异，不利于网络分析等一些协调功能的进行。因此，在调度中心有必要对新收集到的庞大的数据进行科学处理，以求得对当前的电力系统运行状态有一个确定的较为科学的估计，进而显示给值班人员并作为协调计算的基础。

为满足调度自动化要求而进行的对电力系统运行方式实时数据的科学处理方法之一，叫状态估计，其原理将在第五章中讨论。经过状态估计后的运行数据是齐全的，可以随意调取，坏数据已被修正，整个数据的精确度大为提高，一般说来，正常情况下可以达到或超过系统运行仪表群的最高精确度等级。

二、经济出力的实时调度

使电力系统的出力平衡，即满足式（4-1），是调度的经常性工作。对于无功功率，一般采取分层、分级就地平衡的方式，避免在传输线上出现无功功率的大量交换（该问题不作重点讨论），而有功功率的自动调度则是要分析的主要问题。

电力系统的有功功率是否平衡，反映在系统的频率是否能维持额定值。如果系统发送的有功功率等于用户与线路消耗的额定功率（简称额定消耗）之和，则系统的频率就维持在额定值；如果系统发送的有功功率不等于用户与线路所消耗的额定功率，系统的频率就会大于或小于额定频率。因此，自动调频问题就是有功功率的自动平衡问题。不论系统的容量有多大、分布多广，系统各点的稳态频率都是同一数值。所以自动调频就是中心调度的经常性问题。由于电力系统用户消耗的功率是不断变化的，要满足式（4-1）的第一式，必须使其左端第一项 $\sum_i P_{g.i}$（总发送功率）不断地自动跟踪第二项 $\sum_j P_{L.j}$（用户消耗功率）的变化。因此，调频的实时性很强，人工是不能满足要求的。

式（4-1）左端第一项 $\sum_i P_{g.i}$ 是系统各机组（含再生能源）的总出力，它只能说明各机组出力之和为多少，而不能说明每台机组的出力为多少。在总出力一定的条件下，进一步研究每台机组的出力各应为多少，这是经济调度的问题。经济调度要求在不断跟踪系统负荷变化的同时，还应该使系统发电的总耗费用为最小（除尽量利用如风能、太阳能等自然能源外），即要求对每台机组出力的分配必须按照一定的经济运行的规律来进行。

自动调度与自动经济调度在采用电子数字计算机后，可以做得更为经济与可靠，在第七章中将较为详细地讨论其原理。

三、事故的实时预想

在应用数字计算机之前，电力系统的值班调度人员就有一种“事故预想”的制度。虽然调度人员当时面对的是一正常运行的系统，但却需要根据自己的知识与运行经验来设想，如果马上出现某种异常情况，应如何处理，出现另一种异常情况又应如何处理等。这是“有备无患”的措施，有利于提高运行人员处理事故的能力，维护系统的安全运行。事故预想制度是有效的，但人工预想只能是粗略的，偏重于预想反事故措施，如果用计算机来对当前系统的运行状态进行“事故预想”，则不但能将事故发生后系统可能发生的各种越限情况计算得比较清楚、准确，而且计算速度很快，不失实时性，可称为事故的实时预想。事故实时预想的结果，不仅可以用来帮助确定有力的反事故措施，而且可以用来评价当前运行方式的安全水平。如果发现某种事故发生后，系统可能会遭到严重的损失，调度人员还有足够的时间来选择另一种运行方式，以避免万一事故发生，系统可能遭到的损失。在智能电网中，可以对重要设备运行工况进行实时监测，则事故预防更有实际意义。当然不是每一种事故可能造成的严重损失都可以用改变运行方式的方法来完全避免的，但至少可以选择一种事故损失较轻的运行方式，把事故的实时预想与电力系统当前运行方式的实时选择紧密地、较准确地结合起来，可以使电力系统安全调度的水平大为提高。这是调度计算机在线运用的一个重要内容，称为安全分析。安全分析问题将在第六章讨论。

实时安全分析是在实时运行数据信息的基础上进行的，一般也称为电力系统在线潮流计算。快速是安全分析的首要特点，准确性退居第二位，等值网络法由于其可以节约大量的在线分析时间，所以在安全分析中是很有前途的。

在安全分析基础上得出的当前运行方式的方案，肯定不是最经济的方案，但经济方面的损失可以从减少的事故损失中得到补偿。

电力系统运行安全水平往往与备用容量的配备和备用容量的分布有密切的关系。容量十分紧张的系统，只能在非尖峰负荷时才可能进行安全运行方式的选择。由于实时“安全分析”能够预想各种事故后的系统状态，代替运行人员的部分劳动与思维，提高调度人员的反事故能力。因此，即使是在容量相当紧张的系统，也是值得进行的。

微电网中再生能源出力的不确定性会给供电网的事故预想带来某些困难。如无日光又无风时，微电网事故电流也由供电网供给；但在微电网电力充足的时段，微电网会反向供电网供应事故电流；如果地区的再生能源比重大，由于其不确定性大，较难规划某些预定的反事故方案。

20世纪90年代初，开始兴起电力系统的动态监测的研发工作，它是以调度中心能获取各主要变电站高压母线在同一瞬间的相角差的相对值为基础进行的，目的是要较准确地预见事故后系统可能的受害情况，以进行临时的安全补救，但目前尚处于开发阶段，本书只作简单介绍。

此外，电力系统运行方式的实时安全分析分为稳态安全分析与暂态安全分析两种。暂态稳定的实时预想属于暂态安全分析，其他则属于稳态安全分析，暂态在线分析目前还在研究阶段，但在第六章中对这两方面的内容都作了必要的介绍。

四、调度自动化的某些其他问题

1. 协调控制的执行问题

电力系统的调频与经济运行及安全调度等问题，都属于调度中心的协调控制范畴，两者比较而言，EMS已承担了调频与经济运行的全部功能，即这方面的调度工作完全由包括计算机在内的自动系统所承担，人工只间或作些修正与更改数据的工作。在系统运行安全水平的自动化调度方面，EMS提供了有关全系统的运行数据信息、事故预想的分析结果、可供选择的运行方式等，这些都只限于咨询与参谋的作用，判断、决策与最后下达调度命令，目前一般仍由调度人员进行，“人”仍是安全调度的“指挥员”。

由此可见，调度中心协调控制功能的执行情况分为两种。一种属在线控制功能，如调频及经济运行子系统，它经过RTU、定时开通的“专用”通信通道与各厂的调频机组等组成封闭的、有协调环节的自动控制系统，属高层次的控制系统。另一种为离线控制功能，如安全调度子系统，其控制功能要由SCADA子系统经人机联系功能来完成，当然也可以通过电话，由厂、站的值班人员去完成。为了避免误操作，离线控制功能必须在调度人员对所选择的设备确信其正确和现场的操作程序完备无误的条件下才能进行，图4-18列举了远动系统协调离线信息遥控程序的原理示意图。图4-18（a）中功能码规定了由RTU执行的操作，控制地址规定了被控制的具体设备，设定值为RTU收受的数值（只示例提供一次由厂、站端返回的校核信息），如图4-18（b）所示，应是从被选中的硬件中取来，以证实RTU正确理解了调度人员的控制选择信息。调度端发至厂、站端的执行信息如图4-18（c）所示，只是在收到正确的返、送校核信息后才能发出，通知执行信息如图4-18（d）所示，表示已经正确地执行了所要求的控制功能。

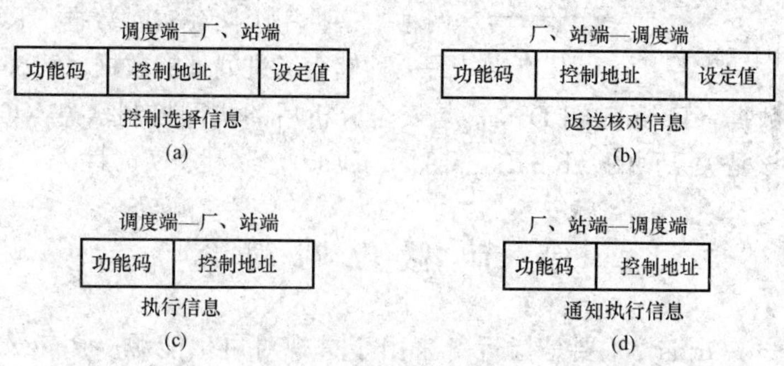

图4-18　远动系统协调离线控制信息遥控程序原理示意图
（a）控制选择信息；（b）返送核对信息；（c）执行信息；（d）通知执行信息

2. EMS与本书有关的内容简述

图4-10所表示的EMS系统已完成了电力系统调度自动化的框架结构，但从功能上讲，实现电力系统自动化调度的任务还相当繁重。除去一部分离线控制功能需要进一步发展为可靠的在线控制功能外，EMS对电力系统的事故还缺乏实时的协调处理功能。很明显，EMS实际上是由计算机（含微机）及其信息网络技术与电力系统调度应用软件两部分组成。在过去的近30多年中，计算机及其相关技术得到了飞速的发展，改变了电力系统调度自动化的面貌，今后一段时期，计算机有关技术仍在不断地前进，日新月异。电力系统分布辽阔、对

象众多、网络复杂，而要求信息的实时性又很强，即使如此，今后也不大可能出现电力系统自动化的专用计算机，电力系统自动化工作者仍然只能选用普遍适用的计算机型号，利用它们的操作系统，目的不同的高级语言、图形及符号库等，来开发符合要求的多种应用软件包，并以计算机及其相关技术的进展作为自己不断更新、前进的硬件与软件的支持系统。

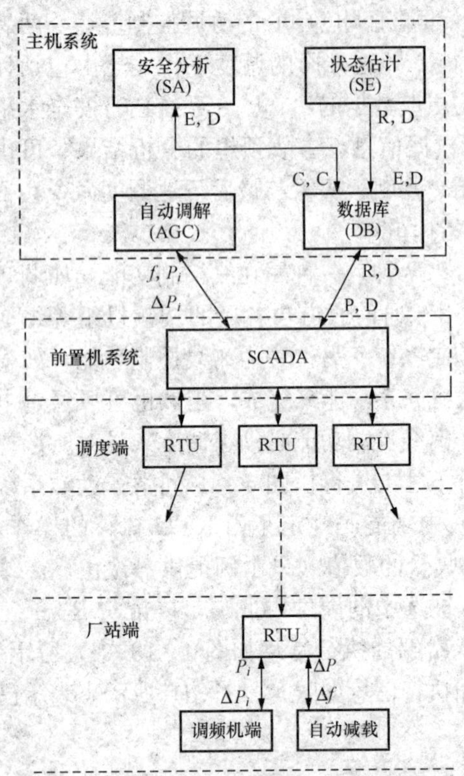

图 4-19 EMS 中基础性内容关系的示意图

虽然电力系统调度自动化应用软件的发展不像计算机有关技术的进展那样令人目不暇接，还容易使人感到有关电力系统运行的分析问题已被人们很好地认识了，且大多已经解决，但实际情况是，为使应用软件更快、更适用、更可靠的开发工作从未间断并富有成果，同时先进的优化理论的应用，在线暂态稳定的控制方案等也都获得不同程度的实用性进展，要想全面讨论这些成果，本书是难以做到的，因此在以后的各章中，只限于讨论电力系统调度自动化中的一些基础性问题，它们与 EMS 系统的关系如图 4-19 所示。SCADA 子系统的基本内容在电力系统远动化课程中讨论。本书所讨论的内容为状态估计 SE（State Estimate)、安全分析 SA（Security Analysis)、动态监测 DS（Dynamic Supervisory)、自动调频 AGC（Automatic Generation Control）及自动减载等，它们的主要交换信息及其在 EMS 总系统中的位置均在图 4-19 中标明。数据库 DB（Data Base）有两种，一种用于储存实时数据（Real Time Date)，另一种储存经过处理的数据（Processed Date)，包括状态估计过的数据（Estimated Data）与安全分析后的协调控制信息（Coordinated Control)。数据库应该是关系型的（Relational Data Base)，以利于实时性。

*第六节 微电网简介

微电网（Micro Grids）主要是指近年来由于重视对再生能源（Renewable Energy Resources）的充分利用和对环保的日益关注，出现的由分布式小型能源、能量转换装置、相关负荷和监控、保护装置汇集而成的小型发配电系统，即一个能够实现自我控制、保护和管理的自治系统。其既可以与外部电网并网运行，也可以与当地用户形成的微型孤立电网。其能源主要包括太阳能、风能、日调节或周调节乡、县水电站及工业废气燃气轮发电等，与用户十分邻近或与用户位于同一社区。微电网虽配有一定的蓄电器，由于气候等原因，其能源的最大特点是输出功率有很大不确定性，我国目前微电网的功率一般只占系统的 2%～3%，分散地与各地供电网相连，对骨干系统的运行方式影响不大。但也有运用风电最多的国家，如丹麦，瑞典等，风电约为其全国电力的 20%，德国为 10%，就不再归类为“微电网”了，一般称之为“分布式发电站”，以区别于主力发电厂。

如图 4-20 所示，微电网一般经通用连接点 PCC 与供电站相连，向邻近用户提供电能或热能，不足时由供电网补充，多余时也可向供电网反送。由于供电方向的不确定性，会给继电保护工作带来某些困难，但不属本书讨论范畴。

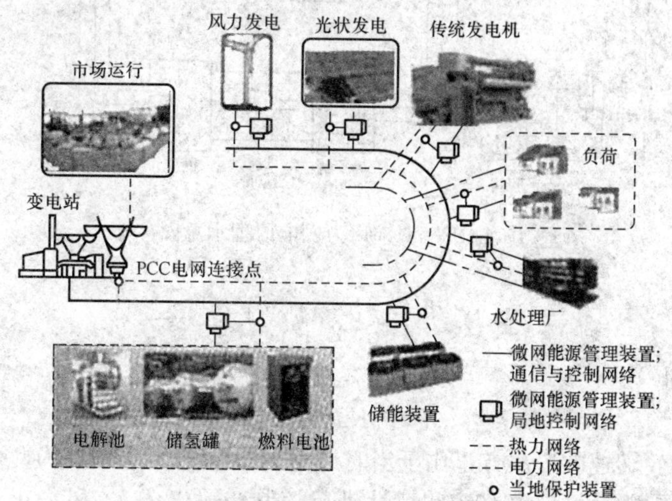

图 4-20 微电网框图

一般情况下，微电网以太阳能（Solar Energy）与风能（Wind Power）为主要能源。太阳能经光伏电池阵列输出直流电，由脉宽调制的逆变器与变压器转换成合格的工频电源后，供用户使用或与供电网并列；光伏电池一般都伴连蓄电器，以利夜间照明及其他用电。图 4-21 是目前世界最大太阳能电站的光伏电池阵列例图。

图 4-21 太阳能电站光伏电池阵列示意图

风力发电发展趋势较强，目前使用较多的是双馈风力发电机 DFIG（Doubly-Fed Induction Generator），属于线绕式感应电机结构，定子与转子都是三相分布式绕组，定子与供电网相连，转子绕组内为滑差频率的三相电流，再经交—直—交变频器与供电网相连，转子与定子均为工频同步旋转磁场，如图 4-22 所示。DFIG 的交—直—交变频器电路类属于统一潮流控制器（UPFC），工作原理将在第六章第四节柔性电网中有所说明。

DFIG 的运行要注意下述三点。

(1) 根据风动机原理，风机对不同风速有相应的最大出力 P_{gr}。而 DFIG 转子的力矩为

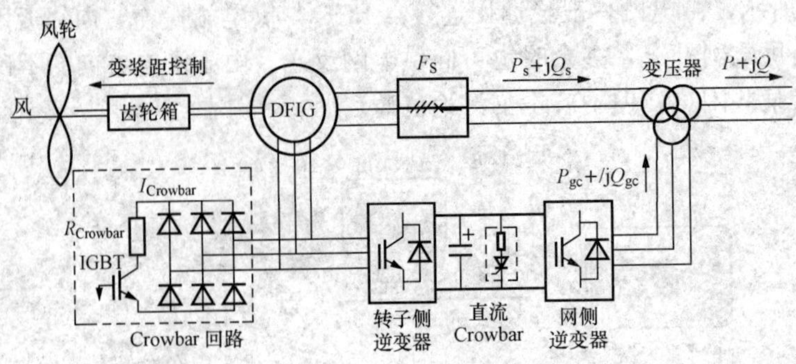

图 4-22 双馈风力发电原理示意图

$$T_r = k\left(\frac{1}{2}M_r\omega_r^2\right)$$

两端同乘以 ω_r，得

$$P_r = K\omega_r^3 = P_{gr}$$

所以，最好使 DFIG 转速的三次方正比于当时风速的最佳输出功率。为此，DFIG 发送的有功功率 P_r 应由转子侧 UPFC 电路按此特性进行控制，输出 P_{gr}。风力小于门槛值不发电，风速过大时，侧转叶片，减小迎风面，以保安全。经换流器链路控制 DFIG 有功、无功输出的方案有多种，可不赘述。图 4-23 为某 DFIG 进入工作状态的时程示意图。当风力逐渐增大，$t=0.57$s 转速到达 0.65p.u. 时，DFIG 开始运行，功率的输出会使转速的变化较风速的变化小；然后风速逐渐趋稳，P_g 也渐趋稳定值。

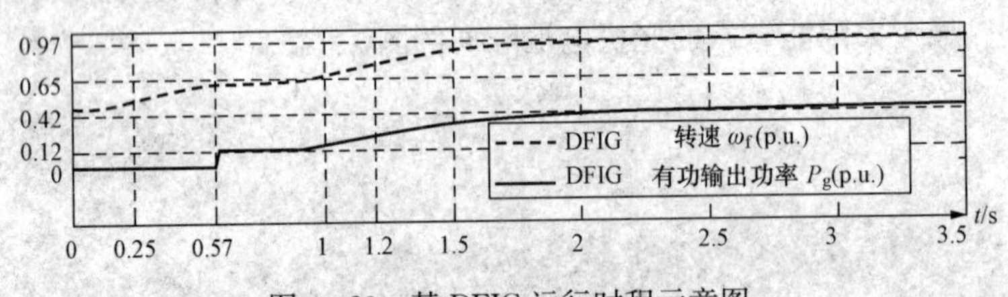

图 4-23 某 DFIG 运行时程示意图

（2）由于转子铁芯的磁场是交变的，无剩磁可用，故在每次并列、合上 F_S 前，都需先由电网经 PCC 及逆变器链路向转子输送滑差频率的三相电流，建立同步旋转磁场，利用定子的感应电压与供电网并列。

（3）对风电为主的微网，一般要求当供电网故障致电压降低时，在一定的低值及相应的时段内，不断开 PCC，DIFG 继续保持与电网的联系，故障消除后立即恢复正常运行，整个过程称为低压穿越（Low voltage ride through）（或称穿越低压）。

解决低压穿越的方法有多种，仅举一例说明如下：供电网电压降低时，DIFG 转子磁场存储的能量必将立即释放，类属“灭磁”问题，而逆变器链路显然难担此任。为此，如图 4-22 所示，可增设 Crowbar 回路。当电网低压而保护动作时，开放 Crowbar 回路的 IGBT（Insulated Gate Bipolar Transistor），转子绕组三相都可以经电阻 $R_{crowbar}$ 进行放电消磁，避免转子回路的过电压。待故障消除后，关闭 Crowbar 回路，转子恢复正常运行，避免了并列操作。此外，当电网断开 DIFG 时，$R_{crowbar}$ 也有利于消除可能引发的电气振荡。图 4-24 为国家电网公司关于低压穿越的技术规定，DIFG 控制系统应满足此要求，尤其应注意

$R_{crowbar}$ 值的选择，但不再赘述。

另外还有积极研发家庭发电的方法，利用房顶、墙面及庭院等装设太阳能及微型风电机等设备，借鉴手机无线通信的方式，组成社区控制、监测网络，各家彼此议价互通有无。未来还可能出现用户向电网议价供电等全新的电力市场问题，这种前景是有可能的，但对骨干电网的运行应不会有太大影响，故不赘述。

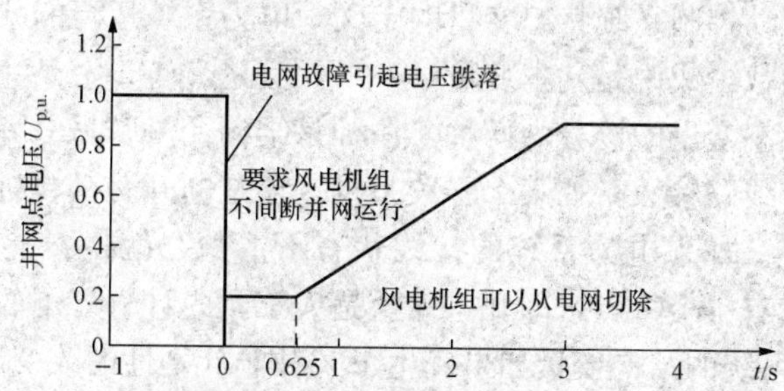

图 4-24　国家电网公司关于低压穿越的技术规定

第五章　电力系统运行的状态估计

根据已经学过的自动控制系统状态变量的定义，电力系统运行的状态变量就是描述电力系统运行状态的基本参数，或说是基本变量。

电力系统运行的状态变量应该分为两种：一种是结构变量，另一种是运行变量。结构变量就是常说的接线图与线路参数，如某个开关是投入还是断开，某台机组是否运行，某条输电线路是否退出工作等。如果电力系统的接线状态不清楚，就谈不上进一步的计算与分析了。但是这种结构变量有一个特点，即几乎完全是人工预先计划好了的，一般说来，很少有“估计”的问题。电力系统的结构变量如果发生了某种非计划性的改变，那就是发生了事故。对电力系统的事故状态进行分析，还可以有其他的方法，本书不准备作专门的讨论。

运行变量就是电力系统的运行参数，如电压、潮流、有功功率与无功功率等。这些参数一般都可以通过测量仪表、传感器、数值信息及远动通道等传送到各级调度中心，它们均随着负荷的变化而不断地改变。本章将通过对这些运行变量的测量数据的处理，来估计电力系统的实时运行状态。厂、站 RTU 的状态估计功能的对象是运行设备的原始测量读值，而调度中心的状态估计功能的对象可能是经过厂、站分散处理过的而带有通信误差的数据，但不同对象并不影响本章所要讨论的状态估计的基本原理。为简化起见，下面将状态估计的对象统称为测量读值。

第一节　测量系统误差的随机性质

一、量测方程式

用仪表去测量某一变量 x 的真值时，一般设仪表的测量读值为 z，它与变量 x 的真值之间只存在比例关系，即 $z=hx$，h 是固定的，所以可直接对 x 进行测量读值。但是任何仪表都是有误差的，一是固定误差，二是随机误差。因此，实际上测量数值 z 与变量 x 的真值之间的关系应用下式表示

$$z=hx+v+c$$

式中　c——固定误差（又称系统误差），仪表的零点不准、表内放大器有固定偏值，均属于这类误差，其值为常数；

v——随机误差，没有确定数值。

上述两种误差中，c 一般是由于技术上的原因造成的，是可以消除的。v 与 c 不同，是在测量过程中产生的，如被测量的真值不变，第一次测量时随机误差为 v_1，第二次测量时其随机误差就成了 v_2，使被测量的测量读值由 z_1 变为 z_2。本章所要讨论的正是这类性质的随机误差。

如果把固定误差略去，则测量读值 z 与变量 x 之间的关系为

$$z=hx+v \tag{5-1}$$

式（5-1）称为量测方程式，是本章要讨论的基本方程式之一。

二、随机误差的概率性质

随机误差的存在使得变量 x 的真值为 μ 时，其测量读值 z 分布在 μ 的两侧。如果把测量次数无限地增加，把每次的读值都记录下来，就可以得到测量读值的分布规律，如图 5-1 所示。图 5-1 中横轴为读值 z，纵轴 $p(z)$ 是测量读值的次数密度，读值为 μ 的密度最大，偏离 μ 值到相当大的数值时，密度就显著减小。正是由于仪表的这种随机误差，即使在已经知道 x 的真值为 μ 时，也不能断言仪表的读值，而只能说读值为 μ 左右的概率是多少，或者说表计的指示值“大概会是”多少等。

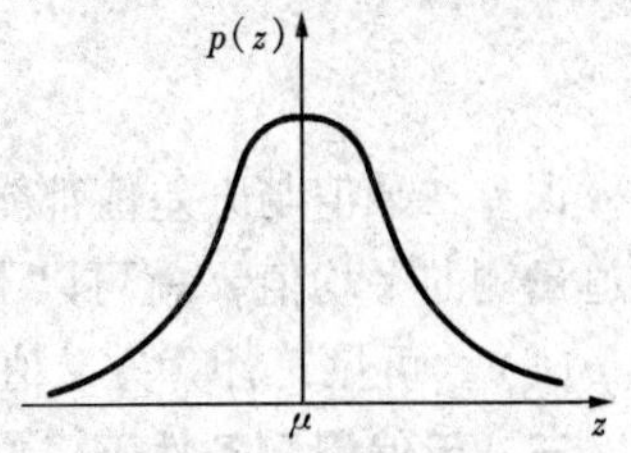

图 5-1　量测读值密度分布曲线

图 5-1 的读值分布密度与概率分布密度是可以等价的。在不要求数学换算的严格性条件下，$p(z)$ 就可看成是读值 z 的概率分布密度，这样，不管仪表的准确性如何，它的每一次读值一定在 $-\infty$ 到 $+\infty$ 之间，也就是说 $-\infty<z<+\infty$ 包括了全部可能的读值，即总概率为 1，即

$$P=\int_{-\infty}^{\infty} p(z)\mathrm{d}z=1 \tag{5-2}$$

式中　P——$-\infty<z<+\infty$ 的概率。

图 5-1 的读值概率密度分布曲线的一个特点是对称于 $z=\mu$ 的直线。从物理特性上很容易看出，所有读值的平均值为 μ；在概率论语言上称为期望值 μ，符号为 E，即

$$Ez=\mu=\int_{-\infty}^{\infty} zp(z)\mathrm{d}z \tag{5-3}$$

式（5-3）说明，虽然仪表每次读值不都为 μ，但是测量的次数多了，则多次读值的平均值还是能如实反映被测量 x 的真值为 μ 的，为此可称满足式（5-3）的测量为无偏量测。

现在讨论无偏量测的条件。将式（5-1）代入式（5-3）得

$$Ez=\mu=Ehx+Ev$$

由于 h 与 x 都是确定量，x 的真值为 μ 不变，h 可设为 1。因为确定量的平均值是常量，上式右端第一项为

$$Ehx=hEx=\mu$$

所以

$$Ez=\mu=\mu+Ev$$

于是得

$$Ev=0 \tag{5-4}$$

式（5-4）说明无偏量测的条件是测量仪器的随机误差的平均值为零。

但是人工进行测量的次数总是很有限的，要测量很多次再取平均值是很麻烦的，而且在 x 变动的情况下也是做不到的，因此，必须要求测量仪表的准确度要高。

由图 5-2（a）、（b）所表示的两种仪表的误差特性，可以看出它们都满足式（5-3），即都是无偏量测，但其准确度相差却很大。图 5-2（b）表示的仪表远比图 5-2（a）表示的准确度高。在概率计算中，常用的衡量准确度的指标有两种：一是误差二乘值，一是方差值。误差二乘值的定义为

$$J(z)=\sum_{i=1}^{n}(z_i-Ez)^2 \tag{5-5}$$

式（5-5）说明：在同一有限值 n 时，二乘值 $J(z)$ 的大小与量测误差的正负号无关，

而只与 z_i 对 μ 的离散度有关。$J(z)$ 小的仪表，误差值的离散度小，所以较为准确。方差值的定义是误差二乘值的平均值，即

$$\begin{aligned} varz &= E(z-Ez)^2 = E(z-\mu)^2 \\ &= \int_{-\infty}^{\infty}(z-\mu)^2 p(z)\mathrm{d}z \end{aligned} \tag{5-6}$$

误差二乘值与方差值都能表示测量的准确度，但按式（5-5）计算误差二乘值时，只需知道量测的平均值 μ 就可以了；而按式（5-6）计算 $varz$ 时，则还需知道概率密度分布曲线 $p(z)$。可见，计算方差值需要的验前知识较多。

三、无偏量测条件下，仪表准确度与方差的关系

无偏量测时，方差与准确度的关系可举一误差概率分布密度曲线的例子加以说明。

正态分布密度（又称高斯分布密度）是最常用的一种分布曲线，它的符号是

$$z \sim \mathcal{N}(\mu,\ \sigma^2)$$

方程式为

$$p(z)=\frac{1}{\sqrt{2\pi}\sigma}\mathrm{e}^{-\frac{1}{2\sigma^2}(z-\mu)^2} \quad (-\infty < z < \infty) \tag{5-7}$$

取 z 为不同数值，求出相应的 $p(z)$ 的数值，然后作图，如图 5-3 所示。从图 5-3 看出，$z=\mu$ 是 $p(z)$ 的峰点，$z=\mu\pm\sigma$ 是 $p(z)$ 的两个拐点，且可近似地计算出

$$p\{|z-\mu|<\sigma\} \cong 68.3\%$$
$$p\{|z-\mu|<2\sigma\} \cong 95.5\%$$
$$p\{|z-\mu|<3\sigma\} \cong 99.7\%$$

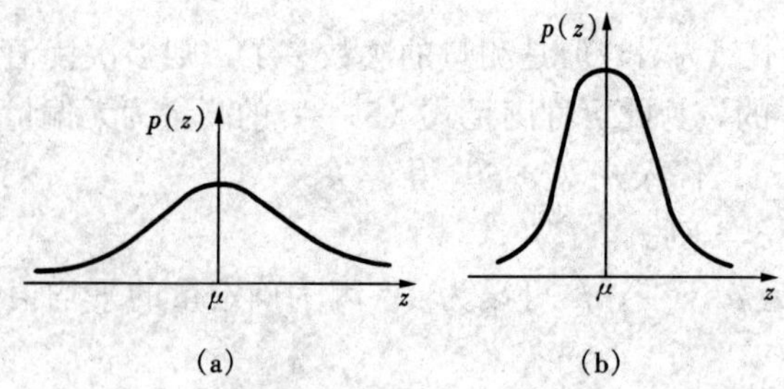

图 5-2　量测值分布密度与仪表准确度的关系

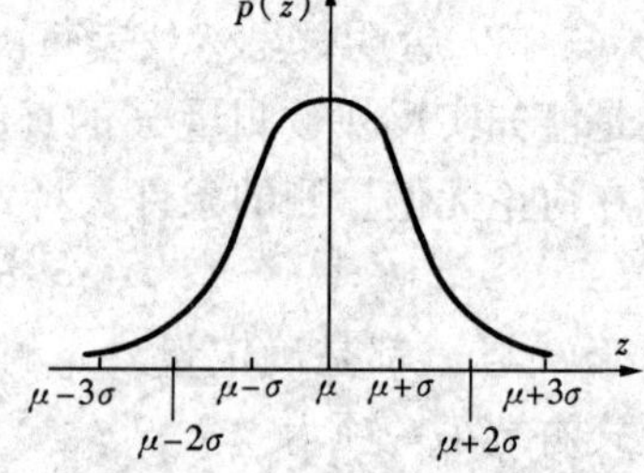

图 5-3　正态分布密度曲线

也就是说，测量读值 z 以接近于 1 的概率落在区间（$\mu-3\sigma$，$\mu+3\sigma$）内，可见在正态分布下，σ 是决定测量值 μ 的离散度的指标。下面证明 μ 就是正态分布下 z 的期望值，而 σ^2 就是 z 的方差。

根据概率论的公式，期望值为

$$\begin{aligned} Ez &= \int_{-\infty}^{\infty} zp(z)\mathrm{d}z \\ &= \frac{1}{\sqrt{2\pi}\sigma}\int_{-\infty}^{\infty} z\mathrm{e}^{-\frac{1}{2\sigma^2}(z-\mu)^2}\mathrm{d}z \\ &= \frac{1}{\sqrt{2\pi}\sigma}\left\{\int_{-\infty}^{\infty}(z-\mu)\mathrm{e}^{-\frac{1}{2\sigma^2}(z-\mu)^2}\mathrm{d}(z-\mu)+\mu\int_{-\infty}^{\infty}\mathrm{e}^{-\frac{1}{2\sigma^2}(z-\mu)^2}\mathrm{d}z\right\} \end{aligned}$$

$$
=\frac{1}{2\sqrt{2\pi}\sigma}\int_{-\infty}^{\infty}\mathrm{e}^{-\frac{1}{2\sigma^2}(z-\mu)^2}\mathrm{d}(z-\mu)^2+\mu\int_{-\infty}^{\infty}p(z)\mathrm{d}z
$$

$$
=\frac{\sigma}{\sqrt{2\pi}}\left(\mathrm{e}^{-\frac{1}{2\sigma^2}(z-\mu)^2}\right)\Big|_{\infty}^{-\infty}+\mu\int_{-\infty}^{\infty}p(z)\mathrm{d}z
$$

$$
=\mu\int_{-\infty}^{\infty}p(z)\mathrm{d}z
$$

根据式（5-2），等式右端的积分值为 1，于是得 $Ez=\mu$。这说明图 5-3 的 μ 确是量测读值正态分布时的期望值，也就是测量读值的平均值，即正态分布读值量测是一种无偏量测。

下面再证明测量读值对平均值的离散度决定于 σ。

根据式（5-6），方差值为

$$
varz=E(z-\mu)^2=\int_{-\infty}^{\infty}(z-\mu)^2p(z)\mathrm{d}z
$$

$$
=\frac{1}{\sqrt{2\pi}\sigma}\int_{-\infty}^{\infty}(z-\mu)^2\mathrm{e}^{-\frac{1}{2\sigma^2}(z-\mu)^2}\mathrm{d}z
$$

$$
=\frac{\sigma}{\sqrt{2\pi}}\int_{-\infty}^{\infty}(z-\mu)\mathrm{e}^{-\frac{1}{2\sigma^2}(z-\mu)^2}\mathrm{d}\frac{(z-\mu)^2}{2\sigma^2}
$$

利用分部积分法得

$$
varz=\frac{\sigma}{\sqrt{2\pi}}\left\{\left[(z-\mu)\mathrm{e}^{-\frac{1}{2\sigma^2}(z-\mu)^2}\right]_{\infty}^{-\infty}+\int_{-\infty}^{\infty}\mathrm{e}^{-\frac{1}{2\sigma^2}(z-\mu)^2}\mathrm{d}z\right\}
$$

$$
=\frac{\sigma}{\sqrt{2\pi}}\int_{-\infty}^{\infty}\mathrm{e}^{-\frac{1}{2\sigma^2}(z-\mu)^2}\mathrm{d}z
$$

$$
=\sigma^2\int_{-\infty}^{\infty}\frac{1}{\sqrt{2\pi}\sigma}\mathrm{e}^{-\frac{1}{2\sigma^2}(z-\mu)^2}\mathrm{d}z
$$

$$
=\sigma^2\int_{-\infty}^{\infty}p(z)\mathrm{d}z=\sigma^2
$$

这说明 σ^2 就是正态分布的方差值，形状如图 5-3 的读值误差曲线。其测量的准确度决定于方差值 $varz$。

以后的讨论中，常常把方差值写成

$$
varz=E(z-Ez)^2=E(z-\mu)^2=Ev^2=R_{\mathrm{v}} \tag{5-8}
$$

R_{v} 是表示随机变量的方差值的符号，而 σ^2 只是随机变量为正态分布时的方差值。关于随机变量的方差问题，还需要将其推广一些。

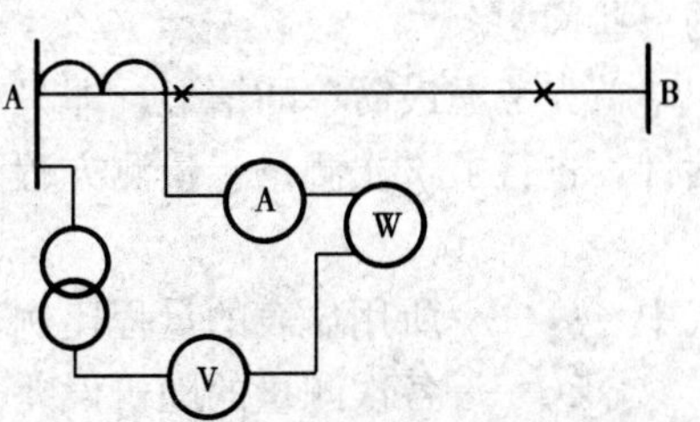

图 5-4　一条线路的测量系统举例

实际测量中，很少是一次只测量一个变量的。如图 5-4 所示，在一条线路的测量系统中，就可以有电压、电流、功率三个表计，经过电压互感器与电流互感器对线路的电压、电流及潮流进行测量，形成了一个测量系统。在这个测量系统中，不但表计有随机误差，电压互感器与电流互感器及其他转换、传送通道也都有随机误差，最后都反映在表计的读数上。在这种情况下，可以把所有电流测量回路内的随机误差定义为 v_{i}，电流测量回路内的所有表计读数，都应该包括它。同理，认为电压测量回路内表计的随机误差为 v_{v}，电压测量回路内的所有表计读数，都应该包括它。推广来说，在一个有几个量测量的测量系统中，读值误差可以有 v_1、v_2、…、v_n 个。这时

$$E(v_{\mathrm{i}},\ v_j)=\begin{cases} varv_{\mathrm{i}} & (\text{当 } i=j \text{ 时}) \\ cov(v_{\delta},\ v_j) & (\text{当 } i\neq j \text{ 时}) \end{cases}$$

当 $i=j$ 时，$E(v_{\mathrm{i}},\ v_j)=Ev_{\mathrm{i}}^2=varv_{\mathrm{i}}$ 称为方差值；

而当 $i\neq j$ 时，$E(v_{\mathrm{i}},\ v_j)=cov(v_{\mathrm{i}},\ v_j)$ 称为协方差值。

在图 5-4 的例子中，$varv_{\mathrm{i}}$、$varv_{\mathrm{v}}$ 与 $varv_{\mathrm{w}}$ 分别为电流表、电压表与功率表的方差值。由于电流测量回路与电压测量回路是完全分立的，它们的随机变量之间没有相关性，所以它们的协方差为零，即

$$cov(v_{\delta},\ v_{\mathrm{v}})=0$$

但在研究电流表与功率表读数间的关系时，就不同了。它们的随机变量之间有着相关性，则 $cov(v_{\mathrm{i}},\ v_{\mathrm{w}})\neq 0$。同理，$cov(v_{\mathrm{v}},\ v_{\mathrm{w}})\neq 0$。

相关随机变量的协方差值不为零，不相关随机变量的协方差值为零的结论，就不再证明了。

第二节 最小二乘法估计

第一节考虑的是被测量 x 的真值已知时，仪表读值的随机误差的性质。而实际运用中却恰好相反，被测量 x 的真值反而是待求量，要通过有随机误差的仪表的多次读值，来科学地对当时 x 的真值进行估计。这就是估计问题。

一、对估计值的要求

由仪表多次读值 z_i 来求对 x 真值的估计值 $\hat{x}$，可以有多种方法供选择，但不论哪种估计方法都必须满足两个条件：一是估计应该是无偏的，即满足

$$E(z-h\hat{x})=Ev=0 \tag{5-9}$$

满足式（5-9）的估计，称为无偏估计。二是估计值应该有很高的准确度，即估计的方差值或误差的二乘值应该最小。

二、最小二乘法估计

在电力系统运行状态的估计工作中，广泛使用着最小二乘法。下面讨论这种估计方法中的一些问题。

首先考虑最简单的情形，即只有一个状态变量的情形，为了对状态变量 x 的真值进行估计，进行了 j 次测量，量测方程为式（5-1），由于存在随机误差，所以每次的读值为

$$z_j=h_jx+v_j \tag{5-10}$$

式中 h_j——所用仪表的量程比例，为常数，$j=1$、2、…、k 为测量顺序；

v_j——各次测量的随机误差。

最小二乘法估计就是要求所得出的状态变量的估计值 $\hat{x}$，能使测量读值 z_j 及其相应估计值

$h_j\hat{x}$ 之间的误差平方和达到最小。用 $\hat{x}_{LS}$（LS是最小二乘的符号）表示最小二乘法的估计值，则

二乘法估计 $$J(\hat{x})=\sum_{j=1}^{k}(z_j-h_j\hat{x})^2$$

最小二乘法估计 $$J(\hat{x}_{LS})=\min J(\hat{x})=\min\sum_{j=1}^{k}(z_j-h_j\hat{x})^2$$

$$=\sum_{j=1}^{k}(z_j-h_j\hat{x}_{LS})^2 \tag{5-11}$$

现在举一例对上述表达式的意义加以具体说明。

【例5-1】 图5-5是一个简单的直流电路，由一个电源和一个电阻 r 组成。该电路中，所有结构性参数，如 r 的数值，电路的连接等，均为已知。现在的任务是通过测量读值对这个电路的状态变量 x 的真值进行估计。

解 这个电路的状态变量只能有一个，可以选择电压 U，也可以选择电流 I，甚至还可以选择功率 W，这要看哪个变量对计算最方便。假定选择了电流 I，那么电压与功率都可以通过计算确定下来，即

$$\left.\begin{aligned}U&=Ir\\W&=I^2r\end{aligned}\right\}$$

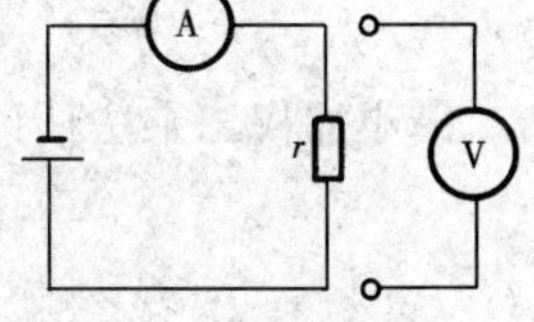

图5-5　直流电路举例

若已知 $r=10\Omega$，电流 I 的真值为1A，如果只接入一只电流表进行测量，得到的读值为1.05A。在对电流表误差的概率特性没有任何验前知识时，就无法用读值1.05A来对电流的真值进行估计。换句话说，就是没有估计问题。电压与功率都只要按上述的公式进行计算就可以了。这样虽然也获得了整个电流当时的运行参数，但误差是比较大的。

如果在接入电流表的同时，多接入一个电压表，即用电压表再进行一次测量，若其读数为9.8V，立刻就发现电压表读数与电流表读数之间的关系不符合欧姆定律，这是仪表的误差造成的，这时就产生了对电路状态变量（电流值 I）的估计问题。

所以状态估计的必要条件是：测量的次数必须大于状态变量的个数。那么例5-1中如何按照最小二乘法对电路电流 I 的真值进行估计呢？

先选取一个合理的标么值基准，例5-1中电流基准可选 $I_b=1A$，则 $I_*=1.05$。同理可设电压基准 $U_b=10V$，则 $U_*=0.98$。然后写出以状态变量 I_* 表示的方程组［如式(5-11)的形式］

$$\begin{cases}I=I_* & (h_\text{i}=1)\\U=U_*=I_*r_*=I_* & (h_\text{v}=1)\end{cases}$$

最小二乘法估计

$$\begin{aligned}J(\hat{I}_{LS})&=\min J(\hat{I})\\&=\min[(z_\text{i}-h_\text{i}\hat{I})^2+(z_\text{v}-h_\text{v}\hat{I})^2]\\&=\min[(1.05-\hat{I})^2+(0.98-\hat{I})^2]\end{aligned}$$

令 $\dfrac{dJ(\hat{I})}{d\hat{I}}=0$，得 $1.05-\hat{I}_{LS}+0.98-\hat{I}_{LS}=0$，于是 $\hat{I}_{LS}=1.02A$，$\hat{U}_{LS}=10.2V$。

原测量误差：电流的为+0.05A，电压的为−0.2V。

估计后误差：电流的为+0.02A，电压的为+0.2V。

从总的情况来看，估计误差比测量误差小了不少。但要注意这只是测量了两次的结果。按照概率论的要求，测量的次数愈多，概率估计的准确度就愈高。列举上述例5-1，仅仅是为了说明最小二乘法的算法，丝毫也不能根据这种极其简单的算例，来评定最小二乘法的真实价值。

三、加权最小二乘法估计

在上述的例5-1中，电流表的准确度等级比电压表差，但在式（5-11）中对它们的测量结果却进行了同等分量的处理，这是不够理想的。所以，现在一般使用的都是最小加权二乘法估计。

加权二乘法估计为

$$J(\hat{y})=\sum_{j=1}^{k}(z_j-h_j\hat{x})^2/R_{vj} \tag{5-12a}$$

式中　R_{vj}——z_j 的随机量方差，并 $R_{vj}=Ev_j^2$。

加权二乘法估计可以使准确度较高的测量值在估计中发挥较大的作用，因为它们的 R_v 较小。

最小加权二乘法估计为

$$J(\hat{x}_{LS})=\min\sum_{j=1}^{k}\frac{(z_j-h_j\hat{x})^2}{R_{vj}} \tag{5-12b}$$

在上例中，电流表的准确度较差，可以令其权重为1，即 $R_{vi}=1$，电压表的权重为0.15（权重的取值要根据一定的验前知识），即 $R_{vv}=0.15$。

将 $I_*=1.05$、$U_*=0.98$ 代入式（5-12b）得

$$J(\hat{x}_{LS})=\frac{(0.15-\hat{I})^2}{1}+\frac{(0.98-\hat{I})^2}{0.15}$$

令$\frac{\mathrm{d}J(\hat{x}_{LS})}{\mathrm{d}\hat{x}_{LS}}=0$，得 $0.15\times(1.05-\hat{I}_{LS})+0.98-\hat{I}_{LS}=0$，得 $\hat{I}_{LS}=0.99\text{A}$，$\hat{U}_{LS}=9.9\text{V}$。三次误差结果列于表5-1中。

可见，加权以后估计值的准确性大为提高。由于现在使用的二乘法估计，都是加权的，所以一般在称呼上都把加权二字省去。将式（5-12b）直接称呼为最小二乘法估计。

表5-1　[例5-1]三次误差结果

误差类型	测量读值误差	最小二乘法误差	最小加权二乘法误差
电压	−0.2V	+0.2V	−0.1V
电流	+0.05A	+0.02A	−0.01A

四、估计问题的矩阵形式

当测量次数与状态变量的个数增加到很多时，式（5-11）的写法是不方便的，就可用矩阵向量来表示。对于状态变量 X 进行 j（$j=1$、2、…、k）次量测的矩阵形式为

$$\boldsymbol{Z}=\begin{bmatrix}z_1\\ \vdots\\ z_k\end{bmatrix}\quad \boldsymbol{H}=\begin{bmatrix}h_1\\ \vdots\\ h_k\end{bmatrix}\quad \boldsymbol{V}=\begin{bmatrix}v_1\\ \vdots\\ v_k\end{bmatrix}$$

式中　$z_1\cdots z_k$、$h_1\cdots h_k$、$v_1\cdots v_k$——式（5-12b）中的标量；

$\boldsymbol{Z}$——测量读值向量矩阵；

$\boldsymbol{H}$——已知的量测比值向量矩阵；

$\boldsymbol{V}$——随机向量矩阵。

将式（5-10）与式（5-12b）分别写成更简单的矩阵形式

$$\left.\begin{aligned}&\boldsymbol{Z}=x\boldsymbol{H}+\boldsymbol{V}\\&J(\hat{x})=[\boldsymbol{Z}-\hat{x}\boldsymbol{H}]^{\mathrm{T}}\boldsymbol{R}_{\mathrm{v}}^{-1}[\boldsymbol{Z}-\hat{x}\boldsymbol{H}]\end{aligned}\right\}\tag{5-13a}$$

其中

$$\boldsymbol{R}_{\mathrm{v}}=\begin{bmatrix}v_{11}^2 & & & \\ & v_{22}^2 & & \\ & & \ddots & \\ & & & v_{kk}^2\end{bmatrix}$$

式中　$\boldsymbol{R}_{\mathrm{v}}$——随机向量 v 的方差阵。

式（5-13a）与式（5-12b）是完全等价的。

在状态向量的维数大于1时，即是状态变量的个数大于1，比如有 n 个状态变量时，式（5-13b）的状态向量 $\boldsymbol{X}$ 的维数就是 n；量测向量的维数 m 就是对 n 个状态变量进行测量的总次数。式（5-13b）的 $\boldsymbol{Z}$ 与 $\boldsymbol{V}$ 都是 m 维的矩阵向量；而 $\boldsymbol{H}$ 则是一个行数等于 m、列数等于 n 的已知矩阵；$\boldsymbol{R}_{\mathrm{v}}$ 则是一个 m 维的对称方阵，所以式（5-13b）是线性量测系统的普遍公式。在式（5-13b）表示的系统中，要进行估计，必须 $m>n$，即测量的总次数必须大于状态变量的个数，称 m/n 为数据富余度。一般说富余度越大，估计值的准确度越高。但过大的富余度使仪表与通道的投资增加太大，是不经济的，一般富余度的平均值为 1.8～2.8 之间。

有了一些关于最小二乘估计的具体知识以后，可从比式（5-13a）更普遍的矩阵方程式出发，来证明最小二乘估计是一种无偏估计。从

$$J\hat{\boldsymbol{X}}=(\boldsymbol{Z}-\boldsymbol{H}\hat{\boldsymbol{X}})^{\mathrm{T}}\boldsymbol{R}_{\mathrm{v}}^{-1}(\boldsymbol{Z}-\boldsymbol{H}\hat{\boldsymbol{X}})\tag{5-13b}$$

求其最小值时，必须对 $\hat{\boldsymbol{X}}$ 求导数，根据矩阵的微分运算公式，当 $\boldsymbol{X}$ 为 n 维变向量、$\boldsymbol{\mu}$ 为 n 维常向量、$\boldsymbol{A}$ 为 n 阶常数对称阵时，有

$$\frac{\mathrm{d}}{\mathrm{d}\boldsymbol{X}}\{(\boldsymbol{X}-\boldsymbol{\mu})^{\mathrm{T}}\boldsymbol{A}(\boldsymbol{X}-\boldsymbol{\mu})\}=2\boldsymbol{A}(\boldsymbol{X}-\boldsymbol{\mu})$$

仿上式，得

$$\frac{\mathrm{d}J(\hat{X})}{\mathrm{d}\hat{\boldsymbol{X}}}=-2\boldsymbol{H}^{\mathrm{T}}\boldsymbol{R}_{\mathrm{v}}^{-1}(\boldsymbol{Z}-\boldsymbol{H}\hat{\boldsymbol{X}})$$

令其等于零，得

$$\hat{\boldsymbol{X}}_{\mathrm{LS}}=(\boldsymbol{H}^{\mathrm{T}}[\boldsymbol{R}_{\mathrm{v}}^{-1}\boldsymbol{H}])^{-1}\boldsymbol{H}^{\mathrm{T}}\boldsymbol{R}_{\mathrm{v}}^{-1}\boldsymbol{Z}\tag{5-13c}$$

式（5-13c）中 $\hat{X}_{\mathrm{LS}}$ 就是最小二乘法的估计值矩阵向量。所以其误差向量为

$$\begin{aligned}\boldsymbol{X}-\boldsymbol{X}_{\mathrm{LS}}&=[\boldsymbol{H}^{T}\boldsymbol{R}_{\mathrm{v}}^{-1}\boldsymbol{H}]^{-1}\boldsymbol{H}^{\mathrm{T}}\boldsymbol{R}_{\mathrm{v}}^{-1}\boldsymbol{H}\boldsymbol{X}-\hat{\boldsymbol{X}}_{\mathrm{LS}}\\&=[\boldsymbol{H}^{T}\boldsymbol{R}_{\mathrm{v}}^{-1}\boldsymbol{H}]^{-1}\boldsymbol{H}^{\mathrm{T}}\boldsymbol{R}_{\mathrm{v}}^{-1}(\boldsymbol{H}\boldsymbol{X}-\boldsymbol{Z})\end{aligned}$$

$$=[\boldsymbol{H}^{\mathrm{T}}\boldsymbol{R}_{\mathrm{v}}^{-1}\boldsymbol{H}]^{-1}\boldsymbol{H}^{\mathrm{T}}\boldsymbol{R}_{\mathrm{v}}^{-1}\boldsymbol{V}$$

按照式（5-9）的定义，在多维随机向量情况下，应有

$$E(\boldsymbol{X}-\hat{\boldsymbol{X}}_{\mathrm{LS}})=E[\boldsymbol{H}^{\mathrm{T}}\boldsymbol{R}_{\mathrm{v}}^{-1}\boldsymbol{H}]^{-1}\boldsymbol{H}^{\mathrm{T}}\boldsymbol{R}_{\mathrm{v}}^{-1}\boldsymbol{V}$$

由于$\boldsymbol{H}$、$\boldsymbol{R}_{\mathrm{v}}$都是常量矩阵，它们的期望值还是常数，所以

$$E(\boldsymbol{X}-\hat{\boldsymbol{X}}_{\mathrm{LS}})=[\boldsymbol{H}^{\mathrm{T}}\boldsymbol{R}_{\mathrm{v}}^{-1}\boldsymbol{H}]^{-1}\boldsymbol{H}^{\mathrm{T}}\boldsymbol{R}_{\mathrm{v}}^{-1}E\boldsymbol{V}$$

由于$Ev=0$，因此$E\boldsymbol{V}=0$，于是

$$E(\boldsymbol{X}-\hat{\boldsymbol{X}}_{\mathrm{LS}})=0$$

说明最小二乘估计值$\hat{X}_{\mathrm{LS}}$是一种无偏估计。

至于式（5-13c）还是各种二乘估计（加权与不加权）中最小的或最优的一种估计的证明，由于需要更多的矩阵知识，就不再进行了。

正因为式（5-13c）是一种无偏估计，而且还是最优的二乘法估计，除R_{v}^{-1}外不再需要其他的验前知识，所以它在电力系统的状态估计中得到了广泛的采用。

五、牛顿—拉夫逊法的应用

下面举一个最小二乘法估计应用于最简单的非线性测量系统的例子，以便用一维状态变量的估计，使读者获得一些有关状态估计的具体计算上的初步知识。

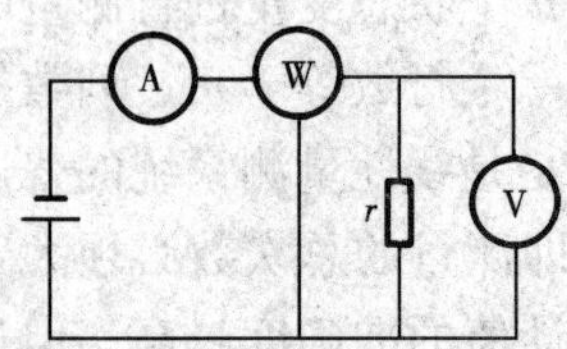

图 5-6 一维状态变量的直流电路及其测量系统举例

仍使用例 5-1 的简单的直流电路，所用仪表及接线如图 5-6 所示。按图 5-6 接线后（又接入了一个功率表），进行第三次测量。假定功率表的读数为 9.5W，于是有$W_{*}=0.95$，$h_{\mathrm{w}}=1$。令$R_{\mathrm{w}}=1$，根据式（5-12b），有

$$J(\hat{x})=(1.05-\hat{I})^2+\frac{(0.98-\hat{I})^2}{0.15}+(0.95-\hat{I}^2)^2$$

令
$$\frac{\mathrm{d}J(\hat{x})}{\mathrm{d}\hat{x}}=0$$

得
$$0.15\times(1.05-\hat{I}_{\mathrm{LS}})+0.98-\hat{I}_{\mathrm{LS}}+0.15(0.95-\hat{I}_{\mathrm{LS}}^2)\times 2\hat{I}_{\mathrm{LS}}=0$$

$$0.3I_{\mathrm{LS}}^3+0.865I_{\mathrm{LS}}-1.138=0$$

上式是一个非线性方程，是由于功率与状态变量I之间的非线性关系引起的。这说明将式（5-13）应用于非线性测量时，就会出现最优估计值的非线性方程，以后在电力系统的状态估计中，也会出现大量的最优估计值的非线性方程。在计算机上解这类非线性方程时，一般使用牛顿—拉夫逊（Newton－Raghson）法。现仍用此例，来巩固一下对牛顿—拉夫逊法原理的理解。

【例 5-2】 设求解的一元变量非线性方程式为$\varphi(x)=0$。在$x-\varphi(x)$平面上作曲线$\varphi(x)$，如图 5-7（a）所示。求$\varphi(x)=0$点的横坐标x_0的值。

解 牛顿—拉夫逊法的步骤如下：

在x轴上任取一点x_1（根据经验，x_1不要离x_0太远，这在状态估计问题中是完全能做到的)，求得$\varphi(x_1)$的值，得到点$[x_1, \varphi(x_1)]$；在该点作$\varphi(x)$的切线$\varphi'(x_1)$，并交横坐标于点x_2，再求得$\varphi(x_2)$的值，得到点$[x_2, \varphi(x_2)]$；在该点作$\varphi(x)$的切线$\varphi'(x_2)$并交横坐标于点x_3，自点x_3重复上述的过程，这样就一次一次地逼近x_0点。设迭代到x_{i+1}点时，发现$|x_{i+1}-x_i|$小于或等于所要求的允许误差，此时解题过程结束，x_i或x_{i+1}都

可作为答案。

图 5-7（a）与图 5-7（b）是两种 $\varphi(x)$ 的图形，图（a）的 x_2 与 x_1 在 x_0 的同侧，图（b）的 x_2 与 x_1 在 x_0 的不同侧。但都可以用牛顿—拉夫逊法求解。x_1 选择合适时，收敛过程是很快的。不适于用牛顿—拉夫逊法解的非线性方程，在状态估计的问题中，不多见。

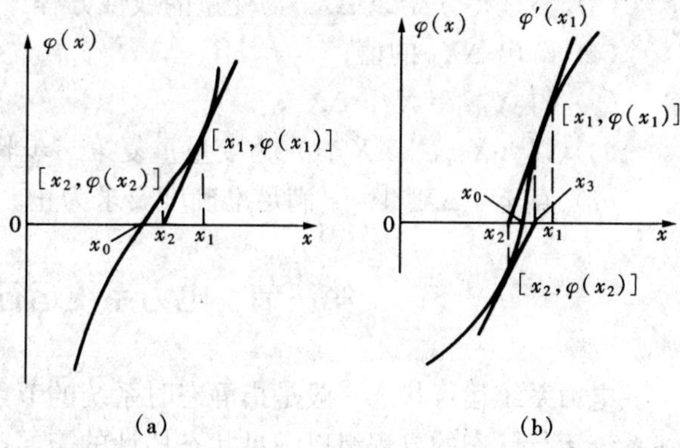

图 5-7　牛顿—拉夫逊法示意图

(a) x_2 与 x_1 在 x_0 的同侧；(b) x_2 与 x_1 在 x_0 的不同侧

现在用代数形式来说明。牛顿—拉夫逊法的每一步都可用下式表示，即

$$\frac{\varphi(x_i)}{x_i - x_{i+1}} = \varphi'(x_i)$$

令

$$\Delta x_i = x_{i+1} - x_i$$

则

$$\left.\begin{aligned} \Delta x_i &= -\frac{\varphi(x_i)}{\varphi'(x_i)} \\ x_{i+1} &= x_i + \Delta x_i \end{aligned}\right\}$$

为求得这种解法的代数表示形式，再来看原方程 $\varphi(x)=0$。

令

$$x = x_i + \Delta x_i$$

将原方程线性化，取泰勒级数的一阶导数项，得

$$\varphi(x_i + \Delta x_i) = 0$$

$$\varphi(x_i) + \varphi'(x_i)\Delta x_i = 0$$

于是得

$$\left.\begin{aligned} \Delta x_i &= -\frac{\varphi(x_i)}{\varphi'(x_i)} \\ x_{i+1} &= x_i + \Delta x_i \end{aligned}\right\} \tag{5-14}$$

两个表示方法完全一样。所以牛顿—拉夫逊法就是线性迭代解法。这点在用牛顿—拉夫逊法解多元变量的非线性方程组时，带来很大方便。在所作的例题中

$$\varphi(x) = 0.3x^3 + 0.865x - 1.138$$

$$\varphi'(x) = 0.9x^2 + 0.865$$

将牛顿—拉夫逊法的各步的数据列于表 5-2 中。

表 5-2　牛顿—拉夫逊法各步的数据

	$\varphi(x_i)$	$\varphi'(x_i)$	Δx_i	x_{i+1}
$x_0^* = 0.95$	−0.0592	1.6773	0.0353	0.9853
$x_1 = 0.9853$	0.0007	1.7382	−0.0004	0.9849

*　$x_0 = 0.95$ 是根据误差最大的功率表的读数取值，只迭代两次得 $x_1 = 0.9853$，$x_2 = 0.9849$，可以认为 $\hat{x}_{LS} = 0.985$。

解多元非线性方程组与此类似。设 n 元状态变量向量为 X，方程组为 $F_k(X)=0$（$k=1、2、\cdots、n$），牛顿—拉夫逊法的大致步骤如下：

（1）根据验前知识取 X_0；

（2）将 $F_k(X)=0$ 以（$X_i + \Delta X_i$）为变量，使之线性化，i 为求解步序；

(3) 整理得 n 个以 ΔX_i 为变量的线性方程组；

(4) 解出 ΔX_i 的值；

(5) 得 $X_{i+1}=X_i+\Delta X_i$；

(6) 以 $(X_{i+1}+\Delta X_{i+1})$ 为变量重复第二步骤；

(7) 直至 $|\Delta X_i|<\varepsilon$ 满足准确度要求为止。

第三节　电力系统运行状态的数学模型

电力系统运行状态一般是指静态时系统的节点电压、注入功率及线路潮流等。要列出描述系统运行状态的方程组以满足状态估计的需要，首先必须确定状态变量及其维数。在列出方程组后，为了求解最优估计值的需要，还应求出各量测量的导数表示式。常规的测量仪表是不能直接测量状态量相角 θ_i 的。20 世纪 90 年代中期开发出了同步矢量测量技术，可以直接测量母线电压的幅度 U_i 与相角 θ_i，但其主要目的并不在于改变电力系统状态估计运行的现状。当然，也可将 θ_i 作为一个状态量进行测量、估计，则前述的最优估计原理依然适用。本节主要还是讨论使用常规测量仪表系统时的电力系统运行状态的估计问题。

一、输电线运行方式的方程组

先从一种最简单的情况开始。图 5-8 是电力系统中的某条输电线的电路图，它接连 i、j 两个电站。$\dot U_i$、$\dot U_j$ 分别表示两个变电站的母线电压。说明这条输电线的静态运行状况的方程组可分写为

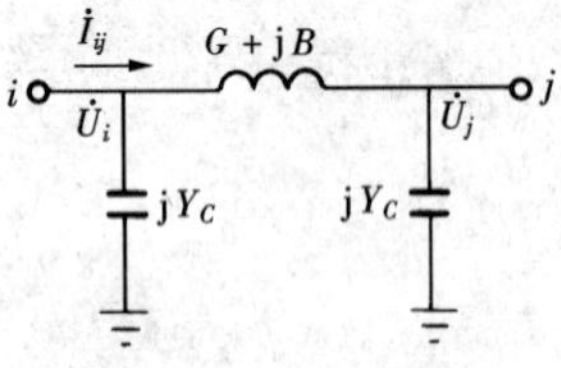

$$\dot I_{ij}=\dot U_i(jY_C)+(G+jB)(\dot U_i-\dot U_j) \tag{5-15}$$

式中　Y_C——线路对地电容构成的电纳的二分之一；

$G+jB$——线路阻抗的倒数，即 $G+jB=\dfrac{1}{R+jX}$。

图 5-8　某输电线电路图

而 i 侧通过的功率，以从 i 到 j 为正方向，则为

$$P_{ij}+jQ_{ij}=\dot U_i\hat I_{ij} \tag{5-16}$$

其中 $\hat I_{ij}$ 是 $\dot I_{ij}$ 的共轭值。

式 (5-15) 与式 (5-16) 说明，一条输电线的状态变量是两个复数量，按照对电力系统计算最方便的取法，选取母线电压（即节点电压）$\dot U_i$、$\dot U_j$ 为状态变量。每个状态变量都须包含幅值与相角，即

$$\dot U_i=U_i\angle\theta_i=U_i(\cos\theta_i+j\sin\theta_i)$$

$$\dot U_j=U_j\angle\theta_i=U_j(\cos\theta_j+j\sin\theta_j)$$

而电流 $\dot I_{ij}$ 只是单纯的运行参数，在状态估计中只需考虑其测量值，即只需求其幅值 I_{ij} 或 I_{ij}^2。在复数的运算中，如

$$\dot W=W_1+jW_2=\dot u\dot v=(u_1+ju_2)(v_1+jv_2)$$

则
$$W^2=W_1^2+W_2^2=(u_1v_1-u_2v_2)^2+(u_1v_2+u_2v_1)^2$$

所以由式 (5-15) 得

$$I_{ij}^2=(U_iG\cos\theta_i-U_iB\sin\theta_i-U_iY_C\sin\theta_i-U_jG\cos\theta_j+U_jB\sin\theta_j)^2$$

$$
\begin{aligned}
&+(U_iY_C\cos\theta_i+U_iB\cos\theta_i+U_iG\sin\theta_i-U_jB\cos\theta_j-U_jG\sin\theta_j)^2\\
&=\{U_i[G\cos\theta_i-(B+Y_C)\sin\theta_i]-U_j(G\cos\theta_j-B\sin\theta_j)\}^2\\
&+\{U_i[G\sin\theta_i+(B+Y_C)\cos\theta_i]-U_j(G\sin\theta_j+B\cos\theta_j)\}^2
\end{aligned}
\tag{5-17a}
$$

而 P_{ij} 则为$\dot{U}_i\hat{\dot{I}}_{ij}$ 的实部，即

$$P_{ij}=U_i^2G-U_iU_jG\cos\theta_{ij}-U_iU_jB\sin\theta_{ij} \tag{5-17b}$$

Q_{ij} 则为$\dot{U}_i\hat{\dot{I}}_{ij}$ 的虚部，即

$$Q_{ij}=-U_i^2(B+Y_C)-U_iU_jG\sin\theta_{ij}+U_iU_jB\cos\theta_{ij} \tag{5-17c}$$

其中
$$\theta_{ij}=\theta_i-\theta_j$$

式（5-17a）说明，任一条输电线路的状态变量有四个，可选为U_i、θ_i、U_j、θ_j。如果将其表示成向量矩阵的形式，则为

$$\boldsymbol{X}=\begin{bmatrix}x_1\\x_2\\x_3\\x_4\end{bmatrix}=\begin{bmatrix}U_i\\\theta_i\\U_j\\\theta_j\end{bmatrix}$$

而U_i、θ_i、U_j、θ_j、I_{ij}^2、P_{ij} 和Q_{ij} 则都是标量，在运用牛顿—拉夫逊法求状态估计值时，需要求出这些标量对状态向量 $\boldsymbol{X}$ 的导数。按照矩阵微分运算的定义，如果实值函数 $f(X)$ 是以 $n\times m$ 矩阵$\boldsymbol{X}$ 的 nm 个元素 x_{ij} 为自变元的函数，则定义 $f(X)$ 对 $\boldsymbol{X}$ 的导数为如下的 $n\times m$ 矩阵，即

$$\frac{\mathrm{d}f(X)}{\mathrm{d}\boldsymbol{X}}=\frac{\partial f(X)}{\partial x_{ij}}$$

上述标量对各状态变量的偏导数如下

$$
\left.
\begin{aligned}
&\frac{\partial U_i}{\partial U_i}=1,\ \frac{\partial U_j}{\partial U_i}=0(i\neq j)\\
&\frac{\partial \theta_i}{\partial U_i}=0,\ \frac{\partial \theta_j}{\partial U_i}=0\\
&\frac{\partial \theta_i}{\partial \theta_i}=1,\ \frac{\partial \theta_j}{\partial \theta_i}=0(i\neq j)
\end{aligned}
\right\}
\tag{5-18}
$$

及令　$A=U_i[G\cos\theta_i-(B+Y_C)\sin\theta_i]-U_j(G\cos\theta_j-B\sin\theta_j)$

$C=U_i[G\sin\theta_i+(B+Y_C)\cos\theta_i]-U_j(G\sin\theta_j+B\cos\theta_j)$

得

$$\frac{\partial I_{ij}^2}{\partial U_i}=2A[G\cos\theta_i-(B+Y_C)\sin\theta_i]+2C[G\sin\theta_i+(B+Y_C)\cos\theta_i]$$

$$\frac{\partial I_{ij}^2}{\partial U_j}=2A(-G\cos\theta_j+B\sin\theta_j)+2C(-G\sin\theta_j-B\cos\theta_j)$$

$$\frac{\partial I_{ij}^2}{\partial \theta_i}=2AU_i[-G\sin\theta_i-(B+Y_C)\cos\theta_i]+2CU_i[G\cos\theta_i-(B+Y_C)\sin\theta_i]$$

$$\frac{\partial I_{ij}^2}{\partial \theta_j}=2AU_j(G\sin\theta_j+B\cos\theta_j)+2CU_j(-G\cos\theta_j+B\sin\theta_j)$$

$$\frac{\partial P_{ij}}{\partial U_i}=2U_iG-U_jG\cos\theta_{ij}-U_jB\sin\theta_{ij}$$

$$\frac{\partial P_{ij}}{\partial U_j}=-U_iG\cos\theta_{ij}-U_iB\sin\theta_{ij}$$

$$\frac{\partial P_{ij}}{\partial \theta_i}=U_iU_j(G\sin\theta_{ij}-B\cos\theta_{ij})$$

$$\frac{\partial P_{ij}}{\partial \theta_j}=-\frac{\partial P_{ij}}{\partial \theta_i}=-U_iU_jG\sin\theta_{ij}+U_iU_jB\cos\theta_{ij}$$

$$\frac{\partial Q_{ij}}{\partial U_i}=-2U_i(B+Y_C)-U_jG\sin\theta_{ij}+U_jB\cos\theta_{ij}$$

$$\frac{\partial Q_{ij}}{\partial U_j}=-U_iG\sin\theta_{ij}+U_iB\cos\theta_{ij}$$

$$\frac{\partial Q_{ij}}{\partial \theta_i}=U_iU_j(-G\cos\theta_{ij}-B\sin\theta_{ij})$$

$$\frac{\partial Q_{ij}}{\partial \theta_j}=-\frac{\partial Q_{ij}}{\partial \theta_j}$$

至于 j 侧的电流、有功功率、无功功率与状态变量的关系则与式（5-17）的形式相同，只需注意 $Q_{ji}=-Q_{ij}$ 即可。

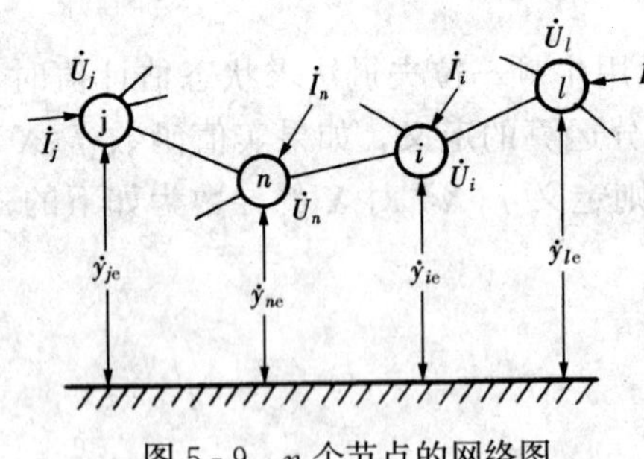

图 5-9　n 个节点的网络图

二、电力系统运行方式的方程组

下面讨论电力系统一般状况的方程组。设一电力系统有 n 个节点，其网络图如图 5-9 所示。先列出其第 i 个节点的电流方程式

$$\begin{aligned}\dot{I}_i&=\dot{I}_{i1}+\dot{I}_{i2}+\cdots+\dot{I}_{ie}+\cdots+\dot{I}_{in}\\&=\dot{y}_{i1}(\dot{U}_i-\dot{U}_1)+\dot{y}_{i2}(\dot{U}_i-\dot{U}_2)+\cdots+\dot{y}_{ie}\dot{U}_i+\cdots+\dot{y}_{in}(\dot{U}_i-\dot{U}_n)\\&=-\dot{y}_{i1}\dot{U}_1-\dot{y}_{i2}\dot{U}_2-\cdots-\dot{y}_{in}\dot{U}_n+(\dot{y}_{i1}+\dot{y}_{i2}+\cdots+\dot{y}_{ie}+\cdots+\dot{y}_{in})\dot{U}_i\\&=\sum_{j=1}^{n}\dot{Y}_{ij}\dot{U}_j\end{aligned}\tag{5-19}$$

式中　$\dot{Y}_{ii}$——i 点的自导纳，$\dot{Y}_{ii}=(\dot{y}_{i1}+\dot{y}_{i2}+\cdots+\dot{y}_{ie}+\cdots+\dot{y}_{in})$；

$\dot{Y}_{ij}=-\dot{y}_{ij}$ $(i\neq j)$。

电网计算一般选择一个节点为参考点，比如在图 5-9 中，选择节点 n 为参考点，则在状态估计中取 $U_n=U_e$，$\theta_n=0$，即认为$\dot{U}_n$ 是一个不变值。对于有 n 个节点的电力系统，取 U_1、$U_2\cdots U_{n-1}$ 为状态变量时，对应的变数（U_1、θ_1、U_2，θ_2，…，U_{n-1}、θ_{n-1}）只有（$2n-2$）个写成矩阵向量的形式为

$$\boldsymbol{X}=\begin{bmatrix}x_1\\x_2\\\vdots\\x_{2n-2}\end{bmatrix}=\begin{bmatrix}U_1\\\theta_1\\\vdots\\\theta_{n-1}\end{bmatrix}$$

为使量测量的维数大于状态变量的维数，还必须写出各节点注入电流与注入功率的方程式。$\dot{I}_i$ 称为节点注入电流，实际上可认为

$$\dot{I}_i = \dot{I}_{ig} - \dot{I}_{il}$$

式中　$\dot{I}_{ig}$——节点 i 上的发电机电流；

$\dot{I}_{il}$——节点 i 上的负荷电流；

$\dot{I}_i$——节点 i 流向电力系统的电流。

从式（5-19）可得节点 i 的注入功率 P_i 与 Q_i。设流入节点的功率为正，流出为负，则

令
$$\dot{Y}_{ij} = G_{ij} + \mathrm{j}B_{ij}$$

则
$$P_i + \mathrm{j}Q_i = \dot{U}_i \sum_{j=1}^{n} \hat{Y}_{ij} \hat{U}_j = U_i \mathrm{e}^{\mathrm{j}\theta_i} \sum_{j=1}^{n} (G_{ij} - jB_{ij}) U_j \mathrm{e}^{-\mathrm{j}\theta_j}$$

将上式中指数项合并，并考虑到以下关系

$$\mathrm{e}^{\mathrm{j}\theta} = \cos\theta + \mathrm{j}\sin\theta$$

得到
$$P_i + \mathrm{j}Q_i = U_i \sum_{j=1}^{n} U_j (G_{ij} - \mathrm{j}B_{ij})(\cos\theta_{ij} + \mathrm{j}\sin\theta_{ij})$$

式中　θ_{ij}——节点 i、j 间电压的相角差，并且 $\theta_{ij} = \theta_i - \theta_j$。

将上式按实部和虚部展开，得

$$\left.\begin{aligned} P_i &= U_i \sum_{j=1}^{n} U_j (G_{ij}\cos\theta_{ij} + B_{ij}\sin\theta_{ij}) \\ Q_i &= U_i \sum_{j=1}^{n} U_j (G_{ij}\sin\theta_{ij} - B_{ij}\cos\theta_{ij}) \end{aligned}\right\} \tag{5-20a}$$

考虑到式（5-18），可得注入功率对状态变量的偏导数为

$$\left.\begin{aligned} \frac{\partial P_i}{\partial U_i} &= \sum_{\substack{j=1\\ j\neq i}}^{n} U_j (G_{ij}\cos\theta_{ij} + B_{ij}\sin\theta_{ij}) + 2U_i G_{ii} = \frac{1}{U_i}(U_i^2 G_{ii} + P_i) \\ \frac{\partial Q_i}{\partial U_i} &= \frac{1}{U_i}(-U_i^2 B_{ii} + Q_i) \\ \frac{\partial P_i}{\partial \theta_i} &= U_i \sum_{\substack{j=1\\ j\neq i}}^{n} U_j (-G_{ij}\sin\theta_{ij} + B_{ij}\cos\theta_{ij}) = -B_{ii}U_i^2 - Q_i \\ \frac{\partial Q_i}{\partial \theta_i} &= -U_i^2 G_{ii} + P_i \\ \frac{\partial P_i}{\partial U_j} &= U_i (G_{ij}\cos\theta_{ij} + B_{ij}\sin\theta_{ij}) \\ \frac{\partial Q_i}{\partial U_j} &= U_i (G_{ij}\sin\theta_{ij} - B_{ij}\cos\theta_{ij}) \\ \frac{\partial P_i}{\partial \theta_j} &= U_i U_j (G_{ij}\sin\theta_{ij} - B_{ij}\cos\theta_{ij}) \\ \frac{\partial Q_i}{\partial \theta_i} &= -U_i U_j (G_{ij}\cos\theta_{ij} + B_{ij}\sin\theta_{ij}) \end{aligned}\right\} \tag{5-20b}$$

为了增加测量数据的富余度，在电力系统中往往需要利用注入电流的测量值。仍以电流幅值的平方为参数，得

$$I_i^2=\left[\sum_{j=1}^{n}U_j(G_{ij}\cos\theta_j-B_{ij}\sin\theta_j)\right]^2+\left[\sum_{j=1}^{n}U_j(G_{ij}\sin\theta_j+B_{ij}\cos\theta_j)\right]^2$$

令

$$A=\sum_{j=1}^{n}U_j(G_{ij}\cos\theta_j-B_{ij}\sin\theta_j)$$

$$C=\sum_{j=1}^{n}U_j(G_{ij}\sin\theta_j+B_{ij}\cos\theta_j)$$

考虑到式(5-18)，得

$$\frac{\partial I_i^2}{\partial U_j}=2A(G_{ij}\cos\theta_j-B_{ij}\sin\theta_{ij})+2C(G_{ij}\sin\theta_j+B_{ij}\cos\theta_j)$$

$$\frac{\partial I_i^2}{\partial \theta_j}=2AU_j(-G_{ij}\sin\theta_j-B_{ij}\cos\theta_j)+2CU_j(G_{ij}\cos\theta_j-B_{ij}\sin\theta_j)$$

三、变压器运行方式的方程组

在电力系统中不但不同电压等级间的网络要用变压器实现联系，而且还常用改变变压器的变比来改善无功功率的分配，所以也将说明变压器运行状况的方程组求出。

电力系统中装设的大型变压器，其一、二次侧电动势的比值 K 可看成实数，即不考虑人工移相，而且变压器绕组的电阻与漏抗相比，其值可以忽略不计。在把绕组漏抗归算到一次侧或二次侧后，变压器的等值电路即为图 5-10 (a)、(b) 所示。对同一变比为 K 的变压器来说，图 5-10 (a) 中的漏抗 Z_T 与图 5-10 (b) 中的漏抗 Z'_T 应有如下关系

$$K^2Z'_T=Z_T$$

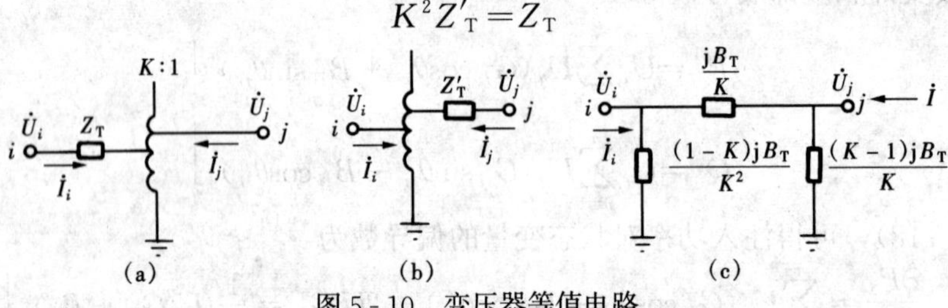

图 5-10 变压器等值电路

(a) 将漏抗归算到一次侧；(b) 将漏抗归算到二次侧；(c) 归算到变压器 j 侧

假使采用图 5-10 (b) 的等值电路，并归算到变压器 j 侧，图中 i、j 节点的电压、电流的关系为

$$\left.\begin{aligned}K\dot{I}_i+\dot{I}_j=0\\ \frac{\dot{U}_i}{K}=\dot{U}_j-\dot{I}_j\dot{Z}'_T\end{aligned}\right\}$$

以$\dot{U}_i$、$\dot{U}_j$ 为状态变量，解$\dot{I}_i$、$\dot{I}_j$，得

$$\left.\begin{aligned}\dot{I}_i=\frac{\dot{Y}'_T}{K}\left(\frac{\dot{U}_i}{K}-\dot{U}_j\right)\\ \dot{I}_j=-\frac{\dot{Y}'_T}{K}\dot{U}_i+\dot{U}_j\dot{Y}'_T\end{aligned}\right\}$$

或者写作

$$\left.\begin{aligned}\dot{I}_i=\frac{(1-K)\dot{Y}'_T}{K^2}\dot{U}_i+\frac{\dot{Y}'_T}{K}(\dot{U}_i-\dot{U}_j)\\ \dot{I}_j=\frac{\dot{Y}'_T}{K}(K-1)\dot{U}_j+\frac{\dot{Y}'_T}{K}(\dot{U}_j-\dot{U}_i)\end{aligned}\right\}$$

其中，$\dot{Y}'_{\mathrm{T}}=\dfrac{1}{\dot{Z}'_{\mathrm{T}}}$。在忽略变压器电阻时，则

$$\dot{Y}'_{\mathrm{T}}=\mathrm{j}B_{\mathrm{T}}$$

得

$$\left.\begin{aligned}\dot{I}_i&=\frac{(1-K)\mathrm{j}B_{\mathrm{T}}}{K^2}\dot{U}_i+\frac{\mathrm{j}B_{\mathrm{T}}}{K}(\dot{U}_i-\dot{U}_j)\\\dot{I}_j&=\frac{(K-1)\mathrm{j}B_{\mathrm{T}}}{K}\dot{U}_j+\frac{\mathrm{j}B_{\mathrm{T}}}{K}(\dot{U}_j-\dot{U}_i)\end{aligned}\right\}$$

这就可画出图 5 - 10（c）所示的等值电路图。按此等值电路图得

$$\left.\begin{aligned}P_{ij}&=\frac{1}{K}B_{\mathrm{T}}U_iU_j\sin\theta_{ij}\\Q_{ij}&=-\frac{1}{K^2}B_{\mathrm{T}}U_i^2+\frac{1}{K}BU_iU_j\cos\theta_{ij}\\\frac{\partial P_{ij}}{\partial U_i}&=-\frac{1}{K}U_j\sin\theta_{ij}\\\frac{\partial Q_{ij}}{\partial U_i}&=-\frac{2}{K^2}B_{\mathrm{T}}U_i+\frac{1}{K}BU_j\cos\theta_{ij}\\\frac{\partial P_{ij}}{\partial\theta_i}&=-\frac{1}{K}B_{\mathrm{T}}U_iU_j\cos\theta_{ij}\\\frac{\partial Q_{ij}}{\partial\theta_i}&=-\frac{1}{K}B_{\mathrm{T}}U_iU_j\sin\theta_{ij}\\\frac{\partial P_{ij}}{\partial U_j}&=-\frac{1}{K}B_{\mathrm{T}}U_i\sin\theta_{ij}\\\frac{\partial Q_{ij}}{\partial U_j}&=\frac{1}{K}B_{\mathrm{T}}U_i\cos\theta_{ij}\\\frac{\partial P_{ij}}{\partial\theta_j}&=\frac{1}{K}B_{\mathrm{T}}U_iU_j\cos\theta_{ij}=-\frac{\partial P_{ij}}{\partial\theta_i}\\\frac{\partial Q_{ij}}{\partial\theta_j}&=\frac{1}{K}B_{\mathrm{T}}U_iU_j\sin\theta_{ij}=-\frac{\partial Q_{ij}}{\partial\theta_i}\end{aligned}\right\}\tag{5-21}$$

对于变压器注入电流的测量值，则取其幅值平方，即

$$I_{ij}^2=\left(\frac{1}{K^2}B_{\mathrm{T}}U_i\sin\theta_i-\frac{1}{K}B_{\mathrm{T}}U_j\sin\theta_j\right)^2+\left(\frac{1}{K^2}B_{\mathrm{T}}U_i\cos\theta_i-\frac{1}{K}B_{\mathrm{T}}U_j\cos\theta_j\right)^2$$

令

$$A=\frac{1}{K^2}B_{\mathrm{T}}U_i\sin\theta_i-\frac{1}{K}B_{\mathrm{T}}U_j\sin\theta_j$$

$$C=\frac{1}{K^2}B_{\mathrm{T}}U_i\cos\theta_i-\frac{1}{K}B_{\mathrm{T}}U_j\cos\theta_j$$

得

$$\frac{\partial I_{ij}^2}{\partial U_i}=\frac{2}{K^2}B_{\mathrm{T}}(A\sin\theta_i+C\cos\theta_i)$$

$$\frac{\partial I_{ij}^2}{\partial\theta_i}=\frac{2}{K^2}B_{\mathrm{T}}U_i(A\cos\theta_i+C\sin\theta_i)$$

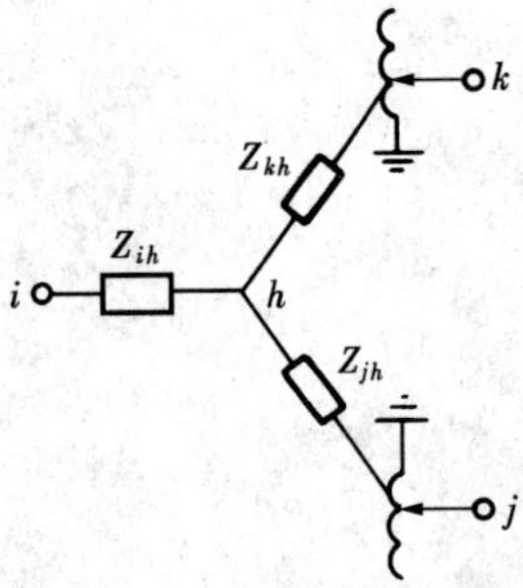

$$\frac{\partial I_{ij}^2}{\partial U_j}=-\frac{2}{K}B_{\mathrm{T}}(A\sin\theta_j+C\cos\theta_j)$$

$$\frac{\partial I_{ij}^2}{\partial \theta_j}=-\frac{2}{K}B_{\mathrm{T}}U_j(A\cos\theta_j-C\sin\theta_j)$$

图 5-11 三绕组变压器星形等值电路

对于三绕组变压器可以用星形或三角形电路来模拟，图 5-11 是用星形电路来模拟的。这样就把三绕组变压器的等值电路转换成三个支路，其中两支路有双绕组变压器的等值电路问题。图 5-11 的状态方程组不过是式（5-20a）与式（5-21）的综合，不再赘述。

第四节 电力系统最小二乘法状态估计

通过对远动遥测数据的处理，对电力系统的运行方式进行估计时，一般都选取各变电站的母线电压作为状态变量，母线电压由幅值 U_{m} 与相角 θ_{m} 组成。如果一个系统有 n 个变电站，则其状态变量在本节状态估计中可认为有 $2n-2$ 个。以后为简单起见，不再这么具体地分析了，而可概括性地说：设有一个系统其状态变量有 n 个，把它写成状态向量 $\boldsymbol{X}$ 的形式，那么 $\boldsymbol{X}$ 的维数就是 n，即

$$\boldsymbol{X}=\begin{bmatrix}x_1\\ \vdots\\ x_i\\ \vdots\\ x_n\end{bmatrix}=\begin{bmatrix}U_1\\ \theta_1\\ \vdots\\ \vdots\\ U_i\\ \theta_i\\ \vdots\\ \theta_{n-1}\end{bmatrix} \tag{5-22}$$

假定远动遥测一次的数据有 m 个，即量测向量 $\boldsymbol{Z}$ 的维数为 m，即

$$\boldsymbol{Z}=\begin{bmatrix}z_1\\ z_2\\ \vdots\\ z_i\\ \vdots\\ z_m\end{bmatrix} \tag{5-23}$$

已经知道，进行状态估计的必要条件是

$$m>n$$

此外还应该注意，在电力系统中状态变量 θ_i 是不能直接测量的，要通过电流、有功功率、无功功率等的测量值对它进行估计。

量测向量 $\boldsymbol{Z}$ 的元素分两种：一种是状态变量本身的测量值，如各母线电压的读值，记作 $\boldsymbol{Z}_{\mathrm{x}}$；另一种是其他的运行变量的读值，如功率、电流等，记作 $\boldsymbol{Z}_{\mathrm{z}}$，则

$$\boldsymbol{Z}=\begin{bmatrix}\boldsymbol{Z}_{\mathrm{x}}\\ \boldsymbol{Z}_{\mathrm{z}}\end{bmatrix}$$

由于状态变量 θ_i 一般不能直接测量，所以矩阵向量 $\boldsymbol{Z}_z$ 的维数比 $\boldsymbol{Z}_x$ 的维数高。电力系统的一个特点是：$\boldsymbol{Z}_z$ 是状态向量 $\boldsymbol{X}$ 的非线性函数。所以把电力系统的测量方程式写成如下的形式

$$\boldsymbol{Z}=h(\boldsymbol{X})+\boldsymbol{v} \tag{5-24}$$

式中　$\boldsymbol{v}$——测量的随机误差矩阵，其维数与 $\boldsymbol{Z}$ 相同。

一、最小二乘法估计的矩阵形式

电力系统最小二乘法状态估计的任务就是求

$$\boldsymbol{J}(\boldsymbol{X})=(\boldsymbol{Z}-h(\hat{\boldsymbol{X}})^{\mathrm{T}}\boldsymbol{R}_{\mathrm{v}}^{-1}[\boldsymbol{Z}-h(\hat{\boldsymbol{X}})] \tag{5-25}$$

达到最小值时的矩阵向量 $\hat{\boldsymbol{X}}$。其中 $\boldsymbol{R}_{\mathrm{v}}$ 是 m 维数随机向量 $\boldsymbol{V}$ 的方差阵。$J(X)$ 是一个标量，在求其最小值时，只需令其对矩阵向量 $\hat{\boldsymbol{X}}$ 的导数为零，即

$$\frac{\mathrm{d}J(X)}{\mathrm{d}\boldsymbol{X}}\bigg|_{x=\hat{x}}=\left(\frac{\partial J}{\partial x_i}\right)\bigg|_{x_i=\hat{x}_i}=0 \tag{5-26a}$$

根据矩阵微分运算公式

$$\frac{\mathrm{d}}{\mathrm{d}\boldsymbol{X}}\{[\boldsymbol{U}-h(\boldsymbol{X})]^{\mathrm{T}}\boldsymbol{A}[\boldsymbol{U}-h(\boldsymbol{X})]\}=-2\left\{\left[\frac{\mathrm{d}h}{\mathrm{d}\boldsymbol{X}}(\boldsymbol{X})\right]^{\mathrm{T}}\boldsymbol{A}[\boldsymbol{U}-h(\boldsymbol{X})]\right\}$$

式中　$\boldsymbol{U}$——m 维常数向量；

　　　$\boldsymbol{A}$——m 阶常数对称阵。

则式（5-26）可写为

$$\left[\frac{\mathrm{d}h}{\mathrm{d}\boldsymbol{X}}(\boldsymbol{X})\right]^{\mathrm{T}}_{\mathrm{x}=\hat{\mathrm{x}}}\boldsymbol{R}_{\mathrm{v}}^{-1}[\boldsymbol{Z}-h(\hat{\boldsymbol{X}})]=0$$

根据矩阵微分规则，设

$$h(\boldsymbol{X})=\begin{bmatrix}h_1\\h_2\\\vdots\\h_i\\\vdots\\h_m\end{bmatrix}$$

则

$$\boldsymbol{H}=\frac{\mathrm{d}h}{\mathrm{d}\boldsymbol{X}}=\begin{bmatrix}\dfrac{\partial h_1}{\partial x_1} & \dfrac{\partial h_1}{\partial x_2} & \cdots & \dfrac{\partial h_1}{\partial x_i} & \cdots & \dfrac{\partial h_1}{\partial x_n}\\ \dfrac{\partial h_i}{\partial x_1} & \dfrac{\partial h_i}{\partial x_2} & \cdots & \dfrac{\partial h_i}{\partial x_i} & \cdots & \dfrac{\partial h_i}{\partial x_n}\\ \dfrac{\partial h_m}{\partial x_1} & \dfrac{\partial h_m}{\partial x_2} & \cdots & \dfrac{\partial h_m}{\partial x_i} & \cdots & \dfrac{\partial h_m}{\partial x_n}\end{bmatrix} \tag{5-26b}$$

式中　$\boldsymbol{H}$——一般称为雅可比矩阵，其行数等于量测量 Z 的维数 m，列数等于状态变量 $\boldsymbol{X}$ 的维数 n。

式（5-26a）又可写为

$$\boldsymbol{H}(\hat{\boldsymbol{X}})^{\mathrm{T}}\boldsymbol{R}_{\mathrm{v}}^{-1}[\boldsymbol{Z}-h(\hat{\boldsymbol{X}})]=0 \tag{5-27}$$

式（5-27）是电力系统运行状态最小二乘法估计的矩阵形式，它的展开形式等价于有 n 个非线性方程式的方程组。解式（5-27）就可得到状态变量估计值的矩阵 $\hat{\boldsymbol{X}}$。

二、牛顿—拉夫逊法的矩阵形式

求解式（5-27）虽有多种方法，一般使用最普遍的是本章第二节中介绍过的牛顿—拉夫逊方法。用牛顿—拉夫逊法解时，先要根据验前知识取状态变量的初始值 X_0；其次要将原方程组线性化，得出以 ΔX 为变量的线性方程组；以 $X_{i+1}=\hat{X}_i+\Delta X_i$ 进行迭代，直到满足所要求的准确度为止。

根据将多元函数展开成泰勒级数的法则，将 $h(X)$ 在 (X_i) 点展开，并取线性项，得

$$\boldsymbol{h}(X_{i+1})=\boldsymbol{h}(X_i)+\boldsymbol{H}(X_i)\Delta X_i$$

将上式代入式（5-27），得

$$\boldsymbol{H}(X_i)^{\mathrm{T}}\boldsymbol{R}_{\mathrm{v}}^{-1}[\boldsymbol{Z}-\boldsymbol{h}(X_i)]-\boldsymbol{H}(X_i)\Delta X_i=0$$

即

$$\boldsymbol{H}(X_i)^{\mathrm{T}}\boldsymbol{R}_{\mathrm{v}}^{-1}\boldsymbol{H}(X_i)\Delta X_i=\boldsymbol{H}^{\mathrm{T}}\boldsymbol{R}_{\mathrm{v}}^{-1}[\boldsymbol{Z}-\boldsymbol{h}(X_i)]$$

所以

$$\left.\begin{aligned}\Delta X_i&=(\boldsymbol{H}^{\mathrm{T}}\boldsymbol{R}_{\mathrm{v}}^{-1}\boldsymbol{H}^{-1})\boldsymbol{H}^{\mathrm{T}}\boldsymbol{R}_{\mathrm{v}}^{-1}[\boldsymbol{Z}-\boldsymbol{h}(X_i)]\\X_{i+1}&=X_i+(\boldsymbol{H}^{\mathrm{T}}\boldsymbol{R}_{\mathrm{v}}^{-1}\boldsymbol{H}^{-1})\boldsymbol{H}^{\mathrm{T}}\boldsymbol{R}_{\mathrm{v}}^{-1}[\boldsymbol{Z}-\boldsymbol{h}(X_i)]\end{aligned}\right\} \tag{5-28a}$$

式（5-28a）就是求解式（5-27）的迭代式。迭代过程一直进行到

$$\xi_i\geqslant|x_{in}-x_{i(n-1)}|_{\max}$$

时结束，而 ξ_i 就是所要求的允许估计误差。当 ΔX_{n-1} 中任一元素的绝对值都小于或等于其允许误差值时，迭代过程结束，此时状态变量的估计值 $\hat{X}$ 就等于 X_n（或 X_{n-1}）。而

$$X_n=X_{n-1}+\Delta X_{n-1}$$

按照矩阵运算的结论，当 $\boldsymbol{R}_{\mathrm{v}}^{-1}$ 是一个对称阵时，$\boldsymbol{H}^{\mathrm{T}}\boldsymbol{R}_{\mathrm{v}}^{-1}\boldsymbol{H}$ 也一定是对称阵。$\boldsymbol{H}^{\mathrm{T}}\boldsymbol{R}_{\mathrm{v}}^{-1}\boldsymbol{H}$ 的对称性对于节省计算机内存储器容量是很有好处的。

式（5-28a）可用一般的求解线性方程组的方法求解，这只要将式（5-28a）进行如下的置换就可以看得十分清楚。

在 $\boldsymbol{H}(X_i)^{\mathrm{T}}\boldsymbol{R}_{\mathrm{v}}^{-1}\boldsymbol{H}(X_i)\Delta \mathrm{X_i}=\boldsymbol{H}(X_i)^{\mathrm{T}}\boldsymbol{R}_{\mathrm{v}}^{-1}[\boldsymbol{Z}-\boldsymbol{h}(X_i)]$

中令

$$\boldsymbol{A}=\boldsymbol{H}(X_i)^{\mathrm{T}}\boldsymbol{R}_{\mathrm{v}}^{-1}\boldsymbol{H}(X_i)$$

$$\boldsymbol{X}=\Delta X_i$$

$$\boldsymbol{B}=\boldsymbol{H}(X_i)^{\mathrm{T}}\boldsymbol{R}_{\mathrm{v}}^{-1}\boldsymbol{Z}-\boldsymbol{h}(X_i)$$

则式（5-28a）转换成下式

$$\boldsymbol{AX}=\boldsymbol{B} \tag{5-28b}$$

这是一组线性方程式的矩阵形式。$\boldsymbol{X}$（即 $[\Delta X_i]$）是未知量矩阵，维数为 n。$\boldsymbol{A}$ 是 $n\times n$ 方阵，$\boldsymbol{B}$ 是向量矩阵。对每一迭代步骤 i 来说，$[X_i]$ 是已知的，即 $\boldsymbol{A}$、$\boldsymbol{B}$ 都是常量矩阵，$\boldsymbol{X}$ 是待求矩阵。

于是可将式（5-28a）等价地展开成普遍的 n 个线性方程组

$$\left.\begin{aligned}a_{11}x_1+a_{12}x_2+\cdots+a_{1n}x_n&=b_1\\a_{21}x_1+a_{22}x_2+\cdots+a_{2n}x_n&=b_2\\&\vdots\\a_{n1}x_1+a_{n2}x_2+\cdots+a_{nn}x_n&=b_n\end{aligned}\right\} \tag{5-28c}$$

三、平方根因子分解法

参考文献中对线性方程组在计算机上的解法介绍了很多种，都可以用于解式（5-28c）。考虑到 **A** 阵的对称性和在计算机上进行递推计算的方便，现介绍一种平方根因子分解法。

平方根因子分解法和因子表解法、三角分解法一样，都是以高斯消去法为基础的不同的运用形式，其区别在于后两种解法在前推过程中对对角线上的元素采取了规格化的措施，而平方根因子法则对对角线上的元素采取了平方根的措施。现以一个四阶（对称阵）线性方程组为例，说明平方根因子分解法的过程。该四阶线性方程组为

$$\left.\begin{aligned} a_{11}x_1+a_{21}x_2+a_{31}x_3+a_{41}x_4=b_1\\ a_{21}x_1+a_{22}x_2+a_{32}x_3+a_{42}x_4=b_2\\ a_{31}x_1+a_{32}x_2+a_{33}x_3+a_{43}x_4=b_3\\ a_{41}x_1+a_{42}x_2+a_{43}x_3+a_{44}x_4=b_4 \end{aligned}\right\}$$

其增广矩阵为

$$\begin{bmatrix} a_{11} & a_{21} & a_{31} & a_{41} & b_1\\ a_{21} & a_{22} & a_{32} & a_{42} & b_2\\ a_{31} & a_{32} & a_{33} & a_{43} & b_3\\ a_{41} & a_{42} & a_{43} & a_{44} & b_4 \end{bmatrix}$$

以$\sqrt{a_{11}}$遍除第一行各元素，并令

$$\begin{aligned} l_{11}&=\sqrt{a_{11}}\\ l_{21}&=a_{21}/l_{11}\\ l_{31}&=a_{31}/l_{11}\\ l_{41}&=a_{41}/l_{11}\\ y_1&=b_1/l_{11} \end{aligned}$$

得

$$\begin{bmatrix} l_{11} & l_{21} & l_{31} & l_{41} & y_1\\ a_{21} & a_{22} & a_{32} & a_{42} & b_2\\ a_{31} & a_{32} & a_{33} & a_{43} & b_3\\ a_{41} & a_{42} & a_{43} & a_{44} & b_4 \end{bmatrix}$$

按照高斯消去法的原理，第一行元素都乘以$a_{21}/l_{11}=l_{21}$，然后用第二行的相应元素减去之，将差值元素除以$\sqrt{a_{22}-l_{21}^2}$，作为新的第二行，并令

$$l_{22}=\sqrt{a_{22}-l_{21}^2} \tag{5-29a}$$

得

$$\begin{bmatrix} l_{11} & l_{21} & l_{31} & l_{41} & y_1\\ 0 & l_{22} & \dfrac{a_{32}-l_{21}l_{31}}{l_{22}} & \dfrac{a_{42}-l_{21}l_{41}}{l_{22}} & \dfrac{b_2-l_{21}y_1}{l_{22}}\\ a_{31} & a_{32} & a_{33} & a_{34} & b_3\\ a_{41} & a_{42} & a_{43} & a_{44} & b_4 \end{bmatrix}$$

令

$$\left.\begin{aligned} l_{32}&=(a_{32}-l_{31}l_{21})/l_{22}\\ l_{42}&=(a_{42}-l_{41}l_{21})/l_{22}\\ y_2&=(b_2-l_{21}y_1)/l_{22} \end{aligned}\right\} \tag{5-29b}$$

得

$$\begin{bmatrix} l_{11} & l_{21} & l_{31} & l_{41} & y_1 \\ 0 & l_{22} & l_{32} & l_{42} & y_2 \\ a_{31} & a_{32} & a_{33} & a_{43} & b_3 \\ a_{41} & a_{42} & a_{43} & a_{44} & b_4 \end{bmatrix}$$

仿照上述消去法的步骤，先使第三行诸元素减第一行相应元素乘以 l_{31}，使其第一元素为零，再减第二行相应元素乘以 l_{32}，使其差的第二个元素也为零。
再令

$$\left.\begin{aligned} l_{43} &= (a_{43} - l_{41}l_{31} - l_{42}l_{32})/l_{33} \\ l_{33} &= \sqrt{a_{33} - l_{31}^2 - l_{32}^2} \\ y_3 &= (b_3 - l_{31}y_1 - l_{32}y_2)/l_{33} \end{aligned}\right\} \tag{5-29c}$$

得

$$\begin{bmatrix} l_{11} & l_{21} & l_{31} & l_{41} & y_1 \\ 0 & l_{22} & l_{32} & l_{42} & y_2 \\ 0 & 0 & l_{33} & l_{43} & y_3 \\ a_{41} & a_{42} & a_{43} & a_{44} & b_4 \end{bmatrix}$$

仿照上述消去法的步骤，令

$$\left.\begin{aligned} l_{44} &= \sqrt{a_{44} - l_{41}^2 - l_{42}^2 - l_{43}^2} \\ y_4 &= (b_4 - l_{41}y_1 - l_{42}y_2 - l_{43}y_3)/l_{44} \end{aligned}\right\} \tag{5-29d}$$

可得

$$\begin{bmatrix} l_{11} & l_{21} & l_{31} & l_{41} & y_1 \\ 0 & l_{22} & l_{32} & l_{42} & y_2 \\ 0 & 0 & l_{33} & l_{43} & y_3 \\ 0 & 0 & 0 & l_{44} & y_4 \end{bmatrix} \tag{5-30}$$

这就是平方根因子法的前推过程。

从前述过程推导，不难看出当 **A** 为 n 阶方阵时，前推过程的普遍公式为

$$\left.\begin{aligned} l_{ii} &= \sqrt{a_{ii} - \sum_{k=1}^{i-1} l_{ik}^2} && (i=1, 2, \cdots, n) \\ l_{ij} &= \frac{a_{ij} - \sum_{k=1}^{j-1} l_{ik}l_{jk}}{l_{jj}} && \begin{pmatrix} j=1, 2, \cdots, i-1 \\ i=1, 2, \cdots, n \end{pmatrix} \\ y_i &= \left(b_i - \sum_{j=1}^{i-1} l_{ij}y_j\right)\Big/ l_{ii} && (i=1, 2, \cdots, n) \end{aligned}\right\}$$

从式（5-30）求 x_1，x_2，x_3，x_4 的数值，称为回代过程，根据高斯消去法解线性方程组的原理，立刻可以得

$$\begin{aligned} x_4 &= y_4/l_{44} \\ x_3 &= (y_3 - l_{43}x_4)/l_{33} \\ x_2 &= (y_2 - l_{42}x_4 - l_{32}x_3)/l_{22} \\ x_1 &= (y_1 - l_{41}x_4 - l_{31}x_3 - l_{21}x_2)/l_{11} \end{aligned}$$

不难看出，对于 n 阶线性方程组回代过程的普遍公式为

$$x_i = \left(y_i - \sum_{j=i+1}^{n} l_{ij}x_j\right)\Big/ l_{ii} \qquad (i=n,\ n-1,\ \cdots,\ 1)$$

平方根因子分解法的因子具有递推性，适于计算机的程序安排。以上述四阶方程组为例，其递推次序见表 5-3。圆圈内的号码代表递推序号。

表 5-3　　←回代过程

$x_1=\dfrac{y_1-\sum_{j=2}^{4}l_{j1}x_j}{l_{11}}$	$x_2=\dfrac{y_2-\sum_{j=3}^{4}l_{j2}x_j}{l_{22}}$	$x_3=\dfrac{y_3-l_{43}x_4}{l_{33}}$	$x_4=\dfrac{y_4}{l_{44}}$	
$l_{11}=\sqrt{a_{11}}$ ①	$y_1=b_1/l_{11}$			
$l_{21}=\dfrac{a_{21}}{l_{11}}$ ②	$l_{22}=\sqrt{a_{22}-l_{21}^2}$ ③	$y_2=\dfrac{b_2-l_{21}y_1}{l_{22}}$		
$l_{31}=\dfrac{a_{31}}{l_{11}}$ ④	$l_{32}=\dfrac{a_{32}-l_{31}l_{21}}{l_{22}}$ ⑤	$l_{33}=\sqrt{a_{33}-l_{31}^2-l_{32}^2}$ ⑥	$y_3=\dfrac{b_3-l_{31}y_1-l_{32}y_2}{l_{33}}$	
$l_{41}=\dfrac{a_{41}}{l_{11}}$ ⑦	$l_{42}=\dfrac{l_{42}-l_{41}l_{21}}{l_{22}}$ ⑧	$l_{43}=\dfrac{a_{43}-\sum_{k=1}^{2}l_{4k}l_{3k}}{l_{33}}$ ⑨	$l_{44}=\sqrt{a_{44}-\sum_{k=1}^{3}l_{4k}^2}$ ⑩	$y_4=\dfrac{b_4-\sum_{j=1}^{3}l_{4j}y_j}{l_{44}}$

前推过程↓

→前推过程

从式（5-30）可以看出，平方根因子法较之因子表解法与三角分解法占用的内存要少。而与高斯消去法相比，则因其充分利用了 $\boldsymbol{H}^{\mathrm{T}}\boldsymbol{R}_{\mathrm{v}}^{-1}\boldsymbol{H}$ 的对称性，向内存取数的次数较少，故速度较快。平方根因子法在我国电力系统运行状态的实现工程中，得到了较普遍的采用。

四、最小二乘法的程序框图

最小二乘法状态估计的程序框图如图 5-12 所示。在每次遥测数据完成一个巡回后，就进行对系统运行方式的状态估计。每次估计计算过程开始时，状态变量的数据 X_0（U_0，θ_0），一般都将上次遥测后的估计值作为本次的初始数值，这样迭代的次数就可减少。程序框图中的下标 i，是表示对一次巡回数据进行状态估计过程中的迭代次数。当迭代求解不满足误差要求，即

$$|\Delta U|_{\max} > \varepsilon_{\mathrm{v}} \text{ 或 } |\Delta\theta|_{\max} > \varepsilon_{\theta}$$

时，再进行又一次迭代。直到误差满足要求，才将计算出的状态估计值进行输出，这次遥测巡回的状态估计才算结束。下面举例说明。

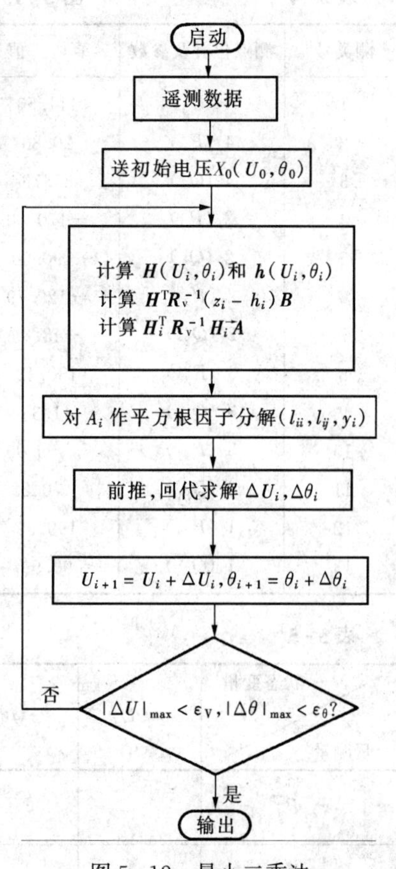

图 5-12　最小二乘法状态估计程序框图

设一电力系统接线图及线路参数如图 5-13 所示，其遥测数据与运行参数真值见表 5-4。按式（5-19）求出导纳

$$Y_{11}=0-\mathrm{j}0.1333$$

$$Y_{22}=0.1563-\mathrm{j}0.8103$$

$$Y_{33}=0.1240-\mathrm{j}0.6742$$

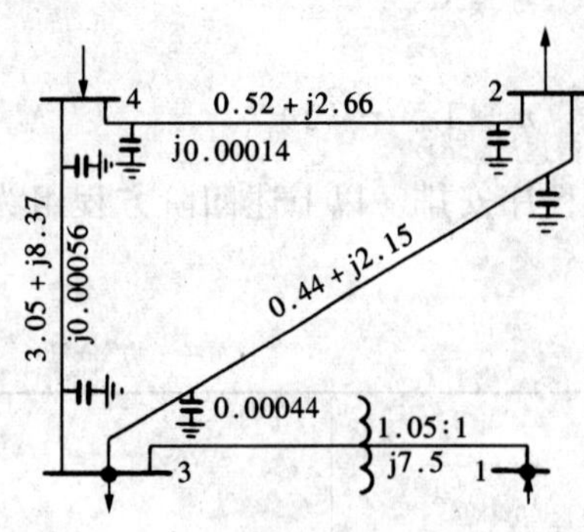

图 5-13 电力系统接线图及线路参数

$$Y_{44}=0.1092-\text{j}4668$$
$$Y_{13}=Y_{31}=0+\text{j}0.1269$$
$$Y_{23}=Y_{32}=-0.0855+\text{j}0.4487$$
$$Y_{24}=Y_{42}=-0.0707+\text{j}0.3621$$
$$Y_{34}=Y_{43}=-0.0384+\text{j}0.1054$$

给出初始值 X_0 为

$$U_{10}=U_{20}=U_{30}=U_{40}=111.54(\text{kV})$$
$$\theta_{10}=\theta_{20}=\theta_{30}=\theta_{40}=0(\text{rad})$$

按式（5-26b）求雅可比矩阵 $\boldsymbol{H}(X_{j0})$，见表 5-5；共迭代 3 次，每次的结果见表 5-6；量测值与估计值的比较等见表 5-7。

平均方差为
$$\sigma=\sqrt{J/m}=\sqrt{\frac{\sum_{i=1}^{m}\sigma_i^2}{m}}$$

式中 σ_i——每个参数的方差。

则量测值平均方差 $\sigma_m=0.71$；估计值平均方差为 $\sigma_{\text{E}}=0.15$。

表 5-4　图 5-13 电力系统遥测数据与运行参数真值

测类号	测点位置及参数	真　值	量测值	量测误差	权重（R_v^{-1}）	备　注
1	4 (U_4)	111.50	111.56	0.06	1.00	
2	4 (P_4)	20.86	20.27	−0.61	0.25	
3	4 (Q_4)	35.79	36.22	−0.43	0.25	
4	2 (P_2)	−170.00	−170.86	−0.86	0.25	
5	2 (Q_2)	−90.00	−89.66	0.34	0.25	
6	2 (P_{23})	−129.79	−130.09	−0.30	0.25	
7	2 (Q_{23})	−48.89	−48.16	0.73	0.25	
8	3 (P_{32})	130.42	129.07	−1.35	0.25	
9	3 (Q_{32})	41.35	41.89	0.54	0.25	
10	3 (P_{31})	−199.99	−199.23	0.76	0.25	与 P_{13} 相差甚大
11	3 (Q_{31})	−70.22	−70.40	−0.18	0.25	
12	1 (P_{13})	199.99	201.30	1.31	0.25	与 P_{31} 相差甚大
13	1 (Q_{13})	99.99	99.88	−0.11	0.25	

表 5-5　求雅可比矩阵 $\boldsymbol{H}$ (X_{j0}) 表

状态变量 / 量测量	x_1/U_1	x_2/θ_1	x_3/U_2	x_4/θ_2	x_5/U_3	x_6/θ_3	x_7/U_4
z_2/P_4			$\frac{-7.90}{\partial P_4/\partial U_2}$	$\frac{-4506.59}{\partial P_4/\partial\theta_2}$	$\frac{-4.29}{\partial P_4/\partial U_3}$	$\frac{-1312.64}{\partial P_4/\partial\theta_3}$	$\frac{12.18}{\partial P_4/\partial U_4}$
z_3/Q_4			$\frac{-40.40}{\partial Q_4/\partial U_2}$	$\frac{-880.99}{\partial Q_4/\partial\theta_2}$	$\frac{-11.77}{\partial Q_4/\partial U_3}$	$\frac{-478.32}{\partial Q_4/\partial\theta_3}$	$\frac{-52.01}{\partial Q_4/\partial U_4}$

续表

量测量＼状态变量	x_1/U_1	x_2/θ_1	x_3/U_2	x_4/θ_2	x_5/U_3	x_6/θ_3	x_7/U_4
z_4/P_2			$\frac{17.44}{\partial P_2/\partial U_2}$	$\frac{10092.14}{\partial P_2/\partial\theta_2}$	$\frac{-9.55}{\partial P_2/\partial U_3}$	$\frac{-5585.55}{\partial P_2/\partial\theta_3}$	$\frac{-7.90}{\partial P_2/\partial U_4}$
z_5/Q_2			$\frac{90.33}{\partial Q_2/\partial U_2}$	$\frac{-1946.14}{\partial Q_2/\partial\theta_2}$	$\frac{-50.07}{\partial Q_2/\partial U_3}$	$\frac{1065.15}{\partial Q_2/\partial\theta_3}$	$\frac{-40.40}{\partial Q_2/\partial U_4}$
z_6/P_{23}			$\frac{9.55}{\partial P_{23}/\partial U_2}$	$\frac{5585.55}{\partial P_{23}/\partial\theta_2}$	$\frac{-9.55}{\partial P_{23}/\partial U_3}$	$\frac{-5585.55}{\partial P_{23}/\partial\theta_3}$	
z_7/Q_{23}			$\frac{49.97}{\partial Q_{23}/\partial U_2}$	$\frac{-1065.15}{\partial Q_{23}/\partial\theta_2}$	$\frac{-50.07}{\partial Q_{23}/\partial U_3}$	$\frac{1065.15}{\partial Q_{23}/\partial\theta_3}$	
z_8/P_{23}			$\frac{-9.55}{\partial P_{32}/\partial U_2}$	$\frac{-5585.55}{\partial P_{32}/\partial\theta_2}$	$\frac{9.55}{\partial P_{32}/\partial U_3}$	$\frac{5585.55}{\partial P_{32}/\partial\theta_3}$	
z_9/Q_{32}			$\frac{-50.07}{\partial Q_{32}/\partial U_2}$	$\frac{1065.15}{\partial Q_{32}/\partial\theta_2}$	$\frac{49.97}{\partial Q_{32}/\partial U_3}$	$\frac{-1065.15}{\partial Q_{32}/\partial\theta_3}$	
z_{10}/P_{31}		$\frac{-1580.40}{\partial P_{31}/\partial\theta_1}$				$\frac{1580.40}{\partial P_{31}/\partial\theta_3}$	
z_{11}/Q_{31}	$\frac{-14.17}{\partial Q_{31}/\partial U_1}$				$\frac{12.82}{\partial Q_{31}/\partial U_3}$		
z_{12}/P_{13}		$\frac{1580.40}{\partial P_{13}/\partial\theta_1}$				$\frac{-1580.40}{\partial P_{13}/\partial\theta_3}$	
z_{13}/Q_{13}	$\frac{15.58}{\partial Q_{13}/\partial U_1}$				$\frac{-14.17}{\partial Q_{13}/\partial U_3}$		

表 5-6　　迭代 3 次，每次的结果

$Z_i-h_i(x)$＼迭代序号	0	1	2	$Z_i-h_i(x)$＼迭代序号	0	1	2
U_4	0	0.39	0.03	Q_{31}	4.86	0.33	−0.10
P_4	20.27	−0.12	−0.65	P_{13}	201.30	1.18	1.06
Q_4	44.94	0.82	0.21	Q_{13}	20.86	−0.88	−0.16
P_2	−170.86	−3.59	−0.84	状态变量			
Q_2	−82.43	−1.13	0.26	U_1	111.97	112.25	112.25
P_{23}	−130.09	−2.28	−0.30	θ_1	0.1408	0.1402	0.1402
Q_{23}	−42.68	−0.27	0.50	U_2	111.04	110.38	110.38
P_{32}	129.07	0.65	−1.35	θ_2	−0.0069	−0.0070	−0.0070
Q_{32}	47.37	1.57	0.78	U_3	111.37	111.73	111.73
P_{31}	−199.23	0.89	1.01	θ_3	0.0141	0.0142	0.0142

表 5-7 测量值与估计值的比较表

参 数	真 值	量测值	估计值	量测误差	估计误差
P_4	20.86	20.27	20.92	−0.59	0.06
Q_4	35.79	36.22	36.01	0.43	0.22
P_2	−170.00	−170.86	−170.02	−0.86	−0.22
Q_2	−90.00	−89.66	−89.92	0.34	0.08
P_{23}	−129.79	−130.09	−129.79	−0.30	0.00
Q_{23}	−48.89	−48.16	−48.66	−0.73	0.23
P_{33}	130.42	129.07	130.42	−1.35	−0.00
Q_{33}	41.35	41.89	41.11	0.54	−0.24
P_{31}	−199.99	−199.23	−200.24	0.76	−0.25
Q_{31}	−70.22	−70.40	−70.22	−0.18	−0.00
P_{13}	199.99	201.30	200.24	1.31	0.25
Q_{13}	99.99	99.88	100.04	−0.11	0.05

将估计值画成潮流图，如图 5-14 所示，θ 以角度表示。

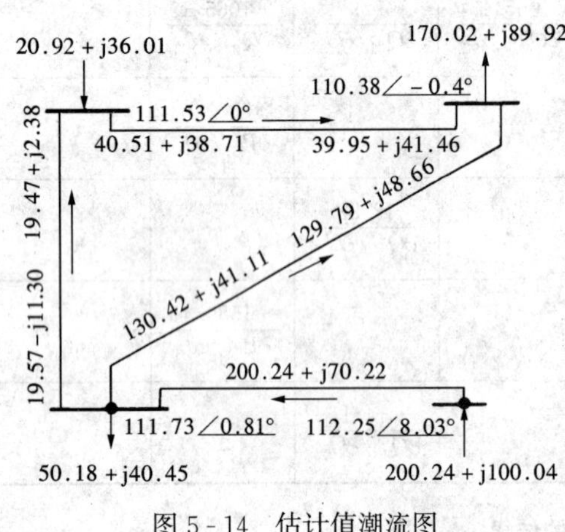

图 5-14 估计值潮流图

这个例子是比较简单的，只有四个节点，量测点的安排也不能认为是完全合理的，举出这个例子的目的主要是为了说明电力系统运行状态用最小二乘法进行估计时的计算过程，不能用此例作为评定最小二乘法作状态估计的全部性能的依据，这是显而易见的。但是可以根据这个算例，得出以下一些结论。

(1) 估计值的平均误差小于测量值的平均误差，准确度提高近 4 倍。

(2) 原有量测值中 $P_{13} \neq P_{31}$ 的不合理的情况消除了。图 5-14 的潮流是平衡的，可以作为其他计算的确定的依据。

(3) 计算的工作量主要在雅可比矩阵 $\boldsymbol{H}$（$\boldsymbol{X}_i$）的计算上。每迭代一次就要计算一次 $\boldsymbol{H}$（$\boldsymbol{X}_i$），然后又重新计算一次 $\boldsymbol{H}^{\mathrm{T}}\boldsymbol{R}_{\mathrm{v}}{}^{-1}\boldsymbol{H}$ 的平方根因子（l_{ii}，l_{ij}），这就使内存容量增加，且使计算速度大为减慢。因此，可在不过分拘泥于理论上的严格性，不牺牲实际工程所需要的准确度和不降低计算结果的可靠性的条件下，利用一些近似的关系在算法上做一些改进，比如说使 $\boldsymbol{H}$ 简化为常数阵，就可大大提高运算速度，减短计算周期，当然也就缩短了电力系统实时控制的周期，这显然是可取的。这就是第五节要介绍的快速解偶估计方法。

当然还可以有其他估计方法，但到目前为止，电力系统运行状态估计算法大都是以最小二乘法为理论依据。

最小二乘法是数学家高斯在 200 多年前提出的，高斯在他的著名论著《运动理论》中曾经写道："任何测量和观测都不可能是绝对精确的。以它们为基础的所有计算只可能做到近似于真实。对具体现象所进行的全部计算，其最高指标也只能做到尽量接近于真实。在解决这个问题时，人们必须首先知道近似轨道，而后对它进行适当校正，使结果尽可能精确地满足全部观测。"现代的最小二乘法与古典的平方法有两点是显著不同的。一是 19 世纪初还没有概率论的数学理论。现在概率论和数理统计的进展使人们有可能建立更加精确的理论，估计过程也变得更为复杂了。其次是大型计算机的出现，使很多数学问题都采用了数字解法。

第五节　$P-Q$ 分解法的状态估计

将电力系统潮流计算方法中的 $P-Q$ 分解法的一些特点应用于电力系统运行状态的最小二乘法估计，称为 $P-Q$ 分解法状态估计。

一、$P-Q$ 分解法的估计公式

$P-Q$ 分解法把所有的量测值分为两大类：一类是有功功率，如节点注入有功功率与线路潮流有功功率；另一类是无功功率，如节点注入无功功率与线路潮流无功功率，节点电压幅值量测值也包括在这一类。运用分块矩阵的方法，量测值矩阵可写成

$$\boldsymbol{z}=\begin{bmatrix}\boldsymbol{Z}_{\mathrm{a}}\\ \boldsymbol{Z}_{\mathrm{r}}\end{bmatrix}=\begin{bmatrix}\boldsymbol{P}(\theta,\ U)\\ \boldsymbol{Q}(\theta,\ U)\\ \boldsymbol{U}\end{bmatrix}$$

式中　$\boldsymbol{Z}_{\mathrm{a}}$——线路有功和节点有功功率量测值向量矩阵；

$\boldsymbol{Z}_{\mathrm{r}}$——线路无功和节点无功功率量测值，还有电压量测值向量矩阵。

同样把电力系统的状态变量也用分块矩阵表示。为了表示与前几节的元素排列次序不同，把 $\boldsymbol{\theta}$ 矩阵向量置于 $\boldsymbol{U}$ 矩阵向量之前，即

$$\boldsymbol{X}=\begin{bmatrix}\boldsymbol{\theta}\\ \boldsymbol{U}\end{bmatrix}$$

其雅可比矩阵为

$$\boldsymbol{H}(\theta,\ U)=\begin{bmatrix}\dfrac{\partial P}{\partial\theta} & \dfrac{\partial P}{\partial U}\\ \dfrac{\partial Q}{\partial\theta} & \dfrac{\partial Q}{\partial U}\end{bmatrix}=\begin{bmatrix}\boldsymbol{H}_{11} & \boldsymbol{H}_{12}\\ \boldsymbol{H}_{21} & \boldsymbol{H}_{22}\end{bmatrix}\tag{5-31}$$

式中　$\boldsymbol{H}_{11}$——有功功率对状态变量 $\boldsymbol{\theta}$ 的雅可比矩阵。

$\boldsymbol{H}_{11}$ 元素有如下四类

$$\left.\begin{aligned}\frac{\partial P_i}{\partial\theta_i}&=-B_{ii}U_i^2-Q_i\\ \frac{\partial P_i}{\partial\theta_j}&=U_iU_j(G_{ij}\sin\theta_{ij}-B_{ij}\cos\theta_{ij})\end{aligned}\right\}\tag{5-32a}$$

$$\left.\begin{aligned}\frac{\partial P_{ij}}{\partial\theta_i}&=U_iU_jG\sin\theta_{ij}-U_iU_jB\cos\theta_{ij}\\ \frac{\partial P_{ij}}{\partial\theta_j}&=-U_iU_jG\sin\theta_{ij}+U_iU_jB\cos\theta_{ij}\end{aligned}\right\}$$

$\boldsymbol{H}_{22}$ 为无功功率对状态变量 U 的雅可比矩阵，其元素为下述四类

$$\left.\begin{aligned}\frac{\partial Q_i}{\partial U_i}&=-U_iB_{ii}+Q_i/U_i\\ \frac{\partial Q_i}{\partial U_j}&=U_i(G_{ij}\sin\theta_{ij}-B_{ij}\cos\theta_{ij})\end{aligned}\right\}$$

$$\left.\begin{aligned}\frac{\partial Q_{ij}}{\partial U_i}&=-2U_i(B+Y_C)-U_jG\sin\theta_{ij}+U_jB\cos\theta_{ij}\\\frac{\partial Q_{ij}}{\partial U_j}&=-U_iG\sin\theta_{ij}+U_iB\cos\theta_{ij}\end{aligned}\right\}$$

当量测值包含节点电压幅值时，根据式（5-18），它的雅可比矩阵的元素除$\frac{\partial U_i}{\partial U_i}=1$外，其他各量均为零，较为简单，不再作讨论。

式（5-31）中的$\boldsymbol{H}_{12}$为有功功率对状态变量$\boldsymbol{U}$的雅可比矩阵，其元素为$\frac{\partial P_i}{\partial U_i}$、$\frac{\partial P_i}{\partial U_j}$、$\frac{\partial P_{ij}}{\partial U_i}$、$\frac{\partial P_{ij}}{\partial U_j}$；$\boldsymbol{H}_{21}$为无功功率对状态变量$\boldsymbol{\theta}$的雅可比矩阵，其元素为$\frac{\partial Q_i}{\partial \theta_i}$、$\frac{\partial Q_i}{\partial \theta_j}$、$\frac{\partial Q_{ij}}{\partial \theta_i}$、$\frac{\partial Q_{ij}}{\partial \theta_j}$。

根据电力系统运行计算的经验，在高压系统中有功功率主要与各节点电压向量的角度有关，无功功率则主要受各节点电压幅值的影响，即

$$\frac{\partial \boldsymbol{P}}{\partial \boldsymbol{U}}=\boldsymbol{H}_{12}\approx 0,\ \frac{\partial \boldsymbol{Q}}{\partial \boldsymbol{\theta}}=\boldsymbol{H}_{21}=0$$

于是式（5-31）变为

$$\boldsymbol{H}=\begin{bmatrix}\boldsymbol{H}_{11} & 0\\ 0 & \boldsymbol{H}_{22}\end{bmatrix}$$

再令

$$\boldsymbol{R}_{\mathrm{v}}^{-1}=\begin{bmatrix}\boldsymbol{R}_{\mathrm{a}}^{-1} & \\ & \boldsymbol{R}_{\mathrm{r}}^{-1}\end{bmatrix}$$

于是得

$$\begin{aligned}\boldsymbol{H}^{\mathrm{T}}\boldsymbol{R}_{\mathrm{v}}^{-1}\boldsymbol{H}&=\begin{bmatrix}\boldsymbol{H}_{11}^{\mathrm{T}} & 0\\ 0 & \boldsymbol{H}_{22}^{\mathrm{T}}\end{bmatrix}\begin{bmatrix}\boldsymbol{R}_{\mathrm{a}}^{-1} & 0\\ 0 & \boldsymbol{R}_{\mathrm{r}}^{-1}\end{bmatrix}\begin{bmatrix}\boldsymbol{H}_{11} & 0\\ 0 & \boldsymbol{H}_{22}\end{bmatrix}\\&=\begin{bmatrix}\boldsymbol{H}_{11}^{\mathrm{T}} & 0\\ 0 & \boldsymbol{H}_{22}^{\mathrm{T}}\end{bmatrix}\begin{bmatrix}\boldsymbol{R}_{\mathrm{a}}^{-1}\boldsymbol{H}_{11} & 0\\ 0 & \boldsymbol{R}_{\mathrm{r}}^{-1}\boldsymbol{H}_{22}\end{bmatrix}\\&=\begin{bmatrix}\left(\frac{\partial \boldsymbol{P}}{\partial \boldsymbol{\theta}}\right)^{\mathrm{T}}\boldsymbol{R}_{\mathrm{a}}^{-1}\frac{\partial \boldsymbol{P}}{\partial \boldsymbol{\theta}} & 0\\ 0 & \left(\frac{\partial \boldsymbol{Q}}{\partial \boldsymbol{U}}\right)^{\mathrm{T}}\boldsymbol{R}_{\mathrm{r}}^{-1}\frac{\partial \boldsymbol{Q}}{\partial \boldsymbol{U}}\end{bmatrix}\end{aligned}$$

一般线路两端电压的相角差是不大的（通常不超过10°～20°），在$P-Q$分解法中可以进一步认为

$$\cos\theta_{ij}\cong 1$$

$$G_{ij}\sin\theta_{ij}\ll B_{ij}$$

此外，与系统各节点无功功率相对应的等值对地导纳，必定远远小于该节点自导纳的虚部，即

$$\frac{Q_i}{U_i^2}\ll B_{ii}$$

所以

$$Q_i\ll U_i^2B_{ii}$$

$$Q_i/U_i\ll U_iB_{ii}$$

于是，在 $P-Q$ 分解法中雅可比矩阵的诸元素为

$$\left.\begin{aligned}
&\frac{\partial P_i}{\partial \theta_i}=-B_{ii}U_i^2\\
&\frac{\partial P_i}{\partial \theta_j}=-U_iU_jB_{ij}\\
&\frac{\partial P_{ij}}{\partial \theta_i}=-U_iU_jB\\
&\frac{\partial P_{ij}}{\partial \theta_j}=U_iU_jB\\
&\frac{\partial Q_i}{\partial U_i}=-U_iB_{ii}\\
&\frac{\partial Q_i}{\partial U_j}=-U_iB_{ij}\\
&\frac{\partial Q_{ij}}{\partial U_i}=-2U_i(B+Y_C)+U_jB\\
&\frac{\partial Q_{ij}}{\partial U_j}=U_iB
\end{aligned}\right\}\tag{5-32b}$$

由于在迭代求解过程中，U_i、U_j 的校正值对式（5-32b）左端的数值影响不大，$P-Q$ 分解法状态估计更进一步假定在雅可比矩阵的诸元素中 U_i、U_j 都等于一个参考电压 U_0 不变，即

$$U_i \cong U_j \cong U_0$$

这个近似关系产生了两个结果，其一是在电力系统中要选定一个节点的电压作为参考电压，其幅值为 U_0，其相角等于零。其二是雅可比矩阵的元素都变成了常数，即

$$\frac{\partial P_i}{\partial \theta_i}=\Big(\sum_{\substack{j=1\\ j\neq i}}^{n}\frac{1}{X_{ij}}\Big)U_0^2$$

$$\frac{\partial P_i}{\partial \theta_j}=-\frac{1}{X_{ij}}U_0^2$$

$$\frac{\partial P_{ij}}{\partial \theta_i}=\frac{1}{X_{ij}}U_0^2=-\frac{\partial P_{ij}}{\partial \theta_j}$$

$$\frac{\partial Q_i}{\partial U_i}=\Big(\sum_{\substack{j=1\\ j\neq i}}^{n}\frac{1}{X_{ij}}\Big)U_0$$

$$\frac{\partial Q_{ij}}{\partial U_i}=\Big(\frac{1}{X_{ij}}-2Y_C\Big)U_0$$

$$\frac{\partial Q_i}{\partial U_j}=\frac{\partial Q_{ij}}{\partial U_j}=\Big(-\frac{1}{X_{ij}}\Big)U_0$$

式中　X_{ij}——节点 i、j 间线路的电抗，而认为线路的电阻为零。

这样，就可令

$$\boldsymbol{H}=\begin{bmatrix}\boldsymbol{H}_{11} & 0\\ 0 & \boldsymbol{H}_{22}\end{bmatrix}=\begin{bmatrix}\dfrac{\partial \boldsymbol{P}}{\partial \boldsymbol{\theta}} & 0\\ 0 & \dfrac{\partial \boldsymbol{Q}}{\partial \boldsymbol{U}}\end{bmatrix}=\begin{bmatrix}U_0^2\boldsymbol{H}_1 & 0\\ 0 & U_0\boldsymbol{H}_2\end{bmatrix}$$

式中 $\boldsymbol{H}_1$、$\boldsymbol{H}_2$——均为常数阵。

将式（5-28a）的右端也用分块矩阵写出，即

$$\boldsymbol{H}^{\mathrm{T}}\boldsymbol{R}_{\mathrm{v}}^{-1}[\boldsymbol{Z}-\boldsymbol{h}(\boldsymbol{X}_i)]=\begin{bmatrix}\boldsymbol{H}_1^{\mathrm{T}}\boldsymbol{U}_0^2 & 0\\ 0 & \boldsymbol{H}_2^{\mathrm{T}}\boldsymbol{U}_0\end{bmatrix}\begin{bmatrix}\boldsymbol{R}_{\mathrm{a}}^{-1} & 0\\ 0 & \boldsymbol{R}_{\mathrm{r}}^{-1}\end{bmatrix}\begin{bmatrix}Z_{\mathrm{a}}-h_{\mathrm{a}}(X_i)\\ Z_{\mathrm{r}}-h_{\mathrm{r}}(X_i)\end{bmatrix}$$

$$=\begin{bmatrix}\boldsymbol{H}_1^{\mathrm{T}}\boldsymbol{U}_0^2 & 0\\ 0 & \boldsymbol{H}_2^{\mathrm{T}}\boldsymbol{U}_0\end{bmatrix}\begin{Bmatrix}\boldsymbol{R}_{\mathrm{a}}^{-1}[Z_{\mathrm{a}}-h_{\mathrm{a}}(X_i)]\\ \boldsymbol{R}_{\mathrm{r}}^{-1}[Z_{\mathrm{r}}-h_{\mathrm{r}}(X_i)]\end{Bmatrix}$$

$$=\begin{Bmatrix}\boldsymbol{U}_0^2\boldsymbol{H}_1^{\mathrm{T}}\boldsymbol{R}_{\mathrm{a}}^{-1}[Z_{\mathrm{a}}-h_{\mathrm{a}}(X_i)]\\ \boldsymbol{U}_0\boldsymbol{H}_2^{\mathrm{T}}\boldsymbol{R}_{\mathrm{r}}^{-1}[Z_{\mathrm{r}}-h_{\mathrm{r}}(X_i)]\end{Bmatrix}$$

已知式（5-28a）的左端

$$\boldsymbol{H}^{\mathrm{T}}\boldsymbol{R}_{\mathrm{v}}^{-1}\boldsymbol{H}\Delta\boldsymbol{X}_i=\begin{bmatrix}\boldsymbol{H}_{11}^{\mathrm{T}}\boldsymbol{R}_{\mathrm{a}}^{-1}\boldsymbol{H}_{11} & 0\\ 0 & \boldsymbol{H}_{22}^{\mathrm{T}}\boldsymbol{R}_{\mathrm{r}}^{-1}\boldsymbol{H}_{22}\end{bmatrix}\begin{bmatrix}\Delta\theta_i\\ \Delta U_i\end{bmatrix}$$

$$=\begin{bmatrix}\boldsymbol{U}_0^4\boldsymbol{H}_1^{\mathrm{T}}\boldsymbol{R}_{\mathrm{a}}^{1}\boldsymbol{H}_1 & 0\\ 0 & \boldsymbol{U}_0^2\boldsymbol{H}_2^{\mathrm{T}}\boldsymbol{R}_{\mathrm{r}}^{-1}\boldsymbol{H}_2\end{bmatrix}\begin{bmatrix}\Delta\theta_i\\ \Delta U_i\end{bmatrix}$$

于是可得

$$\left.\begin{aligned}&\boldsymbol{U}_0^2\boldsymbol{H}_1^{\mathrm{T}}\boldsymbol{R}_{\mathrm{a}}^{-1}\boldsymbol{H}_1\Delta\boldsymbol{\theta}_i=\boldsymbol{H}_1^{\mathrm{T}}\boldsymbol{R}_{\mathrm{a}}^{-1}[Z_{\mathrm{a}}-h_{\mathrm{a}}(\theta_i,U_i)]\\ &\boldsymbol{U}_0\boldsymbol{H}_2^{\mathrm{T}}\boldsymbol{R}_{\mathrm{r}}^{-1}\boldsymbol{H}_2\Delta\boldsymbol{U}_i=\boldsymbol{H}_2^{\mathrm{T}}\boldsymbol{R}_{\mathrm{r}}^{-1}[Z_{\mathrm{r}}-h_{\mathrm{r}}(\theta_i,U_i)]\\ &\boldsymbol{\theta}_{i+1}=\boldsymbol{\theta}_i+\Delta\boldsymbol{\theta}_i\\ &\boldsymbol{U}_{i+1}=\boldsymbol{U}_i+\Delta\boldsymbol{U}_i\end{aligned}\right\}\tag{5-33}$$

式（5-33）就是 $P-Q$ 分解法状态估计的迭代公式。其中 i 代表迭代序号。状态估计的步骤为先从式（5-33）的第一式开始，根据 U_i、θ_i 值，解第一式的常系数线性方程组，求出 $\Delta\theta_i$；然后代入第三式求出 θ_{i+1}；以 θ_{i+1} 值代入第二式（即取代式中的 θ_i），解出 ΔU_i；代入第四式求出 U_{i+1}，至此算完成一步，从 θ_i、U_i 求出了 θ_{i+1}、U_{i+1}。重复上述的步骤，直至达到允许误差，即

$$\varepsilon_\theta>|\Delta\theta_{in}|_{\max}\ 及\ \varepsilon_{\mathrm{v}}>|\Delta U_{in}|_{\max}$$

第一式与第二式都是常系数线性方程组，可以用前节的平方根因子法求解。但要注意的是：$P-Q$ 分解法状态估计是一个交叉迭代的过程。从第一式求出 $\Delta\theta_i$，以其值代入第二式求出 ΔU_i，再从 ΔU_i 的值代入第一式求出新的 $\Delta\theta_i$ 值……看上去迭代的纯次数增加了一倍，但由于 $\boldsymbol{H}$ 已变成常数矩阵，且维数减半，分解一次以后就可以接连使用，所以节省了内存，并大大提高了计算的速度。

二、$P-Q$ 分解法状态估计的程序框图

图 5 15 为 $P-Q$ 分解法状态估计的程序框图，图中的 KP 和 KQ 是交叉迭代的控制信号，分别表示 $P-\theta$ 迭代过程与 $Q-V$ 迭代过程的结果是否已满足误差要求，即

$KP=1$，$P-\theta$ 迭代不能结束；

$KP=0$，$P-\theta$ 迭代可以结束。

$KQ=1$，$Q-V$ 迭代不能结束；

$KQ=0$，$Q-V$ 迭代可以结束。

在进行 $P-Q$ 分解法的状态估计时，必须在式（5-33）的第一与第二式间进行交叉迭

代，即 $P-\theta$ 迭代与 $Q-V$ 迭代必须交叉进行，这是第 5 框（$KP=1$，$KQ=1$）的作用。

在进行到第 i 步，如果 $|\Delta\theta_i|_{max}<\varepsilon_\theta$，即误差还不合格，则到 $KP=1$，表示 $P-\theta$ 迭代还需继续进行。于是通过 $KP=1$ 就可直接启动第 7 框，进行交叉迭代。如果 $|\Delta\theta|$ 已合格，则到 $KP=0$，表示 $P-\theta$ 迭代可以结束；但这时如果 $KQ=1$，即 $Q-V$ 迭代不能结束，则仍需启动第 7 框，进行 ΔU_i 的计算。

同样，$KQ=1$，$Q-V$ 迭代不能结束时，可直接启动第 6 框，开始下一步的计算。而当 $KQ=0$，$Q-V$ 迭代可以结束而 $P-\theta$ 迭代不能结束，即 $KP=1$ 时，也要进行下一次的交叉迭代。

只有当 $KP=0$、$KQ=0$ 两个条件同时满足时，才能将估计结果输出，在图 5-15 上就是 $KP=1$ 与 $KQ=1$ 两个同时否定时，计算机才有输出。

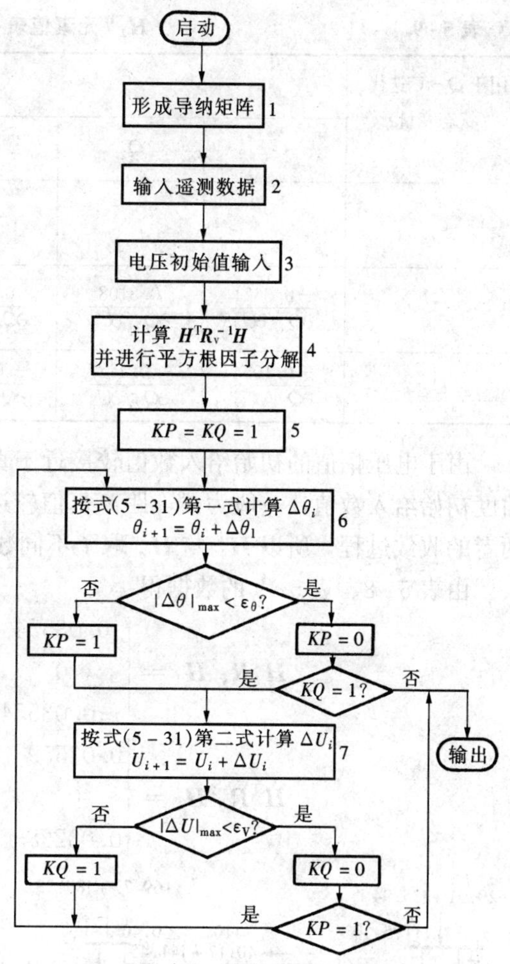

图 5-15　$P-Q$ 分解法状态估计程序框图

如仍是图 5-13 所示的电力系统及其量测数据。在不考虑线路电阻、对地电容与变压器变比时，导纳数值为

$$B_{11}=-0.1333,\ B_{22}=-0.8410$$
$$B_{33}=-0.7179,\ B_{13}=0.1333$$
$$B_{23}=0.4651,\ B_{24}=0.3759$$
$$B_{34}=0.1194$$

参考电压点选节点 4，$U_4=111.5\text{kV}$，$\theta_4=0$。雅可比矩阵的倒置阵 $\boldsymbol{H}_1{}^T$ 与 $\boldsymbol{H}_2{}^T$ 的元素值分别列于表 5-8 及表 5-9 中。

表 5-8　$H_1{}^T$ 元素值表

用于 $P-\theta$ 迭代（状态变量）	P（量测量）					
θ	P_4	P_2	P_{23}	P_{32}	P_{31}	P_{13}
θ_1					$\frac{-0.1333}{\partial P_{31}/\partial\theta_1}$	$\frac{0.1333}{\partial P_{13}/\partial\theta_1}$
θ_2	$\frac{-0.3759}{\partial P_4/\partial\theta_2}$	$\frac{0.8410}{\partial P_2/\partial\theta_2}$	$\frac{0.4651}{\partial P_{23}/\partial\theta_2}$	$\frac{-0.4651}{\partial P_{32}/\partial\theta_2}$		
θ_3	$\frac{-0.1194}{\partial P_4/\partial\theta_3}$	$\frac{-0.4651}{\partial P_2/\partial\theta_3}$	$\frac{-0.4651}{\partial P_{23}/\partial\theta_3}$	$\frac{0.4651}{\partial P_{32}/\partial\theta_3}$	$\frac{0.1333}{\partial P_{31}/\partial\theta_3}$	$\frac{-0.1333}{\partial P_{13}/\partial\theta_3}$

表 5-9 H_2^T 元素值表（计及线路电阻）

用于 $Q-V$ 迭代（状态变量）U	Q（量测量）					
	Q_4	Q_2	Q_{23}	Q_{32}	Q_{31}	Q_{13}
U_1					$\frac{-0.1269}{\partial Q_{31}/\partial U_1}$	$\frac{0.1396}{\partial Q_{13}/\partial U_1}$
U_2	$\frac{-0.3621}{\partial Q_4/\partial U_2}$	$\frac{0.8108}{\partial Q_2/\partial U_2}$	$\frac{0.4479}{\partial Q_{23}/\partial U_2}$	$\frac{-0.4487}{\partial Q_{32}/\partial U_2}$		
U_3	$\frac{-0.1054}{\partial Q_4/\partial U_3}$	$\frac{-0.4487}{\partial Q_2/\partial U_3}$	$\frac{-0.4487}{\partial Q_{32}/\partial U_3}$	$\frac{0.4479}{\partial Q_{32}/\partial U_3}$	$\frac{0.1148}{\partial Q_{31}/\partial U_3}$	$\frac{-0.1269}{\partial Q_{13}/\partial U_3}$

由于电压幅值的初始给入数值较接近于真值，在估计过程中，修正量小；而电压向量的角度初始给入数值，一般为0°，距离真值较远，在估计过程中，需要的修正量大。为了均衡两者的收敛过程，所以 H_1^T 与 H_2^T 取了不同数值，这是经验问题。

由表 5-8、表 5-9 的数据得

$$H_1^T R_v^{-1} H_1 = \begin{bmatrix} 0.03554 & 0 & -0.03554 \\ 0 & 1.28122 & -0.77890 \\ -0.03554 & -0.77890 & 0.69875 \end{bmatrix}$$

$$H_2^T R_v^{-1} H_2 = \begin{bmatrix} 0.03559 & 0 & 0.03228 \\ 0 & 1.19046 & -0.72759 \\ 0.03228 & -0.72759 & 0.64367 \end{bmatrix}$$

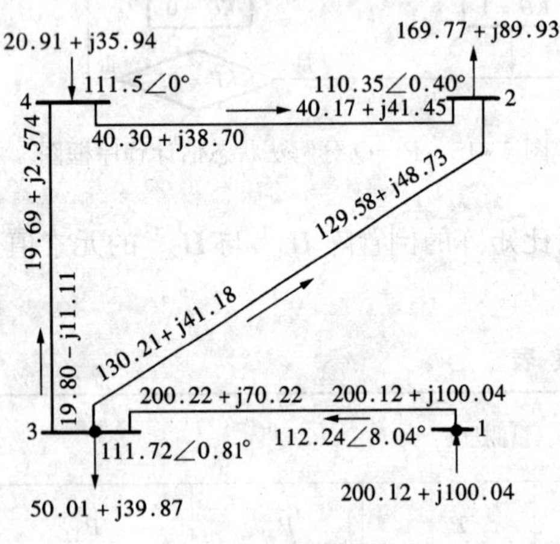

图 5-16 估计值潮流图

此题用 $P-Q$ 分解法经四次迭代就得出结果。现将每次迭代后，状态变量的数值及测量值 Z 与估计值 h（X）的差值列于表 5-10 中，量测量与估计值比较见表 5-11，估计值潮流图如图 5-16 所示。由上可得，量测值平均方差 $\sigma_M=0.73$；估计值平均方差 $\sigma_E=0.16$。

由此可得出以下结论。

（1）误差减小，准确度提高了。

（2）潮流是平衡的，数据的可信度与可用性提高了。

（3）$P-Q$ 分解法状态估计是收敛的。该法可以节省内存，提高计算速度，在我国较受重视。

表 5-10 $P-\theta$ 分解法迭代过程收敛情况

迭代序号	$H^T R_v^{-1}[Z-h(X)]$			状态变量(θ 与 U)			单位
	节点 1	节点 2	节点 3	节点 1	节点 2	节点 3	
0	53.3910 2.30	−272.5200 −126.58	144.3249 71.29	0.0000 111.56	0.0000 111.56	0.0000 111.56	θ(rad) U(kV)

续表

迭代序号	$H^{T}R_{v}^{-1}[Z-h(X)]$			状态变量(θ 与 U)			单位
	节点 1	节点 2	节点 3	节点 1	节点 2	节点 3	
1	2.6733 −0.15	12.9868 −49.14	−7.4268 36.59	0.1343 111.95	−0.0088 110.48	0.0136 111.35	θ(rad) U(kV)
2	−0.1542 −0.02	10.3410 1.95	−7.5669 −0.53	0.1414 112.22	−0.0072 110.32	0.0149 111.69	θ(rad) U(kV)
3	−0.0360 0.00	0.1936 1.90	−0.3475 −1.45	0.1404 112.24	−0.0070 110.35	0.0143 111.72	θ(rad) U(kV)
4	0.0121 0.00	−0.3753 0.05	0.2732 −0.08	0.1402 112.23	−0.0070 110.36	0.0141 111.71	θ(rad) U(kV)

表 5-11　　测量值与估计值的比较

量 测 量	真　值	测 量 值	测量误差	估 计 值	估计误差	权　重
U_4	111.50	111.56	0.06	111.50	0	(给定)
P_4	20.86	20.27	−0.59	20.91	0.05	1.00
Q_4	35.79	36.22	0.43	35.94	0.15	1.00
P_2	−170.00	−170.86	−0.86	−169.77	0.23	1.00
Q_2	−90.00	−89.66	0.34	−89.93	0.07	1.00
P_{23}	−129.79	−130.09	−0.30	−129.58	0.21	1.00
Q_{23}	−48.89	−48.16	0.73	−48.73	0.16	1.00
P_{32}	130.42	129.07	−1.35	130.21	−0.21	1.00
Q_{32}	41.35	41.89	0.54	41.18	−0.17	1.00
P_{31}	−199.99	−199.23	0.76	−200.22	−0.23	1.00
Q_{31}	−70.22	−70.40	−0.18	−70.22	0.00	1.00
P_{13}	199.99	201.30	1.31	200.12	0.23	1.00
Q_{13}	99.99	99.88	−0.11	100.04	0.05	1.00

第六节　电力系统运行状态估计框图

数据经状态估计处理后合格是指测量值与估计值的残差小于某一个指定的数值，也就是式（5-25）中的 $J(x)$ 小于某个数值。从状态估计的原理与其求解的过程可以看出，要做到这一点，必须满足以下两个条件。

（1）没有坏的量测数据。

（2）系统的结构性参数没有基本上不符合实际情况的错误。

其中“(1)”所说的坏的量测数据，不是指量测系统的随机性误差的读值，而是指测量系统发生故障（如通道事故、传感器仪表失灵等）后的量测读值，其读值与真值相差很大。有了这种坏数据，进行状态估计的结果，在该量测点必定会出现相当大的残差，即

$$|Z_i - h_i(\hat{X})| > \varepsilon_z$$

这就是说，状态估计器可以发现不能用的量测数据，并可以把这类数据从整个量测读值中剔

除，以使估计后的残差满足要求。由于状态估计要求量测数据的数量有富余度，所以剔除个别坏数据，状态估计仍可照样进行，其结果使数据与信息的可信性大为提高。

“（2）”中所说的结构性参数的错误，是指系统接线图的错误，即数学模型的错误。这主要是指开关位置的错误及发生接地故障等。状态估计是根据给定的系统接线图，即系统数学模型进行的，如果数学模型错误地把运行的线路当成断开的线路，或者线路短路了，还认为线路是正常的等，如此进行状态估计的结果肯定就与量测值相差很大，即残差大于允许值。在这种情况下，就需要根据实际的系统接线情况改变数学模型，才能使估计误差满足要求。

由此可见，状态估计后合格的数据不仅说明系统接线图是正确的，而且没有坏数据，所以它的可信性是很高的。在发生残差不合格的情况下，如何捡出坏数据及查出数学模型的错误的问题统称为“检错与识别”。通常“检错与识别”也包括在状态估计的功能里，才能最好地起到估计电力系统运行状态的作用。

下面介绍一个电力系统运行状态估计的框图。

电力系统运行状态估计的框图可以有多种，用图 5-17 所示的一种则能较好地说明状态估计器的功能。使用图 5-17 所示框图，要求保存前一次量测数据（Z_{k-1}），现将该框图的功能说明如下。

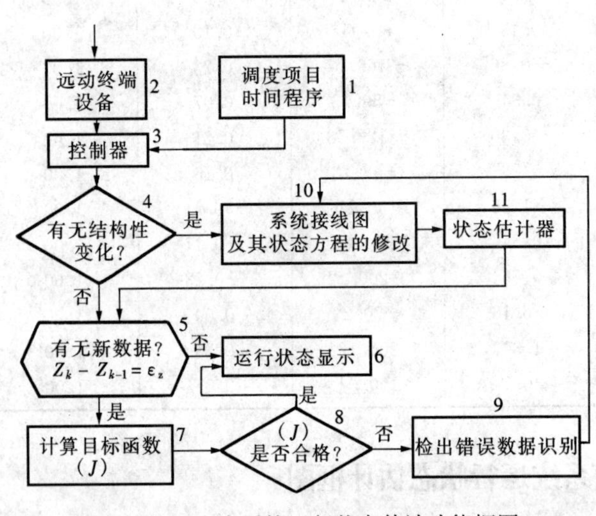

图 5-17 电力系统运行状态估计功能框图

一、正常时的估计功能

先讨论图 5-17 框图已处于正常运行时的情况。假定已进行了第 $k-1$ 次估计，结果是合格的，现在要进行第 k 次估计。由调度项目时间程序 1 向控制器 3 发出进行状态估计的指令，控制器就将状态估计程序投入运行。从存储 RTU 经通信通道滤波器传来的实时数据库中，提取测量读值，根据库中的信号信息，在框 4 判断系统接线有无改变，如无改变，则进入框 5；判断有无新数据，即 Z_k 与 Z_{k-1} 之差是否足够小，如没有新数据，则说明系统状态与前次量测时的状态没有变化，随后立刻进行系统运行状态的屏幕显示，将并 Z_k（作为 Z_{k-1}）存储下来。

如果在 $k-1$ 次与 k 次估计间，系统接线情况有了改变，则由框 4 将程序转入框 10，即按照新的系统接线图修改原有的状态方程组。然后按修改后的方案进入框 11，进行系统当时的运行状态的估计计算。由于系统数学模型已作了相应的改变，所以经框 5 转入框 7，在进行最小二乘方估计值（J）的校验后，在框 8 肯定得出（J）是合格的结论后，说明这次状态估计结果是可信的，于是就转入屏幕显示。这也是一种正常的状态估计的情况。

第三种正常情况是系统接线图并无改变，只是系统负荷有了明显变化，于是经框 5 时就会发现这种情况而转入框 7。如果这种变化不是因为级别较低的表计的随机误差引起的，那么这次量测的最小二乘方估计值（J）就会比较大，J 不合格就进行框 9。框 9 的功能是检错与识别，区分这次量测值的 J 不合格是由于何种原因引起的。当它发现有较多厂、站的运行状态估计值都不合格时，就不剔除任何数据而转入框 10。比如负荷变动引起的，则 J 的超值数值不会大，而且不会只是少量数据超值。因此它不剔除任何量测数据，而转入框 10。这时框 4 并未发出有结构性变化的信息，所以框 10 在不修正系统状态方程的条件下，将量测数据 Z_k 转入框 11，进行状态估计的计算。估计的结果经过第 5、7、8 框判断合格后，就进入框 6，进行系统运行状态的实时显示。

二、检错与识别

除去以上三种正常情况外，不正常的情况就是接收了坏数据。坏数据分两种：一种是测量读值数据的错误，另一种是信号信息的错误。

导致测量读值数据错误的原因大致分两类。一类是仪表或传感器失灵，这类错误的特点是坏数据只是个别的，且差值很大，其他的量测数据则都是较好的，这就是说

$$Z_{ki} \approx Z_{(k-1)i} \quad (i \neq j)(i=1,\ 2,\ \cdots,\ m)$$

$$Z_{kj} - Z_{(k-1)j} \gg \varepsilon_j (j \text{ 可以多于 } 1)$$

当个别坏数据达到影响整个状态估计的必要的准确度时，必须把这个坏数据检测出来，在保留 Z_{k-1} 数据的图 5-17 的框图中，要检出表计的坏数据，根据以上的方程式是较为容易做到的。其识别方法就是把检出的个别数据加以剔除，然后在框 10 中把这个坏数据的相应方程式也剔除，再进入框 11，根据其余的被测量进行一次估计计算。用所得的状态估计值计算出被剔除的被测量的估计值究竟应是多少，且在屏幕上加以显示。这样就完成了识别的任务。在厂、站都装设 RTU 的情况下，上述个别读值错误的识别功能，可以认为已在 RTU 的微机中完成，不会再传送到调度中心。

另一类错误是由于厂、站的通信通道或 RTU 的核心处理设备出现了故障，这类错误的特点是坏数据以厂、站为单位，成片出现，进入图 5-17 的调度中心的状态估计框图后，目标函数 J 是不会合格的，第 9 框可以以厂、站为单位，将 Z_{kl} 与 $Z_{(k-1)}\ l$（$l=1$、2、…、n）进行比较，差值大的一片予以剔除后，以厂、站 l 前次的读值数据 $Z_{(k-1)l}$ 代替 Z_{kl} 进入第 10 框，并通知第 l 个厂、站，设法进行恢复正常数据的工作。

现在讨论信号信息出现错误的情况。这种错误也可以分为两类：一类是系统接线并没有改变而只是信号信息发生错误，虽然这时会由框 4 启动框 10 和框 11，根据误置了的接线图，进行错误的估计。但要注意在本框图中，估计结果是不直接进入显示框的，它还要通过框 5 的检验。在只是信号错误的情况下，被测量值就不会出现新数据，Z_k 与 Z_{k-1} 的差别或者很小，或者纵然有，也在一般范围之内，所以可把上次的估计值直接进入框 6 进行显示。利用框 10 与框 5 的不同结论，可以很快地发现信号信息的错误，这是图 5-17 本身具有的功能。另一类是系统发生了结构性变化而信号信息失灵，或不能反映此种变化。线路故障就属于系统结构改变，信号信息是来不及反应的，但这属于继电保护的范畴，其动作时间远比状态估计的运行周期短，故可不予考虑。其次，如某台发电机非计划断开了，而信号失灵，没有反应。但发电机的跳闸只是改变了该节点的注入功率，使较多的新数据出现，但对系统接线图，即系统的数学模型，却不发生任何影响。所示框 10 首先是按原有的数学模型转入框 11 进行状态估计。在只是发电机跳闸的情况下，估计结果肯定能满足准许的误差，而进行数据显示，因此这种情况也能较快地识别出来。再次如线路的非计划断开，而信号失灵。如果所跳开的线路处于中载或满载状态，会有大片的运行读值数据受到影响，一般要超出某

厂、某站的读值范围，而信号失灵，系统接线依旧。如果完全由调度中心来纠正这类错误信号是较为困难的，一般的办法是由框 10 逐次试探性地改变一下系统接线图的数学模型，接着由框 11 进行一次试验性的估计运算，直至框 8 认为合格，并进行运行状态的显示为止。在各厂、站都设有 RTU 的情况下，则断开线路所属的厂、站应是目标函数 J 最恶化的地点，所以可以通过调度中心与省调或厂、站间的联系，较快地查出失灵的信号，以恢复正常。如果所跳开的线路处于轻载或空载状态，则较难利用读值目标函数 J 恶化的办法来发现失灵的信号。这种信号与实际接线不符的情况如长期存在，则一旦发生事故，会使调度人员对系统的抗事故能力出现错误判断，可能导致事故的扩大。可靠的解决办法看来是在基层厂、站加强对轻载或空载线路断路器位置信号的巡视与核查。

从定义上讲，检错就是检出不良的数据信息。识别则是查出产生这些不良数据信息的原因，并在电力系统的数学模型中加以改正，即在错误信息中识出当时系统的实际运行情况，使显示的估计数据相当准确地反映系统当时的运行方式。

检错与识别及其自动化问题对于专攻“电力系统估计”的工作人员，是一个比较重要的问题，但因涉及概率论知识较多，本书不再讨论。

三、遥测量的配置

状态估计是利用量测量的富余度

$$\eta=\frac{m}{n}$$

来对电力系统运行状态变量的真值进行估计。一般取 $\eta=1.8\sim2.8$。

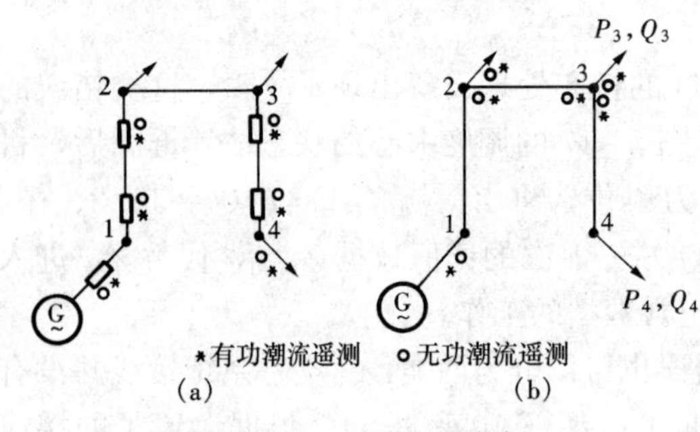

图 5-18 遥测配置举例

(a) 遥测量配置错误；(b) 遥测量配置正确

遥测量的配置问题就是如何安排这 m 个遥测点，以使状态估计达到既可靠又经济的目的。比如在图 5-18（a）辐射状网络中，有 4 个节点，存在 P_{12}、P_{23}、P_{34} 及 Q_{12}、Q_{23}、Q_{34} 等线路潮流。如果遥测量按图 5-18（a）安排 $m=12$、$n=7$，富余度约有 2.0（另加未标出的电压遥测）。但这种配置显然是不合理的，因 P_{23} 是一个不能确定的量，这样就把节点 1，2 和节点 3，4 分离开了。如果按此进行估计计算，其结果是节点 1，2 成一局部网络，节点 3，4 成另一局部网络，两部分网络分别都可估计得很准，但全局的估计却不准。具体说来，就是按图 5-18（a）估计出的 P_{23} 误差很大，这是遥测量配置上的错误。换过来，遥测量如果按图 5-18（b）配置，富余度同样是 2.0，但可靠率大为提高，P_4、Q_4 虽然没有遥测量，但经济状态估计后都可得出其确切的数值。这只是遥测量配置可靠性的一个极端例子。这种毛病（即有不确定量），一般是不应犯的。

通常指的遥测量配置的可靠性是指在任一表计失灵、并舍弃此表计的坏数据后，对系统状态估计的进行应无多大影响的情况。图 5-18（b）遥测量的配置就能达到此目的。比如在 P_{34} 的表计数据不能使用时，数据富余度降为 1.8，但状态估计仍可进行，利用 $P_{23}-P_{34}=P_3$ 的关系，也可计算出 P_{34} 的估计值来，并从而确定节点 4 的状态变量（电压的幅值与相角），所以图 5-18（b）遥测量的配置可靠性是高的。

其次，应考虑到遥测配置方案的经济性，即节省遥测量传递通道的投资，以便在状态估计后有良好的经济效益。图 5-18（a）要求 1，2，3，4 四个变电站都要有远动通道，而图 5-18（b）则只要求 1，2，3 三个变电站有远动通道，虽然通道的总数目两图一样，但在已有通道的基础上增加路数和在两站间架设通道，投资往往是不同的，前者便宜。按照遥测失灵出现坏数据后，保证状态估计的可靠性的原则，用概率方法来比较各种遥测量配置方案的优劣，计算起来是很麻烦的，也是不必要的。一般都是根据经验加以配置后，再将各节点的局部富余度核算一下，没有很不合理的过大的差异就可以了。如图 5-19 的配置办法，总的富余度为 2.11，它的局部富余度列于表 5-12。变电站 3，5，7，11，12，14 均无遥测量送至调度所，但其局部信息富余度都不低，这样配置从测量读值的状态估计来看是合理的。

表 5-12　　图 5-19 遥测量配置图的局部富余度 η_k

节点号	1	2	3	4	5	6	7	8	9	10	11	12	13	14
η_k	2.4	2.5	3.0	1.80	3.0	1.8	2.5	1.25	2.2	1.83	3	3	2.25	1.83

但是从协调控制的角度看，凡是不设 RTU 及其通信通道的变电站，都是不能执行 EMS 系统的控制功能的。尽管如此，上述遥测配置的局部信息富余度的概念，对旧系统追加调度自动化全套设施的逐步实现方案，及新建厂、站的机组、线路及早投入运行而又不影响调度中心对其运行状况进行监视等方面仍有参考价值。

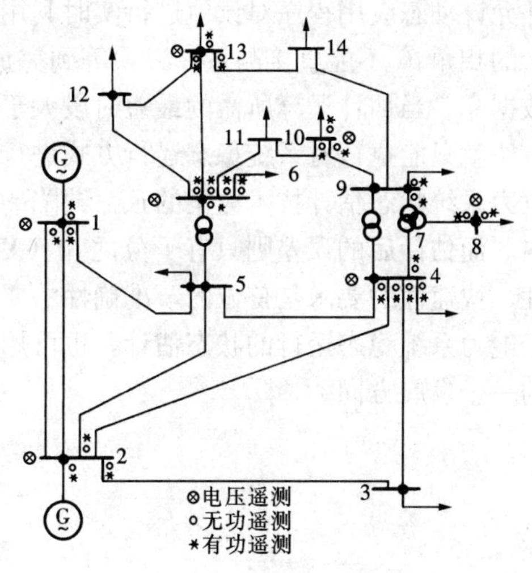

图 5-19　遥测量配置图

四、状态估计功能

状态估计子程序系统由于包含有检错与识别的功能，所以凡经估计合格的结果，不但在运行状态的数据方面而且在运行方式的接线方面都具有很高的可信性，可以成为调度中心对系统进行实时分析项目的可靠依据。图 5-20 说明在状态估计前，调度中心从 SCADA 子系统接收的实时信息而形成的数据库并不能代表运行系统的真值模型，只有经过状态估计程序的处理形成的新数据库，才能科学地反映系统的真实情况，使系统安全分析等其他协调功能获得可靠的软件支持。

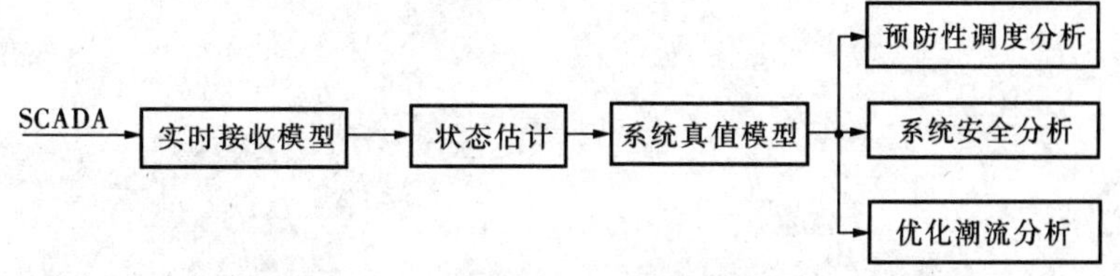

图 5-20　实时调度的协调功能行程框图

本章讨论了电力系统状态估计的基础原理及最优估计值方法，说明它是电力系统调度自动化必需的基本软件，但这并不是说电力系统的运行状态估计必须按照本章讨论的最优估计的方法进行，估计的方法应该视网络的结构、规模、SCADA 数据的完备程度、计算机的容量与速度及对估计值的准确度的要求等而定，也可以采用其他更直接和计算量较小的方法来实现。如对待图 4-16 线路两端 P_A 及 P_B 的读值问题，在经比较发现两值相差较大或缺少其中之一时，则可利用两侧母线上 $\sum_A P=0$ 及 $\sum_B P=0$ 的关系，用同一母线上其他功率读值，将误差较大的 P_A 或 P_B 纠正，将缺少的补足，这可以看成是运行状态的直接估计，但也在状态真值的一定邻域内，是工程技术可以接受的。

电力系统状态估计的发展趋势是测量量的重大改变，即 20 世纪 90 年代以来开发的电力系统状态变量的同步矢量测量（Synchronized sampling and phasor measurements）。矢量测量是指对变量 $\dot{U}_i=U_i\angle\theta_i$ 的相对幅值与相对相角可以同时进行直接测量，以取得“矢量读值”，改变了此前母线电压矢量的相角 θ_i 不能直接测量给状态估计带来的种种不便。如图 4-16 的两端供电线路的状态估计中，矢量测量可以同时获得 U_A、U_B、I_A、I_B、θ_{UA}、θ_{UB}、θ_{IA} 及 θ_{IB} 等 8 个测量读值，有 2.0 的富余度，满足对 $\dot{U}_A$、$\dot{U}_B$ 进行状态估计的要求。电力系统状态估计的基本原理虽然仍适用于矢量测量的结果，但估计的技术内容与方案，测量点的配置等都会发生较大的变化。同步测量是指在同一瞬间，对系统所有的状态变量进行测量，并允许动态应用程序对读值进行实时利用，此前的测量技术是无法实现这点的。由于电压矢量的相角 θ_i 不能直接测量，必须等到完成状态估计后，其他应用程序才有可用的运行状态数据库。当估计运算所需的最短时段大于系统动态过程“估计”允许的最长时限时，此前的方法就只能执行对系统稳态运行方式进行状态估计的任务，与同步矢量测量比较，这是前述电力系统状态估计技术方案的致命缺陷。尽管各种测量的误差都在百分之几（$X\%$）的范围内，而估计后的误差则只有千分之几（$X‰$），但对电力系统的动态特性进行估计时，同步性、快速性的要求是首位的，准确性的要求则可适度放宽，由于同步矢量测量的读值既可用于电力系统稳态运行的状态估计，也可用于动态特性的估计，它将是电力系统运行状态估计的一个发展方向。

第六章 电力系统的安全调度与运行动态检测

第一节 导 论

电能供应的连续性对工业生产来说是十分重要的，对有些生产过程和医疗手术等，停电甚至是不允许的。要保证电能供应的高度安全可靠，需从电力系统设计与电力系统运行两个方面都进行努力。当计算机用于电网设计与调度工作后，“安全”与“可靠”逐渐被用来区分两种不同的情况：电力系统的可靠性是一个长时期连续供电的平均概念，属于长期的统计规律，不是瞬时性的问题；而电力系统的安全运行则是一个实时的连续供电的概念，包括妥善应对运行中发生的事故，以确保连续供电的能力。所以，电力系统的可靠性在设计工作中运用得多，而电力系统的安全水平则在电网调度与运行工作中经常需要运用。

电网的可靠性如果在设计中就是很低的，就是说，这个电网被设计成经受不了任何一个偶然的小事故，那么这个电网的运行一定也是不安全的。所以在电网的设计阶段就必须充分考虑安全运行的需要。刚设计完的电网，其可靠性一般都相当符合要求，而且设计工作者也认为其运行的安全水平应该是相当高的。因为设计人员在设计时就预想了一些必要的事故，在这些事故情况下，电网的连续供电都是有保证的，这是电网设计的必经过程。但是，电网实际运行的安全水平如何，却与当时的调度方案关系甚为密切，调度人员的工作直接影响着电网的实际安全水平。电网用户在不断地增加，电网也在不断发展，要做到完全协调几乎是不可能的。尤其是在电力市场化的情况下，如果不能坚持统一规划，电网建设与电厂建设就不能协调，使电网建设相对滞后，对运行安全不利。国外电力市场中的几个互连电网，分属于利益不同的公司，不能进行紧急的统一调度，彼此间无序地进行事故处理，所以增加了扩大事故范围的可能性。因此要提高电力系统供电的连续性，就必须注意其安全调度的问题。可靠性高的电网设计可以为安全运行提供一个好的基础，但它决不能代替安全调度的工作。由此可见，将电网的可靠性和电网的安全水平这两个概念适当地加以区分，还是十分必要的。

在计算机应用于电网调度工作中后，由于计算机的运算速度快、存储容量大、程序调动灵活，可以使运行人员对当时电网的运行状态，从安全调度的需要出发，作出比以前更仔细、更准确的实时判断与区分。下面介绍电力系统运行状态的一种分类方式。

一般的看法是电力系统既在数量上又在质量上都满足了用户用电的要求，就可认为系统处于正常运行状态。具体讲来，电力系统如处于正常运行状态，则一方面各个用户的有功负荷及无功负荷（当然也包括了线路及其他元件的有功损耗及无功损耗）与发送给它的有功功率及无功功率应该是相等的，即

$$\sum P_{gi}-\sum P_{Li}=0$$

$$\sum Q_{gi}-\sum Q_{Li}=0$$

式中 P_{gi}，Q_{gi}——第 i 台发电机组的有功功率与无功功率；

P_{Li}，Q_{Li}——第 i 个负荷或线路的有功功率与无功功率。

简言之，可用下列以状态变量形式的等式来统一表示，即

$$g(x_i)=0$$

式中 x_i——系统运行状态变量。

另一方面，在进行合格的电能发送期间，有关的设备都应该处于运行允许值的范围内，即没有任何一条母线过电压，没有任何一台发电机、变压器或线路，甚至断路器、互感器等是处于过限状态。对于这类条件，可用下述的不等式表示

$$U_{i\min}<U_i<U_{i\max}$$
$$P_{gi\min}<P_{gi}<P_{gi\max}$$
$$Q_{gi\min}<Q_{gi}<Q_{gi\max}$$

式中 U_i——节点 i 母线的电压。

这些不等式可以分别写成下述统一的形式

$$U_{i\min}-U_i<0$$
$$U_i-U_{i\max}<0$$
$$P_{gi\min}-P_{gi}<0$$
$$P_{gi}-P_{gi\max}<0$$

也可以用一个共有的表示式，即

$$h(x_i)<0$$

总之，可以用必要的等式与不等式的组合

$$\left.\begin{aligned}E:g(x_i)=0\\I:h(x_i)<0\end{aligned}\right\} \tag{6-1}$$

是否得到满足来区别电力系统当时的运行状态。例如式（6-1）的等式与不等式两个条件都满足了，可称为正常状态，用（E、I）表示。只满足等式不满足不等式，可称为紧急状态，用（E、$\overline{I}$）表示。这可理解为此时用户对电能的需要是满足的，没有大面积的用户停电，但系统本身是比较紧张的，即某些母线过电压，或某些线路过负荷等。式（6-1）均不能满足时，用（$\overline{E}$，$\overline{I}$）表示。$\overline{E}$ 可以理解为有大面积的用户被迫停电，系统被分裂成几部分；$\overline{I}$ 则可以理解为有些设备已经过负荷或过电压，有些设备又已经越过了运行允许的最低值，这可以称为系统崩溃状态。最后一种可能的运行状态是，不满足等式，只满足不等式，用（$\overline{E}$，I）表示，说明系统的某些用户仍然断电，但系统在运行中的各项设备都很正常，当然调度人员就会逐步地对那些被迫停电的用户恢复供电，系统的这种运行状态一般属于事故后的恢复状态。

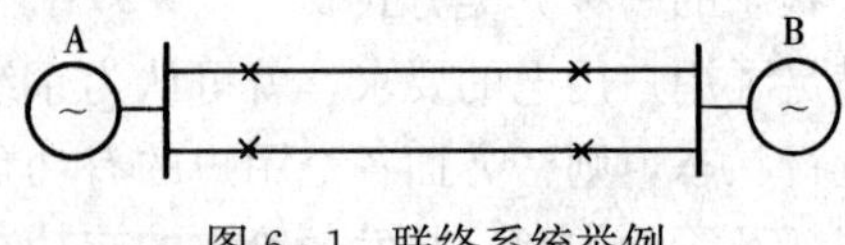

图 6-1 联络系统举例

从安全调度看，如把满足式（6-1）的运行状态统称为正常状态，是太笼统了。举个极端的例子来说，在图 6-1 的联络系统中，经过一段时期的发展后，通过联络线的潮流较大，当其中一条线发生故障时，系统的动态稳定或暂态稳定就缺乏保证，这样的系统显然是欠安全的，调度人员就必须经常注意控制联络线的潮流，并设想在联络线一旦发生故障时，如何才能减小受害范围。另一种情形是即使在联络线发生故障时，系统的动态稳定与暂态稳定都有必要的储备，不会造成停电事故，这样的系统就是安全的，调度人员对联络线的照料，就会与前述欠安全的情况大不相同。这就是说，无论系统处于安全的或欠安全的运行状态，式（6-1）的两个条件同样都能满足。所以，从安全调度的角度来看，在满足式（6-1）的电力系统正常状态中，

还应该进一步用预想事故的分析方法，区分出安全的或欠安全的运行状态，以便调度人员采取不同的措施来对待。

预想事故分析或称安全分析，在计算机应用于电力系统调度工作之前，由于电力系统结构的庞大与变化的快速，是很难做到有实时性的。在计算机应用于系统调度工作后，安全调度的水平就大大提高了。

按照前述的将电力系统的运行状态区分为五种方案，可以将运行工作中这五种状态间的相互转化及其转化的条件描述成图 6-2 的形式。但图 6-2 的存在是有条件的，要正确理解图 6-2 描述的过程，先要注意以下两点。

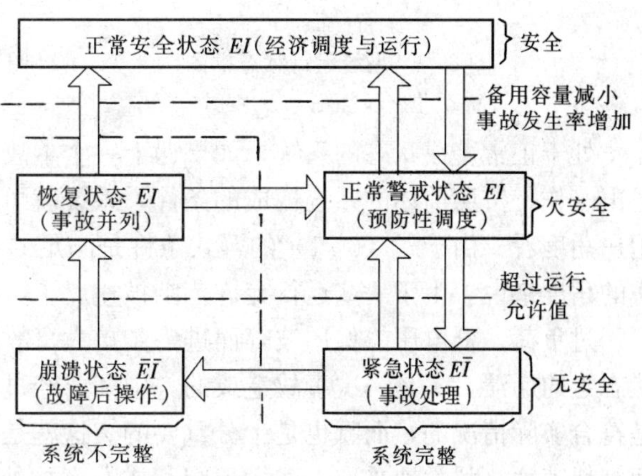

图 6-2　五种状态的相互转化及其转化条件

第一点，图 6-2 表示的是调度人员面对的整个系统的基本情况。某些馈电线路发生故障［如图 6-3（a）所示情况］，只影响小面积的个别用户，断路器跳开后，对整个系统的运行情况不产生影响。这类事故的结果虽然也使部分用户断电，式（6-1）的等式不能满足［即系统处于（$\bar{E}$、I）状态］。图 6-3（b）是其运行状态框图。但它够不上系统的问题，也不一定由系统调度人员来处理，所以在图 6-2 中不包括图 6-3（b）表示的运行状态的转换。就是说，图 6-2 描述的过程不包括事故发生后使系统从正常状态进入恢复状态，随着值班人员的操作或某些自动装置的动作，可重新恢复到正常状态的情况。

第二点，电力系统的构成要比较合理。就是说，任何一次故障，都不能使系统崩溃。举个极端的例子，如图 6-4（a）的联合系统的稳定储备不足，任一条线路的故障，都可以使系统崩溃，即系统的一部分电压、频率高过允许值，系统的另一部分的负荷却被迫停电、频率低过允许值等，总之出现了（$\bar{E}$、$\bar{I}$），系统崩溃了。图 6-4（b）是其运行状态转化框图。这样脆弱的系统一般是不允许运行的。当然，在图 6-4（a）中，调度人员可以限制联络线的潮流，使其达到具有一定的稳定储备，以保持正常运行状态。但此时就有部分用户被迫正常停电，式（6-1）的等式也不能满足。很明显，这是系统的构成问题，与事故无关，虽然出现了（$\bar{E}$、I），也不算恢复状态，而应该认为它就是系统的正常状态（E、I）。

现在，讨论图 6-2 表示的系统运行状态转化关系的框图及计算机在安全调度中的作用。图 6-2 中将一般的正常状态（E、I）分为正常安全状态与正常警戒状态。这两种状态的差别只在于安全水平的不同，前者是安全的，后者是欠安全的，但都是正常运行状态。从正常安全状态转入正常警戒状态的原因一般是由于检修计划不当、水源枯竭、煤场冰封等造成备用容量不足引起的，也有的是在特大的自然风暴或地震时，由于事故率增加而引起的。处于正常警戒状态的系统，预防性调度的任务就很重要了。所谓预防性调度，就是要设想一些必要的事故，通过计算机迅速地算出发生这些预想事故后系统可能出现的情况，然后进行一些当时容许的（预防性）调度（或控制），使事故后果尽量减轻。可见，预防性调度对提高系统供电的连续性是很有作用的。

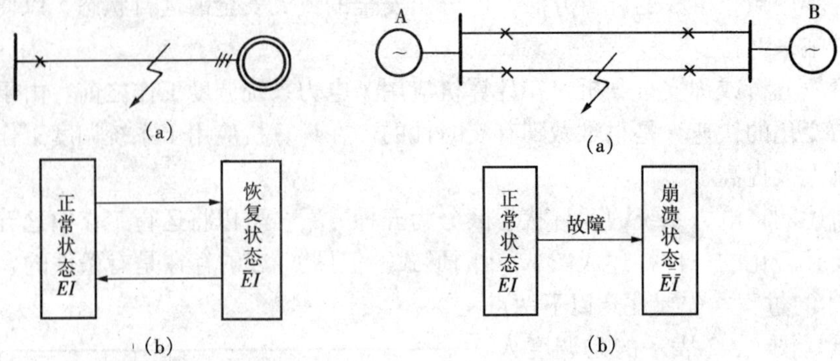

图 6-3 系统运行状态框图
(a) 电路示意图；(b) 框图

图 6-4 联合系统运行状态框图
(a) 电路示意图；(b) 框图

处于正常警戒状态的系统，如果遇上一个事故，使一台主要发电机或一条主要输电线等退出工作，按照前述的系统构成的条件，系统就可能进入紧急状态（事故状态的一种）。从用户角度看，由于式（6-1）的等式条件是满足的，所以系统还是完整的；但从系统调度工作的角度来说，由于一些运行允许范围被违反了，很可能使还在运行的设备因承受不住过电压、过负荷、低电压、低周波等而进一步扩大事故。现代系统运行经验也说明，系统从正常状态走向崩溃，不是一次事故造成的，中间要经过紧急状态的过渡。这是经验的总结，不但是符合实际情况的，而且也是十分重要的。这就是说，即使在一次大事故后，还可以抓紧时间，快速地、科学地采取一些大刀阔斧式的事故处理措施，解除一些设备的越限运行状态。总之，调度人员可以借助计算机的快速工作，及时作出判断与控制，解除险情，以避免在可能跟踪而来的较小事故时，使系统陷于崩溃。由以上的分析可知，过于脆弱的系统，任何计算机、自动化在预防性调度方面都是无能为力的。某些草创的、粗糙的生产过程，计算机、自动化可以发挥的效益不大，而越是经过相当发展阶段的较为精确的生产过程，计算机、自动化发挥的效益反而更大，这个规律对电力系统似乎也是适用的。因此对有条件的电力系统，在紧急状态时，也要进行预想性的安全分析，快速地决定科学的调度方案，是可行的。

在接连几次冲击使系统陷于崩溃后，要在已经分裂的各部分间用一种最好的方案收拾残局，使系统尽快进入恢复状态，目前还主要依靠常规自动装置与调度人员的操作，本书只拟进行简单的探讨。

从图 6-2 可以看出，对系统的运行状态进行预想事故的安全分析，并由此提出能够达到高安全水平的调度方案，进一步实现合理的电力系统的安全调度与控制，无论在警戒状态，还是在紧急状态，都是很必要的。其间有如下五个步骤：

（1）预想事故；

（2）安全分析；

（3）改变调度方案；

（4）判断是否已得出最合理的方案；

（5）根据最终方案进行调度控制。

如果能将这五个步骤全部自动地实现并转换，那么电力系统的预想安全调度就基本自动化了。但在目前阶段，这还只是一个设想。计算机在电力系统安全调度中的作用，目前主要是实现了快速的实时的安全分析，并把其结果显示给调度人员，使调度人员了解到他可能面对的系统最严重的情况，从而决定出合理的调度方案来。在变化十分迅速、牵涉面很广的电力系统调度工作中，应用计算机后，目前能够做到及时地“从最坏处着想”，因而可以实现“力争最好的结果”，这确是在安全调度方面前进了一大步。

第二节　电力系统运行状态的安全分析

一、电力系统运行状态的安全水平的评价

电力系统的运行安全水平可以理解为该系统免遭事故破坏的能力。如果一个系统根本就不会遇到事故的冲击，这个系统的安全水平肯定很高，所以系统运行的安全水平是与事故发生的概率密切相关的。其次，系统的安全水平与系统当时抵抗事故冲击的能力有关，能力强的系统可以不遭受事故的破坏，照样正常运行；而能力差的系统却可能被冲击得四分五裂。最后要注意，系统的安全水平是一项实时性的指标，是由系统的实时的运行情况与外界条件来决定的。比如，今、昨两天 12：00 时，系统负荷、机组发电量、系统接线方式等等如果完全相同，但今天是暴风雨，那么今天 12：00 的安全水平就比昨天没有暴风雨的低。这样来理解电力系统运行的安全水平是相当合理的，但至今尚未找到一个能合理表达安全水平的简单而适用的公式。因此只能对系统的安全水平进行大致的评价。

要评价一个系统的安全水平，可以从下述三方面进行考虑。

首先，看系统是否有足够的备用容量。只有备用容量充分，在事故袭来时，系统的用户才不至于失电，使系统的安全水平符合要求。备用容量分热备用与冷备用。热备用是指正在运行的机组的富裕容量；冷备用则是经启运、并列后才能使用的机组的容量。水电站的机组用自同期并列的方法，从接到命令到自动并网大概只需 30s 左右，是重要的冷备用容量。由于系统的崩溃大多是几次事故冲击的结果，所以在第一次事故后，及时开启一些备用机组并网待命，缓和系统险情是很有必要的。

备用容量本身也有事故率，把备用容量的百分值与它的事故率结合起来，作为评价电力系统安全水平的一项指标是完全合理的。由于篇幅有限，此处不讨论了。

其次，看系统的接线方式是否便于消除局部设备的过负荷、过电压等险情。系统无功功率电源的合理分布，加上接线方式能否保证无功功率电源效益的发挥，是解决局部过电压或欠电压的重要措施；系统备用容量也要合理分布，同时系统接线方式也要保证其效益的发挥。系统的接线方式是否灵活、合理，较难用具体的指标来全面衡量，但它却是安全调度的内容之一。

一个系统的有功备用和无功备用即使十分充分，但接线方式不合理，使备用容量发挥不了效益，则系统的安全水平也是不高的。这也说明电厂的建设与线路的建设是不能偏废的。

最后，要看系统重要设备在当时的故障率或可靠性。系统设备的运行可靠性一方面决定于设备本身的性能，另一方面则取决于外界的条件。久未检修的设备固然故障率高，新安装的机组故障率也高，要待运行一段时间，通过若干次检修，把其内部的薄弱点逐次消除后，机组才能达到它正常的可靠性。在外界条件方面，夏日的曝晒，冬季的冰雪，晴朗的天气和暴风雨的季节等，对各种设备的故障率都有不同的影响，因而也是安全水平评价时要考虑的因素。

按照所讨论的评价电力系统运行安全水平的原则，虽然还不能用一个简明的公式把系统安全水平表示出来，但并不妨害它对安全调度起一定的参考作用。比如，当新机组刚投入运

行时，初看起来，系统的备用容量有了一个跃变式增加，系统的安全水平提高了一大步，有些机组可以退出运行了。实则不然，由于新投机组故障率高，要维持系统原有的安全水平，系统备用容量的百分值必须比新机组未投入前大才行。又如，当系统的某台主要设备发生了故障，使系统进入了紧急状态，调度人员则可以根据系统当时的安全水平，采取相应的事故处理措施。如果这台设备只是自身内部的故障，调度员就可想法补偿由于这项设备退出工作造成的一些“损失”，消除险情，逐步地提高系统的安全水平，使之达到原有的程度就可以了，时间上是较为从容的。但如果这台设备的故障是由于恶劣的自然条件引起的，比如暴风、雷电，那么在被暴风雨、雷电袭击的整个地区的有关设备的事故率都增加了，即整个系统的安全水平下降了，调度员就应该从系统安全水平下降才发生这次事故的角度出发，迅速采取果断措施，甚至包括停掉部分用户的供电，以防止可能跟踪而来的第二次故障给系统造成的破坏性后果，这样才能维护系统的安全水平，而且时间也是较为紧迫的。

要把电力系统安全水平的实时评价与电力系统的安全调度结合起来，还有大量的工作要做，即使是在人工调度的电力系统中，上述要根据系统安全水平的评价进行调度的概念，也是会遇到争论或非议的，但是这些不应当成为学习、讨论上述电力系统安全水平与安全调度概念的障碍。

二、预想事故的选择

根据实时潮流及运行工况检测进行预想事故的在线安全分析，是电力系统安全调度的重要内容，在完全自动化的安全调度尚未实现时期，在线安全分析对调度人员的帮助仍然是很大的。按照图 6-5 的框图，安全调度的基本流程如下。

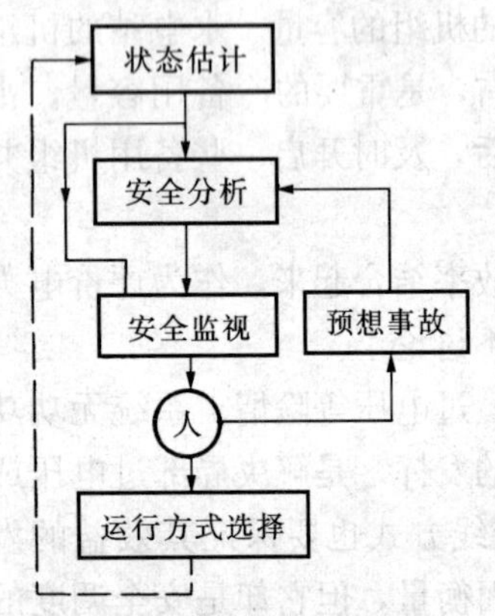

图 6-5 安全调度基本流程框图

状态估计的结果给出了系统运行的实时数据及工况，并将这些数据嵌配在当时运行接线图的相应位置上，可以清楚地向调度人员显示出当时电力系统的运行方式。这种人机联系的方式称为安全监视，通过安全监视，调度人员可以形象地、集中地掌握电力系统的实时运行情况。然后，调度人员可以预想一个必要的事故，通过计算机用系统的实时数据对这个假想的事故状态进行分析。快速的计算机可以在不到 1s 的时间完成一次安全分析，其数据通过安全监视，可以与正常状态的数据并列地显示在荧光屏上，给调度人员以十分明晰的印象。理论上讲，应该按照这个工作循环，对所有必要的预想事故都进行一次相应的安全分析与安全监视后，调度人员对当时运行方式的安全水平就有了相当清楚的了解了。如果调度人员对于显示的安全水平认为满意（当然是根据个人的或集体的经验或认识），原运行方式不需作任何更改，安全调度的过程就完成了。如果调度人员对显示的安全水平不满意，则可以根据经验对系统的运行方式进行改动。这样就必然引起状态估计的结果也发生变化，于是在这个改变了的电力系统实时状态数据的基础上，再进行一轮预想事故的安全监视，直到调度人员对运行方式的安全水平感到合理或满意时，才算完成了一次安全调度的过程。

改变系统运行方式，不论是改变潮流分布还是改变系统接线，都是属于安全控制的功能，在引论中已经提到过，这种功能目前都还是根据人的命令来完成的，因而不是自动化的。在图 6-5 中，用虚线表示，本书也不详加讨论。

预想事故的选择不应是完全主观臆断的或漫无限制的。例如已经指出过，对系统整个运行安全水平不构成影响的事故，如馈电线的故障等，是可以不考虑的。因此，在安全分析中的预想事故都是属于有功电源或无功电源或其输送设备被迫退出工作的事故，换言之，就是使系统备用电源的容量跃变式的降低，系统安全水平随之危险性地下降的事故。即使这类事故也不能全凭臆造，而要根据长期运行经验的积累与计算机离线分析的结果相结合，拟订出一个在线安全分析的预想事故清单，由计算机依次进行分析。但是，清单上的项目只应该是必要的，而不能是完全的；因在线分析最重要的是快速，要节省时间。要从众多的可能的事故中，选择出影响较大的、必要的预想项目来，需要依靠计算机的离线安全分析，从离线分析的结果中，进行预想事故的选择。可以说，在线安全分析是以离线安全分析为基础的。

预想事故一般以下述形式出现：

（1）切除一条输电线路，或者一个变压器单元；

（2）切除一台发电机组，特别是主要的发电机组；

（3）某些情况下，应考虑切除一段高压母线。

在上述某个预想事故的冲击下，电力系统可能出现的基本响应，就是安全分析的内容。

三、在线安全分析的方法

对电力系统的实时运行方式进行必要的预想事故的在线分析，就是在线安全分析的内容。实时性是在线安全分析的主要特点，所以实时安全分析首先要满足快速的要求，而准确性则是第二位的。或者说要在快速的基础上求准确，因此实时安全分析都是采用的近似分析法。从目前已经达到的成果来看，在线安全分析方法可以分为三种，现分别讨论。

（一）直流潮流法

直流潮流法的特点是将电力系统的交流潮流（有功功率或无功功率），用等值的直流电流来代替。在很多情况下，甚至只用直流电路的解法来分析系统的有功潮流，而根本不考虑无功分布对有功功率计算的影响。把交流电路当作直流电路来处理，当然要进行很多在其他情况下不允许的简化，因而运算速度确实很快而准确度必然最差，只能为实时安全分析这个特定目的服务。

直流潮流法的分析方法如下。

对图 6-6（a）上的输电线等值图，按式（5-17b），其有功潮流为

$$P_{ij}=U_i^2G-U_iU_jG\cos(\theta_i-\theta_j)-U_iU_jB\sin(\theta_i-\theta_j)$$

在直流潮流法中，为了达到用直流电路的解法来分析系统有功潮流的目的，必须进行如下三项假定：

（1）G 与 Y_C 相对来讲都很小，其对有功潮流分布的影响，均不予考虑。

（2）$\dot{U}_i$ 与 $\dot{U}_j$ 的幅值差对有功潮流分布的影响也可不考虑，并进一步忽视其差值，认为各节点电压的幅值均等于 1。

（3）θ_i 与 θ_j 的差值很小，所以 $\sin(\theta_i-\theta_j)\approx\theta_i-\theta_j$。

于是用直流潮流法来分析有功潮流时，可将图 6-6（a）的交流网络简化成图（b）的直流电路，认为 P_{ij} 只

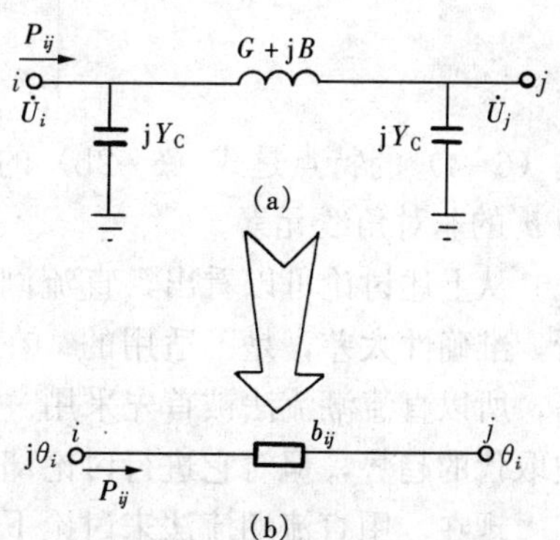

图 6-6　直流潮流法等值电路

（a）交流等值电路；（b）简化直流电路

是由于线路两端的交流电压相角差“$\theta_i-\theta_j$”造成的，即

$$P_{ij}\approx\frac{\theta_i-\theta_j}{X_{ij}}=(\theta_i-\theta_j)b_{ij}$$

其状态变量为θ_i、θ_j；两端电压的幅值都已假定为1，就不再是状态变量了。

所以，用直流潮流法分析图5-9中n个节点的网络的有功潮流时，其状态变量为$n-1$个，即

$$\boldsymbol{X}=\begin{bmatrix}x_1\\x_2\\x_3\\\vdots\\x_{n-1}\end{bmatrix}=\begin{bmatrix}\theta_1\\\theta_2\\\theta_3\\\vdots\\\theta_{n-1}\end{bmatrix}$$

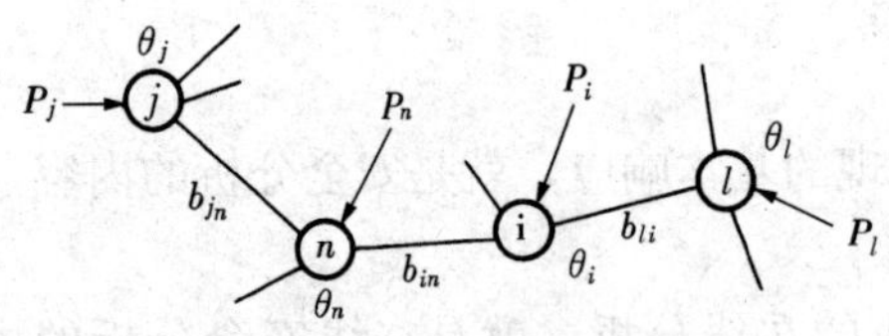

图6-7 直流潮流法系统图

而第n个节点被选作参考点，即总有$\theta_n=0$。于是图5-9就被图6-7所代替。θ_l，…，θ_i，…，θ_j…相当于各节点的直流电压，b_{ij}为节点i到j间直接连线的直流电导。各节点的注入功率$P_l\cdots P_i\cdots P_n$，可参照式（5-19)，并注意到各节点的直流注入电流即代表各节点的注入功率，得

$$P_i=\sum_{j=1}^{n-1}b'_{ij}\,\theta_j \tag{6-2a}$$

$$\left.\begin{aligned}b'_{ii}&=b_{i1}+b_{i2}+\cdots+b_{in}\\b'_{ij}&=-b_{ij}=-b_{ji}\qquad(i\neq j)\end{aligned}\right\} \tag{6-2b}$$

式（6-2a）的矩阵形式为

$$\boldsymbol{P}=\boldsymbol{b'\theta} \tag{6-3}$$

$\boldsymbol{b}'$可以看成为（$n-1$）×（$n-1$）方阵，即

$$\boldsymbol{b}'=\begin{bmatrix}b'_{11}&b'_{12}&\cdots&b'_{1(n-1)}\\b'_{21}&b'_{22}&\cdots&b'_{2(n-1)}\\\cdots&\cdots&\cdots&\cdots\\b'_{i1}&b'_{i2}&b'_{ii}&b'_{i(n-1)}\\\cdots&\cdots&\cdots&\cdots\\b'_{(n-1)1}&b'_{(n-1)2}&\cdots&b'_{(n-1)(n-1)}\end{bmatrix} \tag{6-4}$$

式（6-4）的特点是式（6-2b）的第一式，均为$\boldsymbol{b}'$的对角线元素，式（6-2b）的第二式均为$\boldsymbol{b}'$的非对角线元素。

从上述讨论可以看出，直流潮流法是十分粗略的，用它来进行电力系统运行方式的分析，准确性太差，是不适用的。在电力系统预想事故的安全分析中，由于要求的准确性不高，所以直流潮流法被首先采用。在安全分析中，也正因为直流潮流法很简单，虽然有日益被取代的趋势，但对它进行讨论却可以比较容易地掌握安全分析中的某些基本关系。

现在，用直流潮流法来讨论下述两种预想事故下的安全分析问题。

(1）从式（6-4）可以看出，节点i、j间的连线断开，即$b_{ij1}=0$，$b_{ij1}=0$只对$\boldsymbol{b}'$中对角线元素b_{ii1}、b_{jj1}及非对角线元素b_{ij1}与b_{ji1}四个元素的数值产生影响。新的$\boldsymbol{b}'_1$中

$$\left.\begin{aligned}b'_{ii1}&=b'_{ii}+b'_{ij}=b'_{ii}+b'_{ji}\\b'_{jj1}&=b'_{jj}+b'_{ij}=b'_{jj}+b'_{ji}\\b'_{ij1}&=b'_{ji1}=b'_{ij}-b'_{ij}=b'_{ji}-b'_{ji}=0\end{aligned}\right\}\tag{6-5}$$

其余元素均与原方阵 $\boldsymbol{b}'$ 相同。因此，在原方阵 $\boldsymbol{b}'$ 的基础上，预想事故下的新方阵 $\boldsymbol{b}'_1$ 可用下述方法求到。

令 $\boldsymbol{M}$ 为 i 元素为 1，j 元素为 -1，其余元素均为 0 的行向量，则由式（6-5）可得

$$\boldsymbol{b}'_1=\boldsymbol{b}'+b'_{ij}\boldsymbol{M}^{\mathrm{T}}\boldsymbol{M}\tag{6-6}$$

根据矩阵求逆的公式，得

$$\left.\begin{aligned}\boldsymbol{b}'^{-1}_1&=\boldsymbol{b}'^{-1}-C\boldsymbol{XMb}'^{-1}\\C&=\left\{\frac{1}{b'_{ij}}+\boldsymbol{MX}\right\}^{-1}\\\boldsymbol{X}&=\boldsymbol{b}'^{-1}\boldsymbol{M}^{\mathrm{T}}\end{aligned}\right\}\tag{6-7}$$

由于 $\boldsymbol{M}$ 是行向量，所以 $\boldsymbol{X}$ 是列向量，C 为数量。式（6-7）说明，可以在原有 $\boldsymbol{b}'$ 的基础上算出预想事故下的节点电压相角

$$\boldsymbol{\theta}_1=\boldsymbol{b}'^{-1}_1\boldsymbol{P}=\boldsymbol{\theta}_0-C\boldsymbol{XM\theta}_0$$

上式右端第二项中的 $\boldsymbol{M\theta}_0$ 为一数量，于是令

$$-C\boldsymbol{M\theta}_0=D$$

得
$$\boldsymbol{\theta}_1=\boldsymbol{\theta}_0+D\boldsymbol{X}$$

式中　x_i——列向量 $\boldsymbol{X}$ 的第 i 个元素。

因此，在断开 $i-j$ 节点连线后，其他任一（$k-m$）节点连线中的有功潮流为

$$\begin{aligned}P_{km1}&=(\theta_{k1}-\theta_{m1})b_{km}\\&=(\theta_{k0}-\theta_{m0})b_{km}+(\Delta\theta_k-\Delta\theta_m)b_{km}\\&=P_{km0}+\Delta P_{km}\end{aligned}\tag{6-8}$$

式中　P_{km0}——i、j 节点连线断开前，k、m 节点连线上的有功功率；

ΔP_{km}——i、j 节点连线断开后，k、m 节点连线上的有功功率增量。

则可以大致地校核在 i、j 连线断开的预想事故下，其他线路的有功潮流是否会过限，即是否进入图 6-4 的紧急状态。在发现某些或某条线路有不允许的过负荷时，按照安全调度的概念，调度人员应减少某些节点的注入功率，即减少这些厂的发电机出力。为了维持系统的功率平衡，当然也应相应地增加另一些节点的注入功率，即增加这些厂的发电机出力或投入其备用容量。总之，要改变系统的调度方案，改变系统的潮流分布，使式（6-8）的 ΔP_{km} 不致使该线路过限。很明显，应该最好是减少 $\partial P_{km}/\partial P_e$ 值较大的那些发电机的出力"P_e"，而增加 $\partial P_{km}/\partial P_e$ 值较小的那些发电机的出力"P_e"。由此可见，$\partial P_{km}/\partial P_e$ 也是安全调度中的一个重要指标，可称为调度灵敏系数，即

$$A_{ija}=\frac{\partial P_{ij}}{\partial P_a}\tag{6-9}$$

式中　A_{ija}——第 a 号发电机对 ij 线路的调度灵敏系数，一般说来，调度人员根据经验对 A_{ija} 较大或较小的电厂与机组是很了解的。

从安全调度的要求来说，还应该进一步确定 ΔP_e 的大小，以使 ΔP_{km} 不致过限，即

$$\Delta P_e \leqslant -\frac{\Delta P_{km} - \Delta P_{km\cdot\max}}{A_{km\cdot e}}$$

式中 $\Delta P_{km\cdot\max}$——i、j 连线断开后，节点 k、m 连线上允许的潮流增量。

确定 ΔP_e 后，当然就要重新估计正常时系统的潮流分布。将第 e 号发电机的出力改变 ΔP_e 后的系统潮流分布也可以在已有的状态估计的实时数据的基础上用直流潮流法进行分析。其步骤就是在下一种预想事故下所要讨论的安全分析的内容。

(2) 发电机 a'断开，即 $P_{a'}=0$。一般说来，系统有功功率的大量变化会引起系统频率的改变，从而使各节点的注入功率都会有相应的变动。这个问题将在第七、八章讨论，现暂不考虑。

从 $\boldsymbol{\theta}=\boldsymbol{b}^{-1}\boldsymbol{P}$ 可以看出，在 $\Delta P_a \neq 0$ 的预想事故下，只是右端列向量 $\boldsymbol{P}$ 变为

$$\begin{bmatrix} P_1 \\ P_2 \\ \vdots \\ P_a - P_{a'} \\ \vdots \\ P_n \end{bmatrix} = \boldsymbol{P} - \boldsymbol{P}_{a'} \qquad (P_{a'} \leqslant P_a)$$

$\boldsymbol{P}_{a'}$为只有第 a 行的元素为 $P_{a'}$，而其他元素均为零的列向量。所以

$$\begin{aligned} \boldsymbol{\theta}_1 &= \boldsymbol{b}^{-1}\boldsymbol{P} = \boldsymbol{b}^{-1}\boldsymbol{P}_{a'} \\ &= \boldsymbol{\theta}_0 - \left[(-1)^{a+i}\frac{|b_{ai}|}{|b|}\right]P_{a'} \\ &= \boldsymbol{\theta}_0 + \Delta\boldsymbol{\theta} \end{aligned}$$

式中 $\left[(-1)^{a+i}\frac{|b_{ai}|}{|b|}\right]$——$\boldsymbol{b}^{-1}$ 的第 i 行第 a 列的元素在 $i=1$，…，n 时所组成的列向量。

于是

$$\begin{aligned} P_{ij} &= (\theta_{i1} - \theta_{j1})b_{ij} \\ &= (\theta_{i0} - \theta_{j0})b_{ij} + (\Delta\theta_i - \Delta\theta_j)b_{ij} \\ &= P_{ij0} + \Delta P_{ij} \end{aligned}$$

很明显，在直流潮流法中，有

$$A_{ija} = \frac{\Delta P_{ij}}{P_{a'}}$$

直流潮流法虽然较简单、分析迅速，但准确性较差，不能反映电力系统的较为全面的基本情况，近年来逐渐被 $P-Q$ 分解法所代替。

(二) $P-Q$ 分解法

电力系统潮流计算的 $P-Q$ 分解法，由于其计算迅速、存储量小，而得到很普遍的应用，在安全分析中也运用较多。对 $P-Q$ 分解法在状态估计中的应用，已有过较详细的讨论，现就其在安全分析中的运用讨论如下。

$P-Q$ 分解法的迭代过程，实际上就是不断减少其修正量的过程，或者说，就是使每次迭代与上一次迭代间的增量不断减少的过程。$P-Q$ 分解法的迭代方程式可以从增量方程推导出来。

对于式（5-20a）的电力系统潮流方程式，在确定一平衡节点后，其增量方程组为

$$\left.\begin{aligned}\Delta P_i &= \sum_{j=1}^{n-1}\frac{\partial P_i}{\partial\theta_j}\Delta\theta_j+\sum_{j=1}^{n-1}\frac{\partial P_i}{\partial U_j}\Delta U_j\\ \Delta Q_i &= \sum_{j=1}^{n-1}\frac{\partial Q_i}{\partial\theta_j}\Delta\theta_j+\sum_{j=1}^{n-1}\frac{\partial Q_i}{\partial U_j}\Delta U_j\end{aligned}\right\}\tag{6-10a}$$

式中右侧的$\frac{\partial P_i}{\partial\theta_j}$、$\frac{\partial P_i}{\partial U_j}$、$\frac{\partial Q_i}{\partial\theta_j}$、$\frac{\partial Q_i}{\partial U_j}$等元素在式（5-20b）均有说明。

$P-Q$ 分解法考虑到电力系统的特点，即有功功率的增量只与电压相角差的增量有关，而无功功率的增量只与电压幅值的增量有关

$$\frac{\partial P_i}{\partial U_j}=0,\ \frac{\partial Q_i}{\partial\theta_j}=0$$

这样就使式（6-10a）大为简化，得

$$\left.\begin{aligned}\Delta P_i &= \sum_{j=1}^{n-1}\frac{\partial P_i}{\partial\theta_j}\Delta\theta_j\\ \Delta Q_i &= \sum_{j=1}^{n-1}\frac{\partial Q_i}{\partial U_j}\Delta U_j\end{aligned}\right\}\tag{6-10b}$$

再加上在第五章 $P-Q$ 分解法中介绍的三个近似条件为

$$\left.\begin{aligned}&\cos\theta_{ij}\approx 1\\ &G_{ij}\sin\theta_{ij}\ll B_{ij}\\ &Q_i\ll U_i^2B_{ii}\end{aligned}\right\}\tag{6-10c}$$

式（6-10b）进一步简化为

$$\left.\begin{aligned}\Delta P_i &= U_i\sum_{j=1}^{n-1}B'_{ij}U_j\Delta\theta_j\\ \Delta Q_i &= U_i\sum_{j=1}^{n-1}B'_{ij}\Delta U_j\end{aligned}\right\}$$

不能认为上述方程组右侧的 $\sum_{j=1}^{n-1}B'_{ij}$ 对两个方程式是一样的，因为在电力系统中有些是 PV 节点，它们的电压是恒定的，如果这样的 PV 节点有 r 个，这 r 个节点的 $\Delta U_j=0$，上述方程组的第二个方程式的右端比第一个方程式少 r 项。上述方程组也可改写为如下形式

$$\left.\begin{aligned}\frac{\Delta P_i}{U_i} &= \sum_{j=1}^{n-1}B'_{ij}\Delta\theta_j\\ \frac{\Delta Q_i}{U_i} &= \sum_{j=1}^{n-r-1}B'_{ij}\Delta U_j\end{aligned}\right\}$$

假定式中 U_j 的变化对 P_i 的增量$\frac{\Delta P_i}{U_i}$影响很小，则第一式的右侧认为 U_j 恒等于 1。考虑到上述方程组两个方程式右侧的项数是不相等的，一般将 $P-Q$ 分解法的矩阵形式写为

$$\left.\begin{aligned}\frac{\Delta\boldsymbol{P}}{\boldsymbol{U}} &= \boldsymbol{B}'\Delta\boldsymbol{\theta}\\ \frac{\Delta\boldsymbol{Q}}{\boldsymbol{U}} &= \boldsymbol{B}''\Delta\boldsymbol{U}\end{aligned}\right\}\tag{6-11}$$

由于考虑了平衡节点，所以式中 $\boldsymbol{B}'$ 为 $n-1$ 阶方阵，考虑有 r 个 PV 节点，$\boldsymbol{B}''$ 为 $n-r-1$ 阶方阵，而 ΔP 与 ΔQ 为估计功率与每次交叉迭代功率计算值的差值。

现在利用式（6-10a）来讨论两种预想事故下的安全分析。

（1）节点 i、j 间的连线断开，即 $B_{ij}=0$。从第五章式（5-20a）的推导过程可知

$$B'_{ii}=B_{i1}+B_{i2}+\cdots+B_{in}$$

$$B'_{ij}=-B_{ij}$$

式中　B_{ij}——各条线路的串联导纳。

式（6-11）中右端

$$\Delta\boldsymbol{\theta}=\begin{bmatrix}\Delta\theta_1\\ \Delta\theta_2\\ \vdots\\ \Delta\theta_{n-1}\end{bmatrix}$$

为 $n-1$ 个节点电压相角增量列向量，而

$$\Delta\boldsymbol{U}=\begin{bmatrix}\Delta U_1\\ \Delta U_2\\ \vdots\\ \Delta U_{n-r-1}\end{bmatrix}$$

为 $n-r-1$ 个节点电压的幅值增量列向量，及

$$\left.\begin{aligned}\boldsymbol{B}'&=\begin{bmatrix}B'_{11} & B'_{12} & \cdots & B'_{1(n-1)}\\ B'_{21} & B'_{22} & \cdots & B'_{2(n-1)}\\ \cdots & \cdots & \cdots & \cdots\\ B'_{(n-1)1} & B'_{(n-1)2} & \cdots & B'_{(n-1)(n-1)}\end{bmatrix}\\ \boldsymbol{B}''&=\begin{bmatrix}B'_{11} & B'_{12} & \cdots & B'_{1(n-r-1)}\\ B'_{21} & B'_{22} & \cdots & B'_{2(n-r-1)}\\ \cdots & \cdots & \cdots & \cdots\\ B'_{(n-r-1)1} & B'_{(n-r-1)2} & \cdots & B'_{(n-r-1)(n-r-1)}\end{bmatrix}\end{aligned}\right\}\tag{6-12a}$$

现以图 5-13 的电力系统为例，母线 4 为平衡节点，引用表 5-8 及表 5-9 中的数值得

$$\boldsymbol{B}'=\begin{bmatrix}0.1333 & 0 & -0.1333\\ 0 & 0.8410 & -0.4651\\ -0.1333 & -0.4651 & 0.7179\end{bmatrix}$$

以结点 1 为 PV 节点，则

$$\boldsymbol{B}''=\begin{bmatrix}+0.8410 & -0.4651\\ -0.4651 & +0.7179\end{bmatrix}$$

现假定预想事故为 3－4 连线断开，即 $B_{34}=0$。由于母线 4 是平衡节点，所以断开 3－4 连线，只需计算 B_{33} 的变化，即

$$B'_{33}-(B'_{23}+B'_{13})=+(0.4651+0.1331)=0.5982$$

所以，在 $B_{34}=0$ 的安全分析中

$$\left.\begin{aligned}\boldsymbol{B}'_1&=\begin{bmatrix}0.1333 & 0 & -0.1333\\ 0 & 0.8410 & -0.4651\\ -0.1333 & -0.4651 & 0.5982\end{bmatrix}\\ \boldsymbol{B}''_1&=\begin{bmatrix}0.8410 & -0.4651\\ -0.4651 & 0.5982\end{bmatrix}\end{aligned}\right\}\tag{6-12b}$$

可见在预想断线事故的安全分析中，$P-Q$ 分解法的方程组为

$$\left.\begin{aligned}\frac{\Delta\boldsymbol{P}}{\boldsymbol{U}}&=\boldsymbol{B}'_1\Delta\boldsymbol{\theta}\\ \frac{\Delta\boldsymbol{Q}}{\boldsymbol{U}}&=\boldsymbol{B}''_1\Delta\boldsymbol{U}\end{aligned}\right\}\tag{6-12c}$$

在式（6-12c）中，右端 $\boldsymbol{B}'_1$ 与 $\boldsymbol{B}''_1$ 已在式（6-12b）中表示了，按照 P－Q 分解法的定义，左端 $\Delta\boldsymbol{P}$ 与 $\Delta\boldsymbol{Q}$ 各元素的表示式为

$$\left.\begin{aligned}\Delta P_i&=P_{is}-P_i\\ \Delta Q_i&=Q_{is}-Q_i\end{aligned}\right\}\tag{6-13a}$$

式中　P_{is}、Q_{is}——状态估计提供的节点 i 的实时有功功率与无功功率，在预想断线事故的安全分析中始终保持不变；

P_i、Q_i——每次迭代所得的节点 i 的有功功率与无功功率的计算值，式（5-20a）就是 P_i 与 Q_i 的计算公式。

为简化三角函数的计算手续，可令

$$\left.\begin{aligned}\sin\theta&\approx\theta-\frac{\theta^3}{6}\\ \cos\theta&\approx1-\frac{\theta^2}{2}+\frac{\theta^4}{24}\end{aligned}\right\}\tag{6-13b}$$

至此就可以按电力网络中求正常运行状态时的 $P-Q$ 分解法的步骤，求解在预想断线事故后各节点的状态变量 U_i 与 θ_i，并由此算出各条连线上的潮流，具体步骤与计算数据不再赘述。

式（6-13a）的存在说明安全分析中的 $P-Q$ 分解法也是一个交叉迭代求解的过程，这是与直流潮流法根本不同的地方。运用式（6-10b）不但可解出在预想事故下各联络线的潮流分布，用以估计是否有过负荷的情况，而且还能求出各节点的电压幅值，用以估计是否有过电压的情况。因此安全分析中的 $P-Q$ 分解法可以提供电力系统所有状态变量的变化情况，从而使调度人员对某种预想事故的后果有一个全面、清晰的了解。如有必要，当然可以采取相应的措施，以达到安全调度的目的。

上述例子是较为简单的，仅说明了问题的有关方面。在一般的情况中，如果 $i-j$ 连线断开，即 $B_{ij}=0$，这只能影响式（6-12a）右端两方阵中 B'_{ii}、B'_{jj} 及 B'_{ij}、B'_{ji} 的数值。令 $\boldsymbol{M}$ 为 i、j 两元素分别为 1、−1，而其余元素为 0 的行向量，则

$$\left.\begin{aligned}\boldsymbol{B}'_1&=\boldsymbol{B}'+B'_{ij}\boldsymbol{M}^{\mathrm{T}}\boldsymbol{M}\\ \boldsymbol{B}''_1&=\boldsymbol{B}''+B'_{ij}\boldsymbol{M}^{\mathrm{T}}\boldsymbol{M}\end{aligned}\right\}\tag{6-14}$$

并有

$$\left.\begin{aligned}\boldsymbol{B}'^{-1}_1&=\boldsymbol{B}'^{-1}-c'\boldsymbol{X}'\boldsymbol{M}\boldsymbol{B}'^{-1}\\ \boldsymbol{B}''^{-1}_1&=\boldsymbol{B}''^{-1}-c''\boldsymbol{X}''\boldsymbol{M}\boldsymbol{B}''^{-1}\end{aligned}\right\}$$

其中

$$C'=\left(\frac{1}{B'_{ij}}+\boldsymbol{MX}'\right)^{-1}$$

$$\boldsymbol{X}'=\boldsymbol{B}'^{-1}\boldsymbol{M}^{\mathrm{T}}$$

$$C''=\left(\frac{1}{B_{ij}}+\boldsymbol{MX}''\right)^{-1}$$

$$\boldsymbol{X}''=\boldsymbol{B}''^{-1}\boldsymbol{M}^{\mathrm{T}}$$

C'、C''是数量，$\boldsymbol{X}'$、$\boldsymbol{X}''$是列向量。由此得

$$\left.\begin{aligned}\Delta\boldsymbol{\theta}&=\boldsymbol{B}'^{-1}_{1}\frac{\Delta\boldsymbol{P}}{\boldsymbol{U}}\\\Delta\boldsymbol{U}&=\boldsymbol{B}''^{-1}_{1}\frac{\Delta\boldsymbol{Q}}{\boldsymbol{U}}\end{aligned}\right\}\tag{6-15}$$

其中$\boldsymbol{B}'^{-1}_{1}$与$\boldsymbol{B}''^{-1}_{1}$可以运用式（6-14），在原有$\boldsymbol{B}'^{-1}_{1}$与$\boldsymbol{B}''^{-1}_{1}$的基础上求到。

ΔP_i与ΔQ_i按式（6-13a）计算，式（5-20a）是P_i、Q_i的计算公式。P_{is}、Q_{is}为状态估计提供的实时数据。因此按一般$P-Q$分解法的步骤，将式（6-15）两式进行交叉迭代，就可得出一般断线预想事故的安全分析结果。其程序框图如图6-8所示，程序框图中的符号可参看图5-15。

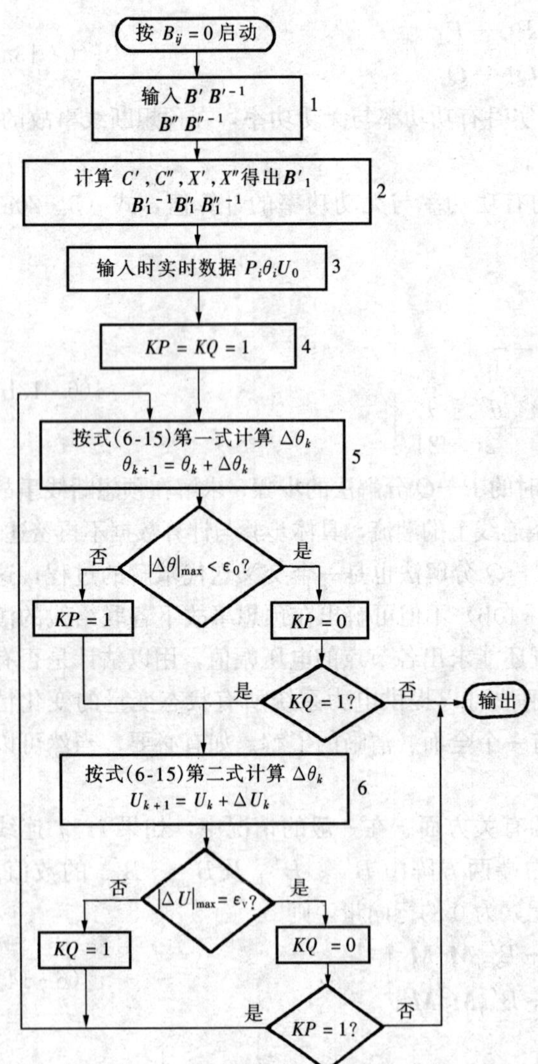

图6-8　$P-Q$分解法安全分析程序框图

如果在调度计算机中，存有线性方程的三角因子分解程序（如状态估计中使用此类程序时），则安全分析可按式（6-10b）及式（6-14）进行。其中$\boldsymbol{B}'$与$\boldsymbol{B}''$中的导纳元素，可以从与状态估计的共有数据库中取得，内存容量得到了充分运用，这也是$P-Q$分解法安全分析应用得日益普遍的一个原因。

用$P-Q$分解法进行安全分析的结果，如发现某条线路的有功潮流超过了允许值，调度人员最好改变一下调度方案，以达到安全调度的要求。至于某个节点的注入功率改变后，系统潮流分布的情况，虽然在计算方法上与直流潮流法不同，但基本的一些概念还是相通的，如调度灵敏系数A_{ija}等，但不必再进行具体讨论了。

$P-Q$分解法与直流潮流法不同，$P-Q$分解法能分析出预想事故下各节点的电压与无功注入功率。较为经常发生的是，在一些PV节点上，由于要在某种预想事故

时维持母线电压恒定而出现了注入无功功率过量的情况，这时有两种可供选择的分析方法：一种是将无功过限的 PV 节点，统统改为 PQ 节点，即相应地增加 $\boldsymbol{B}''$的阶数，用 $P-Q$ 分解法，重新计算系统各点的电压，直到满足安全要求为止。

另一种方法可称为叠加法，在保持系统 PQ 节点无功功率不变的条件下，先对一个无功过限的 PV 节点 j 进行计算，若其电压改变 ΔU_j，系统其他各点电压的增量 ΔU_i 为多少；如有需要，然后再算另一个 PV 节点电压改变的影响，把各次结果叠加起来，就得到所有 PV 节点在无功功率均不过限时系统各点电压的情况。这种方法的优点是每次计算都不需改变原有的 $\boldsymbol{B}''$方阵。现对任一 PV 节点电压变化时的计算方法讨论如下。

按式（5-20a），系统各 PQ 节点的注入无功功率应保持为

$$\frac{Q_i}{U_i}=\sum_{k=1}^{n}U_k(G_{ik}\sin\theta_{ik}-B_{ik}\cos\theta_{ik}) \tag{6-16a}$$

设系统的 n 个节点中 PQ 节点有 m 个（节点 i 为其中的一个），其余为 PV 节点。若 PV 节点中的节点 j 在预想事故的安全分析中，发现其无功功率过限，必须将其电压改变 ΔU_j。当然各 PQ 节点的电压就会因此而产生变化，于是由式（6-16a）得

$$\begin{aligned}\frac{Q_i}{U_i+\Delta U_i}=&\sum_{k=1}^{m}(U_k+\Delta U_k)(G_{ik}\sin\theta_{ik}-B_{ik}\cos\theta_{ik})\\&+\sum_{\substack{k=m+1\\k\neq j}}^{n}U_k(G_{ik}\sin\theta_{ik}-B_{ik}\cos\theta_{ik})\\&+(U_j+\Delta U_j)(G_{ij}\sin\theta_{ij}-B_{ij}\cos\theta_{ij})\\&(1\leqslant i\leqslant m)\end{aligned} \tag{6-16b}$$

当 ΔU_i 相对不大时，根据近似计算法则，有

$$\frac{Q_i}{U_i+\Delta U_i}=\frac{Q_i}{U_i}\left(1-\frac{\Delta U_i}{U_i}\right)$$

于是将式（6-16a）与式（6-16b）左右两端分别相减，得

$$\sum_{k=1}^{m}\Delta U_k(G_{ik}\sin\theta_{ik}-B_{ik}\cos\theta_{ik})+\frac{Q_i\Delta U_i}{U_i^2}=-\Delta U_j(G_{ij}\sin\theta_{ij}-B_{ij}\cos\theta_{ij})$$
$$(1\leqslant i\leqslant m)$$

按照 $P-Q$ 分解法的近似条件式（6-11），上式可简写为

$$-\left(\sum_{k=1}^{m}\Delta U_kB_{ik}\right)=\Delta U_iB_{ij}\qquad(i\leqslant m)$$

其中 B_{ik} 可看成是 PQ 节点间的连线导纳，B_{ij} 可看成是 PQ 节点 i 与节点 j 的连线导纳。于是可得上式的矩阵形式为

$$\boldsymbol{B}''\Delta\boldsymbol{U}=\boldsymbol{B}\Delta U_j \tag{6-17}$$

其中

$$\Delta\boldsymbol{U}=\begin{bmatrix}\Delta U_1\\\vdots\\\Delta U_i\\\vdots\\\Delta U_m\end{bmatrix}$$

为所有 PQ 节点由于 ΔU_j 引起的电压增量的列向量，又

$$\boldsymbol{B}^T=[0\cdots B_{nj}\quad 0\cdots B_{ij}\quad 0\cdots B_{xj}\quad 0\cdots 0]$$

为 PQ 节点中与节点 j 有连线的连线导纳的行向量。

式（6-17）说明，在预想事故下，任一 PV 节点不能维持电压恒定而产生 ΔU_j 的增量时，对系统各 PQ 节点电压的影响。由此当然可得出电压调度灵敏系数。但由于不能简单地把它表示出来，故不计算了。

（2）发电机 a 断开，即 $P_a=0$。从式（6-16a）可以看出，任一节点的注入功率的增量，都可以在不改变原有 $\boldsymbol{B}'$、$\boldsymbol{B}''$ 方阵的基础上进行交叉迭代计算。有功功率与无功功率的调度灵敏系数也可相应求出，其过程与电网潮流计算无异。另有增加一个补偿节点的分析方法等，均不再讨论了。

前述安全分析包含了两部分内容：其一是预想事故后，电力系统节点电压与支路潮流改变量的快速计算，包括有关导纳矩阵元素的快速确定；其二是系统机组出力的再分配。目前为解决这两方面问题的技术方案日新月异，各具特点，不能一一赘述。本章只讨论安全分析的主要内容与目的，用一些基本的也是较为简单的方法与例子，使读者对安全分析的特点有所了解。

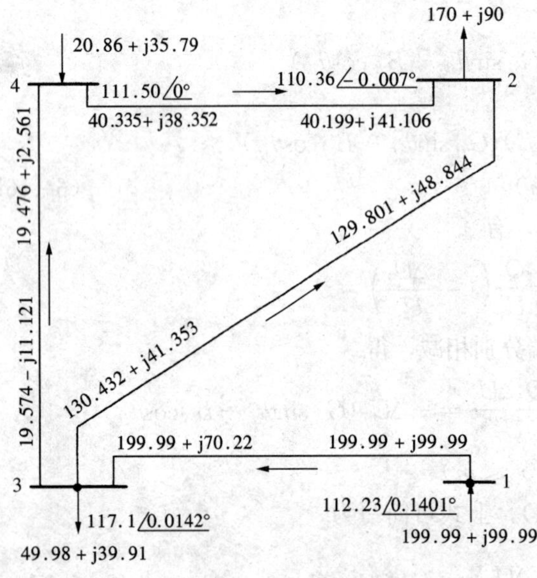

图 6-9 ［例 6-1］系统的调度方案

【例 6-1】 某系统经过一段发展后，形成如图 6-9 的调度方案，其中 2—3 连线的负荷已十分紧张。假定该线路上的某项设备已不允许（比现有载荷）再超载15%，试对该系统的安全调度问题作初步分析。

解 根据系统情况，可以只将 3—4 断线及 2—4 断线的预想事故作为安全分析的内容，安全分析的接线图分别如图 6-10 与图 6-11 所示。用直流潮流法及 P—Q 分解法进行安全分析的结果分别列于表 6-1 与表 6-2，并与精确计算的结果进行了部分对照。

结果说明，按给定的调度方案，两种预想事故都会使 2—3 连线超载 15%以上。为了提高该系统的安全水平，可以对电站 1 与电站 4 的机组出力进行预防性调度。表 6-3 列出了两种预想事故下的调度灵敏系数（A_{32a}）。

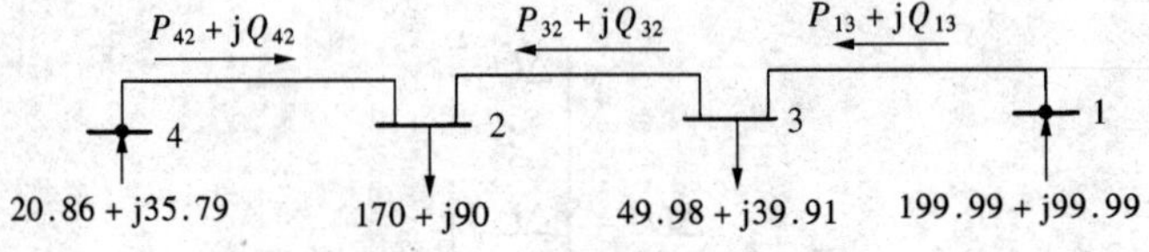

图 6-10 3—4 断线安全分析接线图

结果说明，对于 3—4 断线事故，可以采用减小电站 1 的机组出力，即增加电站 4 的机组出力的预防性调度方案，以解除 2—3 连线的过限险情；而对于 2—4 断线事故，改变机组出力的调度方案是无能为力的。这与图 6-10 与图 6-11 的情况是完全相符的。

表 6-1　3—4 连线故障安全分析结果

方　法	P_1	Q_1	P_2	Q_2	P_3	Q_3	P_4	Q_4	P_{32}	Q_{32}	P_{42}	Q_{42}
直流潮流法	199.99		170.00		49.98		19.99		150.01		19.99	
$P-Q$ 分解法	199.99	103.21	170.00	90.00	49.98	39.91	20.91	47.44	150.01	33.06	20.90	47.43
精确计算	199.99	103.21	170.00	90.00	49.98	39.91	20.91	47.44	150.01	33.06	20.91	47.44

表 6-2　2—4 连线故障安全分析结果

方　法	P_1	Q_1	P_2	Q_2	P_3	Q_3	P_4	Q_4	P_{32}	Q_{32}	P_{42}	Q_{42}
直流潮流法	199.99		170.00		49.98		19.99	—	170.00		199.95	
$P-Q$ 分解法	199.99	110.00	170.00	90.00	49.98	39.91	21.96	—	171.34	87.10	219.57	38.22

假定给定的调度方案是容许稍作变动的，根据以上安全分析的结果，只需对电站 1 与电站 4 的机组出力略作调整，就可在 3—4 断线事故下，使 2—3 连线不至于过限运行。表 6-4 列出了预防性调度后的结果：D_1 是系统的正常潮流；D_2 是 3—4 断线后的潮流；D_3 是 2—4 断线后的潮流。

结果说明，预防性调度后，只剩下 2—4 断线一个故障是对 2—3 连线过限运行的严重威胁（至于电站 4 机组事故对 2—3 连线过限运行的分析，可以从相应的调度灵敏系数 A_{234} 求得，讨论略）。

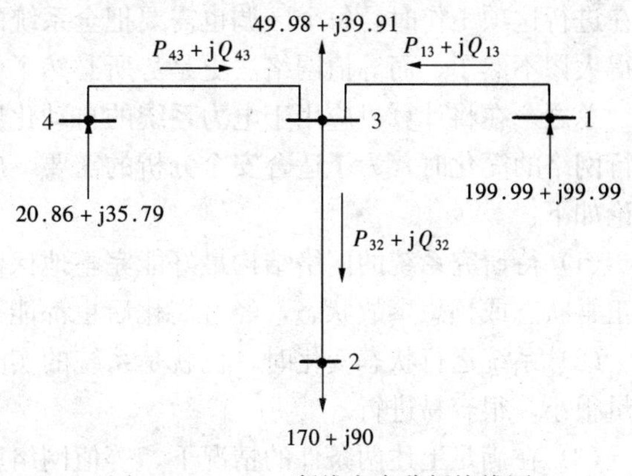

图 6-11　2—4 断线安全分析接线图

表 6-3　调度灵敏系数 A_{32a}

A_{32a}	$a=1$	$a=4$
3—4 断线	1	−1
2—4 断线	0	0

表 6-4　预防性调度后的系统潮流

	P_1	Q_1	P_2	Q_2	P_3	Q_3	P_4
D_1	197.99	99.80	170.00	90.00	49.98	39.91	22.85
D_2	197.99	102.98	170.00	90.00	49.98	39.91	22.89
D_3	197.99	110.00	170.00	90.00	49.98	39.91	23.97

	Q_4	P_{32}	Q_{32}	P_{43}	Q_{43}	P_{42}	Q_{42}
D_1	35.43	129.13	41.47	−18.78	−2.77	41.01	38.20
D_2	47.08	148.01	33.33	0	0	22.81	47.08
D_3	37.76	171.34	87.11	23.97	37.76	0	0

（三）等值网络法

随着工农业的日益发展，现代的大型电力系统往往由200个以上的节点与400条以上的线路组成，如果不对这样的系统接线进行等值简化，在安全分析中就要存储大量的网络参数与实时数据，并进行大量的运算，这不仅使调度计算机容量庞大，而且每次分析计算的时间也要延长，而很不利于安全分析的实时性。为此在安全分析中，有必要也有可能，根据一定的标准与运行经验，把一个大的系统分为几部分来加以区别对待。一般说来安全分析的重点，大都是系统中较为薄弱的负荷中心，离负荷中心较远的局部网络在安全分析中的作用就比较小。如果系统是由几个区域电网联成的，则对与本区域网络直接有关的预想事故的影响就较大，而对其他区网的一些事故的影响就较小。因此电力系统安全分析中的等值网络法虽有不同的类型，但都有一个共同的特点，就是把电力系统分为两部分，即一部分称为待研究系统，其余部分统称为外部系统。安全分析的内容，就是要分析在某种预想事故下待研究系统内部的反应，看其是否有局部过限的情况。虽然在待研究系统与外部系统之间存在着联络线，但认为外部系统在该预想事故下是不会有过限现象的。安全分析中等值网络法的特点，是保留待研究系统的全部网络结构，而对外部系统则进行尽可能的简化。经验说明，外部系统的节点数与线路数目都比待研究系统大很多，所以等值网络法可以大大降低安全分析中导纳方阵的阶数与状态变量的维数，很有利于减少计算机的容量和提高每次分析运算的速度。因此等值网络法愈来愈受到重视。

在分层控制的电力系统中，区域调度中心也有各自所辖地区网络的安全分析的问题。如果在进行这项工作时，每个区调也需要把全系统的运行方式都存储在自己的计算机内，这就显得大谬不然了，而等值网络法更是势所必然了。

总之，在将计算机应用于电力系统的自动化后，等值网络法也是势在必行的，问题在于进行网络的简化时，为了适合安全分析的需要，应该满足一些什么要求。这个问题可以初步讨论如下：

(1) 待研究系统的网络结构最好能完整地保留，而外部系统对待研究系统的影响，不论是正常状态或预想事故状态，经过简化后也都能得到足够准确地反映。

(2) 系统运行状态变化时，也就是系统的实时数据正常变动时，等值外部系统的修正工作量很小，很容易进行。

(3) 在满足上述两条件的情况下，等值网络所包含的节点数应越少越好。

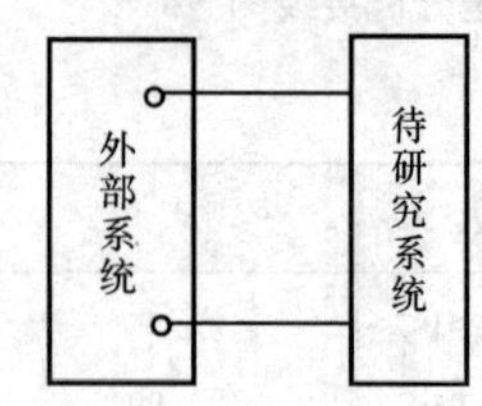

图6-12　等值网络连接示意图

等值网络法有多种，本节只准备简单介绍一种用于安全分析的等值网络法。这种方法要求在大量离线网络分析与运行经验的基础上，将网络分为待研究系统与外部系统两部分，而且按实际结构用联络线把这两部分连接起来，成为图6-12的形状（为简单起见，假定联络线只有两条）。

显然，外部系统对待研究系统的影响，都必须通过联络线的潮流的变化才能产生，这与电力系统的实际情况是完全符合的。对于有待简化的外部系统的所有节点可分为重要节点与非重要节点两大类。凡是状态变量与注入潮流的变化对联络线的运行状态影响较大的都划为重要节点；反之，凡是状态变量的改变对联络线的运行状态影响较小的节点，都划为非重要节点。而与联络线连接的节点，称为边界节点，边界节点必定是重要节点。图6-12上，外部系统除有两个边界节点外，另外还标明了一个重要节点（一般说来，除边界节点外，重要节点应不止一个，图6-12完全只是一种示意图）。外部系统其他的大量节点，就都是非重要节点了。判明重要节点或非重要节点可以采用下述方法。根据灵敏度的原理，可以令

$$\left.\begin{aligned} A_{ij} &= \frac{\partial \theta_i}{\partial P_j} \\ W_{ij} &= \frac{\partial U_i}{\partial Q_j} \end{aligned}\right\} \tag{6-18}$$

式中　i——各边界节点的序号；

U_i、θ_i——节点 i 的状态变量；

j——外部系统除边界节点外的其余所有节点的序号；

P_j、Q_j——节点 j 的注入有功功率与注入无功功率；

A_{ij}、W_{ij}——节点 j 对边界节点 i 的灵敏系数。

根据安全分析对准确性的要求与实践经验，可以确定两个数值 ε_A 与 ε_W。如节点 j 满足下两式之一者，即满足

$$A_{ij} \geqslant \varepsilon_A$$

或

$$W_{ij} \geqslant \varepsilon_W$$

此节点 j 即为重要节点。反之，则为非重要节点。

灵敏度系数 A_{ij} 及 W_{ij} 可以由雅可比矩阵的逆阵求到，其原理如下。

取外部系统各边界节点的状态变量为该节点电压的幅值与相角（U_i 与 θ_i），取式（6-10b）的矩阵形式，当只有外部系统任一节点 j 的注入有功功率改变时，式（6-10b）的矩阵形式为

$$\begin{bmatrix} 0 \\ \vdots \\ 0 \\ \Delta p_j \\ 0 \\ \vdots \\ 0 \end{bmatrix} = \frac{d\boldsymbol{P}}{d\boldsymbol{\theta}} \begin{bmatrix} \vdots \\ \Delta\theta_1 \\ \vdots \\ \Delta\theta_i \\ \vdots \end{bmatrix}$$

上式可化为

$$\frac{d\boldsymbol{P}^{-1}}{d\boldsymbol{\theta}} \begin{bmatrix} 0 \\ \vdots \\ 0 \\ 1 \\ 0 \\ \vdots \\ 0 \end{bmatrix} = \begin{bmatrix} \vdots \\ \dfrac{\partial\theta_1}{\partial P_j} \\ \vdots \\ \dfrac{\partial\theta_i}{\partial P_j} \\ \vdots \end{bmatrix}$$

很显然，由 $\dfrac{d\boldsymbol{P}^{-1}}{d\boldsymbol{\theta}}$ 可以容易地求出

$$A_{ij} = \frac{\partial\theta_i}{\partial P_j}$$

根据同样的原理，也可求出

$$W_{ij}=\frac{\partial U_i}{\partial Q_j}$$

这说明区分重要节点与非重要节点是不困难的。

上面介绍的等值网络法要求所有重要节点间的连线及其注入功率在网络化简中均保持实际情况不变，即网络化简只对非重要节点进行。其主要目的就是使化简后的等值网络尽可能地符合电力系统的实际性能。

非重要节点网络的化简方法可根据一种“独立电源的辐射状等值网络（简称 REI）”原理进行，其步骤如下。

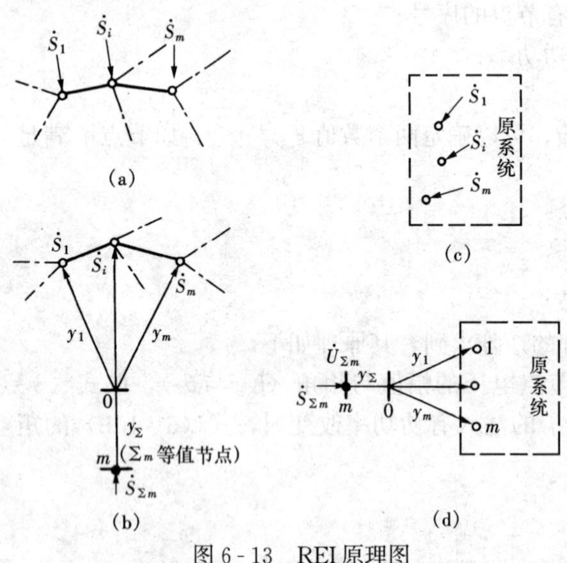

图 6-13　REI 原理图

(a) 节点的单独表示；(b) 网络图；(c) 部分网络；(d) 简化后的部分网络

REI 原理图见图 6-13。设任一外部系统，有注入功率的节点数为 $i+j$ 个，其中 i 个为重要节点，j 个属不重要节点，系统中其余节点的注入功率均为零，称为中间节点。等值网络法的第一步就是对这 j 个不重要节点进行简化，等值网络的方法不仅可施行于 j 个节点的全体，也可只对其中部分节点进行。例如，在 j 个非重要节点中，挑出 m 个进行简化。图 6-13（a）是把原系统中 m 个有注入功率的节点的情况单独表示出来了。图 6-13（b）则表示用 REI 等值网络方法的网络图。它把本来分开在 m 个节点的注入功率（$\dot{S}_1\cdots\dot{S}_i\cdots\dot{S}_m$）考虑成由一个独立电源 $\dot{S}_{\Sigma m}$ 在等值节点 m 处注入。$\dot{S}_{\Sigma m}$ 经 0 节点后以辐射的支路形式分送至原来的 m 个节点，并使每个节点接受的功率与其原有的功率数值 $\dot{S}_i$ 相同。其结果如图 6-13（d）所示，在原系统外增加了 $y_1\cdots y_m$ 及 y_Σ 等 $m+1$ 条支路，及 0 与 m 两个节点，但是把原系统中的 m 个节点都变成了没有注入功率的中间接点了。设节点 0 的电位为零，则各辐射支路的导纳及 $\dot{S}_{\Sigma m}$ 等可按式（6-19）求出，即

$$\left.\begin{aligned}
\dot{S}_{\Sigma m}&=\sum_{i=1}^{m}\dot{S}_i\\
\dot{U}_{\Sigma m}&=\frac{\dot{S}_{\Sigma m}}{\sum\limits_{m}\dfrac{S_m}{\dot{U}_m}}\\
\dot{Y}_i&=\frac{-\hat{\dot{S}}_i}{|U_i|^2}\\
\dot{Y}_\Sigma&=\frac{\hat{\dot{S}}_\Sigma}{|U_{\Sigma m}|^2}
\end{aligned}\right\}\tag{6-19}$$

式中，$\dot{S}_i$ 及 $\dot{U}_i$ 均认为是已知量。

在图 6-13（b）中由于 $S_{\Sigma m}$ 流向零电位的节点 0，而 $\dot{S}_1 \cdots \dot{S}_m$ 又被看成是从零电位分别流向 m 个节点的，这就使 $\dot{S}_{\Sigma m}$ 在等值辐射形网络中流动的总损耗为零，完全满足式（6-19）。

REI 等值网络法就是把图 6-13（c）表示的原系统中的部分网络简化为图 6-13（d）所示的形式。在实际运用中，往往把原系统中的 PV 节点总起来由一个独立的等值电源代替，而把 PQ 节点也总起来由另一个独立的等值电源代替。对一个外部系统来说，除重要节点外，其余的非重要节点都变成了中间节点，它们的注入功率却分别由两个等值的电源代替了。然后按电力系统计算潮流的一般方法，列出这个等值外部系统的方程式组，再利用高斯消去法，把所有的中间节点全部消去，只剩下有注入功率的节点，即只剩下重要节点及等值 PV 节点（等值发电机节点）与等值 PQ 节点（等值负荷节点）。系统简化的结果是：图 6-12 的外部系统变成图 6-14 的形状。所有重要节点，包括边界节点，其注入功率及接线方式全部保留，所有非重要节点全部消去，只增加两个等值节点，一为等值发电机节点，一为等值负荷节点。很显然，图 6-14 的等值外部系统既保留了它对待研究系统的影响，而其本身又大大简化，即方程组的阶数大为降低了，这当然很有利于减少计算机的存储容量与提高计算速度。

还应该指出，REI 方法是以离线计算的数据为基础的。不但式（6-19）中右端的 $\dot{S}_1 \cdots \dot{S}_m$ 及 $\dot{U}_1 \cdots \dot{U}_m$ 是离线计算的数据，在取得 $\dot{Y}_1 \cdots \dot{Y}_m$，$\dot{U}_{\Sigma m}$，$\dot{Y}_{\Sigma}$ 及 $\dot{S}_{\Sigma m}$ 等的等效值后，从图 6-13（d）化简到图 6-14 形式的外部系统等值图，也应该离线进行计算。总之图 6-14 中的一切状态变量与线路参数都是离线计算的精确数据，存储起来，以备在线安全分析时使用。

由式（6-19）计算的辐射支路等值网络是以电力系统的某一运行状态为依据的，比如图 6-14 所示的外部系统等值图是以该系统的尖峰负荷时的数据为基础得出的等。在用于安全分析时，要考虑到系统的实时潮流是不断变化的，因此就需要在图 6-14 的等值网络的基础上，增加一个只与边界节点相连的校正电源。图 6-15 就是运用于安全分析中的外部系统的等值简化图。

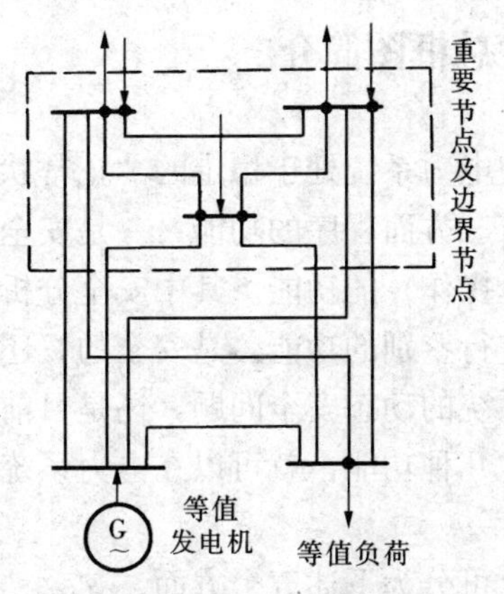

图 6-14 外部系统等值图

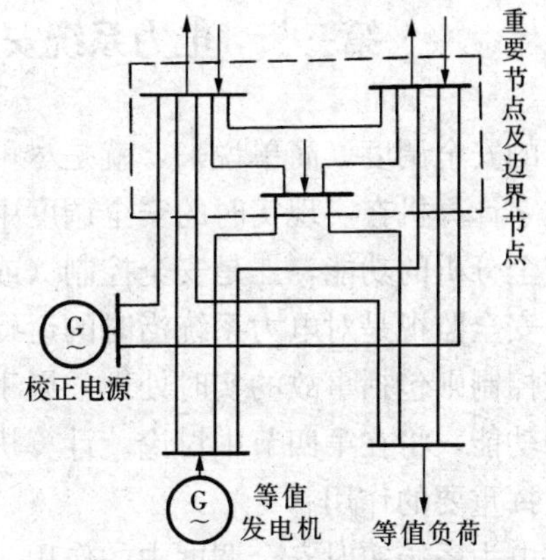

图 6-15 安全分析中的外部系统等值简化图

将图 6-15 用于安全分析中时，重要节点的注入功率应根据状态估计的实时数据进行修正；等值发电机与等值负荷的注入量按需要也加以修正。边界节点的状态变量也应按实时数据修正，并应使重要支路的潮流与实时数据符合。上述数据都是实时数据，所以并不难得到。但这样一来，在边界节点上会出现潮流差值。为了满足联络线上的实时功率，所以在图 6-15 中只有校正电源的功率与其至各边界节点的连线的导纳，才是要根据式（6-19）进行在线计算的部分，因此工作量很少。图 6-15 形成的网络被称为 X－REI 网络。

用图 6-15 所示外部系统等值图来作待研究系统在预想事故下的安全分析，当然比原系统（如图 6-12 所示）简化了不少。对于图 6-12 未简化的系统，在与外部系统有关的预想事故中，影响待研究系统最大的事故，莫过于联络线的断开了。运算的例子说明，用图 6-15的等值系统代替原系统后，即使是联络线的断开事故，也可以在待研究系统一侧得到相当准确的分析结果。

安全分析中的等值网络尚有其他，但都有着一些共同的特点，这就是：尽量利用离线分析的结果，把在线的校正和分析任务尽可能地减少，而分析的结论都必须满足安全分析准确度的要求。目前，安全分析的等值网络方法，正在日益受到重视与研究，X－REI 只是近年来出现的一种等值网络法。

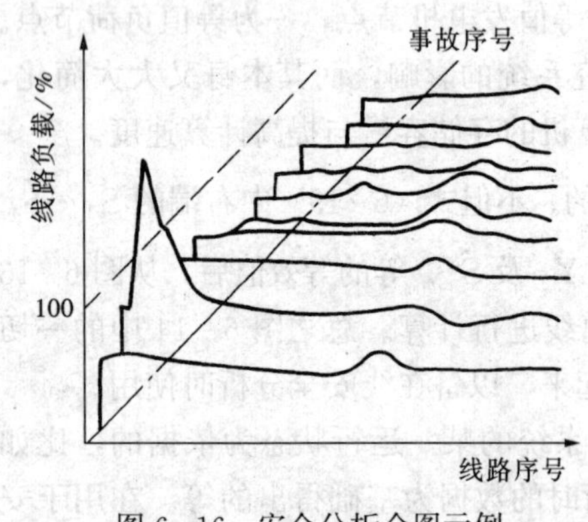

图 6-16　安全分析全图示例

（四）安全分析全图显示

当系统相当大，如厂、站与线路达到几十条或百多条以上时，用表 6-1、表 6-2 的办法来表达每次安全分析的结果，不容易给调度人员以全面的系统安全水平的清晰估计，使用图 6-16 表示的安全分析全图，用三维图形的办法，以 x 轴表示各线路的顺序编号，y 轴表示预想故障的顺序编号，z 轴表示线路负荷或超载的百分值，把每次安全分析结果顺序连接起来，就可构成图 6-16 所示的安全分析全图，使调度人员对各种预想事故下的系统相对安全水平与线路的相对负担，具有清晰、全面的监视能力，进而进行更为合理的预想调度，这是一种较好的安全监视方法。

第三节　电力系统安全调度总框图简介

电力系统的安全调度，简单说来，就是尽可能地使电力系统处于稳定的“正常状态”的功能。快速数字计算机在实现实时的安全调度中应具有三方面程序的功能；一是安全监视的功能，二是安全分析的功能，三是安全控制（或称安全操作）的功能。其中安全分析在前面已作过讨论；安全监视是对电力系统当时的运行状态进行鉴别的功能，是安全的，还是欠安全的等；安全控制则包括事故的实时处理，属于电力系统的动态安全问题，还是目前尚未可靠实现的一种功能，将在第四节中讨论。计算机依靠这几种功能，就可以在电力系统的实时安全调度中发挥重要的作用。

计算机在电力系统实时安全调度中的作用，基本上可分为下述五个方面。

（1）对电力系统的运行状态进行实时的鉴别。根据电力系统运行的实时数据，按照式（6-1）的条件，对系统运行状态进行区分，以确定系统当时是处于正常状态、紧急状态，还是恢复状态等。

（2）当系统处于正常状态时，还应使用安全分析的方法，进一步确定其是处于安全状态，还是欠安全的警戒状态。

（3）当系统处于欠安全的警戒状态时，确定哪些调度措施可以使系统返回到安全状态。如果没有可行的安全措施，也可提供在下一个事故发生时系统可能面临的紧急状态，即哪些线路会过负荷，哪些母线可能过电压等异常情况的信息。

（4）当系统处于紧急状态时，确定哪些反事故措施可以使系统恢复到正常状态，或者为调度人员的安全紧急操作提供可靠的信息。

（5）当系统处于恢复状态时，监视各项恢复系统正常运行的操作的效果，使“恢复操作”能安全地进行。

计算机在安全调度中的功能及其控制顺序可以用图 6-17 的框图加以基本说明。

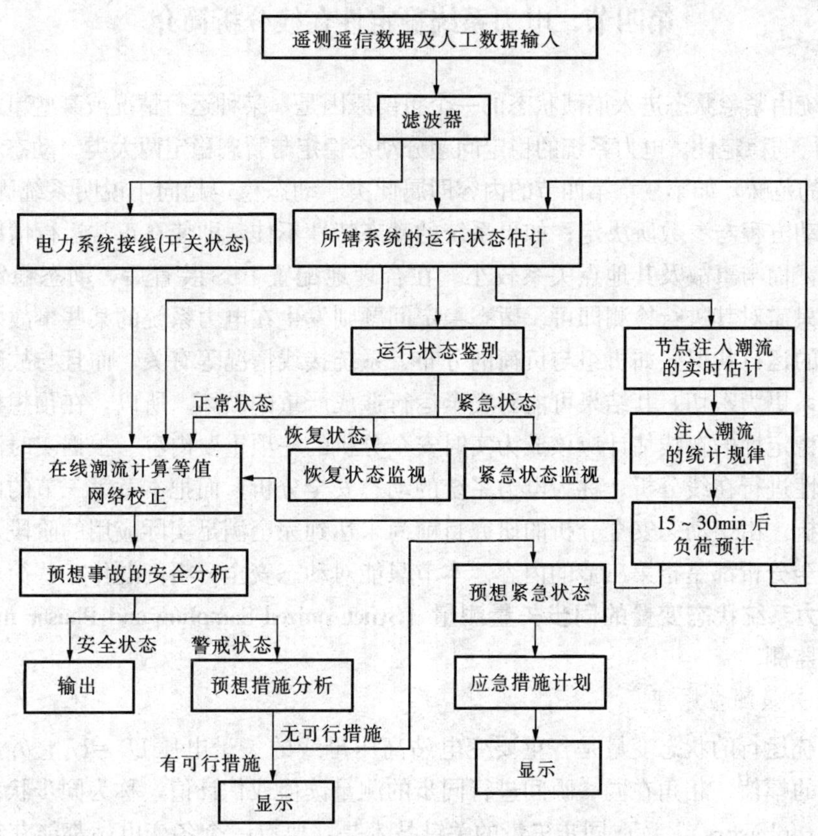

图 6-17　计算机的安全调度功能的示意框图

图 6-17 是电力系统分层控制与联合系统分区控制的通用的安全调度功能的示意框图。调度所所辖电力系统接线，即各断路器的开关状态，作为一单独框图列出，系统的数学模型则包括在系统运行状态估计的框图中。遥测遥信数据框，既包括所辖系统的数据，也包含外部系统的数据。滤波器环节可以淘汰因远动干扰出现的明显的错误数据，也包含遥测遥信信息相互核查的作用，可相当准确地确定系统的接线图。状态估计可以科学地提供系统运行状态的实时数据及外部系统的注入功率的数据，并能补足未经遥测的状态变量的数据。利用状态估计的结果，可以实现对运行状态的监视，区分正常状态、紧急状态与恢复状态。对于紧急状态与恢复状态时调度人员所采取的紧急安全措施（即反事故措施），计算机可提供分析性的监视功能，以取得较好的实时调度的效果。在正常状态时，可以按照在线潮流的计算程

序进行预想事故的安全分析，以区分安全状态与欠安全的警戒状态。图中还说明安全分析是根据 15～30min 以后的负荷预报进行的，它能使调度计算机的每一工作循环的安全分析更符合实时调度的要求。当电力系统处于警戒状态时，还可以对调度员的预防性措施进行分析与监视，如果发现没有可行的预防性措施时，则可以显示某些未加预防的事故万一发生时，系统会出现的紧急状态及调度员可以采取的应急措施，以提高反事故的实时调度能力。

图 6 - 17 是示意性的框图，主要是说明调度计算机所具有的实时安全调度的功能。对于一个具体的调度中心或专用微处理机，可以只实现其中的某部分功能，而实现的方法也可以与图 6 - 17 所表示的有所差异。

第四节　电力系统稳定性在线分析简介

电力系统由紧急状态进入崩溃状态的一个重要原因是，某种运行情况或某些事故使电力系统失去了运行的稳定性。电力系统的稳定问题分动态稳定与暂态稳定两大类。动态稳定属于线性系统振荡的范畴，如第三章第四节的内容即属此类。动态稳定趋向于说明系统固有的特性，由系统的运动方程与参数所决定；如果系统的动态特性不佳，即使在正常运行情况，也会发生稳定问题，而与事故及其地点关系较小。在合理地配置 PSS 装置后，动态稳定问题一般均能解决，只需对其进行检测即可。暂态稳定问题则发生在电力系统的某些事故之后，不但与当时系统的运行状况，如机组与负荷的分布、系统接线情况等有关，而且与故障地点与故障性质的关系更为密切，其结果可能对安全运行造成严重的破坏。所以，在预想事故下，电力系统暂态稳定性的在线估计应该成为实时安全分析的一项重要内容。根据实时潮流对电力系统的稳定性进行在线分析，称为电力系统的动态安全分析；而把本章第三节的内容统称为稳态安全分析。由于动态安全分析的研究目前尚未达到完全满足实际应用的阶段，所以实际工作中的安全分析都是指第三节的内容。本节只能对动态安全分析问题作一些简单的介绍。

一、电力系统状态变量的同步矢量测量（Synchronized Sampling and Phasor measurement）与动态安全监测

1. 同步矢量测量原理

电力系统运行的状态变量是各重要变电站高压母线的矢量电压 $\dot{U}_i=U_i\angle\theta_i$。对全系统的状态矢量的幅值、相角在同一瞬间进行同步的测量读值或估计值，称为同步状态矢量（向量）(Synchrophasors)。读取同步矢量的关键技术是：要有一个各变电站都能获得的瞬时同步脉冲，并据此进行同步的幅值、相角测量。同步矢量测量现分两大类。一为矢量瞬时值的同步测量，如电压矢量的瞬时值 $\dot{u}(t)$、电流矢量瞬时值 $\dot{i}(t)$ 的测量值，及瞬时的有功与无功，即 $p(t)$ 与 $q(t)$ 等。另一类为工频矢量的同步测量，即常用的以工频周期为时程单位的电压矢量 $\dot{U}$ 与电流矢量 $\dot{I}$ 等。同步瞬时矢量在 20 世纪 80 年代后才广为关注，多应用在快速微电子元件控制系统中。而同步工频矢量至今仍被电力系统调度所经常使用。本章将先介绍工频矢量的同步测量原理。工频矢量的同步测量方法也有两种：一是利用两正弦波越零脉冲的时间间隔与标准周期之比，作为其相角差的读值。另一是对正序电压进行同步的数值快速福里哀转换，以求得其幅值与相角的读值。由于这种方法本身有很强的滤波作用，本节即讨论该方法的工作原理。

工频矢量同步测量的基本原理要求相距远近不同、分布辽阔的各变电站，在同一瞬间获得足够精确的同步脉冲，以进行全系统运行状态矢量的同步测量。目前我国已可采用独立的"北斗"卫星定位系统（Compass Navigation Satellite System，国外称"Beidou"）发出的授时脉冲作为变电站的同步脉冲，可涵盖全国各地。关于该系统的配置情况、定位的原理等，因与本课程无关，无需论及。但每个卫星上都载有一个频率稳定的原子钟，每秒钟向地球各地发送一次对时脉冲 1PPS（1Pulse Per Second），则是电力系统实现同步矢量测量的最佳选择。各地接收卫星对时秒脉冲前沿的误差不超过 $\pm 1\mu s$，对 50Hz 的电力系统相当 $\pm 0.018°$的相角测量误差，远小于允许的 $0.1°$。

同步矢量的数值快速福里哀转换法的原理如下：

图 6-18 是利用"北斗"卫星授时脉冲的对时 PPS 进行同步矢量测量 PMU（Phasor Measurement Unit）的示意图。目前"北斗"卫星授时脉冲接收器所用的芯片已基本定型，接线图的差异也不大，如 RS232 芯片就可用于 1PPS 的对时脉冲。在 50Hz 的电力系统中，将 PPS 用于各个守时锁相振荡器，就可使散处不同地域的变电站，都可以由此获得 600 次/s 或 1200 次/s 的同步采样脉冲。由电压、电流互感器（TV、TA）来的母线电压等信号先经过滤波、分析等预处理后，得到性能较好的正序电压、电流波形，再由 600～1200 次/s 脉冲对其值进行采样，图中表示将这些采样值输入数值信号处理器，进行快速福里哀转换，即可获得所需的同步矢量的测量值（U、θ_u）及（I、θ_i）。其原理可用公式表述如下：

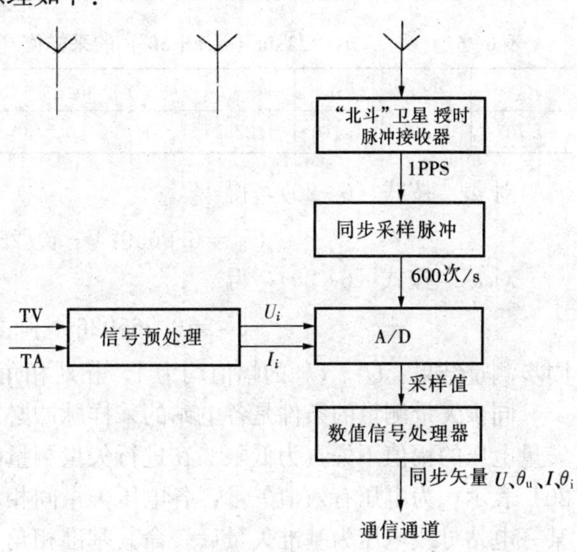

图 6-18　同步矢量测量（PMU）示意图

设工频正弦电压矢量为

$$\overline{X} = X\mathrm{e}^{\mathrm{j}\theta} = X_S + \mathrm{j}X_C$$

对其瞬时值的采样频次为 N/Hz，则采样值为

$$X(k) = \sqrt{2}X\sin\left(\frac{2\pi}{N}k + \theta\right) \quad (k = 1, 2\cdots, N;\ 或\ k = r, r+1\cdots, N+r-1)$$

经快速福里哀转换后，可得

$$\left.\begin{aligned} X_S &= \frac{\sqrt{2}}{N}\sum_{k=1}^{N} X(k)\sin\left(\frac{2k\pi}{N}\right) \\ X_C &= \frac{\sqrt{2}}{N}\sum_{k=1}^{N} X(k)\cos\left(\frac{2k\pi}{N}\right) \end{aligned}\right\} \tag{6-20}$$

于是有

$$\overline{X} = \frac{\sqrt{2}}{N}\sum_{k=1}^{N} X(k)\left[\sin\left(\frac{2k\pi}{N}\right) + \mathrm{j}\cos\left(\frac{2k\pi}{N}\right)\right] = \frac{\sqrt{2}}{N}\sum_{k=1}^{N} X(k)\mathrm{j}\mathrm{e}^{-\mathrm{j}\left(\frac{2k\pi}{N}\right)} \tag{6-21}$$

工频同步矢量测量的特性，可以用下述例子说明。

【例 6-2】 设两经过预处理后的正序交流电压为 $U_1\sin(2\pi f_0 t)$、$U_2\sin(2\pi f_0 t+30°)$，用 1200 次/s 脉冲分别对其进行如图 6-18 所示的采样读值，并进行式（6-20）所示的快速福里哀转换，求其结果并讨论之。

解 令 $u_1=\sqrt{2}U_1\sin(2\pi f_0 t)$，$u_2=\sqrt{2}U_2\sin(2\pi f_0 t+30°)$，则当周期采样 $N=24$（$\Delta t=0.83333\text{ms}$）时，可得 u_1 与 u_2 的采样值分别列入表 6-5 与表 6-6。

表 6-5 $u_1=\sqrt{2}\sin(\omega_0\tau)$ 的采样值（为省篇幅，只登录其中一半）

$u_{1.1}$	$u_{1.3}$	$u_{1.5}$	$u_{1.7}$	$u_{1.9}$	$u_{1.11}$	$u_{1.13}$	$u_{1.15}$	$u_{1.17}$	$u_{1.19}$	$u_{1.21}$	$u_{1.23}$
0	0.707	1.225	1.414	1.225	0.707	0	−0.707	−1.225	−1.414	−1.225	−0.707

表 6-6 $u_2=\sqrt{2}\sin(\omega_0\tau+30°)$ 的采样值（为省篇幅，只登录其中一半）

$u_{2.1}$	$u_{2.3}$	$u_{2.3}$	$u_{2.7}$	$u_{2.9}$	$u_{2.11}$	$u_{2.13}$	$u_{2.15}$	$u_{2.17}$	$u_{2.19}$	$u_{2.21}$	$u_{2.23}$
0.707	1.225	1.414	1.225	0.707	0	−0.707	−1.225	−1.414	−1.225	−0.707	0

对 $u_{1.k}$ 按式（6-20），得

$$\overline{U}_1=0.965924-\text{j}0.258823=1\angle-15°$$

对 $u_{2.k}$ 按式（6-20），得

$$\overline{U}_2=0.965926+\text{j}0.258815=1\angle15°$$

同步测重结果：$\overline{U}_1$、$\overline{U}_2$ 的幅值均为 1，相对相角为 30°不变。

同步矢量测量的条件是各电站的采样脉冲必须瞬时同步，且每秒采样次数不能太少，以矢量电压的幅值不失真为低限。在进行矢量测量时，被测电压以瞬时值表示，结果由式（6-20）表示，为电压有效值矢量，各电压矢量间相对相角关系是十分正确的。电力系统在选定某一电站母线电压为基准矢量后，命其基准相角为零，则其他电站母线电压间的相角关系均可得出，如本例测得 U_2 对 U_1 的越前角为 30°，相当准确。

还应注意，式（6-20）右端的 $\dfrac{1}{N}\sum\limits_{k=1}^{N}X(k)$ 是对 N 次采样值随机误差的均值滤波的表达式，因此由式（6-20）得出的估计值，有较好的实用性。

在图 6-17 的信号预处理功能中，滤波是必不可少的，而从可能的三相不对称电压中滤出正序电压值，则更是保证同步矢量测量结果准确性的必要条件。最简便的方法是利用同步矢量测量的运算程序，按照对称分量的原理，从三相不对称电压中提取其正序分量，原理如下：

令式（6-20）代表 A 相电压的工频同步矢量运算式，$\alpha=\text{e}^{\text{j}120°}$，$\alpha^2=\text{e}^{240°}$，则 B 相电压与 C 相电压的对称分量转换式为

$$\alpha\overline{X}_{\text{B.S}}=\frac{\sqrt{2}}{N}\left[\sum_{1}^{N}X_{\text{B}}(k)\sin\left(\frac{2(k-8)\pi}{N}\right)\right]$$

$$\alpha\overline{X}_{\text{B.C}}=\frac{\sqrt{2}}{N}\left[\sum_{1}^{N}X_{\text{B}}(k)\cos\left(\frac{2(k-8)\pi}{N}\right)\right]$$

$$\alpha^2\overline{X}_{\text{C.S}}=\frac{\sqrt{2}}{N}\left[\sum_{1}^{N}X_{\text{C}}(k)\sin\left(\frac{2(k+8)\pi}{N}\right)\right]$$

$$\alpha^2\overline{X}_{\text{C.C}}=\frac{\sqrt{2}}{N}\left[\sum_{1}^{N}X_{\text{C}}(k)\cos\left(\frac{2(k+8)\pi}{N}\right)\right]$$

对例 6-2 的 1200 次/s 的采样脉冲，得正序电压的同步矢量测量值为

$$X_{1.\mathrm{S}}=\frac{\sqrt{2}}{72}\sum_{k=1}^{24}[X_{\mathrm{A}}(k)\sin k\times 15^{\circ}+X_{\mathrm{B}}(k)\sin(k-8)\times 15^{\circ}+X_{\mathrm{C}}(k)\sin(k+8)\times 15^{\circ}]$$

$$X_{1.\mathrm{C}}=\frac{\sqrt{2}}{72}\sum_{k=1}^{24}[X_{\mathrm{A}}(k)\cos k\times 15^{\circ}+X_{\mathrm{B}}(k)\cos(k-8)\times 15^{\circ}+X_{\mathrm{C}}(k)\cos(k+8)\times 15^{\circ}]$$

2. 工频同步矢量的递推公式（Recursive Formula）与动态监测（Dynamic Monitoring）

如觉每一次采样值都要按式（6-20）计算 N 个采样值，费时太多，则从式（6-21）可得如下的递推公式。

设对某正弦电压采样值为（x_r，x_{r+1}，…，x_{N+r-1}），得电压矢量为 $\overline{X}_r$，若采样时刻及采样值为（x_{r+1}，x_{r+2}，…，x_{N+r}），得矢量电压为 $\overline{X}_{r+1}$，则由 $\overline{X}_r=\overline{X}_{r+1}$，可得

$$\overline{X}_{r+1}=\overline{X}_r+\mathrm{j}\frac{\sqrt{2}}{N}(x_{N+r}-x_r)\mathrm{e}^{-\mathrm{j}\left(\frac{2r\pi}{N}\right)} \tag{6-22}$$

式（6-22）称为同步矢量的递推公式，即在首次按式（6-21）求得的 $\overline{X}_r$（$i=0\cdots m$）后，不论是在稳态或是动态情况下，不必每次都按式（6-21）进行全部采样值的计算，可按式（6-22）求取同步矢量 $\overline{X}_{r+1}$。即只对两个采样值 x_{N+r} 及 x_r 进行计算即可。在日常运行中，一般都用式（6-22）求取同步矢量，再根据负荷情况，隔一定时段，用式（6-21）验算或修正一次 $\overline{X}_r$。至于式（6-22）在动态运行情况下的收敛半径等问题，不拟再进行分析了。

3. 广域测量系统（Wide Area Measurements System，WAMS）

工频同步矢量测量原理在电网大范围变电站间的普遍应用，使变电站间也能进行同步数据的实时交换，形成了广域测量系统，可以使某些控制及保护措施，如线路纵差等，有更多的选择方案。广域测量系统技术要求消除卫星扫过不同地点的瞬间时差所形成的角误差。如图 6-19，卫星扫过 A、b、c、d 四地变电站发出的授时脉冲，并未在同一瞬间，存在着瞬时差 t_i（A，b，c，d∈i）。如选定 A 站为参考点，则 $t_{i0}=t_i-t_{\mathrm{A}}(\mathrm{ms})$。表 6-5 与表 6-6 说明这类时差最终转变成测量值的角误差 δ_{i0}，它不随状态变量变动，属于式（5-1）的系统误差，不影响测量精确度，且很易消除，其值为

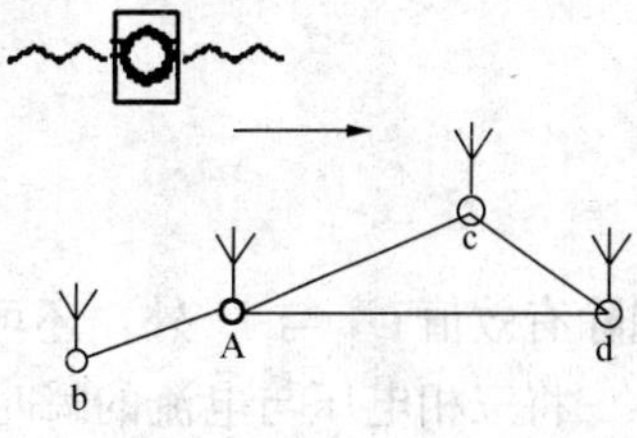

图 6-19　广域量测系统地理位置示意图

$$\delta_{i0}=360^{\circ}(t_{i0}/T_{\mathrm{f}}) \tag{6-23}$$

式中　T_{f}——工频电压周期，ms。

上述的广域快速工频同步矢量测量为调度中心掌握系统每个时刻的动态运行情况，提供了瞬时的实时条件，可以进行系统运行情况的动态监测，如图 6-20 所示。虽然未经状态估计的同步矢量准确度只在 $x\%$，但动态监测的重要条件是实时、快速，对准确度的要求则可放宽。图 6-20 示意地说明了动态监测的要求。在稳态运行时，可以认为各厂站母线电压间的相角差为常数，t_0 瞬间因故障或低频振荡等原因，电力系统出现了或大或小的扰动，即发生了振荡，由于广域同步矢量测量能够录下“同一瞬间”各母线电压间的相角的实时变化（如图 6-21 所示），调度中心可以实时监察电力系统的动态特性，比较多种情况下的动态特性，可以发现改善系统动态特性的措施或条件，可以加强系统的鲁棒性。

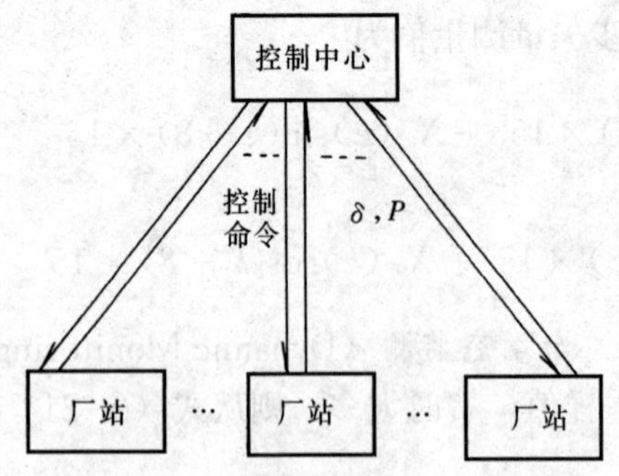

图 6-20 系统动态监测结构图

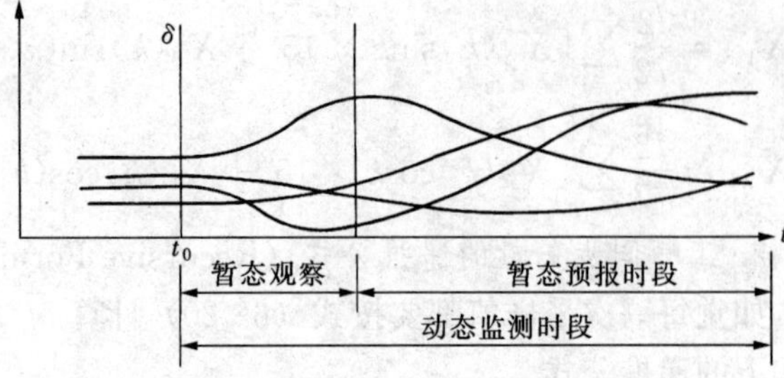

图 6-21 实时监控电力系统动态特性示意图

4. 同步瞬时矢量测量

设在任意采样瞬间 t_1，PMU 测出单相电压的瞬时值为

$$u_{1.\,a}(t_1)=\sqrt{2}U_1\sin(\omega t_1+\beta)$$

仅凭一相的瞬间值是不能推算出该相电压的特征值、有效值 U_1 与相位 β 的。但如果是三相均衡电压，设测得同一采样瞬间另两相电压分别为

$$u_{1.\,b}(t_1)=\sqrt{2}U_1\sin(\omega t_1-120^\circ+\beta) \text{ 及 } u_{1.\,c}(t_1)=\sqrt{2}U_1\sin(\omega t_1+120^\circ+\beta)$$

即可算出相电压的有效值为

$$U_1=\sqrt{u_{1.\,a}(t_1)^2+u_{1.\,b}(t_1)^2+u_{1.\,c}(t_1)^2}\,/\sqrt{3} \tag{6-24}$$

其结果显示 U_1 不是 t_1 的函数，即与采样的选取瞬间无关。

如 PMU 同时还测得三相电流在采样瞬间 t_1 的值分别为

$$i_{1.\,a}(t_1)=\sqrt{2}I_1\sin(\omega t_1+\delta),$$
$$i_{1.\,b}=\sqrt{2}I_1\sin(\omega t_1-120^\circ+\delta),$$
$$i_{1.\,c}=\sqrt{2}I_1\sin(\omega t_1+120^\circ+\delta)$$

则除有效值 U_1 与 I_1 外，还可计算两者的相角差（功率因数角）$\beta-\delta$，其方法如下。

将三相电压与电流的瞬时值分别写成数值坐标矢量

$$u_1(t_1)=\begin{pmatrix}u_{1.\,a}(t_1)\\u_{1.\,b}(t_1)\\u_{1.\,c}(t_1)\end{pmatrix},\quad i_1(t_1)=\begin{pmatrix}i_{1.\,a}(t_1)\\i_{1.\,b}(t_1)\\i_{1.\,c}(t_1)\end{pmatrix}$$

由于三相电压、电流的瞬时值之和总为零，如图 6-22 所示，可将其转换至相互垂直的 d、q 数值坐标系，换算矩阵为

$$\boldsymbol{T}=\sqrt{\frac{2}{3}}\begin{pmatrix}1 & -1/2 & -1/2\\0 & \sqrt{3}/2 & -\sqrt{3}/2\end{pmatrix}$$

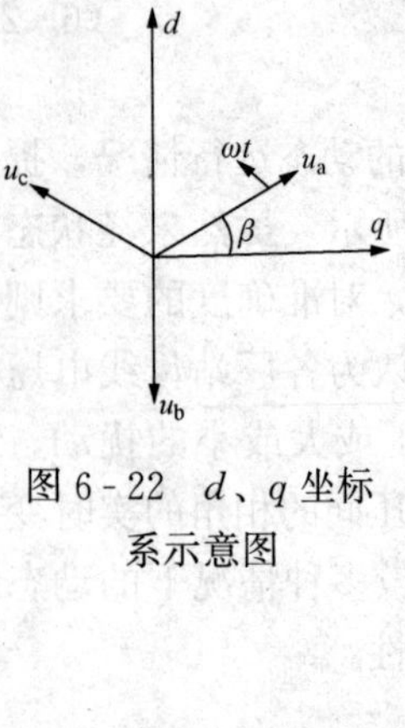

图 6-22 d、q 坐标系示意图

于是有

$$\begin{pmatrix}u_{1.\,d}(t_1)\\u_{1.\,q}(t_1)\end{pmatrix}=\boldsymbol{T}\begin{pmatrix}u_{1.\,a}(t_1)\\u_{1.\,b}(t_1)\\u_{1.\,c}(t_1)\end{pmatrix}=\begin{pmatrix}\sqrt{3}U_1\sin(\omega t_1+\beta)\\\sqrt{3}U_1\cos(\omega t_1+\beta)\end{pmatrix} \tag{6-25}$$

及

$$\begin{pmatrix}i_{1.\,d}(t_1)\\i_{1.\,q}(t_1)\end{pmatrix}=\boldsymbol{T}\begin{pmatrix}i_{1.\,a}(t_1)\\i_{1.\,b}(t_1)\\i_{1.\,c}(t_1)\end{pmatrix}=\begin{pmatrix}\sqrt{3}I_1\sin(\omega t_1+\delta)\\\sqrt{3}I_1\cos(\omega t_1+\delta)\end{pmatrix} \tag{6-26}$$

式中　$u_{1.\mathrm{d}}(t_1)$、$u_{1.\mathrm{q}}(t_1)$ 及 $i_{1.\mathrm{d}}(t_1)$、$i_{1.\mathrm{q}}(t_1)$——分别是电压 $u_1(t)$、电流 $i_1(t)$ 于 t_1 瞬间在 d，q 坐标系上的“投影”。

d、q 系统有功与无功的公式，为

$$\begin{pmatrix}P\\Q\end{pmatrix}=\begin{pmatrix}u_\mathrm{d} & u_\mathrm{q}\\u_\mathrm{q} & -u_\mathrm{d}\end{pmatrix}\begin{pmatrix}i_\mathrm{d}\\i_\mathrm{q}\end{pmatrix}$$

即

$$P=u_\mathrm{d}i_\mathrm{d}+u_\mathrm{q}i_\mathrm{q},\quad Q=u_\mathrm{q}i_\mathrm{d}-u_\mathrm{d}i_\mathrm{q}。$$

仿此可有

$$\begin{pmatrix}U_\mathrm{p}\\U_\mathrm{q}\end{pmatrix}=\begin{pmatrix}u_{1.\mathrm{d}}(t_1) & u_{1.\mathrm{q}}(t_1)\\u_{1.\mathrm{q}}(t_1) & -u_{1.\mathrm{d}}(t_1)\end{pmatrix}\begin{pmatrix}u_{2.\mathrm{d}}(t_1)\\u_{2.\mathrm{q}}(t_1)\end{pmatrix}=\begin{pmatrix}3U_1U_2\cos(\beta-\delta)\\3U_1U_2\sin(\beta-\delta)\end{pmatrix}\tag{6-27}$$

由此可知，利用 PMU 对两三相电压任意瞬时采样的读值，除 U_1、U_2 外，还可得其相角差

$$\beta-\delta=\tan^{-1}\left(\frac{U_\mathrm{q}}{U_\mathrm{p}}\right)\tag{6-28}$$

举例，设从表 6-5 与表 6-6 选取两三相电压同一采样瞬时的值分别为 $u_{1.\mathrm{a}}=0.707k$，$u_{1.\mathrm{b}}=-1.414k$，$u_{1.\mathrm{c}}=0.707k$；$u_{2.\mathrm{a}}=1.225$，$u_{2.\mathrm{b}}=-1.225$，$u_{2.\mathrm{c}}=0$。

由式（6-24），得两电压的有效值分别为

$$U_1=\sqrt{(0.707k)^2+(-1.414k)^2+(0.707k)^2}/\sqrt{3}=k$$

$$U_2=\sqrt{1.225^2+(-1.225)^2}/\sqrt{3}=1$$

两电压间的相角可计算如下

$$\begin{pmatrix}u_{1.\mathrm{d}}\\u_{1.\mathrm{q}}\end{pmatrix}=\boldsymbol{T}\begin{pmatrix}0.707k\\-1.414k\\0.707k\end{pmatrix}\Big/\sqrt{3},\quad\begin{pmatrix}u_{2.\mathrm{d}}\\u_{2.\mathrm{q}}\end{pmatrix}=T\begin{pmatrix}1.225\\-1.225\\0\end{pmatrix}\Big/\sqrt{3}$$

得

$$u_{1.\mathrm{d}}=0.865\,895k/\sqrt{3},\quad u_{1.\mathrm{q}}=-1.499\,77k/\sqrt{3};$$

$$u_{2.\mathrm{d}}=1.500\,31/\sqrt{3}\quad u_{2.\mathrm{q}}=-0.866\,206/\sqrt{3}。$$

仿（6-25），有

$$\begin{pmatrix}U_\mathrm{p}\\U_\mathrm{q}\end{pmatrix}=\begin{pmatrix}u_{1.\mathrm{d}} & u_{1.\mathrm{q}}\\u_{1.\mathrm{q}} & -u_{1.\mathrm{d}}\end{pmatrix}\begin{pmatrix}u_{2.\mathrm{d}}\\u_{2.\mathrm{q}}\end{pmatrix}=\begin{pmatrix}2.59822k/\sqrt{3}\\-1.50008k/\sqrt{3}\end{pmatrix}$$

仿（6-26），最终可得相角差为

$$\beta-\delta=\tan^{-1}\left(\frac{U_\mathrm{q}}{U_\mathrm{p}}\right)=\tan^{-1}(-0.577\,351)=-30°$$

表明 $u_2(t)$ 超前 $u_1(t)30°$。

也可用同步瞬时矢量测量构成广域测量系统（WYMS），并应考虑其系统角误差 δ_{i0}。利用相邻变电站（或线路两端）在同一瞬间的电压（或电流）有效值与相角差，对于某些控制与保护措施，如线路纵差保护等，能有效地扩展可供选择的方案。

二、柔性电网装置简介

柔性电网（Flexible Alternating Current Transmission Systems，FACTS）又称灵活电网或灵巧电网（Smart grids），一般是指将大功率电子器件用于交流电力网中，改变或自动控制指定线路中的潮流，便于调度人员提高电网的安全性与稳定性的电网的统称。

构成柔性电网的装置甚多，其功能主要可分为两大类。一类是改变线路的阻抗。如减小线路串连感抗的可控串联电容器（Thyristor-Controlled Series Capacitor，TCSC），如

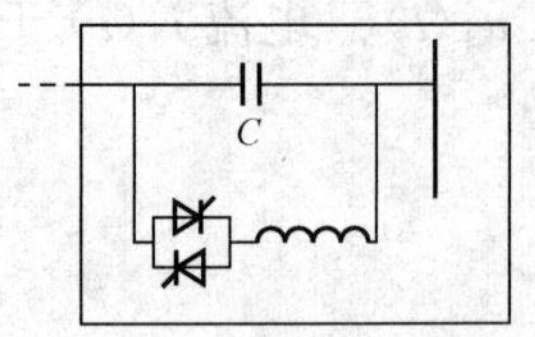

图 6-23 TCSC 原理示意图

图 6-23所示，其插入的串联阻抗为 $-kX_C(0<k<1)$；又如给变电站线路增加并联阻抗的 TSC－TCR 等。第二类是在线路上增添能改变线路潮流的电压（电动势），如 SVG 等。本章只拟增述两个第二类主要器件的动作原理，即同步串联补偿器（Static Synchronous Series Compensator，SSSC）及统一潮流控制器（Unified Power Flow Controller，UPFC）。

（一）同步串联补偿器 SSSC

SSSC 是串插在线路中的电动势，可以置于线路的始端，如图 6-24（a）所示，也可以穿插于线路的中段或末端。从 SSSC 框图可看出与 SVG 相似之处，SSSC 也由一组三相逆变器组成，主要区别在于 SSSC 与输电线或配电线串联，用于控制线路的潮流，包括有功功率 P 与无功功率 Q。由于要向系统输出或吸取某些有功功率 ΔP，所以应有一个直流电源（或蓄电器）。而三相无功功率的瞬时值之和为零，输出或吸取 ΔQ 只需有直流侧电容作为电压源即可。

为简明介绍 SSSC 的基本工作原理，可以将 SSSC 等值于电动势 $U_{ss'}$ 与变压器漏电抗等串联，再加线路电抗，等值总电抗 $X=X_T+X_L$。图 6-24（b）则为接入 SSSC 后线路电压的矢量图，$\dot{U}_{ss'}$ 为 SSSC 产生的电动势，通过改变逆变器与送端电压间的点燃角及直流侧方波脉冲的幅值（或周期内的占有比），再经过相应的工频正弦波调制器件，如 SPWM 等后，即获得线路串联的正弦电动势 $\dot{U}_{ss'}$。设线路送端与受端的有功与无功功率分别被调节为 P_s、Q_s 与 P_r、Q_r，由图 6-24（b），可得矢量式如下。

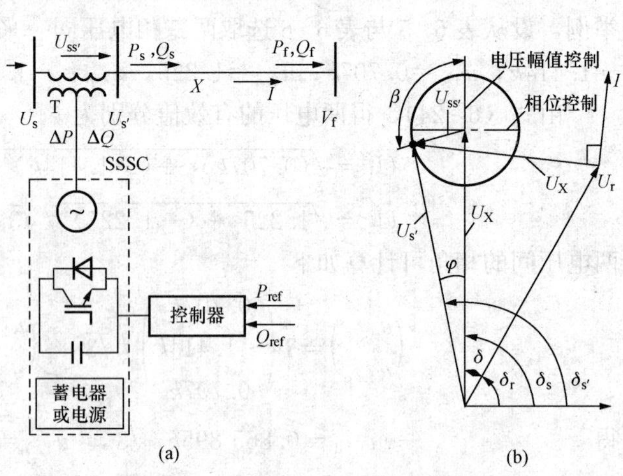

图 6-24 SSSC 原理及矢量图
（a）原理图；（b）矢量图

设送端电压为 $\dot{U}_s=U_s\angle 0°$，则 $\dot{U}_r=U_r\angle -\delta°$，$\dot{U}_{ss'}=U_{ss'}\angle\beta°$，故

$$\begin{aligned}\dot{I}&=\frac{\dot{U}_x}{jX}=\frac{\dot{U}_{s'}-\dot{U}_r}{jX}=\frac{U_s+\dot{U}_{ss'}-\dot{U}_r}{jX}\\&=\frac{U_r\sin\delta+U_{ss'}\sin\beta}{X}+j\frac{U_r\cos\delta-U_s-U_{ss'}\cos\beta}{X}=I\cos\theta_I+jI\sin\theta_I\end{aligned}$$

于是得

$$\begin{aligned}P_s&=U_sI\cos\theta_I=\frac{U_sU_r}{X}\sin\delta+\frac{U_sU_{ss'}}{X}\sin\beta\\&=P_{s0}+\Delta P_s\\Q_s&=U_sI\sin(-\theta_I)=-U_sI\sin\theta_I\\&=-U_s\frac{U_r\cos\delta-U_s-U_{ss'}\cos\beta}{X}=\frac{U_sU_r}{X}\left(\frac{U_s}{U_r}-\cos\delta\right)+\frac{U_sU_{ss'}}{X}\cos\beta\\&=Q_{s0}+\Delta Q_s\end{aligned}$$

很显然，装设SSSC后，送端增发的有功功率与无功功率分别为

$$\left.\begin{aligned}\Delta P_s&=\frac{U_s U_{ss'}}{X}\sin\beta\\ \Delta Q_s&=\frac{U_s U_{ss'}}{X}\cos\beta\end{aligned}\right\}\qquad(6-29)$$

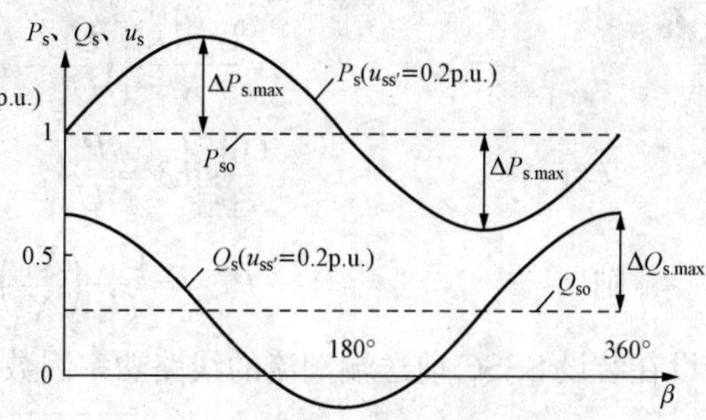

图6-25　送端SSSC线路潮流增量（$\Delta P_s-\beta$与$\Delta Q_s-\beta$）示意图

式（6-29）说明装设SSSC后送段潮流的增量，图6-25为$U_{ss'}=0.2$时，送端有功功率与无功功率增量与控制角β关系的示意图。

当$\beta\approx\pm\dfrac{\pi}{2}$时，$|\Delta P_s|$最大，而$\Delta Q_s\approx0$；当$\beta=0$或$\pi$时，$\Delta P_s\approx0$，而$|\Delta Q_s|$最大。

受端电压按图6-24（b）为$\dot{U}_r=U_r\angle-\delta°$，由此得受端潮流为

$$\begin{aligned}P_r&=U_r I\cos(-\delta-\theta_I)=U_r I\cos(\delta+\theta_I)\\&=U_r\cos\delta(I\cos\theta_I)-U_r\sin\delta(I\sin\theta_I)\\&=U_r\cos\delta\frac{U_r\sin\delta+U_{ss'}\sin\beta}{X}-U_r\sin\delta\frac{U_r\cos\delta-U_s-U_{ss'}\cos\beta}{X}\end{aligned}$$

得

$$P_r=\frac{U_s U_r}{X}\sin\delta+\frac{U_r U_{ss'}}{X}\sin(\delta+\beta)=P_{r0}+\Delta P_r$$

受端无功功率为

$$Q_r=U_r I\sin(-\delta-\theta_i)=-U_r I\sin(\delta+\theta_I)$$

仿前可得

$$Q_r=\frac{U_s U_r}{X}\left(\cos\delta-\frac{U_r}{U_s}\right)+\frac{U_r U_{ss'}}{X}\cos(\delta+\beta)=Q_{s0}+\Delta Q_s$$

装设SSSC后，受端有功功率与无功功率的增量分别为

$$\left.\begin{aligned}\Delta P_r&=\frac{U_r U_{ss'}}{X}\sin(\delta+\beta)\\ \Delta Q_r&=\frac{U_r U_{ss'}}{X}\cos(\delta+\beta)\end{aligned}\right\}\qquad(6-30)$$

值得注意的是，增设SSSC后，与2-6（b）表示的常规线路的功率传送关系有了以下两点不同。

（1）送端增发了有功功率ΔP_s与无功功率ΔQ_s。

（2）受端增受的功率不等于送端增发的功率，即$\Delta P_r\neq\Delta P_s$，$\Delta Q_r\neq\Delta Q_s$。

ΔP_s与ΔP_r的差值应是SSSC内蓄电器装置的有功吞吐量P_{SSSC}。现推导如下。

令

$$\begin{aligned}P_{sssc}&=\Delta P_s-\Delta P_r\\&=\frac{U_s U_{ss'}}{X}\sin\beta-\frac{U_r U_{ss'}}{X}\sin(\delta+\beta)\\&=\frac{U_{ss'}}{X}[U_s\sin\beta-U_r(\sin\delta\cos\beta+\cos\delta\sin\beta)]\end{aligned}$$

$$=\frac{U_{ss'}U_r}{X}\left[\left(\frac{U_s}{U_r}-\cos\delta\right)\sin\beta-\sin\delta\cos\beta\right]$$

又有
$$\frac{U_r}{X_L}\sin\delta=\frac{P_{s0}}{U_s},\quad \frac{U_r}{X_L}\left(\frac{U_s}{U_r}-\cos\delta\right)=\frac{Q_{s0}}{U_s}$$

则
$$P_{sssc}=\frac{U_{ss'}}{U_s}\left(\frac{X_L}{X}\right)(Q_{s0}\sin\beta-P_{s0}\cos\beta)$$

设在装设 SSSC 前送端潮流的线路功率因数角为 $\varphi=90°-\alpha$，送端视在功率为

$$S_0=\sqrt{P_{s0}^2+Q_{s0}^2}=\sqrt{\left(\frac{U_sU_r\sin\delta}{X_L}\right)^2+\left[\frac{U_sU_r}{X_L}\left(\frac{U_s}{U_r}-\cos\delta\right)\right]^2}$$
$$=\frac{U_sU_r}{X_L}\sqrt{\left(1-2\frac{U_s}{U_r}\cos\delta+\left(\frac{U_s}{U_r}\right)^2\right)}=\frac{U_s}{X_L}\sqrt{U_s^2+U_r^2-2U_sU_r\cos\delta}$$
$$=\frac{U_sU_{x0}}{X_L}$$

得
$$P_{sssc}=\frac{U_{ss'}}{U_s}\left(\frac{X_L}{X}\right)(S_0\cos\alpha\sin\beta-S_0\sin\alpha\cos\beta)$$
$$=\frac{U_{ss'}}{U_s}\left(\frac{X_L}{X}\right)S_0\sin(\beta-\alpha)=\frac{U_{ss'}U_{x0}}{X}\sin(\beta-\alpha)\tag{6-31}$$

式中　U_{x0}——常规运行（未装设 SSSC）时线路两端的电压降。

式（6-31）说明 SSSC 提供的 P_{sssc} 相当于 $U_{sssc}(U_{ss'})$ 与线路电压 U_{x0} 的相角差为 $\beta-\alpha$ 时所发送的有功功率。

仿前，SSSC 向线路发送的无功功率为

$$Q_{sssc}=\Delta Q_s-\Delta Q_r=\frac{U_sU_{ss'}}{X}\cos\beta-\frac{U_rU_{ss'}}{X}\cos(\delta+\beta)$$
$$=-\frac{U_{ss'}^2}{X}-\frac{U_{ss'}U_{x0}}{X}\cos(\beta-\alpha)\tag{6-32}$$

于是得
$$S_{sssc}=U_{x0}I_{ss'}=\left(\frac{U_{ss'}U_{x0}}{X}\right)=\sqrt{P_{sssc}^2+\left(Q_{sssc}+\frac{U_{ss'}^2}{X}\right)^2}$$
$$=\sqrt{P_{sssc}^2+(Q_{sssc}+U_{ss'}I_{ss'})^2}\tag{6-33}$$

式（6-33）说明，SSSC 沿线路的视在功率 S_{sssc} 由两部分组成：一是送至受端的有功功率 P_{sssc}，另一是送至受端的无功功率 Q_{sssc} 及产生电动势 $\dot{U}_{ss'}$ 所需的无功功率 $(U_{ss'}I_{ss'})$。

图 6-26 为 $U_{ss'}=0.1-0.4$、$\beta=0-2\pi$、$\varphi\approx20°$时，SSSC 发送的有功功率 $P_{sssc}-\beta$ 及无功功率 $Q_{sssc}-\beta$ 的函数图。按式（6-31），$\beta=\alpha$ 时，$P_{sssc}\approx0$。对照图 6-25 及图 6-26，可以发现当 $P_{sssc}\approx0$ 时，$|\Delta P_s|$ 接近于最大值。图 6-27 为 SSSC 功率因数 η 的空间分布图，虽然 η 的变化范围很大，几乎从 $-1\sim1$，但 $U_{ss'}$ 的发散度却很小，即 η 对 $U_{ss'}$ 的依赖度不大。当 SSSC 的 η 近于零时，控制设备只需花费很小的功率或几乎不耗功率，就可获得控制很大的线路送端 $|\Delta P_s|$ 的效果，所以 SSSC 可成为调度或转移线路有功功率的有效设备。

于是一种典型的运行情况是将 SSSC 产生的电动势只用于调节线路的有功功率，条件是 $\beta=\alpha=\pm90°-\varphi$。线路的技术特性如下：由图 6-28，知 $\varphi=\theta_1$，得 $\beta=\pm90°-\theta_1$。由几何关系，可以证明 $\dot{U}_{ss'}$ 与 $\dot{U}_X$ 同相或反相，与线路电流 $\dot{I}$ 正交，SSSC 因此不输出或输入有功功

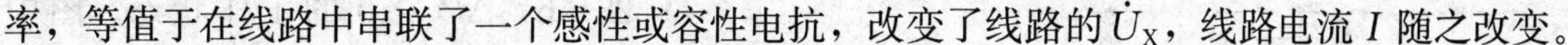

率，等值于在线路中串联了一个感性或容性电抗，改变了线路的 $\dot{U}_X$，线路电流 I 随之改变。

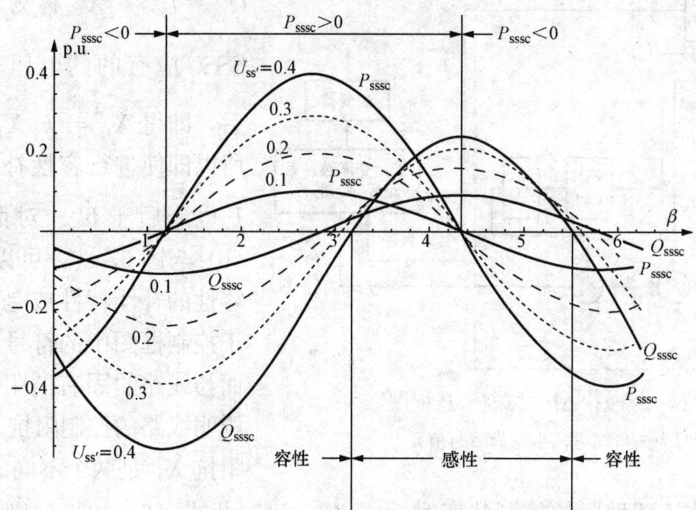

图 6-26　$P_{SSSC}(U_{ss'},\beta)$ 与 $Q_{SSSC}(U_{ss'},\beta)$

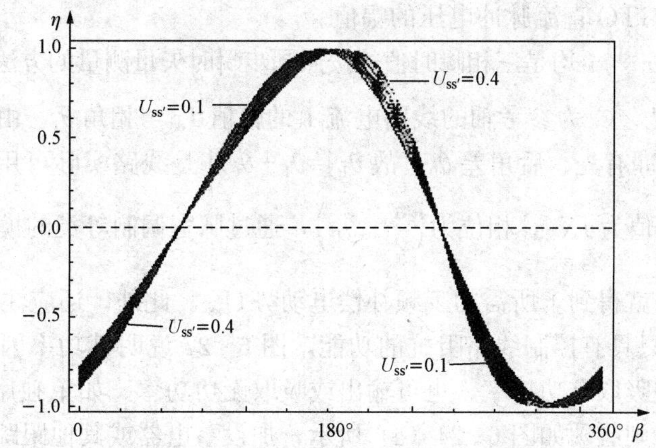

图 6-27　SSSC 输出功率因数分布图

为便于讨论，图（6-28）给出了两类 β 值的情况，如式（6-29）所示。由于插入 $\dot{U}_{ss'}$，当 $0°<\beta\leqslant 90°$时，U_X 增大，线路电流 I 随之增大，所以 $\Delta P_s>0$；当 $\beta<0$ 时，U_X 减小，I 随之减小，所以 $\Delta P_s<0$。两者兼用，可达到调度送端有功功率 ΔP_s 的目的。因此某些文献称此类作用的 SSSC 为线路阻抗控制器，与图 6-23 TCSC 的功能有所类似。许多文献都着重讨论 SSSC 的线路阻抗控制功能，此时 SSSC 本身并不需具备有功电源（如稍显笨重的蓄电器等），却能改变或控制线路的有功潮流，当然是很值得利用的特性。

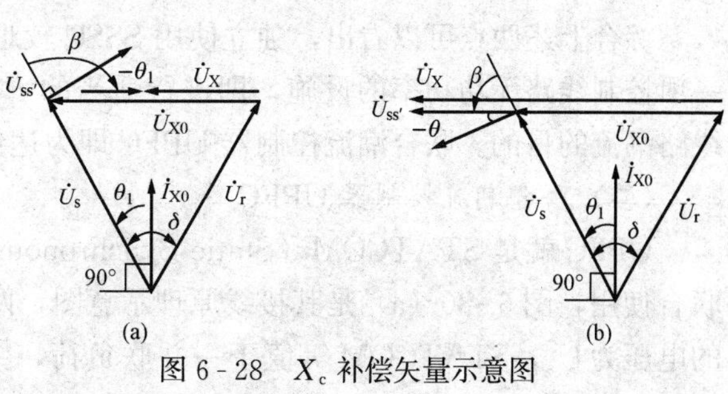

图 6-28　X_c 补偿矢量示意图

(a) $\Delta P_s<0$；(b) $\Delta P_s>0$

图 6-29 是 SSSC 用作控制线路阻抗的功能时的示意控制框图，相当于图 6-

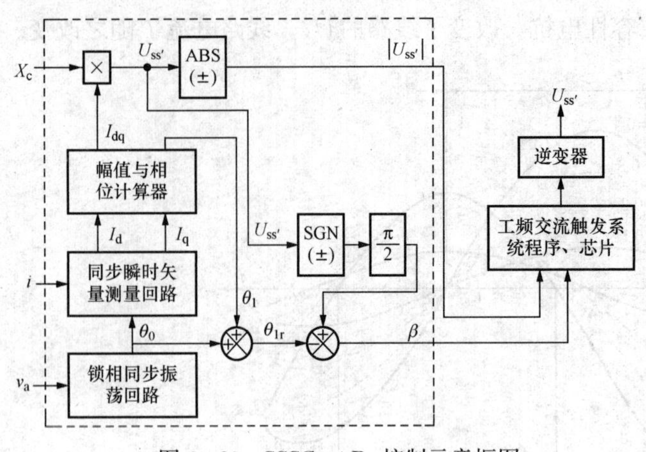

图 6-29 SSSC-ΔP_s 控制示意框图
(大写为矢量幅值，小写为瞬时值)

28 (b) $\Delta P_s>0$ 的工作状态。图中 $U_{ss'}=IX_C$，X_C 称为补偿阻抗，给出 SSSC应有的的电压补偿比 $k_C=\dfrac{U_{ss'}}{U_X}$ 后，即得 $X_C=k_CX_L$。一般 $k_C<1$，所以即使进行容性补偿的线路，电流 $\dot{I}$ 也滞后于 $\dot{U}_s$。对照图 6-28 (a)、(b) 与图 6-29，可以看出 SSSC 具有容性的补偿特性或是感性特性，取决于控制框图中的符号元件 SGN (±)，而与线路的固有的阻抗特性无关，这说明线路的控制阻抗 X 与线路的固有阻抗 X_L 是两个不同的概念。

当 SSSC 工作于线路阻抗控制状态时，式 (6-29) 及式 (6-32) 分别说明送端增发的有功功率 ΔP_s 与 SSSC 输出的无功功率 Q_{SSSC} 基本都由 $U_{ss'}$ 控制，即取决于由电容器端电压 U_{dC}形成的逆变器中 GTO 直流脉冲电压的幅值。

图 6-29 输入的 v_a 与 i 均是三相瞬时值，按照同步瞬时矢量测量的方法，由式 (6-27) 及式 (6-28) 可得以 $U_a\angle 0°$ 为参考轴的线路电流 $\dot{I}$ 的幅值 I_{dq}与相角 θ_I。由于受时电站间的距离，两地锁相触发脉冲有先、后角差 θ_0，故 $\theta_{Ir}=\theta_I+\theta_0$ 才是线路实际可用的功率因数角。图 6-29 给出了 $U_{ss'}$ 的幅值为 IX_C，相位为 $\left(\dfrac{\pi}{2}-\theta_{Ir}\right)$，通过脉宽调制等类的模块或固有程序，加上锁相回路的作用，就得到了所需的工频补偿电动势 $\dot{U}_{ss'}$。此外，还应注意以下两个问题。

(1) SSSC 不仅只具有控制线路阻抗的功能，图 6-27 说明其功率因数可在大范围内调整，即它既可输出或吸取有功功率，也可输出或吸取无功功率。如单独用 SSSC 向线路输送受控的有功功率时，则必须如图 6-24 (a) 所示，加设蓄电器或其他跟踪控制的电源。否则有功电流的变化易使电容器的端电压出现大幅度的波动，很不利于 SSSC 的稳定运行。

(2) 图 6-28 的矢量关系也说明当 SSSC 用作线路阻抗控制器时，线路电流的增量也会改变送端的无功功率 ΔQ_s，式 (6-29) 限定了 ΔP_s 与 ΔQ_s 间的关系，与线路负荷的功率因数一般不会相同。图 6-26 说明当 $\beta=\pm 90°-\theta_I$、$P_{sssc}=0$ 时，SSSC 定值输出的 Q_{sssc}，不一定是维持送母线电压恒定所需的数值，当然也不会符合电网调度有其他意图时的要求。

综合上述两点可以看出，独立使用 SSSC 较难达到全面控制线路潮流的目的，如能增加一项控制线路无功功率的设施，即进行适当的 P、Q 稳态解耦控制，将利于达到全面控制线路潮流的目的。联合潮流控制器 UPFC 即为达到此目的的一项柔性电网装置。

(二) 联合潮流控制器 UPFC

UPFC 就是 STATCOM (Static Synchronous Compensator) 和 SSSC 在同一母线上的联合使用，图 6-30 (a) 是其接线原理示意图，两者在直流侧经电容器 C 相连。变电站母线的电压为 U_s，STATCOM 等值于一并联负荷，主要作用是维持母线电压基本恒定；SSSC 则串联在另一线路的送端，主要作用是调节线路的潮流。图 6-30 (b) 为基本矢量图，$\dot{U}_{ss'}$

是 SSSC 的输出电动势，与阻抗控制不同，$U_{ss'}$ 的幅值与相位均可调整。图 6-31 为装设 UPFC 后，线路及 UPFC 的功率分布与交流的示意图。流经 STATCOM 与 SSSC 的无功，会各自“消化”，而在两者之间存在有功功率的流动或交换。以 U_s 为参考轴，流经 STATCOM 的有功功率为 $U_s I_d$；以线路电流为参考轴，则同时流经 SSSC 的有功功率为 $U_d I$，两者相等而且互通，使流入或流出电容的功率均为零，电容器才能有稳定的电压 U_C，这说明 UPFC 中的 SSSC 不需具备蓄电器就能向系统输送有功功率，是其较显著的特点。图 6-32 的 S1 与 S2 仅示意 SUG-1 与 SUG-2 可分别独立运行，仍然在同一母线上，也可发挥联合控制作用；但任何独立运行的 P_{sssc}，即使是补充电容器的漏电损失，也需另接直流电源或蓄电器，以保持 U_C 的稳定。

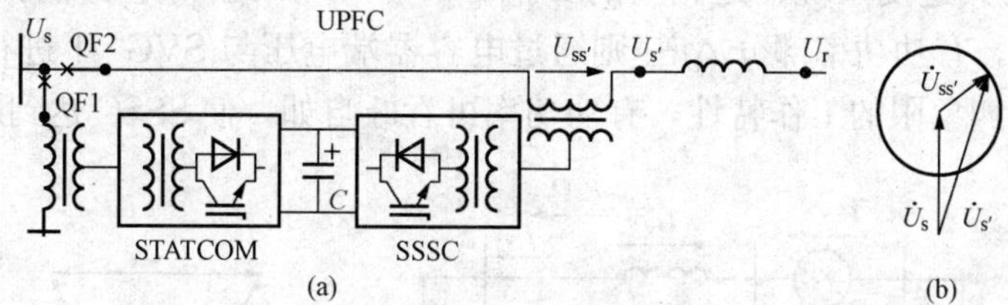

图 6-30　统一潮流控制器 UPFC 接线原理示意图及基本矢量图

(a) 接线原理示意图；(b) 基本矢量图

图 6-32 是 UPFC 的控制系统示意图，一般说来，变电站母线电压 U_s^*、维持母线电压所需的无功电流 I_{Usq}^*，U_C 的数值，线路潮流 $P_{s'}^*$、$Q_{s'}^*$，以及流经 SSSC 的有功 $P_{ss'}^*$ 和无功潮流 $Q_{ss'}^*$ 等，都是按调度要求经计算及调试后给定的。UPFC 的控制目标是跟踪系统潮流的变化，并保持母线电压的恒定。

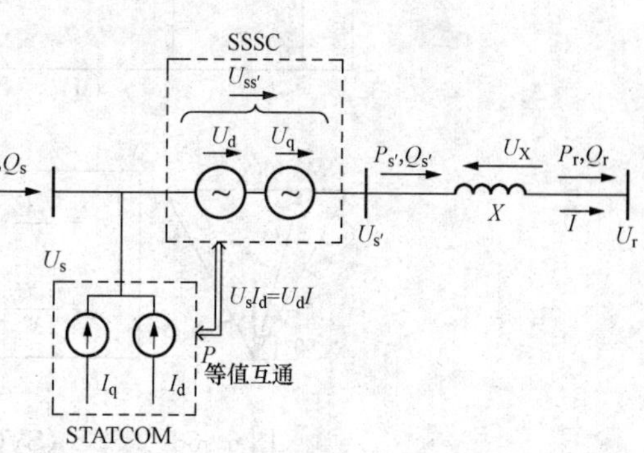

图 6-31　UPFC 潮流分配示意图

图 6-32 中 UPFC 的控制功能分为 STATCOM（SVG-1）和 SSSG（SVG-2）两部分。STATCOM（SVG-1）部分采用闭环控制；SSSC（SVG-2）则采用开环控制。

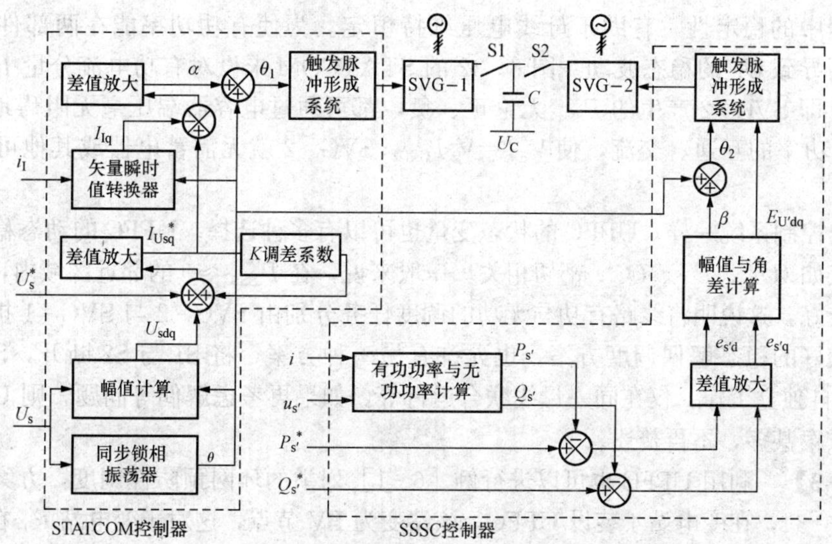

图 6-32　UPFC 控制系统关系示意框图

变电站母线电压 U_s 是由 STATCOM（SVG-1）按照调差系数，经闭环控制回路，调整并联负荷支路的电流无功分量 I_q，使母线电压达到规定的要求。在图 6-32 的 STATCOM 控制器框图中，利用电压调差系数 K，由 $\Delta U_s=U_s^*-U_s=KI_q$ 求得所需的无功电流分量 I_{Usq}^*，与实际的 I_q 幅值比较，经过比例控制等环节，最终形成 U_s 对 U_a 的触发角“α”，输入 SVG-1，达到维持母线电压基本恒定的要求。

系统在线路上的潮流变化 $\Delta P_{s'}=P_{s'}^*-P_{s'}$ 及 $\Delta Q_{s'}=Q_{s'}^*-Q_{s'}$，则由 SVG-2 进行开环跟踪，图 6-33 是 SSSC（SVG-2）负荷跟踪矢量示意图。按式（6-29）及式（6-30）与式（6-31）计算，向其逆变系统输送相应的 $E_{s'dq}e^{j\beta}(\dot{U}_{ss'})$，因此形成的无功功率部分 $\Delta Q_{ss'}$ 由 SVG-2 自我消化，有功功率部分 $\Delta P_{ss'}$ 则通过电容器端电压与 SVG-1 进行交流，图 2-69 说明 SVG-1 具有四象限的工作特性，有功功率可吞吐自如，使 SSSC 达到跟踪潮流的目的。

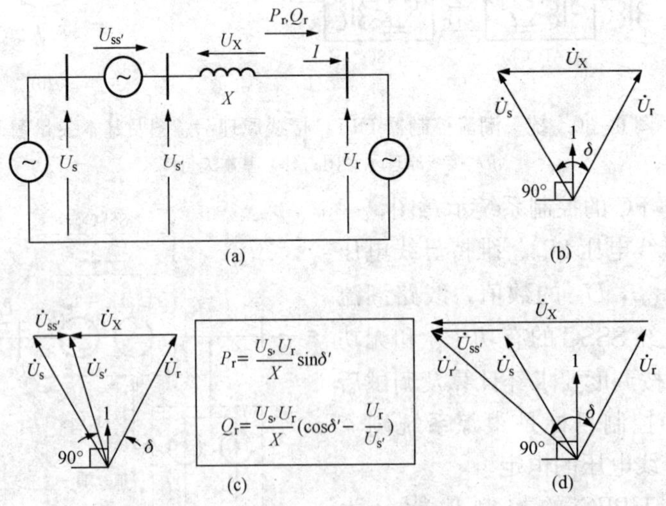

图 6-33　SSSC（SVG-2）负荷跟踪矢量示意图

电容器电压 U_C 基本决定母线电压 U_s 的幅值，是促使 UPFC 两部件间有功功率交流的主要环节。按图 2-69，U_C 的端压是流经 SVG-1 有功功率的唯一控制因素。保持 U_C 在调节过程中的稳定性，有助于母线电压维持恒定。为使有功功率能在两部件间自由交换，而不会导致 U_C 的稳态波动。图 6-32 的 STATCOM 未设对有功电流分量 I_{Usd} 的任何控制环节，即 SVG-2 产生的 P_{sssc} 无论正、负，都可通过电容器端压毫无阻碍地与 SVG-1 进行有功功率的互通、交流，使 $V_dI=V_sI_{Usd}$，SVG-2 就无需蓄电器或其他可控有功电源了。

与其他控制系统一样，UPFC 的状态变量也可以有多种选择。UPFC 的动态稳定性与选定的运行点如（U_s^*、P_s^*、Q_s^*）密切相关。一般来说，在 $P_{SSSC}^*\approx 0$ 的邻近区域内，UPFC 的运行特性较好，这说明将线路有功与无功的调度任务分别由 SVG-2 与 SVG-1 担任，是一种可行性较好的稳态解偶调度方案。也允许有另一种方案，将 S1 与 S2 断开，SVG-1 与 SVG-2 各自独立工作，仅在同一母线联合运行等。如果再考虑解偶等问题，则 UPFC 的调度与控制方案甚多，不再赘述。

【例 6-3】　利用 UPFC 也可以进行例［6-1］列举的环网预防性调度，方案可以有多种。如图 6-34，在变电站 4 装设 UPFC，该站变为 PV 节点，这对于变电站 P_1 在丰水期机组满发较适合。因为无需减小出力 P_1，就可使 P_{32} 的潮流降至调度所需值。为简便地说明原理，可以认为装 UPFC 后，各站的出力及负荷均不变，并忽视线路的泄漏电流，则调度 SUG2 的 $\Delta P_{42}>0$ 与 $\Delta Q_{42}>0$ 只在环网中形成环流，UPFC 为维持站 2 的 PV 特性，P_{32} 与 Q_{32} 必减至所需的数值，完成预防性调度的要求。当然如此装设的 UPFC 也不能解决 2—4 断线时 2—3 线潮流的过限问题，但修复工作毕竟需时较短，而维持丰水期的机组 P_1 满载运行，效益可能较大。

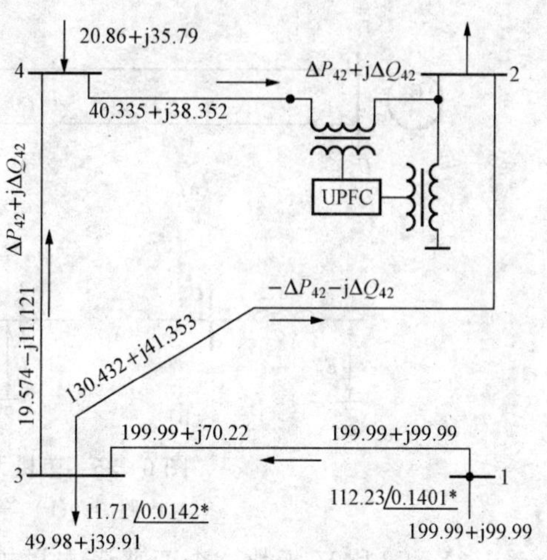

图 6-34　UPFC 用于预防性调度示意图

装设 UPFC 是需要投资的，加设一条 2—3 线路也需要投资，但对电网在丰水期的安全性提高较大，两者的性价比视具体情况而定，不再赘述。

三、电力系统暂态稳定性在线预报简介

20 世纪 90 年代中期以来，电力系统工作者努力的目标是：同步矢量的快速、实时的测量结果，可以为电力系统在严重故障后，是否会出现暂态稳定问题进行预报，防止电力系统的分裂与崩溃。下面就对这一问题作简要的讨论。

1. 电力系统暂态稳定的基本概念与李亚普诺夫函数的简单介绍

李亚普诺夫函数是研究系统大范围稳定问题的基础，这部分内容在控制理论课程中已经作了介绍。电力系统暂态稳定问题属于李亚普诺夫定义的渐近稳定问题，渐近稳定的李亚诺夫定义如下：

假定系统的状态方程为

$$\dot{X}=f(X,t) \tag{6-34}$$

其中

$$f(0,t)=0$$

在电力系统运用中，如果存在一个具有连续的一阶偏导数的纯标量 $V(X)$，并且满足以下条件：

(1) $V(0)=0$，$V(X)$ 是正定的；

(2) $\dot{V}(X)$ 是负定的。

那么，系统在原点处的平衡状态是渐近稳定的。

还可以证明：如 $C_1<C_2$，则 $V(X)=C_1$，一定处于超曲面 $V(X)=C_2$ 的内部。

一般均采用单机无穷大系统作为阐述暂态稳定问题的最典型的情况，如图 6-35（a）这种典型接线最便于说明李亚普诺夫第二方法运用于电力系统动态安全分析时的基本原理及其基本步骤。目前，电力系统在线暂态稳定问题研究的第一步，是在偶发的多种事故下，在断路器的切除时间内，研究系统是否处于暂态稳定的允许范围；第二步则进一步研究在可能失去暂态稳定的情况下，应采取何种措施，使濒临崩溃的系统又回到同步运行的状态。两步目的虽有不同，但运用的原理是一样的，都是根据李亚普诺夫定律，使用图 6-35（c）中故障切断后的功—角曲线。

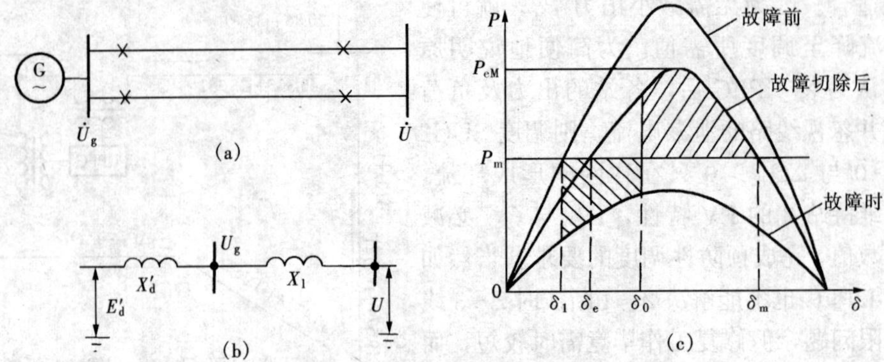

图 6-35 单机无穷大系统暂态稳定示意图

(a) 电路图;(b) 等值电路图;(c) 暂态稳定示意图

$V(X)$ 又称 V 函数，李亚普诺夫只规定了用 $V(X)$ 进行稳定判别的准则，而没有规定 $V(X)$ 的具体形式。因此，把李亚普诺夫第二方法应用于具体问题时，$V(X)$ 可以有多种形式。电力系统的暂态问题也是这样，不过，采用最多的是与暂态稳定分析中的面积法则相通的能量型 V 函数。

根据式（6-34）的要求，只能选择图 6-35（c）中的（δ_e，P_m）点作为状态变量 X 的（相应的）原点，因为只有在这点，发电机的机械功率与电功率相等，即

$$\frac{\mathrm{d}x}{\mathrm{d}t}=0 \text{ 及 } x=0$$

所以一般以图 6-35（c）的原点写出的转子摇摆方程式

$$\left.\begin{aligned}\frac{\mathrm{d}\delta}{\mathrm{d}t}&=\omega\\ M\frac{\mathrm{d}\omega}{\mathrm{d}t}&=P_m-P_{eM}\sin\delta\end{aligned}\right\}$$

应改写为状态变量方程式

$$\begin{aligned}\frac{\mathrm{d}x}{\mathrm{d}t}&=\omega\\ M\frac{\mathrm{d}\omega}{\mathrm{d}t}&=P_m-P_{eM}\sin(x+\delta_e)\end{aligned} \tag{6-35}$$

其中

$$x=\delta-\delta_e$$

$$\frac{\mathrm{d}x}{\mathrm{d}t}=\frac{\mathrm{d}\delta}{\mathrm{d}t}$$

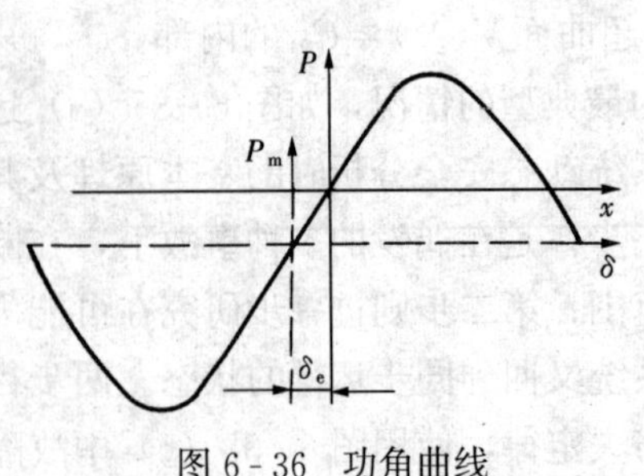

图 6-36 功角曲线

式中 P_m——机械输入功率；

P_{eM}——最大输出电磁功率；

M——惯性常数；

ω——发电机转子的相对电气角速度。

如图 6-36 功角曲线所示。这相当于把图 6-35 的原点平移至（δ_e，P_m）点。以图 6-36 示意的 x 及 ω 作状态变量，则能量型的李亚普诺夫函数为

$$V(X)=\frac{\omega^2}{2}+\frac{1}{M}\int_0^x[-P_m+P_{e.M}\sin(x+\delta_e)]dx$$

$$x<\delta_m-\delta_e \tag{6-36}$$

现在证明式（6-36）符合李亚普诺夫稳定性定理关于$V(X)$的规定。

首先，式（6-35）符合式（6-34）的要求，即

$$f(0,\ t)=0$$

其次，$V(X)$在规定的区域内应该是正定的。由于$x=0$时，$\omega=0$，及

$$\frac{1}{M}\int_0^x[-P_m+P_{eM}\sin(x+\delta_e)]dx=0$$

所以，在$X=0$时，$V(X)=0$，并且在$0<x<(\delta_m-\delta_e)$区域内，由于$\Delta x[-P_m+P_{eM}\sin(x+\delta_e)]$的方括号内一直为正，$\Delta x$也一直为正，所以式（6-36）右端第二项为正，而右端第一项总是正的，因此有$V(X)>0$。而在$-(\delta_e+\pi)<x<0$区域内，由于$\Delta x[-P_m+P_{eM}\sin(x+\delta_e)]$的方括号内一直为负，而$\Delta x$也一直为负，所以式（6-36）右端第二项仍为正，因此也有$V(X)>0$。由此得

$$\left.\begin{array}{l}(\delta_e+\pi)<x<(\delta_m-\delta_e),\ V(X)>0\\ X=0,\ V(X)=0\end{array}\right\}$$

即$V(X)$是正定的。

再次，$\dot{V}(X)$应该是负半定的。由式（6-34）及式（6-36）得

$$\begin{aligned}\dot{V}(X)&=\frac{dV}{dt}=\omega\frac{d\omega}{dt}+\frac{1}{M}[-P_m+P_{eM}\sin(x+\delta_e)]\frac{dx}{dt}\\&=\frac{dx}{dt}\times\frac{1}{M}[P_m-P_{eM}\sin(x+\delta_e)]-\frac{1}{M}[P_m-P_{eM}\sin(x+\delta_e)]\frac{dx}{dt}\\&=0\end{aligned}$$

如果考虑到阻尼等因素，则能量型V函数的导数$\dot{V}(X)$是不可能维持为零的。因此，实际上可以认为$\dot{V}(X)<0$，即是负定的。

这就证明了式（6-36）满足李亚普诺夫函数的要求，并且，系统是渐近稳定的，而$x=0$，$\omega=0$，即$\delta=\delta_e$是系统稳定的平衡点。

此外，系统还有一个不稳定的平衡点，这就是图6-35（c）中的δ_m点。从式（6-36）的$V(X)$来判断，在$x=\delta_m$时，虽然机械功率等于电磁功率，也可有

$$\dot{X}=\frac{dx}{dt}=\omega=0$$

即$V(\delta_m,\ \omega)=0$。但在以$(\delta_m,\ P_m)$为原点写出$V(X')$后，就会发现，如$|x'|>0$，则$V(X')<0$，其中$x'=\delta-\delta_m$，这说明$V(X')$是负定的，即$\delta=\delta_m$时是不稳定的运行点。

可以看出，式（6-36）右端的第一项反映了系统的动能，而第二项则反映系统的位能，所以$V(X)$是能量型的李亚普诺夫函数。当$|X|$增大时，$V(X)$就增大。在相平面上，$V(X)$随着离原点的距离而增大其数值，如图6-37（a）所示。正如已经指出过的那样，如$C_1>C_2$时，$V(X)=C_2$的曲线一定处于$V(X)=C_1$的曲线之内。处于系统稳定区域内的任一点p，按等面积法则，转子到图（b）及图（c）的δ_p开始返回，其运动轨迹最后必终结于

原点，这是渐近稳定定义所规定的。

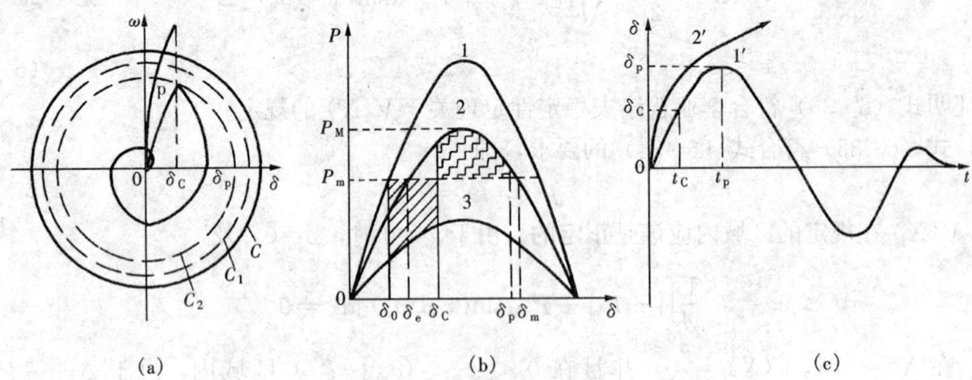

图 6-37 暂态稳定示意分析图

(a) 相平面图；(b) 功角曲线图；(c) 发电机转子角摆动图

图 6-37 也表示稳定区域是有边界的，在边界上 $V(X)=C$，C 的数值是我们所感兴趣的。在图 6-35 的情况下，C 就是 $x=\delta_m-\delta_e$ 时式（6-36）的值，即

$$V(\delta_m-\delta_e)=\frac{1}{M}\int_0^{\delta_m-\delta_e}[-P_m+P_M\sin(x+\delta_e)]dx=C$$

数值 C 就是系统在运动过程中能够吸收的能量。在暂态稳定问题中，如果当断路器断开瞬间（t_c），电力系统在故障期间释放的动能大于它能够在故障后吸收的势能，则系统是不稳定的；如果小于它能够吸收的能量，如图 6-37（a）中的 p 点那样，最终回到原点，则系统就是稳定的。

由上可知，分析单台发电机的暂态稳定问题，最好先找到一个电压幅值与相角均不随发电机转子摆动而变化的无穷大母线为参考，然后用能量型李亚普诺夫函数式（6-21）的 $V(X)$ 进行暂态稳定分析。而对待电力系统的在线实时暂态稳定问题分析时，则至少要注意下述四个问题。

（1）前述暂态稳定问题实质上是指两台发电机转子间角差不能超过上述的 δ_m。电力系统是多机系统，一个发电机转子的摆动都会影响其他发电机转子的运动，最好能找到一个机群公有的惯性中心点，使各发电机转子的摆动角度都可以此中心点为公共的参考点，分别单独计算，而不必考虑其他机组摆动角的影响，这很接近于前述无穷大母线的概念，使分析大为简化。

（2）用以进行系统暂态稳定分析的各发电机的转子角，必须是同一瞬间的实时数据，即相角的同步测量值，如果做不到这点，就会发生同时用 $\delta_i(t)$ 与 $\delta_j(t+\Delta t)$ 来分析暂态稳定问题，结果将是完全不可信的。

（3）在线暂态稳定分析的主要目的，是对稳定性的实时预报，为达到快速而实时的目的，可以降低准确性或理论上的严谨性等方面的要求。

（4）要充分利用离线分析的结果与经验。电力系统不但机组多、接线复杂，在故障过程中，某些自动控制设备正在起作用，而另一些则尚未起作用，而且可能发生暂态稳定的故障点及故障性质几乎每次都是不相同的。要想在线如实地预测每次故障的暂态稳定性，到目前为止，还不见有一种普遍可行的方法。一般说来，现在探讨的在线实时暂态稳定预报方法，都是对大量的离线分析的结果进行合理的简化，而进行在线分析时，就直接运用这些经过简化的中间结果，进一步实行对暂态稳定的实时预报。

下面对暂态稳定性预报的某些基本技术及其原理，作一些简单介绍。

2. 电力系统暂态稳定性分析时较为通用的数学模型

在进行暂态稳定性分析时，最常见的是将图 5-9 所示的节点分为发电机节点与负荷结点两大类，如图 6-38（a）所示。在进行暂态稳定性预报时，只注意在故障断开瞬间（t_c）系统随后是否有失去同步运行的危险，或在有可能失去稳定时，故障断开后，采取何种措施，又会使系统重新可靠地回到同步运行状态。总之，暂态稳定性预报的对象是故障发生后，发电机转子第一摆的情况，时段很短，一般都认发电机组的机械输入可取常数，发电机的内电动势 E_{qi} 不变，不考虑转子绕组的异步阻尼力矩，电动势 E_{qi} 的相角 δ_i 就是发电机转子的位置角等。如此，将负荷都以常数阻抗表示，以发电机端为节点，对事故前、事故中及事故后的，分别进行简化，可得分析电力系统暂态稳定性的示意连接框图如图 6-38（b）所示。由此可得以发电机内电动势 E_i 表示的各机组的注入电功率为

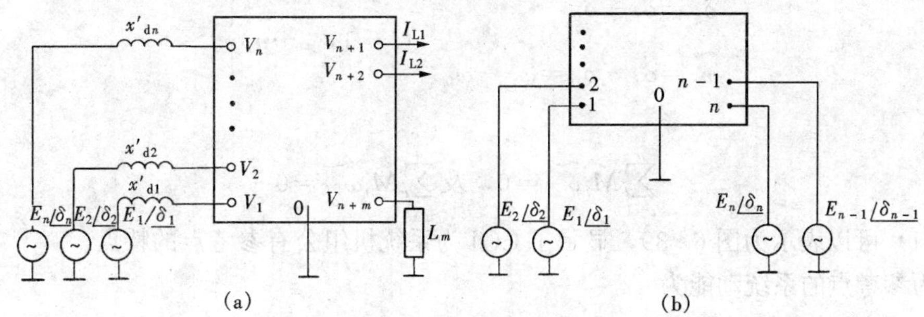

图 6-38　暂态稳定性的系统示意图

（a）多机系统连接示意图；（b）多机系统暂态稳定性连接示意图

$$P_{e.i}=R_e\overline{E}\hat{I}$$
$$=E_i^2G_{ii}+\sum_{\substack{j=1\\i\neq j}}^{n}E_iE_j[B_{ij}\sin(\delta_i-\delta_j)+G_{ij}\cos(\delta_i-\delta_j)]\quad(i=1,2,\cdots,n)\tag{6-37}$$

其中，$G_{ii}+jB_{ii}=Y_{ii}\angle\theta_{ii}$ 为节点 i 的驱动导纳；$G_{ij}+jB_{ij}=Y_{ij}\angle\theta_{ij}$ 为节点 i、j 间的传递导纳的负值。

式（6-37）与式（5-17b）的物理意义是完全一致的，故不多述。由此可得机组 i 的运动方程式为

$$\frac{2H_i}{\omega_N}\frac{d\omega_i}{dt}=P_{m.i}-\left\{E_i^2G_{ii}+\sum_{\substack{j=1\\i\neq j}}^{n}E_iE_j[B_{ij}\sin(\delta_i-\delta_j)+G_{ij}\cos(\delta_i-\delta_j)]\right\}$$
$$(i=1,2,\cdots,n)\tag{6-38}$$

式（6-38）用于暂态稳定的分析计算是不大方便快捷的，因为每个节点功率 P_{ei} 都与其他 $n-1$ 个节点的转子位置角 δ_j 有关，与单机对无穷大母线的概念相去很远。为解决这一问题，在电力系统暂态稳定性分析中，普遍使用了惯性中心的概念。

3. 电力系统的惯性中心 COI（center of Inertia）

电力系统惯性中心的位置定义为

$$\left.\begin{aligned}\delta_0 &= \frac{1}{M_T}\sum_{i=1}^{n} M_i\delta_i \\ \omega_0 &= \dot{\delta}_0 = \frac{1}{M_T}\sum_{i=1}^{n} M_i\dot{\delta}_i\end{aligned}\right\} \tag{6-39}$$

$$M_T = \sum_{i=1}^{n} M_i$$

式中 M_i——各机组的惯性常数，$M_i = \frac{2H_i}{\omega_n}$。

还应该注意 COI 的位置并非固定的，会随着电力系统的运行情况而变动，其移动方程式的定义为

$$M_T\omega_0 = \sum_{i=1}^{n}(P_{mi} - E_i^2 G_{ii}) - 2\sum_{i=1}^{n-1}\sum_{j=i+1}^{n} E_i E_j G_{ij}\cos\delta_{ij} \underline{\Delta} P_{COI} \tag{6-40}$$

令各机组对惯性中心的相对相角 $\widetilde{\delta}$ 及相对电角速度 $\widetilde{\omega}$ 为

$$\left.\begin{aligned}\widetilde{\delta} &= \delta_i - \delta_0 \\ \widetilde{\omega} &= \dot{\delta}_i - \dot{\delta}_0 = \omega_i - \omega_0\end{aligned}\quad (i=1, 2\cdots n)\right\}$$

于是有

$$\sum_{i=1}^{n} M_i\widetilde{\delta}_i = 0,\ 及 \sum_{i=1}^{n} M_i\widetilde{\omega}_i = 0 \tag{6-41}$$

式（6-41）可以表示为图 6-39，显示了 COI 为系统机组公有参考点的特点。

以 COI 为参考点的系统动能为

$$\begin{aligned}\frac{1}{2}\sum_{i=1}^{n} M_i\widetilde{\omega}_i^2 &= \frac{1}{2}\sum_{i=1}^{n} M_i(\omega_i - \omega_0)^2 = \frac{1}{2}\sum_{i=1}^{n} M_i\omega_i^2 - \omega_0\sum_{i=1}^{n} M_i\omega_i + \frac{1}{2}\omega_0^2\sum_{i=1}^{n} M_i \\ &= \frac{1}{2}\sum_{i=1}^{n} M_i\omega_i^2 - \omega_0 M_T\omega_0 + \frac{1}{2}\omega_0^2\sum_{i=1}^{n} M_i \\ &= \frac{1}{2}\sum_{i=1}^{n} M_i\omega_i^2 - \frac{1}{2}M_T\omega_0^2\end{aligned}$$

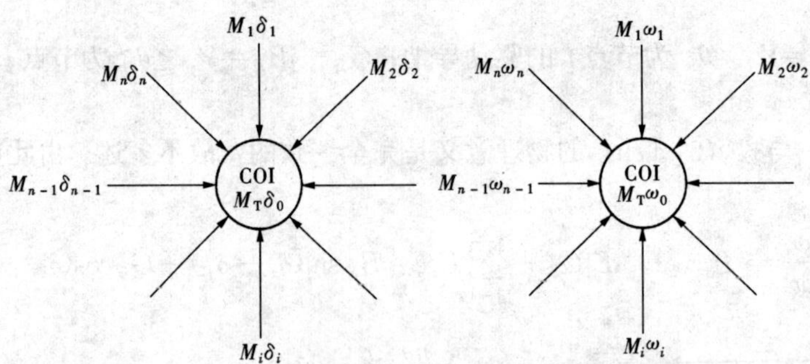

图 6-39 惯性中心原理示意图

这说明有了 COI 后，各机组的动能可以分别加以计算，而不会对系统总能量的运作产生机组间互动性的误差，给系统暂态稳定的分析带来不小的方便。系统的势能也有与上式相似的结果，可不赘述。

式（6-39）与式（6-40）说明COI在事故前、事故中及事故后的定位及对其移动轨迹的计算，都有相当的工作量，一般不大可能使在线实时监测的要求都以大量的离线结果为依据，如果在线监测需要，就从离线数据库中调用。所以，较为准确的在线实时分析是以大量的离线分析结果为基础的。

4. 机组的同调（Coherence）与分群（Grouping）

根据机组在暂态过程中转子摆动的相似性，将机组进行分群，可以简化多机组系统暂态性能的分析工作。其技术原理为：凡符合 $|(\delta_i-\delta_j)|\leqslant\varepsilon$，$\alpha>\varepsilon\leqslant0$（$\alpha<10°$）的机组，在暂态稳定分析中，可以归成一组，用一个等值发电机代替这一群机组在暂态分析中的转子摆动特性，其结果往往使多机系统变成等值的双机或三机系统等，使稳定性的分析量大为简化，特别适用于在线实时动态监测与特性的改善。这种技术20世纪80年代在我国直译为同调机组，90年代后称为机组分群。

机组分群的依据可以用图6-40的电力系统简化示意图来说明。1、2母线可以认为是相距较近或电气联系较紧急的两部分机组，2、3母线则代表远距离传输的两部分机组。如果故障在2、3之间的输电线或在母线3上，1与2号机组的摆动曲线是完全相似或基本一致的，它们属于同调机组或称属于同一分群的机组。但若故障发生在1、2母线之间接线或其母线上，则机组1、2的摆动特性相差很大，就不再属于同一分群的机组了。由此可见，机组的分群与故障的地点与性质，关系至为密切。所以分群工作最好结合故障点的多种选择，在离线状态下充分地进行，以备在线监测时选用。根据 $|(\delta_i-\delta_j)|\leqslant\varepsilon$，$\alpha>\varepsilon\leqslant0$（$\alpha<10°$）进行分群的方法，可以有理论计算分群与仿真实验分群等不同，其实用价值不在方法的差异，而在于故障点的选择要周到而实际，不在此多述了。

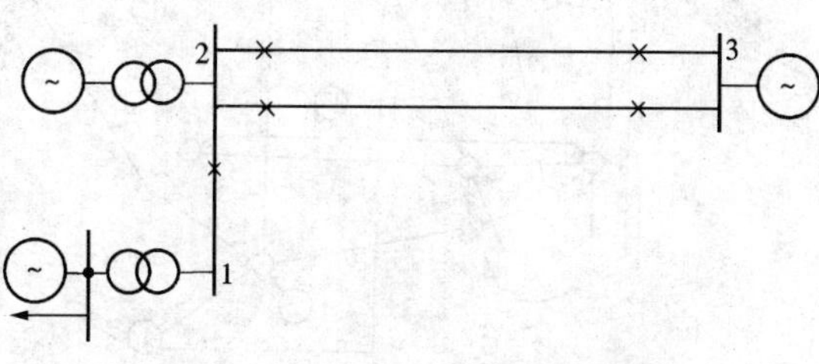

图6-40　系统分群简化示意图

为了具体说明分群的概念，现举一个依据国外电力系统转子暂态摆动曲线进行分群分析的例子。图6-41是国外某共有17机组的仿真电力系统接线图，图6-42则是其某点发生故障进行线路断开后，各机组转子以COI为参考的摆动曲线。很明显，16机组与其他机组应该属于不同的分群。如果将其他机组算成同一分群，则在此故障下，可将该系统简化成两机系统。如果将 $\alpha>\varepsilon\leqslant0$ 中 α 的值取得小一些，则该系统也可看成是三机系统，即3机组与5机组属于同一分群。一般说来，在线稳定性监测应力求快速，先把可能失去稳定性的机组及早地从系统中识别出来，以达到实时预报系统暂态稳定性的目的，实为上策。在此故障下，该系统可作两机系统处理。显然，这样的分群功能，需事先离线完成，当此故障从保护动作信息（应在开关动作之前）得知时，在线监测只需专注于对16机组进行暂态稳定性预报即可。也有人主张用 $\alpha>\varepsilon\leqslant0$ 对各机组进行在线分群，然后再进行稳定性预报，这将使分群工作占用宝贵的在线时间，不一定是上策。如果系统不太大，调度计算机的速度又很快，预报时间充裕，可用来提高预报的准确度及可行性，而不必花在分群的功能上。总之在线监测功能的实现，最好与大量、充分的离线分析的结果相结合，这对于实现在线暂态监测应该是有益的。

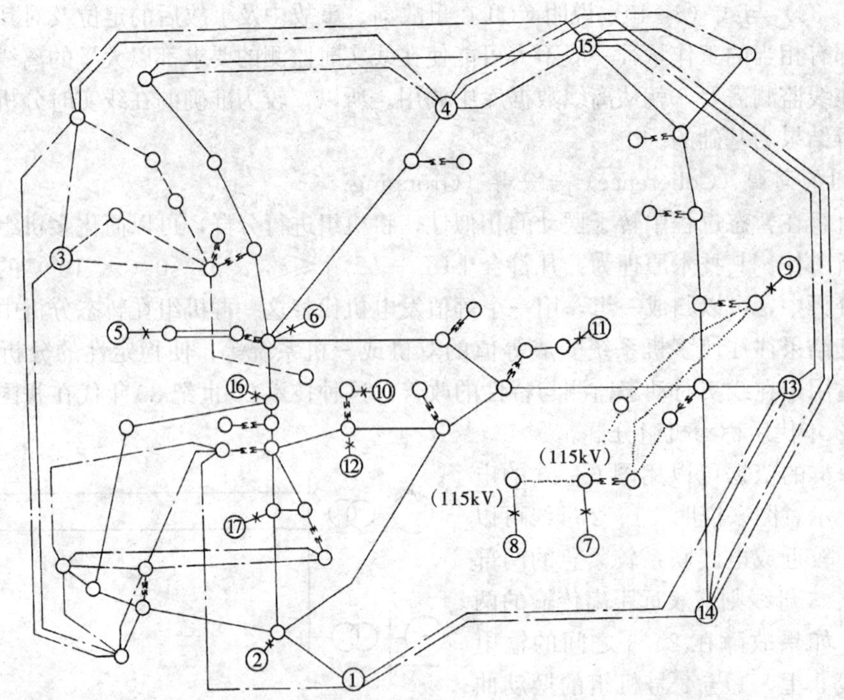

图 6-41 国外某电力系统简化后的 17 机组等值接线图

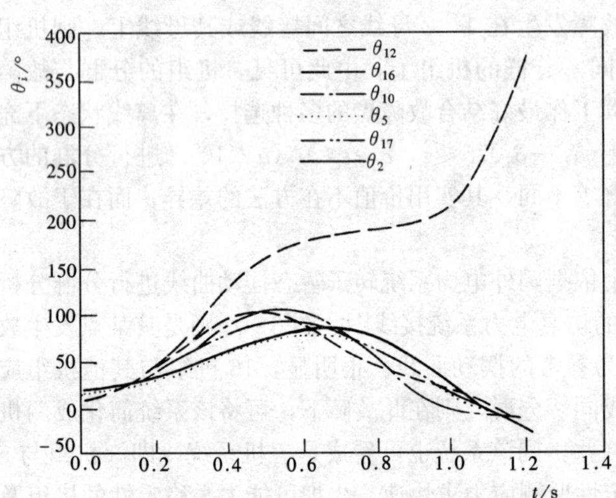

图 6-42 图 6-41 系统分群功能示意图

(故障点靠近 16 机组 $t_c=0.357$s)

[摘自 IEEE PAS 100 (1981)]

5. 机组转子暂态摆动特性的预报

暂态稳定过程中对发电机转子摆动特性的预报，从图 6-43 中可以得到原理性的说明。在图 6-43 (c) 中，t_0 是故障发生瞬间，t_c 是故障切除瞬间，相应的相角分别为 δ_0 及 δ_c。图 6-43 (b) 是按功角关系的等面积法则说明暂态稳定性问题，当故障时，系统的传输特性如曲线 3；故障切除后，系统按恢复后特性曲线 2，如从 δ_c 到 δ_p 的势能，能够吸收故障时系统释放的功能，即图中的▨面积等于▩面积，系统是暂态稳定的，如图 6-43 (c) 中的摆动曲线 1′。如果故障时系统的传输特性如图 6-43 (b) 中的曲线 4，则由 δ_0 到 δ_c 系统释放的动能超出了曲线 2 所能吸收的极限势能，系统将如图 6-43 (c) 中的摆动曲线 2′，滑出同步运行而失去暂态稳定。很显然，由相关发电机转子的摆动曲线也可以预测系统的暂态稳定性，它与构造式 (6-36) 的李亚普诺夫函数 $V(X)$ 或用功角曲线等面积原则求系统吸收势能极值的原理是等价的。由图 6-43 (a) 可以看出，以 δ_c 为分界，系统的网络结构是不同的。在 t_c 之前系统的传输特性如图 6-43 (b) 的曲线 3 表示，而在 t_c 之后则由曲线 2 表示，在采用某些预报方法时应注意到这点。

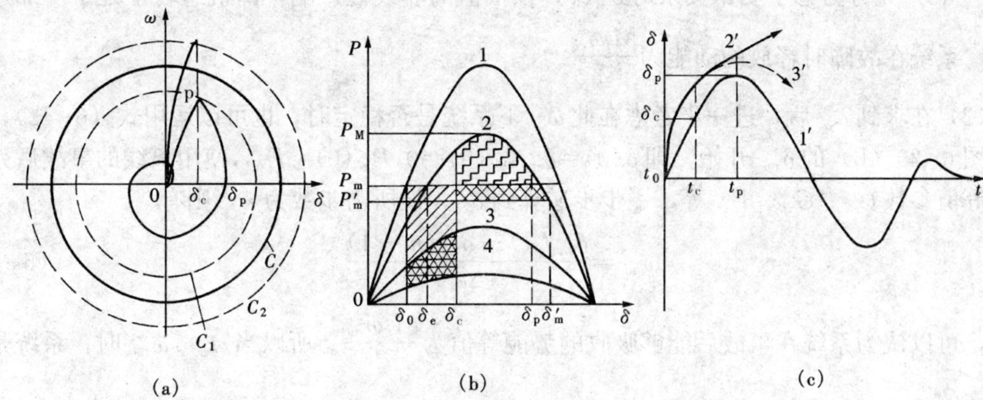

图 6-43　暂态稳定性过程原理示意图

(a) δ—ω 相平面图；(b) 功角特性图；(c) 转子摆动示意图

在暂态稳定性预报的功能中，大致可以分为三步：①先预报故障切除时刻系统释放的动能，即 $M_i\widetilde{\omega}_i^2$；②预报是否有失稳的可能；③如果失稳有何可用的紧急补救措施。

(1) 即使采用 $V(X)$ 或等面积法，在暂态稳定性预报中，也必须先预报分群后摆动最大的机组在 δ_c 时刻的 $M_i\widetilde{\omega}_i^2$，而 $\widetilde{\omega}_i \propto (\widetilde{\delta}_{i+1}-\widetilde{\delta}_i)$，所以同步相角预报是暂态预报工作中共有的最基本的功能。在同步相角测量的基础上，一般相角预报可按以下原理进行。先从离线的结果，得出某个故障后的 COI 作为机组相角的参考点。但仅为说明原理，可以仍以单群机组对无穷大系统为例。对于同调机群 i，有

$$\Delta\omega_i=\frac{P_{mi}-P_{ei}}{M_i}\Delta t$$

于是，$\omega_i(k+1)$ 的预报值为

$$\omega_i(k+1)=\omega_i(k)+\Delta\omega_i(k)$$

近似地将主导转子的运动过程分段地线性化为等加速过程，得 $\delta_i(k+1)$ 的预报值为

$$\begin{aligned}\delta_i(k+1)&=\delta_i(k)+\frac{1}{2}[\omega_i(k+1)+\omega_i(k)]\Delta t\\&=\delta_i(k)+\omega_i(k)\Delta t+\frac{1}{2}\frac{P_{mi}-P_{ei}(k)}{M_i}\Delta t^2\end{aligned}\tag{6-42}$$

暂态稳定预报大都以故障瞬间 t_0 作为 $k=0$，$k=1$，2，…，n，为各步的序号，初始值 $\delta_i(0)$、$\omega_i(0)$、$P_{ei}(0)$ 及 P_{mi} 均为实测值，$\delta(0)=\delta_0$，$\omega(0)=0$，$P_{ei}(0)=P_{mi}$。由 $\delta(k+1)$ 可得

$$P_{ei}(k+1)=E_i^2G_{ii}+\sum_{j=1,\ i\neq j}^{n}[E_iE_jB_{ij}\sin\delta_{ij}(k+1)+E_iE_jG_{ij}\cos\delta_{ij}(k+1)]\tag{6-43}$$

式中　G_{ii}、G_{ij}、B_{ij}——故障时的系统等值参数。

由此又可进行 $k+1$ 步，即 $\delta(k+2)$ 的预报，按照选定的步长 Δt，直到求到 δ_{ci}。设第 m 步为 $\delta_{ci}(m)$，可得

$$\omega_{ci}=\frac{\delta_{ci}(m)-\delta_{ci}(m-1)}{\Delta t_1}\tag{6-44}$$

式（6-43）充分考虑了功角关系对 δ（k）预报值的非线性影响，即机组转子处于变加速运动时，系统在故障时释放的动能为$\frac{M_i\omega_{ci}^2}{2}$。

（2）在求到 δ_{ci} 后，进一步考虑在此 ω_{ci} 下系统是否稳定时，也可以运用式（6-42），但需从图 6-20（b）的 δ_{mi} 开始，即 $\delta(0)=\delta_{mi}, \omega(0)=0, P_{ei}(0)=P_{mi}$，使用离线的事故后系统网络等值参数 G_{ii}、G_{ij}、B_{ij} 等，一步步逆算到 δ_{ci}。设所需步数为 n，则有

$$\omega_{mi}=\frac{\delta_{mi}(n)-\delta_{mi}(n-1)}{\Delta t_2} \tag{6-45}$$

于是，可以认为系统在事故后能够吸收的势能等值为$\frac{M_i\omega_{mi}^2}{2}$。所以当 $\omega_{ci}\leqslant\omega_{mi}$ 时，系统是暂态稳定的。

式（6-44）与式（6-45）都以式（6-43）为依据，但两式的网络参数 G_{ii}、G_{ij}、B_{ij} 的属性却完全不同。式（6-45）中的网络参数构成了图 6-43（b）的曲线 2，代表着系统的稳态运行状态；而式（6-44）中的网络参数构成了图 6-43（b）的曲线 3，代表着系统的事故状态。图 6-43（b）曲线 2 属于系统的正常运行状态，与当时的负荷有关，可以借助于离线分析得到较准确的特性。但电力系统事故的地点与性质，是很难事先确定的，即很难借助于离线的事前分析获得较准确的图 6-43（b）曲线 3，所以应该有其他的关于 δ_{ci} 的预报算式取代式（6-44）。现讨论两种 δ_{ci} 的预报方法，它们的共同特点是：利用已求知的 δ_i 数据，对 t_c 瞬间的 δ_{ci} 值进行预报，与当时的参数 G_{ii}、G_{ij}、B_{ij} 无关。

1）牛顿外推算法：机组运动方程式

$$\frac{d\omega_i}{dt}=\frac{P_{mi}-P_{ei}}{M_i}$$

说明 $\Delta\omega_i/\Delta t$ 不是常数，即机组 i 的转速不是等角加速度的，但由于转子的惯性较大，角加速度的变化也不能很剧烈，所以，如图 6-44 所示，一般只采用二阶的牛顿外推法对 ω_i 进行预报，使用图 6-44 标示的技术实验数据，二阶外推法可以表示如下。令

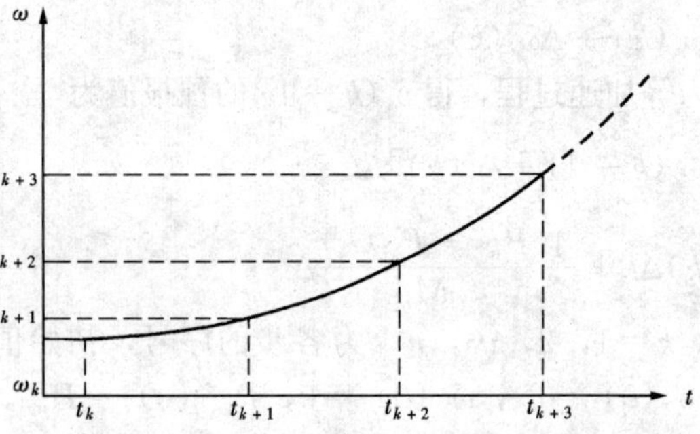

$$a_k=\frac{\Delta\omega_k}{\Delta t_k}=\frac{\omega_{k+1}-\omega_k}{t_{k+1}-t_k}$$

$$a_{k+1}=\frac{\Delta\omega_{k+1}}{\Delta t_{k+1}}=\frac{\omega_{k+2}-\omega_{k+1}}{t_{k+2}-t_{k+1}}$$

$$a_{k+2}=\frac{\Delta^2\omega_k}{\Delta t_k^2}=\frac{a_{k+1}-a_k}{t_{k+1}-t_k}$$

图 6-44　$t_0\sim t_c$ 时段 ω 预报原理图

则当 $t_{k+3}\geqslant t>t_{k+2}$ 时，ω_i（t）的外推预报值为

$$\omega_i(t)=\omega_i(t_{k+2})+a_{k+1}(t-t_{k+2})+a_{k+2}(t-t_{k+1})(t-t_{k+2})$$

将上式对 t 进行积分，可得 $\delta_i(t)$ 的预报值为

$$\begin{aligned}\delta_i(t)&=\int_{t_j}^{t_i}\omega_i(t)dt+\delta_i(0)\\&=\delta_i(t_k)+\omega_i(t_{k+2})(t-t_k)+\frac{a_{k+1}(t^2-t_k^2)}{2}+a_{k+1}t_{k+2}(t-t_k)\end{aligned}$$

$$+a_{k+2}\left[\frac{t^3-t_k^3}{3}-\frac{(t_{k+1}+t_{k+2})(t^2-t_k^2)}{2}+t_{k+1}t_{k+2}(t-t_k)\right]$$

按上述外推公式逐步求出 $\delta_l(k+1)$ 的预报值，直至 $t=t_c$，可得 $\delta_{ic}=\delta_i(t_c)$。这是一个使用得较为普遍的预报方法，特别是在仿真实验中，它的理论依据充分，与事故时的网络参数无关。

2）自回归随机过程：使用牛顿外推预报法的前提是所有的 $\delta_i(k)$ 数据都是确定值。这在仿真实验中是容易做到的，但是电力系统往往会出现间歇性的接地故障，如接触不良或间歇性弧光等，即接地点的等值阻抗是一个随机变量，这对系统的电压、网络参数、功角特性等都有很大影响［从图 6-43（b）曲线 3 与曲线 2 的差别也可看出］，也考虑同步对时脉冲及其相角测量值在传输时的随机误差，于是有文献将电力系统事故状况看成是一种自回归随机过程，本章第五节将对自回归随机过程作简单介绍。将自回归随机过程用于事故状态的预报时，可用于工程技术的表示式为

$$\delta_i(k+1)=\hat{\alpha}_{i1k}\delta_i(k)+\hat{\alpha}_{i2k}\delta_i(k-1)+\cdots+\hat{\alpha}_{ijk}\delta_i(k-j+1)$$

$\hat{\alpha}_{i1k}$，$\hat{\alpha}_{i2k}$，…，$\hat{\alpha}_{ij+1k}$ 为自回归随机过程时间序列的系数的估计值，可以由求解下述 j 个线形代数方程得到，即

$$\left.\begin{aligned}\delta_i(k)&=\alpha_{i1k}\delta_i(k-1)+\alpha_{i2k}\delta_i(k-2)+\cdots+\alpha_{ijk}\delta_i(k-j)\\ \delta_i(k-1)&=\alpha_{i1k}\delta_i(k-2)+\alpha_{i2k}\delta_i(k-3)+\cdots+\alpha_{ijk}\delta_i(k-j-1)\\ &\cdots\\ \delta_i(k-j+1)&=\alpha_{i1k}\delta_i(k-j)+\alpha_{i2k}\delta_i(k-j-1)+\cdots+\alpha_{ijk}\delta_i(k-2j+1)\end{aligned}\right\}\tag{6-46}$$

求解 $\hat{\alpha}_{i1}$ 需要从 $\delta_i(k)$ 到 $\delta_i(k-2j+1)$ 共 $2j$ 个 δ_i 数据，文献推荐 $j=4$。按照前述同步相角测量的原理，δ_i 的采样步长为 20ms，断路器的故障切断时间（t_c-t_0）约为 0.2s，有 10 个步长的时间可供式（6-46）系数的逐步求解与 δ_i 的逐步预报。令 $t_c\approx k=n+1$，则有

$$\begin{aligned}\delta_{ci}&=\delta_i(t_c)=\hat{\alpha}_i\delta_i(n+1)\\ &=\hat{\alpha}_{i1m}(n)\delta_i(n)+\hat{\alpha}_{i2m}\delta_i(n-1)+\cdots+\hat{\alpha}_{i1m}\delta_i(n-j+1)\end{aligned}\tag{6-47}$$

有了 δ_c，就可以运用式（6-45）判断该故障下系统的暂态稳定性。

事实上，故障断开得越快，则发生暂态稳定问题的可能性越小。图 6-43（b）、（c）说明，如果故障断开的时间为零，即 $t_c=t_0$，$\delta_c=\delta_0$，暂态稳定问题是不会发生的。但由于故障属性千差万别，断开时间也不能划一，断开时间达到某一数值时，暂态稳定的预报就是提高电力系统运行可靠性所必需的了，也就有了预报的时间，但某个系统适用前述两个算法中的哪个算法，或者采用其他算法，步长宜用几个采样周期等等，都需要大量的离线分析作为选择的依据。总之，以 GPS 为依托进行的电力系统同步矢量测量，为电力系统暂态稳定的预报，这个电力系统工作者世代追求的目标，展示了前所未有的美好前景。

（3）切机简述：当系统的故障较严重，系统事故特性如图 6-43（b）的曲线 4 时，则它与 P_m 产生的动能 $\frac{M_i\omega_{ci}}{2}$，将大于曲线 2 与 P_m 由 $\delta_c\sim\delta_m$ 所能吸收的势能，即 $\omega_{ci}>\omega_{mi}$，机组 i 的转子将如图 6-43（c）的曲线 2′所示，滑出同步运行状态。图 6-43（b）表示当系统事故网络特性由曲线 4 表示时，系统在故障断开时所释放的动能，较曲线 3 增大了面积，超

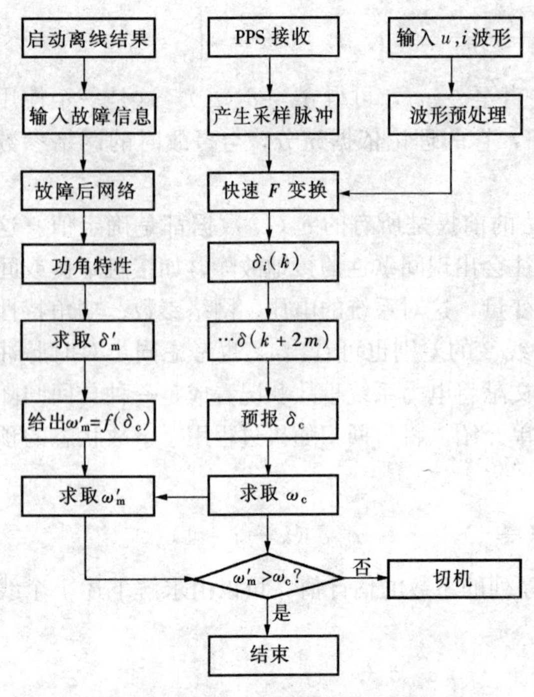

图 6-45 暂态稳定预报程序示意框图

出了曲线 2 所能吸收的势能，机组转子就会如图 6-43（c）的曲线 2′所示，滑出同步，使系统失去暂态稳定。解决的办法一般是在预报 $\omega_{ci}<\omega_{mi}$ 后，立即切除部分超同步速的机组［如图 6-43（b）所示］，将机群的机械功率输入由 P_m 降至 P'_m，从 δ_c 到 δ'_m 增大了能吸收的势能，如图中面积▨，使机组转子转入图 6-43（c）的轨线 3′，恢复系统的同步运行。图 6-45 是上述暂态稳定预报程序流程的示意图。

发电机的出力并非是一成不变的，切机后，系统的网络参数也随之发生变化，但图 6-43（b）曲线属于系统的稳态特性，所以切机引起的一些具体技术问题，是可以借助于周到的离线分析结果来加以解决的，故不多述。由此也可见周到的服务性离线分析对可靠在线监控的必要性。

经过切机恢复电力系统的同步运行后，系统就可能出现有功功率的缺额，即发送功率少于用户需求的功率，如何继续保持系统的安全运行及电能的质量，将是第八章讨论的问题。

*第五节 自回归 AR（Autoregression）随机过程（Random Process）简介

第五章第一节讨论的是有随机误差的数值，如测量值等，而随机过程讨论的是有随机误差的时间函数，如离散形式的时间函数等。本节讨论的 j 阶自回归随机过程的定义是

$$\sum_{i=0}^{j} a_i X(k-i)=\xi(k) \qquad (a_0=1) \tag{6-48}$$

式中 $X(i)$——时间离散形式的平稳过程的随机变量；

a_i——常数系数；

$\xi(k)$——白噪声。

$\xi(k)$ 的特性简单说来为

$$\left.\begin{aligned} &E\xi(k)=0 \\ &E(\xi(i),\ \xi(k))=\sigma \qquad (i=k) \\ &E(\xi(i)),\ \xi(k)=0 \qquad (i\neq k) \end{aligned}\right\}$$

自回归随机过程的变量 $X(t)$ 的均值可以为零，即 $EX(k)=0$，但随机变量在两个瞬间（k 与 i）的相关系数则不应为零，即 $X(t)$ 的协方差函数 $B(k-i)$ 存在且大于零，为

$$B(k-i)=E\{X(k)X(k-i)\} \qquad (i=0,\ \cdots,\ j)$$

按随机过程理论，式（6-48）的系数 a_j 如满足下述条件

$$\sum_{i=0}^{j} a_i \lambda i = 0$$

的根之模均小于 1，即 $|\lambda_i| < 1$，$i=0$，…，j，则有

$$\sum_{i=0}^{j} a_i B(k-i) = 0 \qquad (a_0 = 1) \tag{6-49}$$

由于随机变量 $X(k)$ 的值是随机的，所以式（6-49）便成为求取自回归随机过程式（6-48）系数 a_j 的重要公式。但在工程技术问题上，特别是用于在线预报时，如此繁复的计算是不可取的，于是在不考虑数学上的严谨性的前提下，对式（6-48）可作如下理解。

既然 $a_0=1$，又有 $E\varepsilon(k)=0$，简单地将式（6-48）的两端取均值并写成如下形式

$$\widetilde{X}(k) = a_1\widetilde{X}(k-1) + a_2\widetilde{X}(k-2) + \cdots + a_j\widetilde{X}(k-j) \quad (k = k-j+1\cdots k)$$

其中 $\widetilde{X}(i)$ 表示 $X(i)$ 的均值。

这大概可算是式（6-46）的来由，但是随机变量的均值不是经过几次测量读值所能得到的，所以从数学角度看，运用上式是不严谨的。但是工程技术往往并不要求数学意义上准确的 a_i 值，特别是进行在线紧急预报时，有一个估计值 $\hat{a}_i$ 就可以了。第五章的后部曾指出，参数的估计值可以有多种不同的估计方法，应视情况而定，结果相近就行，因此 $\hat{\alpha}_{i.k}$ 可以不等于 $\hat{\alpha}_{i.n}$。从文献结果看，当 ω_i 的变化不能十分剧烈时，式（6-47）仍不失为在线求取估计值 $\hat{a}_i$ 的一种快捷方法。

值得注意的是，工程技术上常见的随机过程方程式

$$Y(k) = \begin{pmatrix} Y_1(k) \\ \vdots \\ Y_j(k) \end{pmatrix}$$

$$Y(k) = \boldsymbol{F}Y(k-1) + \xi(k) \tag{6-50}$$

式中　$\boldsymbol{F}$——$j \times j$ 阶常数阵；

$\xi(k)$——白噪声。

就是一个 j 维的一阶自回归方程组，即

如取　$$det(F-\lambda I) = \sum_{i=0}^{j} a_i \lambda^{j-i}$$

可以证明，必有

$$\sum_{i=0}^{j} a_i Y(k-i) = \xi(k) \qquad (a_0 = 1)$$

所以式（6-46）也是求取技术方程式（6-50）系数的可行方法。在式（6-46）内，既无差分计算，也无乘方计算，避免了数字计算易生的误差，如果不拘谨于平稳过程的定义，则每次都可按式（6-46），用 $2j$ 个数据进行一步预报，直到式（6-47）的第 n 步，可算一种较为可行的方法。

第七章　电力系统的自动调频与经济调度

电力系统有功功率的平衡问题和其无功功率的平衡问题相仿，也可以分为正常状态与事故状态来进行讨论。本章只讨论正常状态下电力系统有功功率的平衡问题。

第一节　概　　述

电力系统的调频问题，实质上是在正常状态下的有功功率平衡问题。与调压问题相仿，由于电力系统负荷的有功分量是经常变化的，要保持系统的频率为额定值，就必须使原动机发出的功率不断地追踪着发电机负荷的变动，时刻保持整个系统有功功率的平衡，否则系统频率就会出现较大的波动，这是正常运行所不允许的。同步发电机组的频率与其转速成正比，驱动同步发电机的原动机都装有调速器，根据机组转速偏差，调节进入机组的动力元素，以追踪系统负荷的变化。现代机组的调速器很先进，按照机电一体化的趋势，数学电液调速器具有开机后自动并列的功能，但再先进的直接控制的自动装置也代替不了系统的调频问题，因而不是本章讨论的重点，只需以最简单的调速器为例，来说明调频器如何通过它来达到其调频目的的。最简单的调速器工作原理及有关特性如下。

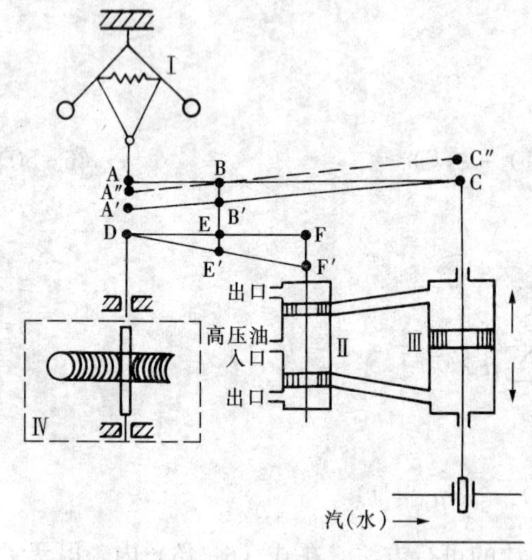

图 7-1　机械式调速器工作原理图

一、机械式调速器简介

机械式调速器的工作原理可由图 7-1 表明。当机组因负荷增加而转速下降时，测量元件"Ⅰ"的两个重锤因离心力减小而减小了彼此间的开度，AC 杠杆的 A 端因而降至 A′；此时 C 点尚未移动，故 B 点随之降至 B′点。D 点代表由伺服马达控制的转速整定元件 n_{RFF}，它不会因转速而变动，于是 DEF 杠杆的 E、F 两点均因 B′而下降至 E′、F′点。F 点的下移打开了控制器"Ⅱ"的下活门，高压油就经"Ⅱ"的下活门进入接力器"Ⅲ"（放大元件）的下半部，将活塞提升，接力器上半部的高压油可从控制器的上活门获得循环通路。活塞提升时，汽门也随之提升，单位时间进汽量就增加，机组的出力就加大了。随着机组出力的增加，转速就会回升。转速上升时，"Ⅰ"的重锤开度也不断增加，A、B、E、F 各点也随之不断改变；这个过程要到 C 点升到某一位置，比如 C″，即汽门开大到某一位置机组的转速通过重锤的开度使杠杆 DEF 重新回复到使"Ⅱ"的活门完全关闭的位置才会结束，这时 B 点就回到原来的位置。由于 C″上升了，所以 A″必定低于 A。这说明调速过程结束时，出力增加，转速稍有降低。调速器是一种有差调节器，其工作特性如图 7-2 所示。通过伺服马达改变 D 点的位置，就可以达到将调速器特性上下平移的目的。

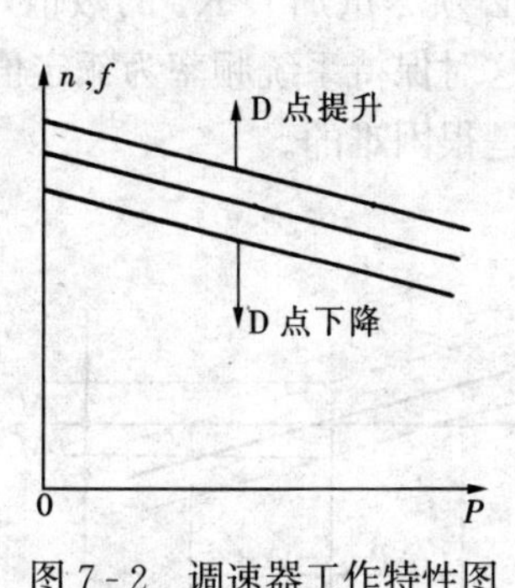

图 7-2　调速器工作特性图

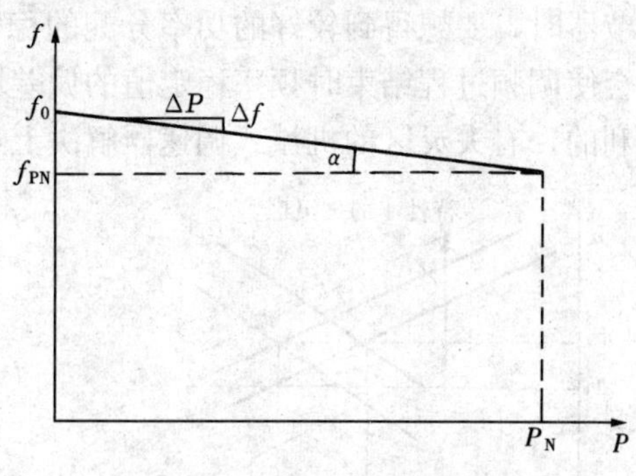

图 7-3　调差系数示意图

二、频率调差系数

同步发电机的频率调差系数 K_s，定义为

$$K_s = -\frac{\Delta f}{\Delta P} \tag{7-1a}$$

式中　Δf——频率差，有功功率增量为 ΔP 时，频率的相应增量，Hz；

ΔP——发电机有功功率增量，MW。

它表示特性的斜率，如图 7-3 所示。当用标幺值表示时

$$K_s = -\frac{\Delta f_*}{\Delta P_*} \tag{7-1b}$$

式中　Δf_*——频率差标幺值，以额定频率 f_N 为基准；

ΔP_*——与频率差相对应的功率差标幺值，以额定功率 P_N 为基准。

若用空载（f_0，$P_0=0$）和额定负载（f_{pN}，P_N）两种工况代入式（7-1b），可得

$$K_s = -\frac{f_{pN}-f_0}{f_N} = \frac{f_0-f_{pN}}{f_N} = f_{0*} - f_{pN*}$$

式中　f_{pN}——额定负载 P_N 时的频率，一般取为 f_N。

由上式可以看出，当用标幺值表示时，频率调差系数表示机组空载频率与额定负载频率之差对额定频率的比值，也称为频率调整率。于是当 $f_0>f_N$ 时，$K_s>0$，调差系数为正；当 $f_0<f_N$ 时，$K_s<0$，调差系数为负；当 $f_0=f_N$ 时，$K_s=0$，调差系数为零。

与调压器相仿，调差系数为零或为负的调频器是不能在同一母线上并联运行的，调差系数为正的调频器并联工作时，它们之间的有功负荷分配与调差系数的大小成反比。

自动调频过程结束，频率稳定值的数值保持不变的都可以称为无差调节；出现新的频率稳定值的调节，都可称为有差调节。

三、失灵区

如图 7-4（a）所示为调速器失灵区。其定义为

$$\varepsilon = \frac{\Delta f}{f_N} \tag{7-1c}$$

由失灵区产生的分配功率上的误差为

$$\Delta P = \frac{\varepsilon}{K_s}$$

由于功率分配误差 ΔP 与频率调差系数 K_s 成反比，并列运行的机组在分散地装设有失灵区的调节器时，要想得到较好的功率分配的稳定性，必须尽量加大 K_s 的数值，但 K_s 增大后，就会使调频过程结束时频率稳定值的偏差增大，这对保持系统频率为额定值的运行要求是很不利的，有失灵区的机械式调速器解决上述矛盾是很困难的。

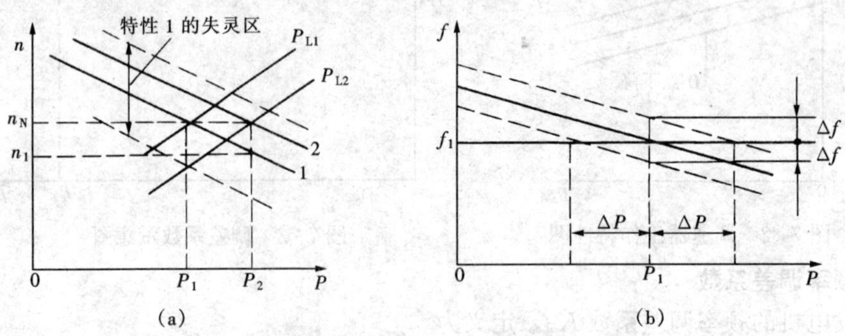

图 7-4 调速器失灵区及调频器调频特性图

(a) 调速器失灵区；(b) 调频器调频特性图

调速器工作特性上的失灵区由机构上的间隙与摩擦等原因造成。自动调频器则由电气元件组成，因而是没有失灵区的。它根据一定的要求（即调频方程式）进行工作，图 7-5（a）是其示意框图，调频器通过伺服马达控制调速器 D 点的位置，以达到控制进入机组的动力元素，维持系统频率恒定的目的。其最终的工作特性取代了调速器的失灵区，所以图 7-5（b）可看成是调频器的等值框图，其原理如图 7-4（a）所示。在图 7-4（a）中，负荷为 P_1 时，设调速器工作在特性 1 上，调速器特性 1 与负荷 P_{L1} 的交点的纵坐标 n_N 为机组额定转速，一般称额定转速下 P_{L1} 的功率为负荷 P_1；如果负荷发生了一个小的增量，由 P_1 增至 P_2，调速器的失灵区使机组出力仍维持在 P_1，则转速就从 n_N 降至 n_1，$\Delta n=n_N-n_1$ 较小，在失灵区内，调速器是不会采取调节措施的。但自动调频器却能测量出这时的频率变化，并进行相应的调节，即提高 n_{RFF} 的数值。图 7-4（a）上表示将调速器的工作特性上移至特性 2 时，与 P_{L2} 交点的纵坐标又回到 n。即频率又回到了 f_N，调频器就终止其动作，机组的出力由 P_1 增至 P_2，取代了调速器有失灵区的工作特性，这说明在图 7-5（b）的调频器等值框图上没有失灵区是可以的。

四、调频系统动态特性框图简介

与励磁系统相仿，调频系统也有其动态过程的特性问题。由于自动调频只是对计划外负荷的补偿与跟踪，偏离值较小，调频系统的动态方程式一般也都是线性常系数的运动方程组，图 7-5 是分析调频机组动态特性的最基本的框图。在图 7-5（a）、（b）中，没有考虑热力部分的锅炉燃烧、汽包压力及管道传输等的动态过程，也没有考虑电力网络各节点间功率交换与分配的动态过程。如果把热力系统与电力系统的动态过程都考虑进去，调频系统的动态特性就变得比

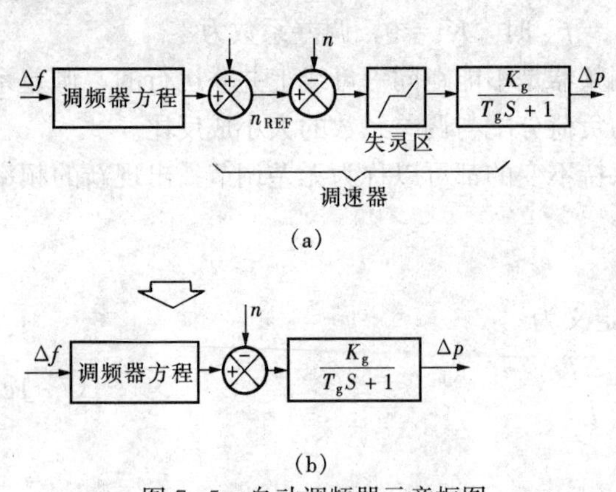

图 7-5 自动调频器示意框图

(a) 调速失灵区示意框图；(b) 调频器的等值框图

较复杂，因此一般都视具体情况作适当的取舍与简化。虽然图 7-5 只是最基本的动态特性框图，但它仍然说明调频系统的动态特性属于线性常系数方程组。实际的调频系统的动态的特性都比较平稳，很少在运行中有稳定问题。所以不论其维数大小，对于这类系统（简称 PID 系统）在电力系统自动化中的应用在第三章中已有了示范性的说明，因此不再对调频系统的动态特性做过多的论述。

第二节　调频、电力市场与调频方程式

一、引言

在具体的自动化方案上，调频与调压毕竟差别很大，这是由于电力系统频率与电压的运行特性不同造成的，其主要不同点如下。

1. 电力系统对自动调频的准确度要求较高

电力系统要求系统各点电压幅值可在±（5%～10%）的范围变动；但对频率的准确度要求比较高，如频率下降到 45Hz，其误差虽相当于－10%，但即使在事故情况下，也是不允许的。

现代的自动调频的电力系统在正常运行时，频率对额定值的偏差一般不超过 0.05～0.15Hz，频率误差仅相当于 0.1%～0.3%。

2. 系统内各结点的频率稳定值都必须相等

电力系统内任何两点经过归算后的电压幅值一般都可以是不相等的。比如在一个电厂内，高压母线的电压与低压电线的电压，经过归算后就不相等，其差值等于变压器的压降；对于相距甚远的两条母线，它们的电压更不用彼此相等了。这个特点使得电力系统的无功功率的平衡与自动调压的问题大为简化。一般都采取就地平衡、分层调压的方法，如在电力系统的每台发电机与调相机上都装有自动调压器，都分担着无功平衡的任务，对这些分别工作的调压器，调度中心不需要作集中的校正与协调。但是频率问题就完全不同了，如果电力系统中任何两点的频率稳定值不等，就表示这两点处于“失步”状态，它们的电压矢量之间的相角会从 0°～360°周而复始地变化，就会出现很大的冲击电流与振荡现象，这是正常运行所不允许的。由此可见，自电力系统开始形成以来，调频就是一个要由整个系统来统筹调度与协调的问题，不允许任何电厂有一点“各自为政”的趋向。

此外，调频与运行费用的关系也远比调压与运行费用的关系密切，因为调频就是通过调整各机组的出力来达到系统有功平衡的措施。机组的出力一改变，所消耗的燃料及费用就随着改变，直接关系着运行费用的经济性；而调压只改变机组的无功功率，与运行经济性的关系远不如调频那么显著。

由上可见，自动调频的技术方案不应该在借鉴自动调压器的基础上实现，它们在技术性能上存在着相当大的差别。

二、电力市场简介

近年来我国兴起了“电力市场”的概念。电力市场在欧、美试行略早，但并无成熟经验，我国也处在探索阶段。电力作为一种市场商品，买方不知道生产方是哪台机组、品牌为何，而且市场上的商品——电力是不允许缺货的，所以我国对电力市场采取了极为慎重的策略即统一调度、分级管理。

推行电力市场的重要目的是要电力生产方竞价上网出售电力，从而给用电方带来实惠，使先进的发电生产力得以发挥更大的作用，旧的生产观念与设备在市场规律下得到更新或重组。正因为电力是一种任何瞬间都不能或缺的商品，我国很重视对此商品物流的统一调动问题。电力市场的交易必须是有序进行的，在图 7-6 上，大区网络公司间的电力交易，都需经过国家网络公司的超高压联络线进行，即使是省市网络与大区网络的电力交易，也需经过高压线路的传送，这些大公司间的电力物流都按市场要求有严格的协议计划，图 7-7 即为大区网络经过国家网络公司联络线的经协调后，既有安全保证、又符合廉价多送的经济法则的统一调度计划曲线，形成有法律效力的生产合同。从调频角度看，图 7-7 要求各大区内的负荷经常变动时，必须由本区内的调频厂来不断调整出力，既保证整个电力系统的频率为额定，而又维持两大区间联络线上交易功率不变，这称为分区调频。图 7-7 还包含更多的省市网络公司，它们与各电厂间不是大功率的高压线路，而是当省、市地区负荷变化时，就必须由这些电厂中的调频厂来跟踪省市负荷的变动，以尽力维持自己系统频率的稳定。所以电力系统的调频工作分为地区调频与分区调频两种，在以下章节分别讨论。

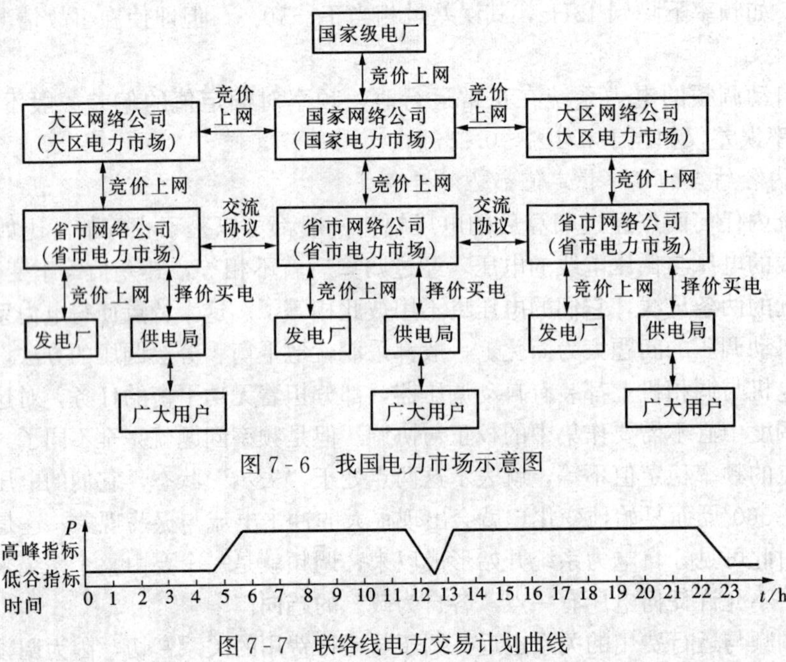

图 7-6 我国电力市场示意图

图 7-7 联络线电力交易计划曲线

三、调频厂的选择

在考虑全系统的调频任务时，首先得确定两个问题：其一是多大的机组容量才能完成调频任务，其二是调频厂的选择问题。

电力系统的运行是有序的，不论是大区网络中心还是省市网络中心，甚至供电局都有当天的日负荷计划曲线，这是根据长期统计资料得出的规律性结果，有了这条曲线就可以提前作启、停机的准备。图 7-8 中的实线就是日负荷曲线的一例。

现在我国试行的电力市场允许将计划负荷的 10%～20%作为竞价上网的电量，发电成本低的多发，其余的 80%～90%仍按一定的协调分配各厂的发电任务。计划负荷曲线中 24h 内都不变动的部分负荷，称之为基载，担负基载发电任务的一般是丰水期的水电厂，高参数的火电厂（经济性能好）和有供热任务的热电厂，它们发送的功率在 24h 内都是不变化的。

单纯担任系统尖峰负荷的机组只有在系统尖峰负荷来临时才有发电任务，其余相当长一部分时间没有发电任务，要压火或停机。尖峰负荷一般由低参数的机组担任，它们的经济性能较差，但升炉启动的过程较快；在枯水期，水电厂也可担任尖峰负荷。抽水蓄能电站可以利用夜间负荷的低谷抽水蓄能，而在负荷尖峰时把水放出来发电，这样既可以填平低谷，避免低谷时的停机，又可增加调峰的容量。调度所根据计划日负荷曲线，按照各电厂（机组）的经济性能与技术特点，制定出每个发电厂（或每台发电机）在不同时间的出力并下达给各厂，力求达到整个系统的最经济运行。但是系统的实际负荷（图 7-8 中虚线），与计划负荷总是有差别的，这个差值称为计划外负荷；电力系统调频的任务就是使调频机组的出力尽力追赶系统计划外负荷的变动，以保持系统频率基本恒定。

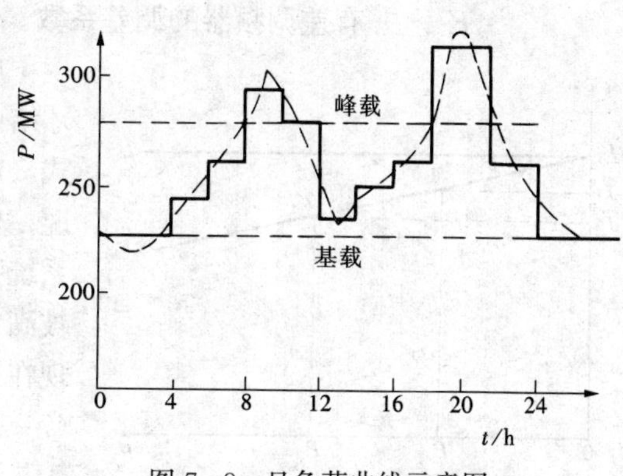

图 7-8　日负荷曲线示意图

要保证系统频率基本恒定，需要有足够的调频容量来应付计划外负荷的变动。根据系统在 10min 内最大的负荷上涨速度及频率的允许偏差可以确定调频容量。一般说来，调频容量应达到系统最大负荷的 8%～10%。所以调频不是系统内某一台发电机甚至某一电厂的机组所能长期胜任的。必须考虑多机组或多电厂并联调频的问题。

在选择担负计划外负荷变动的调频厂时，可作如下考虑。水电厂在枯水期担任调频任务是比较好的，因为它能适应系统负荷的变动而不影响水能利用的经济性；但在丰水期，水电厂必须满发，这样就只能由火电厂来担负调频任务了。为了能较快地跟上系统负荷的变动，担任调频的火电厂最好是煤粉炉而且有储粉仓；由于煤粉炉在 70%以下负荷时燃烧不稳定，因此调频厂的总容量应为调频所需要容量的 3～4 倍。从地区分布来看，调频厂要有一个合理的布局，不能过分集中，还要考虑调频厂热力过程自动化的程度，热力过程自动化程度过低，是不能很好地适应计划外负荷的变动的。

由此可见，调频厂的任务与其他电厂的任务性质不同，经济发电不是它的主要目的，调频机组在电力市场中称为特殊机组，和风力发电机等一样，是不参加竞价上网的，这就大大简化了我们要讨论的自动调频问题的内容。

四、调频方程式（有差调频法）

在此后的讨论中，将不再用自动调频装置、电路或程序来说明自动调频的工作原理、调频的结果等，因为这方法我们已较为熟悉了；也不再推导调频器回路的传递函数方程式，因为自动控制课程中列举了不少如何编写传递函数方程式的例子，而调频过程一般都较平稳，无特别须关注的动态问题。本章将采用调频方程式的方法来讨论自动调频的过程及其功能，首先从都已熟知的有差调节法为例，以便于了解这一方法的使用。

有差调频法指用有差调频器并联运行，达到系统调频目的的方法。有差调频器的稳态工作特性可以用下式表示，即

$$\Delta f + K_s \Delta P = 0 \tag{7-2}$$

式中　Δf、ΔP——调频过程结束时系统频率的增量与调频机组有功功率的增量；

K_s——有差调频器的调差系数。

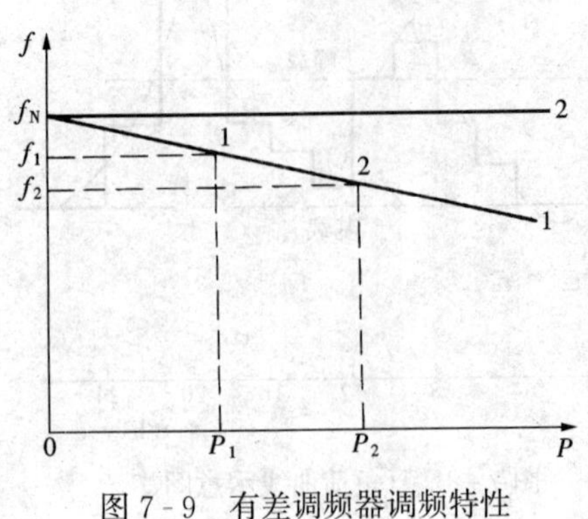

图 7-9 有差调频器调频特性

应该明确，只有式（7-2）得到满足时，调频器才结束其调节过程。下面根据有差调频器的稳态方程式（7-2）来分析装有有差调频器的发电机的工作情况。先假定该发电机工作在图 7-9 的点 1，其对应的系统频率为 f_1，发电机功率为 P_1。这时式（7-2）被满足，即 $\Delta f_1+K_s\Delta P_1=0$（$\Delta f_1<0$，$\Delta P_1>0$）。现在系统负荷增加了，则系统频率会低于 f_1，式（7-2）左端出现了新负值，破坏了原有的平衡状态，于是调频器就向满足式（7-2）的方向进行调整，使 ΔP 获得新的正值，即增加进入机组的动力元素，直至式（7-2）重新得到满足时，调节过程才会结束。由图 7-9 的调频特性，发电机必稳定在新的稳态工作点 2，该点的系统频率为 f_2 低于 f_1，发电机功率为 P_2（大于 P_1），公式 $\Delta f+K_s\Delta P=0$ 又重新得到了满足。由以上分析还可看出，运用稳态方程式（7-2）可以准确地分析调频过程及调频器的最终特性，式（7-2）又称为调频方程式或调节方程式。不涉及调频器的具体电路，而用调频方程式来分析各种调频方法的特性与优缺点是本章所采用的基本方法。下面就用调频方程式（7-2）来分析有差调频器并联调频时的优缺点。

当系统中有 n 台机组参加调频，每台机组各配备一套式（7-2）表示的有差调频器时，全系统的调频方程式可用下面的联立方程组来表示

$$\left.\begin{aligned}\Delta f+K_{s1}\Delta P_1=0\\ \Delta f+K_{s2}\Delta P_2=0\\ \cdots\\ \Delta f+K_{sn}\Delta P_n=0\end{aligned}\right\}\tag{7-3a}$$

式中 Δf——系统的频率增量；

K_{si}——第 i 台机组的调差系数；

ΔP_i——第 i 台机组的有功功率增量（调频功率）（$i=1，2，\cdots，n$）。

设系统的负荷增量（即计划外的负荷）为 ΔP_L，则调节过程结束时必有

$$\begin{aligned}\Delta P_L&=\Delta P_1+\Delta P_2+\cdots+\Delta P_n\\ &=-\Delta f\left[\frac{1}{K_{s1}}+\frac{1}{K_{s2}}+\cdots+\frac{1}{K_{sn}}\right]=-\frac{\Delta f}{K_{s\Sigma}}\end{aligned}\tag{7-3b}$$

右端 $K_{s\Sigma}=\dfrac{1}{\dfrac{1}{K_{s1}}+\dfrac{1}{K_{s2}}+\cdots+\dfrac{1}{K_{sn}}}$是系统的等值调节系数。

式（7-3b）也可以写为

$$\Delta f+K_{s\Sigma}\Delta P_L=0$$

以式（7-3b）代入式（7-3a），可求得每台调频机组所承担的调频负荷为

$$\Delta P_i=\frac{K_{s\Sigma}}{K_{si}}\Delta P_L\tag{7-4}$$

式（7-2）、式（7-3a）、式（7-4）说明有差调频器具有下述优缺点。

1. 各调频机组同时参加调频，没有先后之分

式（7-3a）说明，当系统出现新的频率差值时，各调频器方程式的原有平衡状态同时被打破，因此各调频器都向着同一个满足方程式的方向进行调整，同时发出改变有功出力增量 ΔP_i 的命令。调频器动作的同时性，可以在机组间均衡地分担计划外调频负荷，有利于充分利用机组的调频容量。

2. 计划外调频负荷在机组间是按一定的比例分配的

式（7-4）说明，各调频机组最终担负的计划外负荷 ΔP_i 与其调差系数 K_{si} 成反比。要改变各机组间调频容量的分配比例，可以通过改变调差系数来实现。负荷的分配是可以控制的，这是有差调节器固有的优点。

3. 频率稳定值的偏差较大

式（7-2）说明，有差调节器是不能使频率稳定在额定值的，负荷增量愈大，频率的偏差值也愈大，这是有差调频器固有的缺点。如系统的等值调差系数 $K_{s\Sigma}=3\%$，当计划外负荷为 $\Delta P_L=20\%$时，频率稳定值的偏差值 $\Delta f=0.6\%$，即 0.3Hz，大大超过自动调频的允许范围。使用有差调频器时，需要用人工不断地进行校正，以减少频率稳定值的偏差，实质上是一种半自动的调频方式。汽轮机的调速器就是有差调节器，机械式调速器还有失灵区，因此用调速器进行调频的系统，频率的偏差值就比较大。但由于调速器的历史悠久，可随汽轮机交货，而无须另作投资，所以目前我国相当大数量的中小型电力系统仍在使用着调速器进行调频。

五、积差调频法

为了克服有差调频器的缺点，很自然地会想到运用无差调频。目前无差调频普遍使用积差调节器。积差调频法兼有无差调频法与有差调频法的优点。

积差调频法（或称同步时间法）是根据系统频率偏差的累积值进行工作的。为了对积差调频法获得一个明确的概念，可先研究单机组的频率积差调节的工作过程。单机组频率积差调节的工作方程式为

$$\int \Delta f \mathrm{d}t + KP = 0 \tag{7-5a}$$

式中 K——调频功率比例系数。

图 7-10 说明了积差调频的过程。假定 $t=0$，$f=f_N$，$\int \Delta f \mathrm{d}t=0$，$P=0$，式(7-5a) 是得到满足的；在 t_1 瞬时，由于负荷增大，系统频率开始下降，出现了 $\Delta f<0$，于是式(7-5a) 左端第一项 $\int \Delta f \mathrm{d}t$ 不断增加其负值，使该式的原有平衡状态遭到破坏。于是调节器向着满足式(7-5a) 方向进行调整，即增加机组的输出功率 P，只要 $\Delta f \neq 0$，不论 Δf 多么小，$\int \Delta f \mathrm{d}t$ 都会积累出新值，式(7-5a) 就不会满足，调节过程就不会终止，直到系统频率恢复到额定值，即 $\Delta f=0$，也就是图 7-10 中的 t_A 点，这时 $f=f_N$，$\int \Delta f \mathrm{d}t=A=$常数，式(7-5a) 才能得到满足，调节过程才会结束；此时 $P=P_A=-\dfrac{A}{K}$ 并保持不变。

假如到 t_2 瞬间，由于负荷减小，系统频率又开始升高，$\Delta f>0$，$\int \Delta f \mathrm{d}t$ 就向正方向积

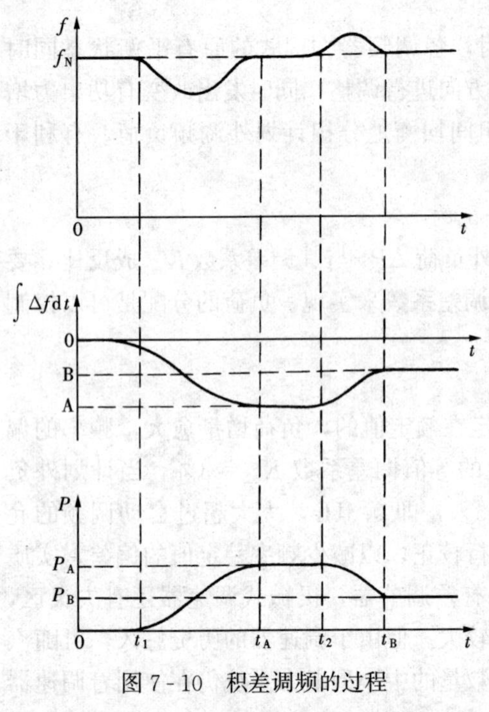

图 7-10 积差调频的过程

累使其负值减小，于是平衡状态又被破坏，调频器动作，减小 P，直到机组发送功率与负荷消耗功率重新相等，频率又恢复到 f_N，即达到图 7-10 中的 t_B 时，调节过程结束，这时又有 $\Delta f=0$，$\int\Delta f\mathrm{d}t=B=$ 常数，发电机的出力为 $P_B=-\dfrac{B}{K}<P_A$。

由此可见，积差调频器的特点是调频过程只能在 $\Delta f=0$ 时结束，当 $\Delta f\neq0$ 时，$\int\Delta f\mathrm{d}t$ 就不断积累，其值就不断变化，式(7-5a)就不能平衡，调节过程就要继续下去。当调节过程结束时，$\Delta f=0$，而 $\int\Delta f\mathrm{d}t=-KP=$ 常数，此常数与调频负荷成正比，调频负荷越大，频率累积误差也越大。这个频率累积误差是个有限值，日用电钟的计时误差与此累积值有关。为了保证电钟的正确性，可以在夜间低负荷时进行补偿。

在省市系统中，多台机组用积差频率法实现调频时，可采用集中制、分散制两种方式，其示意框图分别如图 7-9、图 7-10 所示。其调频方程组为

$$\left.\begin{aligned}&\int\Delta f\mathrm{d}t+K_1P_1=0\\&\int\Delta f\mathrm{d}t+K_2P_2=0\\&\cdots\\&\int\Delta f\mathrm{d}t+K_nP_n=0\end{aligned}\right\}\tag{7-5b}$$

由于系统中各点的频率是同一值的，所以各机组的 $\int\Delta f\mathrm{d}t$ 也可以做到是同一值，各机组是同时进行调频的。系统的调频方程式为

$$\sum_{i=1}^{n}P_i=-\int\Delta f\mathrm{d}t\left(\sum_{i=1}^{n}\frac{1}{K_i}\right)$$

$$\int\Delta f\mathrm{d}t=-\frac{\sum\limits_{i=1}^{n}P_i}{\sum\limits_{i=1}^{n}\dfrac{1}{K_i}}=-K_\Sigma\left(\sum_{i=1}^{n}P_i\right)$$

其中
$$K_\Sigma=1\Big/\sum_{i=1}^{n}\left(\frac{1}{K_i}\right)$$

每台调频机组分担的计划外负荷为

$$P_i=\frac{K_\Sigma}{K_i}\left(\sum_{i=1}^{n}P_i\right)\tag{7-6}$$

式（7-6）说明，按积差调频法实现调频时，各机组的出力也是按照一定比例自动进行分配的。

频率积差调节法的优点是能使系统频率维持额定，调频负荷能在所有参加调频的机组间按一定的比例进行分配。其缺点是频率积差信号滞后于频率瞬时值的变化，因此调节过程缓慢。我们希望当频率偏差较大时调整量应该大些，而当频率偏差较小时，调整量也相应地小些。为此，在频率积差调节的基础上增加频率瞬时偏差的信息，这样就得到改进的频率积差调节方程式为

$$\Delta f+K_i(P_i+\alpha_i\int K\Delta f\mathrm{d}t)=0\quad(i=1,\ 2,\ \cdots,\ n)\tag{7-7}$$

式中　Δf——频率对额定值的瞬时偏差；即令 $\Delta f=f-f_N$；

P_i——第 i 台机组的实发功率；

α_i——第 i 台机组的功率分配系数；

K_i——第 i 台机组的调差系数。

在式（7-7）中，左端第一项 Δf 完全是为了加快调节的过程。在调节过程结束时，Δf 必须为零，否则 $\int\Delta f\mathrm{d}t$ 就会不断地增加或减小，调节过程就不会结束。所以在调整过程结束时，必有

$$P_i=\alpha_i\int K\Delta f\mathrm{d}t\tag{7-8}$$

式（7-8）实质上是IP调节器方程，在式（7-8）中，可以认为 $\int K\Delta f\mathrm{d}t$ 代表了系统调频负荷的数值，K 是一个转换常数，在调频结束时，计划外调频负荷是按一定比例在调频机组间进行分配的。现证明如下。

对整个系统来说，令计划外调频负荷为 $P_{L\Sigma}$，则调频结束时，必有

$$P_{L\Sigma}=\sum_{i=1}^{n}P_i=-\sum_{1}^{n}\alpha_i\int K\Delta f\mathrm{d}t$$

得

$$\int K\Delta f\mathrm{d}t=\frac{P_{L\Sigma}}{-\sum_{1}^{n}\alpha_i}$$

所以

$$P_i=\frac{\alpha_i}{\sum_{1}^{n}\alpha_i}P_{L\Sigma}$$

上述概念也有利于说明积差调频过程中调速器与调频器的关系。当系统频率变化时，按 Δf 启动的调速器会比按积差工作的调频器先进行大幅度的调整，但远不会达到额定频率。到频差积累到一定值时，调频器会取代调速器的工作特性，使调频过程按式（7-5）有比例地分配调频功率，并使频率稳定在 f_N。因此一般称调速器的作用为一次调频，积差调频器为二次调频。

图7-11集中制调频的特点是调频信号 $\int K\Delta f\mathrm{d}t$ 由省、市调度中心统一发出，各调频厂只需按分配的功率，执行调频任务即可。缺点是调频信号需要占用一定的通道。图7-12分散制调频的各调频厂都需要装设一套调频信号 $\int K\Delta f\mathrm{d}t$ ，而且都要利用GPS的对时脉冲，

以获得统一的 f_N，然后才会有统一的调频信号 $\int K\Delta f \mathrm{d}t$，各厂才能按比例执行调频任务。其缺点是装置费用较贵。

如果不如此，则各调频装置的误差会带来系统内无休止地无谓的功率交换。因为各厂调频器内的标准信号 f_N 若是不完全相等，即

$$f_{N1} \neq f_{N2} \neq \cdots \neq f_{Nn}$$

虽然系统的频率各点都相同，但各厂的 Δf_i 却不能同时为零。$i-1$ 厂的调频器努力要将系统的频率稳定在 $f_{N(i-1)}$ 上，而 i 厂又要将频率稳在 f_{Ni} 上，他们各不相让，没有一个能中止各厂调频作用的共同的频率值 f_N。虽然可以将各厂的标准信号误差减至很小，但积差调频器又将这小误差不断地进行积累，以改变各厂的出力，致使系统中无谓的功率交换能够无休无止地进行下去，这显然是十分有害的。所以分散制调频的各调频厂都需要利用 GPS 的对时脉冲，以获得统一的 f_N，使调频任务能够得到正确的执行。

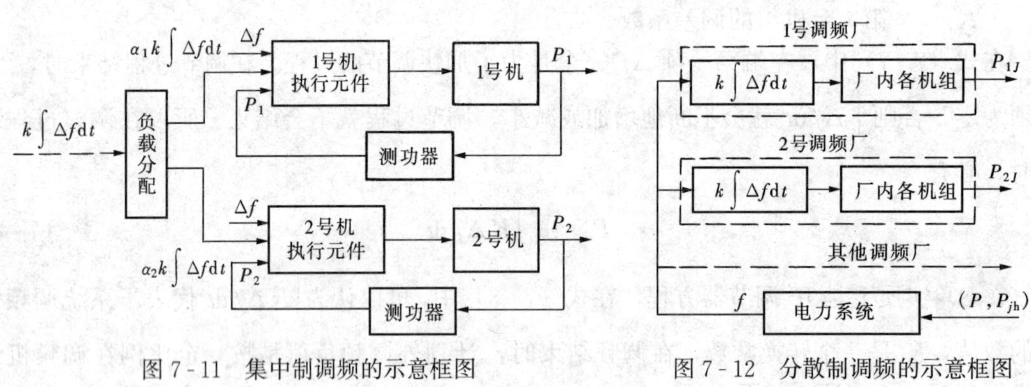

图 7-11 集中制调频的示意框图　　图 7-12 分散制调频的示意框图

第三节 分 区 调 频

在电力市场的框架下，大区网络公司之间联络线上输送的功率，如图 7-7 所示，按协议规定的计划数值进行，尽量避免非协议内的功率在联络线上流通，造成电力市场的计价困难，这种方式称为分区调频法。分区调频法的特点是区内非计划调频负荷的变动，主要由该区内的调频厂来负担，其他区的调频厂最多只是支援性质，因此区间联络线上的功率应该维持在计划的数值，如图 7-7 所示。所以，分区调频方程式必须能判断当时负荷的变动是否发生在本区之内，并采取相应的调节措施，简称为 TBC（Tie-Line Frequency Bias Control）。现在的趋势在省市网络与大区网络的联络线上，也采用 TBC 控制。图 7-13 所示为区网、省网间联络线调频方案示意图。

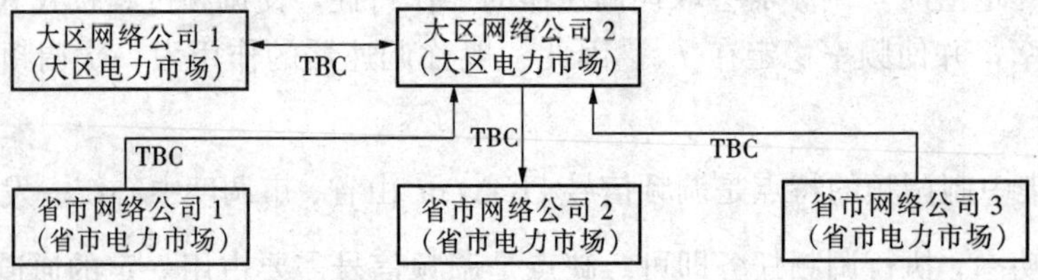

图 7-13 区网、省网间联络线调频方案示意图

一、分区控制误差（ACE）

现以图 7-14 的联合系统为例，为实现 TBC 控制，先说明负荷变动是否发生在本区之内的判别原理。设经联络线由 A 端流向 B 端的功率为 P_{AB}，由 B 端流向 A 端的功率为 P_{BA}，则必有 $P_{AB}+P_{BA}=0$。当 B 区内负荷突然增长，A 区负荷不变时，整个系统的频率都会下降，即有 $\Delta f<0$。A、B 两区内的调速器随即动作，增加各机组的出力，联络线上就会出现由 A 端流向 B 端的功率增量，即 $\Delta P_{AB}>0$（还应说明，即使不考虑调速器的动作，此时也仍有 $\Delta P_{AB}>0$），与 Δf 异号；同时在另一端必有 $\Delta P_{BA}<0$，与 Δf 同号。这说明在联合系统中可以用流出某区功率增量的正或负与系统频率增量的符号进行比较，来判断负荷变动是否发生在该区之内。图 7-14 中如 A 区负荷突增或突减，上述判断方法也可使用，不再赘述。

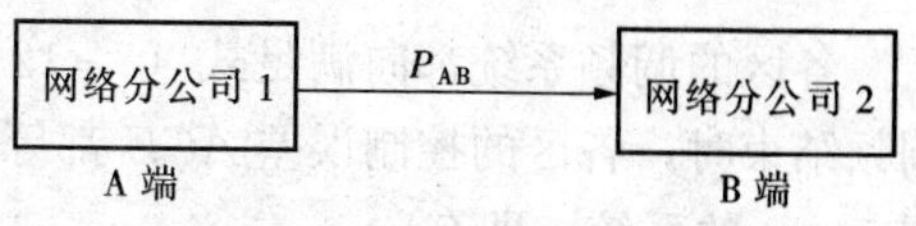

图 7-14　联络线调频示意图

其次要使得非负荷变化区内的调频机组在系统调频过程中尽可能少输出调频功率，这当然也要利用该区流出功率增量与频差异号的关系；在调频过程中，非负荷变化区的 Δf 与 ΔP_{tie} 之间关系不但是非线性的，而且是随时间变化的，它取决于系统的一次调频特性、二次调频特性及负荷的组成等因素。虽然如此，但还是可以找到某个常数，如在上例 A 区是 K_A，使得 $K_A\Delta f+\Delta P_{tie,A}$ 在整个调频过程中取值虽不为零，但也不大，于是就可以运用如下的 A 区调频方程式

$$K_A\Delta f+\Delta P_{tie,A}+\Delta P_A=0$$

式中　P_A——A 区机组输出的调频功率，可为正也可为负。

仍以图 7-14 系统为例，当 B 区负荷增加时，$\Delta f<0$，$\Delta P_{tie,A}>0$；由于有适当因子 K_A，致 $K_A\Delta f+\Delta P_{tie,A}\approx 0$，于是调频器向满足调频方程式的方向进行，必有 $\Delta P_A\approx 0$，最终结果 A 区机组基本不向 B 区输出调频功率；而当 A 区负荷增加时，Δf 与 $\Delta P_{tie,A}$ 都为负，于是调频器向增大 P_A 的方向进行调整，这样就可以达到分区调频的目的。由此可见，$K_i\Delta f+\Delta P_{tie,i}$ 是实现分区调频的重要因子，一般称为分区控制误差 ACE（Area Control Error），即

$$ACE=K\Delta f+\Delta P_{tie} \tag{7-9}$$

二、分区调频方程式

实际最普遍使用的是"ACE 积差"调节法，其分区调频方程式为

$$\int(K_i\Delta f_i+P_{tie,\,i,\,a}-P_{tie,\,i,\,s})dt+\Delta P_i=0 \tag{7-10a}$$

式中　Δf_i——系统频率的偏差，即 $\Delta f_i=f_i-f_N$；

$P_{tie,i,a}$——i 区联络线功率和的实际值；以该区输出的联络线功率为正，输入该区的联络线功率为负；

$P_{tie,i,s}$——i 区联络线功率的计划值，功率的正负方向与上同；

ΔP_i——i 区调频机组的出力增量。

一般将式（7-10a）写成如下形式

$$\int(K_i\Delta f_i+\Delta P_{tie,\,i})dt+\Delta P_i=0 \tag{7-10b}$$

式中　$\Delta P_{tie,i}$——i 区联络线功率对计划值的偏差，联络线功率的正负方向与式（7-10c）相同。

由于式（7-10b）中包含了积差项，在调频过程结束时，必有

$$ACE=K_i\Delta f_i+\Delta P_{\text{tie}}=0 \tag{7-11}$$

式（7-10a）一般称为联络线调频方程式；分区调频过程结束时，分区控制误差 ACE 为零，并使系统频率恢复到额定。

仍以图 7-14 的系统为例，说明频率恢复为额定值的原理。图 7-14 系统分区调频方程组为

$$\left.\begin{aligned}\int(K_A\Delta f_A+\Delta P_{\text{tie, A}})\mathrm{d}t+\Delta P_{iA}=0\\ \int(K_B\Delta f_B+\Delta P_{\text{tie, B}})\mathrm{d}t+\Delta P_{iB}=0\end{aligned}\right\} \tag{7-12}$$

各区的调频系统都向满足式（7-12）的方向进行调整，按照积差调节的法则，到分区调频结束时，各区的控制误差 ACE 都等于零，任何调频机组都不再出现新的功率增量。对图 7-14 的系统，即有

$$\left.\begin{aligned}ACE_A=K_A\Delta f_A+(P_{\text{tie,A,a}}-P_{\text{tie,A,s}})=0\\ ACE_B=K_B\Delta f_B+(P_{\text{tie,B,a}}-P_{\text{tie,B,s}})=0\end{aligned}\right\}$$

由于 $P_{\text{tie,A,a}}+P_{\text{tie,B,a}}=0$；如果各区调频中心都没有装置误差，即

$$\left.\begin{aligned}f_{NA}=f_{NB}=f_N\\ P_{\text{tie,A,s}}+P_{\text{tie,B,s}}=0\end{aligned}\right\}$$

则调频结束时，$\Delta f=0$，$f=f_N$ 及 $\Delta P_{\text{tie}}=0$，联络线功率维持在计划值。

很显然，对于 n 个分区的调频方程式，如果各调频中心都没有装置误差，即

$$\left.\begin{aligned}f_{N1}=f_{N2}=\cdots=f_{Nn}=f_N\\ \sum_{i=1}^{n}P_{\text{tie, }i,\text{ s}}=0\end{aligned}\right\} \tag{7-13}$$

按式（7-12）进行分区调频的结果，系统频率必维持在额定值 f_N，并有 $\Delta P_{\text{tie},i}=0$。

三、分区调频的误差

各分区的调度中心相距甚远，要它们都满足式（7-13）的要求，是相当困难的。现仍以图 7-14 的系统为例，讨论当调频系统存在装置误差时对分区调频结果的影响。假设只是在 B 区的调频系统中，联络线功率的整定值偏大，即

$$\left.\begin{aligned}P_{\text{tie,A,s}}=P_{\text{tie,A0}}\\ P_{\text{tie,B,s}}=P_{\text{tie,B0}}+\Delta P_{B0}\end{aligned}\right\}$$

式中 $P_{\text{tie,A0}}$、$P_{\text{tie,B0}}$——正确的整定值，其和为零；
ΔP_{B0}——整定值的误差。

调频过程结束时，必有

$$\left.\begin{aligned}ACE_A=K_A\Delta f+(P_{\text{tie,A,a}}-P_{\text{tie,A0}})=0\\ ACE_B=K_B\Delta f+(P_{\text{tie,B,a}}-P_{\text{tie,B,s}})=0\end{aligned}\right\}$$

于是，有

$$\Delta f-\Delta P_{B0}/(K_A+K_B)=0$$

$$f=f_N+\Delta P_{B0}/(K_A+K_B)$$

由于 ΔP_{B0} 的方向是负的，系统频率不再能稳定在额定值，而是偏低。图 7-15 用图解法举

例说明了图 7-14 系统分区调频时的误差。当 A、B 两区都没有装置误差时，其分区控制误差分别以图中的 A、B 直线表示，交点 1 说明调频过程结束时，频率稳定在 f_N。当 B 端存在着联络线功率整定误差 ΔP_{B0} 时，B 区的分区控制误差就移至 B′直线，与直线 A 的交点变为 2。这时系统频率的稳定值低于 f_N，联络线的实际功率为 $P_{tie.a}$。

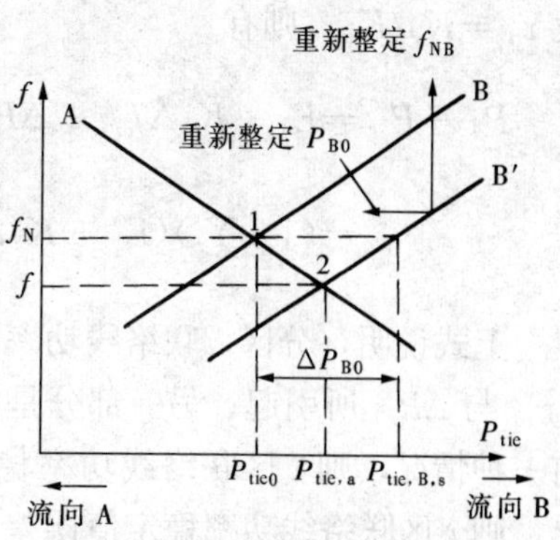

图 7-15　分区调频误差的图解法

如果已经判断出本例中系统频率不能稳定在额定值是由于 B 区调频系统的整定误差造成的，纠正的方法可以有两种。其一是减小 B 区联络线功率的整定值，即将 B′直线沿横轴向左平移，使之达到 B 直线的位置；另一是加大 B 区 f_{NB} 的数值，使将 B′直线沿纵轴向上平移，也可以达到 B 直线的位置。这两种纠正措施虽然出于对误差来源的不同估计，但效果是相同的，都是简单可行的。

但是，当系统频率不能稳定在额定值时，要判断装置误差所属的分区，却不能简单地重复负荷增量所属分区的判断方法，即不再能运用分区调频方程式来解决这个问题。如图 7-15 所示，对于 A 端，有

$$\Delta p_{tie,A}=P_{tie,a}-P_{tie0}=P_{tie,A,a}-P_{tie,A,s}>0$$

对于 B 端，有

$$\Delta P_{tie,B}=P_{tie,a}-P_{tie,B,s}=P_{tie,B,a}-P_{tie,B,s}>0$$

即两区的 ΔP_{tie} 都大于零，两区的 Δf 都小于零，调频方程式是没有判断装置误差所属分区的能力的，必须另想办法。

四、分区调频误差的纠正原理

在分区调频时，当频率的稳定值偏离额定值或各分区联络线功率的稳定值偏离计划值时，可能是由某一个分区或某 n 个分区的装置误差造成的。把这个或这 n 个整定值错误的分区调频系统分离出来，并在当地加以纠正，称为误差的分离技术。其原理如下。

设：分区 i 的标准频率整定的误差值为 Δf_{i0}

分区 i 的联络线功率计划值整定的误差值为 ΔP_{i0}

则

$$ACE_i=E_i=K_i\ (f-f_N-\Delta f_{i0})+(P_i-P_{is}-\Delta P_{i0}) \tag{7-14}$$

对于 n 个分区调频的系统，则有

$$\sum_{i=1}^{n}ACE_i=\sum_{i=1}^{n}E_i=\sum_{i=1}^{n}K_i(f-f_N)-\sum_{i=1}^{n}K_i\Delta f_{i0}+\sum_{i=1}^{n}(P_i-P_{is})-\sum_{i=1}^{n}\Delta P_{i0}$$

由于 $\sum_{i=1}^{n}P_i=0$ 及 $\sum_{i=1}^{n}P_{is}=0$，则有

$$f-f_N=\sum_{i=1}^{n}(E_i+K_i\Delta f_{i0}+\Delta P_{i0})\Big/\Big(\sum_{i=1}^{n}K_i\Big)$$

代入式(7-20)，得

$$E_i=\frac{K_i}{K_s}\Big[\sum_{i=1}^{n}(E_i+K_i\Delta f_{i0}+\Delta P_{i0})\Big]-K_i\Delta f_{i0}+P_i-P_{is}-\Delta P_{i0}$$

其中

$$K_s=\sum_{i=1}^{n}K_i$$

设 $Y_i = K_i / K_s$，则有

$$P_i - P_{is} = E_i + K_i \Delta f_{i0} + \Delta P_{i0} - Y_i \sum_{i=1}^{n} (E_i + K_i \Delta f_{i0} + \Delta P_{i0})$$
$$= (1 - Y_i)(E_i + K_i \Delta f_{i0} + \Delta P_{i0}) - Y_j \sum_{\substack{j=1 \\ j \neq i}}^{n} (E_j + K_j \Delta f_{j0} + \Delta P_{j0})$$

上式说明，分区 i 联络线功率的非计划流动可以分成两部分：其一是由本分区装置误差 Δf_{i0} 与 ΔP_{i0} 所引起；另一部分是由其他分区的装置误差 Δf_{j0} 与 ΔP_{j0} 所引起。如果是属于前一种情况，则 i 区联络线功率稳定值误差的纠正，应该在本区进行；如果属于后一种情况，则 i 区联络线功率稳定值误差的纠正则不应在本区进行，而应在其他有 Δf_{j0} 与 ΔP_{j0} 误差的区内进行。这说明分区调频的误差确实是可以分离的，但式中的 Δf_{i0}、ΔP_{i0} 或 Δf_{j0}、ΔP_{j0} 都是不便在区内或区外测量的，要使上式说明的分离原理达到实用的程度，还需继续进行如下的讨论。

i 区联络线电能的非计划数值为

$$I_i = \int_0^t (P_i - P_{is}) \mathrm{d}t = (1 - Y_i) \left[\int_0^t E_i \mathrm{d}t + \int_0^t (K_i \Delta f_{i0} + \Delta P_{i0}) \mathrm{d}t \right]$$
$$- Y_i \sum_{\substack{j=1 \\ j \neq i}}^{n} \left[\int_0^t E_j \mathrm{d}t + \int_0^t (K_j \Delta f_{j0} + \Delta P_{j0}) \mathrm{d}t \right]$$

式中 $\int_0^t E_i \mathrm{d}t = \int_0^t ACE_i \mathrm{d}t$ 为分区 i 控制误差的累计值

$$= \int_0^t K_i (f - f_N) \mathrm{d}t - K_i \int_0^t \Delta f_{i0} \mathrm{d}t + \int_0^t (P_i - P_{is}) \mathrm{d}t - \int_0^t \Delta P_{i0} \mathrm{d}t$$

我国电网的标准频率为 50Hz，调频过程中，由频率波动造成的时间误差 ε，在以小时为计时单位时，为

$$\varepsilon = 72 \int_0^t (f - f_N) \mathrm{d}t$$

于是得

$$\int_0^t E_i \mathrm{d}t = \frac{\varepsilon K_i}{72} - K_i \int_0^t \Delta f_{i0} \mathrm{d}t + I_i - \int_0^t \Delta P_{i0} \mathrm{d}t$$
$$\int_0^t E_i \mathrm{d}t + K_i \int_0^t \Delta f_{i0} \mathrm{d}t + \int_0^t \Delta P_{i0} \mathrm{d}t = I_i + \frac{\varepsilon K_i}{72}$$

同时，还有

$$\varepsilon = 72 \int_0^t \left[\sum_{i=1}^{n} (E_i + K_i \Delta f_{i0} + \Delta P_{i0}) / K_s \right] \mathrm{d}t = \varepsilon_i + \sum_{\substack{j=1 \\ j \neq i}}^{n} \varepsilon_j$$

式中 $\varepsilon_i = \frac{72}{K_s} \left[\int_0^t E_i \mathrm{d}t + K_i \int_0^t \Delta f_{i0} \mathrm{d}t + \int_0^t \Delta P_{i0} \right] \mathrm{d}t = \frac{72}{K_s} I_i + \frac{\varepsilon K_i}{K_s} = \frac{1}{K_s} (72 I_i + \varepsilon K_i)$

(7 - 15a)

右端 I_i 与 ε 都是可以测量的，K_i、K_s 则是已知的。仿此，可令

$$I_i = I_{ii} + \sum_{\substack{j=1 \\ j\neq i}}^{n} I_{ij}$$

式中　I_{ii}——本区装置误差造成的联络线电能误差；

I_{ij}——j 区装置误差造成的 i 区联络线电能误差。

很显然，从已得的 I_i 的计算式中，可分离得到

$$I_{ii} = (1-Y_i)\int_0^t (E_i + K_i\Delta f_{i0} + \Delta P_{i0})\mathrm{d}t$$

$$= (1-Y_i)\frac{\varepsilon_i K_s}{72} = (1-Y_i)\left(I_i + \frac{\varepsilon K_i}{72}\right) \tag{7-15b}$$

及

$$I_{ij} = -Y_i(I_j + \varepsilon K_j/72) \tag{7-15c}$$

式（7-15a）、式（7-15b）与式（7-15c）组成分区调频的误差分离计算公式。在分区频率中，时间误差 ε 反映了各联络线电能的误差，比单纯看成是用户电钟的计时误差意义更为深刻，各区电钟的时间读值相同时，它表示各分区网络均最终完成了图 7-7 电能交换协议。

在确定了 i 区调频系统有装置误差后，纠正的方法如下：

由式（7-15b）有

$$I_{ii} = (1-Y_i)\frac{\varepsilon_i K_s}{72}$$

仿此，也有

$$I_{ji} = -Y_j\frac{\varepsilon_i K_s}{72} \tag{7-16}$$

式（7-16）说明，当 $\varepsilon_i=0$ 时，由 i 区装置误差造成的本区联络线电能误差（I_{ii}）及他区联络线电能误差（I_{ji}）均为零；反之，当 I_{ii} 为零时，ε_i 也为零，I_{ji} 也为零。这说明在纠正装置误差时，既可以从纠正时间误差 ε_i 着手，改变 Δf_{i0}；也可以从联络线电能误差 I_{ii} 的纠正着手，改变 ΔP_{i0}。两者都能达到使系统的 ε 及 I_s 同时得到保证的目的，这与图 7-15 的结论是完全一致的。

按照分区调频的误差分离计算公式，当 i 区发现本区装置误差较大时，可以给本区调频系统的标准频率增加一个修正量 $\Delta\hat{f}_{i0}$，其值为

$$\Delta\hat{f}_{i0} = -\varepsilon_i/(72Y_iT_i)$$

式中　T_i——误差纠正时段，以小时计。

当然也可以给本区调频系统的联络线功率整定值增加一个修正量 $\Delta\hat{P}_{i0}$，其值为

$$\Delta\hat{P}_{i0} = -I_{ii}/(1-Y_i)T_i$$

两者效果一样，都可以在 T_i 小时内，把由 i 区装置误差造成的全系统的时间误差与联络线电能误差全部纠正过来。

第四节　电力系统调频负荷的经济分配

电力系统负荷的经济分配就是在一定运行方式下，把系统负荷在各电站及各机组间进行分配，使所需的运行总费用（主要是燃料消耗费用）为最小。

以前曾认为最经济的负荷分配方法是：当系统负荷增加时，先使效率最高的机组增加负荷，直至达到它的效率最高时的负荷值，然后再让效率较好的机组带负荷直至达到它的最大效率，依次类推。这种方法现在已被证明还不是最经济的，最经济的分配负荷的方法是所谓等微增率法则。

所谓微增率就是输入微增量与输出微增量的比值。对发电机组来说，即燃料消耗费用的微增量与发电功率微增量的比值。等微增率法则就是让所有机组按微增率相等的原则来分配负荷。这样就能使系统总的燃料消耗费用为最小，因此是最经济的。

一、调频厂内各机组间的经济功率分配（或不考虑网络损耗时各电厂间的经济功率分配）

为了达到经济功率分配，须先弄清锅炉、汽轮机、发电机的经济特性，即它们在单位时间内消耗（输入）能量的费用（燃料费用及燃料运输费用等）与输出功率之间的关系，称为耗量特性。典型的输入—输出特性可能有三种，如图 7-16 所示；与之相对应的也有三种典型的微增率特性，如图 7-17。某一输出功率的微增率就是耗量特性曲线上对应于该输出功率点的斜率，即

$$b\text{（耗量微增率）}=\frac{dF\text{（输入耗量微增量）}}{dP\text{（输出功率微增量）}} \tag{7-17}$$

耗量微增率（或简称微增率）近似地表示在某一输出功率时，增加（或减少）单位输出功率所需单位时间内输入能量消耗费用的增量。

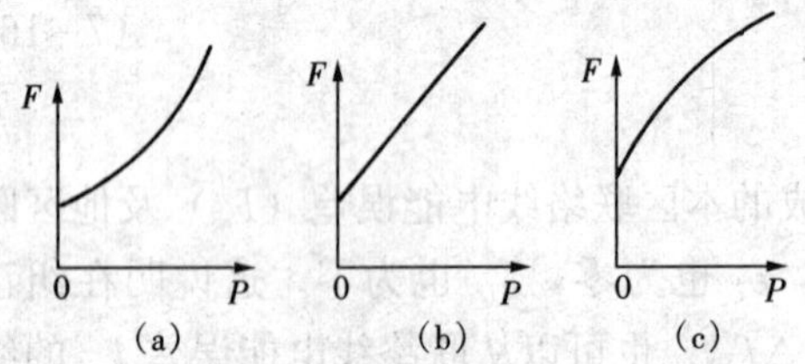

图 7-16 三种典型的输入—输出特性

(a) 锅炉的；(b) 发电机的；(c) 节流式汽轮机的

锅炉的耗量特性，有如图 7-16（a）所示的形状，它的微增率特性如图 7-17（a）所示。节流式汽轮机的耗量特性有如图 7-16（c）所示，它的微增率特性如图 7-17（c）所示。至于锅炉—汽轮机—发电机组成的单元的耗量特性，由于汽轮机的微增率变化不大和发电机的效率接近于 1，所以整个单元的耗量特性和微增率特性仍可认为如图 7-16（a）和图 7-17（a）所示。随着输出的增加，耗量增量大于输出功率的增量，因此耗量微增率随着输出功率的增加而增大。

通过耗量特性上任一点至原点作直线，该直线的斜率的倒数，代表该工作点的经济效率，所以最大经济效率发生在通过原点与耗量特性相切的一点。

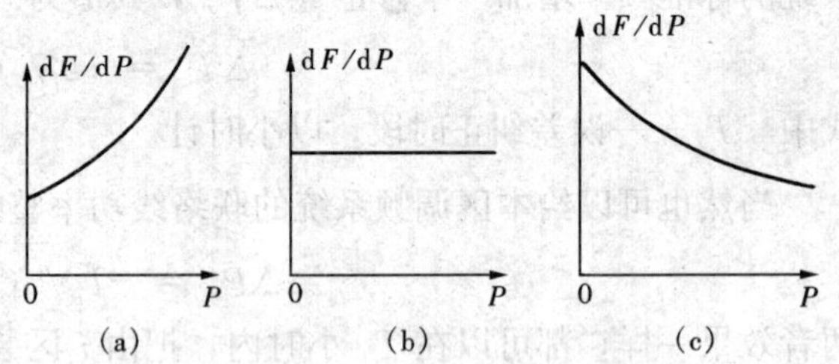

图 7-17 三种典型的微增率特性

(a) 锅炉的；(b) 发电机的；(c) 节流式汽轮机的

当机组的微增率特性随着输出功率的增加而增大时，机组间按等微增率原则进行负荷分配时，将使总的消耗费用为最小。这一点可由下面的例子来说明：设将某一负荷分配给两台机组，先不是按等微增率进行分配，对应于机组 1 的微增率大于机组 2 的微增率（$b_1>b_2$）。若使机组 1 减少小量功率 ΔP，而机组 2 增加相应的 ΔP，以使总负荷不变，由于 $b_1>b_2$，机组 1 减少的消耗将大于机组 2 增加的消耗，如图 7-18 中阴影部分的面积，从而将使总的消耗减少。这样的

转移负荷继续下去，直至二机组的微增率相等为止，那么最后一次转移将使总消耗不变，所以当 $b_1=b_2$（即按等微增率分配）时，总消耗是最小的。

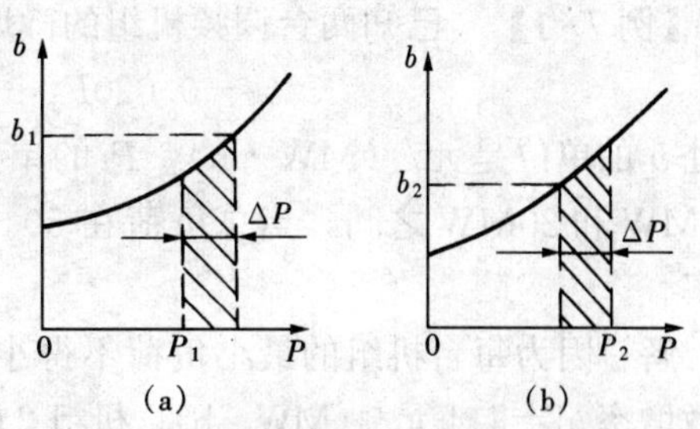

图 7-18　机组间负荷转移时消耗的变化

(a) 机组 1；(b) 机组 2

等微增率原则的数学推导如下。

设有 n 台机组，每台机组分担的负荷分别为 P_1、P_2、…、P_n，其对应的燃料消耗费用分别为 F_1、F_2、…、F_n，则电厂总的燃料消耗费用

$$F_x=F_1+F_2+\cdots+F_n=\sum_{i=1}^{n}F_i \tag{7-18}$$

而总的负荷功率为 P_L，则必有

$$P_L=P_1+P_2+\cdots+P_n=\sum_{i=1}^{n}P_i$$

令

$$\varphi=\sum_{i=1}^{n}P_i-P_L=0 \tag{7-19}$$

根据拉格朗日乘子法则，求解 F_x 在满足约束条件 $\varphi=0$ 时的极值条件时，可以设立目标函数

$$\mathscr{F}=F_x-\lambda\varphi$$

并分别令

$$\frac{\partial\mathscr{F}}{\partial P_i}=0\ (i=1,\ 2,\ \cdots,\ n)$$

其中 λ 是一常数，称为拉格朗日乘子，据此有

$$\frac{\partial\mathscr{F}}{\partial P_i}=\frac{\partial F_x}{\partial P_i}-\lambda\frac{\partial\varphi}{\partial P_i}=0\ (i=1,\ 2,\ \cdots,\ n) \tag{7-20}$$

由式（7-18）得

$$\frac{\partial F_x}{\partial P_i}=\frac{\partial F_i}{\partial P_i}=\frac{dF_i}{dP_i}$$

由式（7-19）得

$$\frac{\partial\varphi}{\partial P_i}=\frac{\partial P_i}{\partial P_i}=1$$

将之代入式（7-20），得

$$\frac{dF_i}{dP_i}-\lambda=0\ (i=1,\ 2,\ \cdots,\ n)$$

或

$$\frac{dF_1}{dP_1}=\frac{dF_2}{dP_2}=\cdots=\frac{dF_n}{dP_n}=\lambda$$

即

$$b_1=b_2=\cdots=b_n=\lambda \tag{7-21}$$

因此厂内经济调度的准则为：各机组的微增率 b_1、b_2…b_n 应相等，并等于全厂的微增率 λ。

当微增率随着输出增加而增大时（一般机组都是这样），上述条件求得的极值是最小值（当微增率随着输出增加而减少时，上述条件求的极值将是最大值。所以当微增率随输出增加而减小时，按等微增率分配负荷就变为最不经济的了）；有时为了简化计算，可以把机组的微增率曲线用一直线来近似，即把微增率与输出功率之间用一线性方程来表示。

【例 7-1】 已知两台调频机组的微增率曲线为

$$b_1-0.020F_1+4.0;\ b_2=0.024P_2+3.2$$

此处 b 的单位是元/（MW·h），P 的单位是 MW。每台机组的最大和最小负荷应限制在 125MW 和 20MW 之间，当总负荷在 50～250MW 间变动时，求每台机组应分担的最经济功率。

解 因为每台机组的最小负荷不得小于 20MW，当机组输出功率为 20MW 时，机组 1 的微增率 $b_1=4.4$ 元/（MW·h）；机组 2 的微增率 $b_2=3.68$ 元/（MW·h），因为 $b_2<b_1$，所以当负荷增加时应使机组 2 增加负荷，直至 $b_2=4.4$ 元/（MW·h）时为止。对应于 $b_2=4.4$ 元/（MW·h），机组 2 的功率

$$P_2=\frac{4.4-3.2}{0.024}=50\ (\text{MW})$$

也就是相当于总负荷为 70MW。当总负荷大于 70MW 时，两台机组间就应按等微增率分配负荷。当 $\lambda=b_1=b_2=4.8$ 元/（MW·h）时，求得相应的功率

$$P_1=\frac{4.8-4}{0.02}=40\ (\text{MW})$$

$$P_2=\frac{4.8-3.2}{0.024}=66.7\ (\text{MW})$$

假设不同的 λ 值，就可以求得各机组分配的负荷及电厂的总负荷。将所得结果列于表 7-1 中，并由此结果可以画出电厂在不同调频负荷时对应的微增率曲线以及电厂在不同调频负荷时对应各机组应分担的负荷的曲线，此曲线示于图 7-19。这类曲线是进行经济负荷分配所必需的，图 7-19 只是一个简单的例子。

表 7-1 **例 7-1 中电厂在不同负荷时的微增率及各机组应分担的负荷**

电厂微增率 [元/(MW·h)]	机组 1 P_1 (MW)	机组 2 P_2 (MW)	电厂 P_1+P_2 (MW)	电厂微增率 [元/(MW·h)]	机组 1 P_1 (MW)	机组 2 P_2 (MW)	电厂 P_1+P_2 (MW)
3.92	20.0	30.0	50.0	5.60	80.0	100.0	180.0
4.40	20.0	50.0	70.0	6.00	100.0	116.7	216.7
4.80	40.0	66.7	106.7	6.20	110.0	125.0	235.0
5.20	60.0	83.3	143.3	6.50	125.0	125.0	250.0

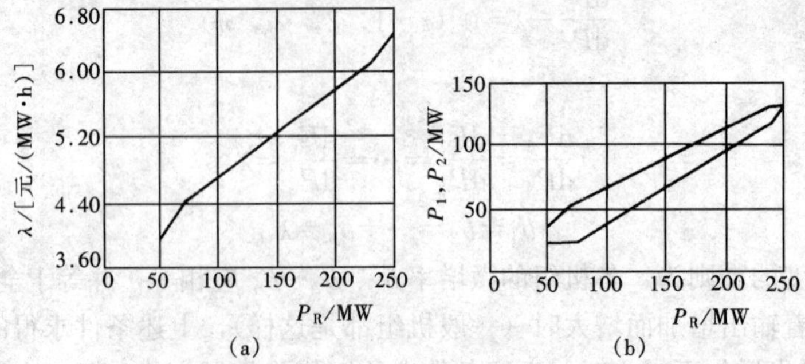

图 7-19 电厂在不同负荷时的微增率曲线及对应各机组应分担的负荷曲线

(a) 微增率曲线；(b) 负荷曲线

二、调频电厂间的经济功率分配（或考虑网损后的经济功率分配）

在研究调频电厂间的经济功率分配时，有时需要考虑由电厂将功率输送到负荷中心在输电线路上引起的有功损耗。可能有这样的情形——某电厂具有较另一电厂低的微增率，但它离负荷中心较远，这时让微增率较高的电厂（它离负荷中心较近）多带些负荷会更经济。现在讨论考虑网损后的电厂间经济负荷的分配问题。

设有 S 个电厂，每个电厂分担的负荷分别为 P_1、P_2、…、P_s，其对应的燃料消耗费用为 F_1、F_2、…、F_s，则全系统总的燃料消耗费用为

$$F_x = F_1 + F_2 + \cdots + F_s = \sum_{i=1}^{s} F_i$$

而总的发电功率 $\sum_{i-1}^{s} P_i$ 应与总负荷 P_L 及网损 P_{L1} 相平衡。相应的极值约束条件为

$$\varphi = \sum_{i=1}^{s} P_i - P_{L1} - P_L = 0$$

根据拉格朗日乘数法则，令

$$\mathscr{F} = F_x - \lambda\varphi$$

分别求 $\dfrac{\partial \mathscr{F}}{\partial P_i} = 0$（$i=1, 2, \cdots, s$），即可得 F_x 的极值条件。具体求法如下：

$$\frac{\partial \mathscr{F}}{\partial P_i} = \frac{\partial F_x}{\partial P_i} - \lambda \frac{\partial \varphi}{\partial P_i} = 0 \quad (i=1, 2, \cdots, s)$$

仿前，由于

$$\frac{\partial F_x}{\partial P_i} = \frac{dF_i}{dP_i};\quad \frac{\partial \varphi}{\partial P_i} = 1 - \frac{\partial P_L}{\partial P_i}$$

所以

$$\frac{dF_i}{dP_i} - \lambda\left(1 - \frac{\partial P_{L1}}{\partial P_i}\right) = 0$$

或电站微增率

$$b_i = \frac{dF_i}{dP_i} = \left(1 - \frac{\partial P_L}{\partial P_i}\right)\lambda = (1-\sigma_i)\lambda \quad (i=1, 2, \cdots, s) \tag{7-22}$$

式中 σ_i——i 电站的网损微增率，即 $\sigma_i = \dfrac{\partial P_{L1}}{\partial P_i}$；

λ——系统微增率。

式（7-22）称为经济负荷协调方程式。

由式（7-22）可得

$$\frac{b_i}{1-\sigma_i} = \lambda \quad (i=1, 2, \cdots, s) \tag{7-23}$$

或

$$b_i L_i = \lambda \tag{7-24}$$

式中 L_i——i 电站网损修正系数，即 $L_i = \dfrac{1}{1-\sigma_i}$。

式（7-24）说明，在考虑网损以后，i 电站的消耗费用微增率 b_i 须乘以修正系数 L_i 后才等于系统微增率 λ，即将各电厂的微增率经网损修正后，再按等微增率原则进行负荷分配将是最经济的调度方案。

在电力市场中，网络公司需要根据各厂上网的电力，考虑最经济的网络输送方案，称为

优化潮流，此时各调频厂的网损修正系数，就要跟随网络的优化潮流而变动，但不宜再进行更详细的讨论了。

第五节 自动发电量控制（AGC）系统简介

一、概述

自动发电量控制（Automatic Generation Control，AGC）是能量管理系统 EMS 中的一项重要功能，它控制着调频机组的出力，以满足不断变化的用户电力需求，并使系统处于经济的运行状态。在联合电力系统中，AGC 是以区域系统为单位，各自对本区内的发电机的出力进行控制。它的任务可归纳为如下三项：

（1）维持系统频率为额定值，在正常稳态运行工况下，其允许频率偏差在±（0.05～0.2）Hz 范围内，视系统容量大小而定。

（2）控制本区与其他区间联络线上的交换功率为协议规定的数值。

（3）在满足系统安全性约束条件下，对发电量实行经济调度控制（Economic Dispatch Control，EDC）。

自动发电控制系统的简单原理框图如图 7-20 所示，它包括参加 AGC 的机组（原动机和发电机）、调速器、负载和联络线功率、调度计算机（前置机与主机）。AGC 系统首先要把参加 AGC 的机组的有功功率、地区频率和联络线有功潮流传送到调度中心（即上行信息），在控制中心按预定的准则发出控制命令，经 SCADA 和通道传送给相应的电厂和机组（即下行信息）。

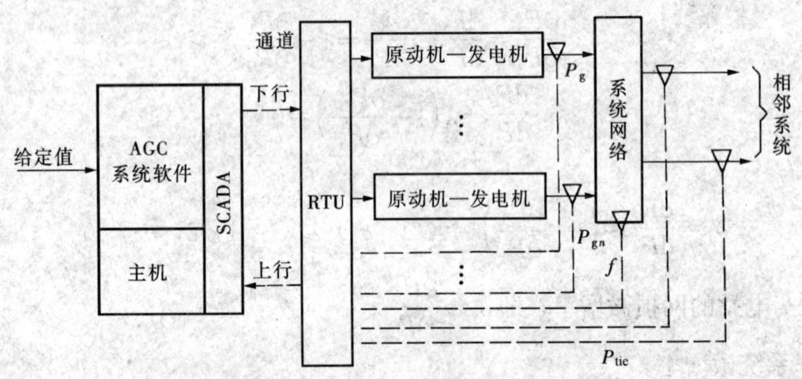

图 7-20 自动发电机控制系统简单原理框图

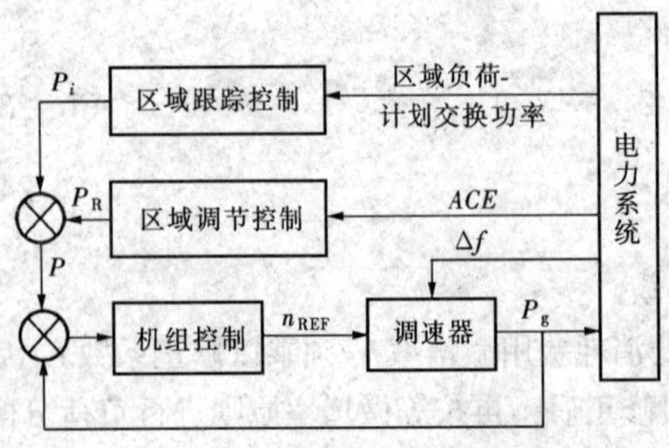

图 7-21 自动发电机控制系统的结构示意图

图 7-21 画出了 AGC 的结构框图，图中画出了与 AGC 有关的三个控制回路。区域调节控制完成上面提出的第一、二两项任务；区域跟踪控制用来实现第三项任务；调速器的一次响应回路虽不是 AGC 的直接部分，为了说明其对调频问题的影响，也示于图上。实际上当系统中用户的负荷增加时，初始的负荷增量是由释放汽轮发电机组的动能来提供，即整个系统的频率开始下降；于是系统中所有调速器响应，

并使频率在几秒钟内实现“大幅”提高，即一次调频；二次调频由AGC系统实现，其中的区域调节控制确定机组的调节分量 P_R，区域跟踪控制确定机组功率的基点值（base point）P_i，它们共同形成的期望发电量 P 作用于调频机组的控制系统，控制调速器的 n_{REF}，形成机组出力的闭环控制。由此可见，AGC系统基本上是一个出力跟踪控制系统。

二、调频负荷曲线与调频功率分量

实际的电力系统的日负荷曲线如图7-22（a）所示，图中的高频部分为日负荷的随机变化分量，其特点是变化相对很快，且幅值与频率没有确定的规律，但其时间的平均值为零。由于受原动机参数的安全限制，一般应将这部分负荷变化分量尽量滤掉，使其不对调频器的正常运行造成影响。在第一章第四节中曾指出过，控制系统中的积分环节对高频分量有较强的滤波作用，所以在采用积差调节法时，这部分随机负荷分量对调频系统的工作基本不起作用，于是图7-22（b）中的虚线就是调频负荷，图中实线代表按协议计划进行的机组负荷分配，它们的出力用 P_{non} 表示。协议负荷与调频负荷间的差值就是调频机组应分担的调频功率。为了实现电力系统的经济运行，一般按照等耗微增率原则分配机组负荷，担负 P_{non} 的机组，微增率肯定是最小的或硬性指定的。剩下的问题是如何在调频机组间实现等微增率分配功率，而又达到维持系统频率为恒定的目的。

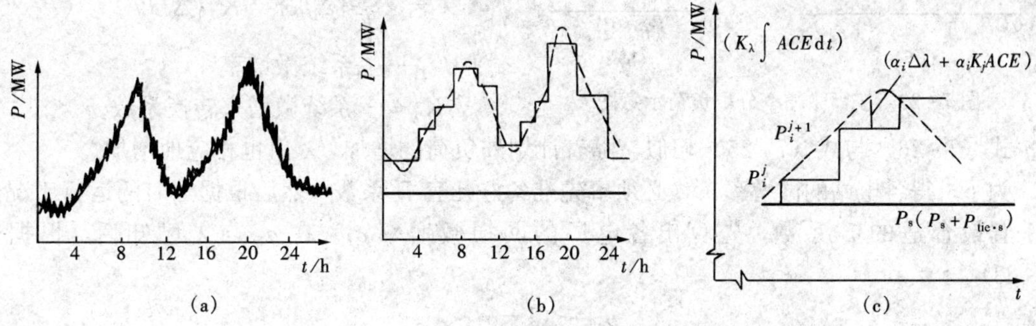

图7-22　实际日负荷曲线及其分量

(a) 实际电力系统的日负荷曲线；(b)、(c) 用于分析的日负荷曲线

AGC一般采用积差调节法，其调频方程式为

$$\int\Delta f\,dt+K_iP_i=0(i=1,\ 2,\ \cdots,\ n)$$

由于 $\int\Delta f\,dt$ 对各调频机组是统一的，所以调节过程结束后，各调频机组分担的计划外负荷是按一定比例分配的，即

$$P_i=\frac{K_x}{K_i}\sum_{i=1}^{n}P_i$$

但按固定比例分配计划外负荷不是最经济的，经济调度的准则是按等微增率原则进行负荷分配。为此可把上式改成

$$\int\Delta f\,dt+Kb_i=0(i=1,\ 2,\ \cdots,\ n)\tag{7-25}$$

式中　K——频率积差值与微增率间的转换常数，对各调频机组是相同的；

b_i——第 i 电站的耗量费用微增率。

假设有两个电厂按式（7-25）进行调频（不考虑网损），在某一稳态情况下，$b_1=b_2=$

$b=-\frac{\int \Delta f \mathrm{d}t}{K}$，对应的电站发电功率分别为 P_1、P_2，如图 7-21 所示，并有 $P_1+P_2=P_L$。如果负荷增加了 $P'_L=(P'_L+\Delta P_L)>(P_1+P_2)$，使功率失去平衡，频率下降，$\Delta f<0$，$\int \Delta f \mathrm{d}t$ 就不断积累，出现新的负值，式(7-25) 的原有平衡状态被破坏，于是调频器向着满足式(7-25) 方向调整，使 b_i 增大。随着 b_i 的增大，各电厂的发送功率将增大，结果频率回升，直至发送电功率与负荷功率达到新的平衡，频率恢复至额定频率时为止。这时 $b'_1=b_2=b'>b_1$，$P'_1+P'_2=P'_L$，图 7-23 各机组按等微增率原则增加了负荷($\Delta P_1>\Delta P_2$)，而不是按固定比例增加负荷，因此是最经济的。这样既实现了自动调频(保证系统频率为额定)同时又实现了自动经济调度。

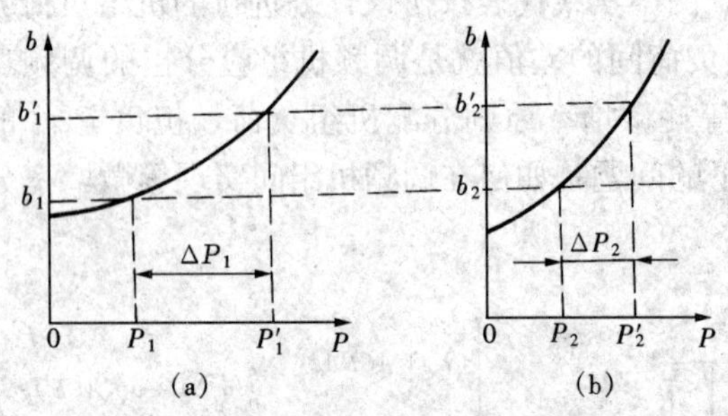

图 7-23 按等微增率分配负荷示意图

在需要考虑网损的情况下，把积差调频方程式改写为

$$\int \Delta f \mathrm{d}t+K\lambda=0$$

或

$$\lambda=-\frac{1}{K}\int \Delta f \mathrm{d}t=K_{\lambda}\int \Delta f \mathrm{d}t \qquad (7-26)$$

式中 λ——系统微增率；

K_{λ}——系统微增率转换系数。

式 (7-26) 与式 (7-25) 相似，随着计划外负荷的增加，λ 值也相应地增加。

为了求得各电站的微增率 b_i，必须事先准备好几套 B 系数，然后根据当时的运行工况选用一套最合适的 B 系数，先算出各电厂的网损微增率 σ_i。在 σ_i 与 λ 已知后，根据式 (7-23) 得

$$b_i=(1-\sigma_i)\lambda$$

再求得各电厂的微增率 b_i。当系统微增率 λ 增加时，各电厂微增率 b_i 也相应增加，当然也将增大各电厂的发送功率，直至功率恢复平衡，频率回升至额定值为止。这时机组调频功率是按

$$\frac{b_1}{1-\sigma_1}=\frac{b_2}{1-\sigma_2}=\cdots=\frac{b_n}{1-\sigma_n}=\lambda$$

进行分配的，所以是最经济的。

事实上，计划外负荷是时时刻刻在变动的，因此要完全按上面所述方法来调整各电厂的出力是不现实的，也是没有必要的。图 7-22 (c) 表示了小段时间内经济运行与调频功率的关系。图中的虚线表示当时的负荷，粗实线表示当时的协议负荷并已按经济运行原则分配给机组，调频功率的经济分配，一般是隔一定时间，例如 5～20min，计算一次 b_i，再由微增率曲线求得应发的经济功率 P_i。图 7-24 画出了第 j 次计算值 b_i^j 与相应的 p_i^j 以及第 $j+1$ 次计算值 b_i^{j+i} 与相应的 P_i^{j+1}。在两次计算之间，随着系统微

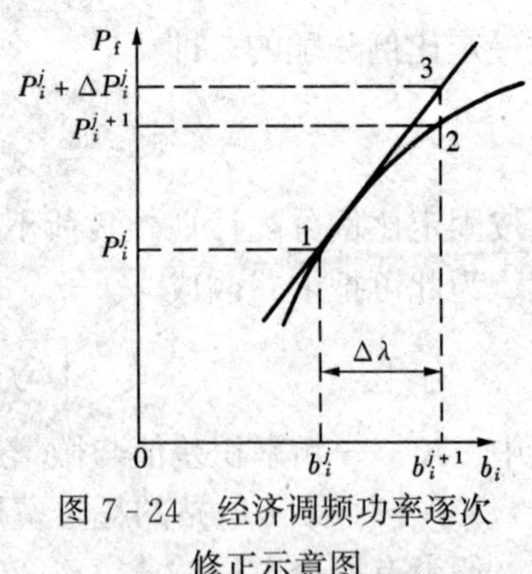

图 7-24 经济调频功率逐次修正示意图

增率增加 $\Delta\lambda$（不考虑网损时 $\Delta\lambda=\Delta b$），使电厂功率相应增加 $\Delta P=\alpha_i^j\Delta\lambda$（式中 α_i 是微增率曲线在 b_i^j 处的斜率）。也就是在两次计算之间，功率的增量是按线性化后的微增率来增加的，这样会带来一些误差。在不考虑网损的情况下，当系统微增率增量为 $\Delta\lambda$ 时应该增加功率（$P_i^{j+1}-P_i^j$）$<\Delta P_i^j=\alpha_i^j\Delta\lambda$，误差是不大的。等到 $i+1$ 次计算完毕，再将工作点由 3 改至 2（见图 7 - 24），就可以把误差纠正过来。

为了加强对频率瞬时偏差的响应，在积差调节方程式中还可以加入与频率瞬时偏差信号成正比的调频功率分量 $a_iK_f\Delta f$，其中 K_f 是功率转换系数，a_i 是负荷分配系数。这样，电站（或机组）的调频功率就包括了三部分：基点经济功率 P_i^j，5～20min 计算一次，它由微增率曲线根据 b_i^j 来确定；稳态调频功率 $\alpha_i^j\Delta\lambda$，即图 7 - 24 上的 ΔP_i^j，可由线性化后的微增率特性上求得；瞬态调频功率 $a_iK_f\Delta f$，可按分配系数 a_i 求得。简单说来，调频功率可表示为

$$P_{Di}=P_i^j+a_i\Delta\lambda+a_iK_f\Delta f \tag{7 - 27a}$$

分区调频的 ACE 积差调节法方程式（7 - 12）的功率也是按比例在区内分配的，为适合经济运行的规律，仿式（7 - 26）也可写成

$$\int ACE\,dt+K_\lambda\Delta\lambda=0$$

在算出区内各电厂的网损微增率 σ_i 后，也可有 $b_i=(1-\sigma_i)\lambda$，并由 b_i 求到区内各调频机组的功率。同样，为了加强对 ACE 瞬时值的响应，也可将分区调频方程式参照式（7 - 12）表示为

$$K_fACE+\Delta\lambda+K_\lambda\int ACE\,dt=0 \tag{7 - 27b}$$

式中　K_f——加快调节过程的权因子；

　　　K_λ——系统微增率转换系数。

由此可见，不论是分区调频或不分区调频，只要是积差调节法，调频系统的基本环节都是相似或相同的。

三、调频系统简介

作为一个例子，现在简单介绍一个利用数字计算机实现分区自动调频及经济调度的方案。图 7 - 25 为各调频功率分量的原理框图，它分为下列几部分。

1. 各电厂的网损微增率 σ_i 的计算

各电厂的网损微增率每 30～60min 计算一次。各调频电厂（机组）的发电功率经远动通道通过远动接收装置取得，从数据库取得合适的 B 系数，计算出各电厂的网损微增率 σ_i。

2. 系统微增率 $K_\lambda\int ACE\,dt$ 的计算

对频率偏差 Δf 及 ΔP_{tie} 每隔 3s 采样一次，连续进行积分，计算系统微增率值 $\lambda=K_\lambda\int ACE\,dt$，以 5～20min 为一累计周期。

3. 各电厂的基点经济功率 P_i 及相应的斜率 α_i 及分配系数 a_i 的计算

根据系统微增率 λ 及各电厂的网损微增率 σ_i，算出各电厂的微增率 $b_i=(1-\sigma_i)\lambda$，再由数据库取得各电厂的微增率曲线 $P_i=F(b_i)$，求得相应的基点经济功率 P_i 和 α_i，并算出分配系数 $a_i=\alpha_i/\sum^{s}\alpha_i$。

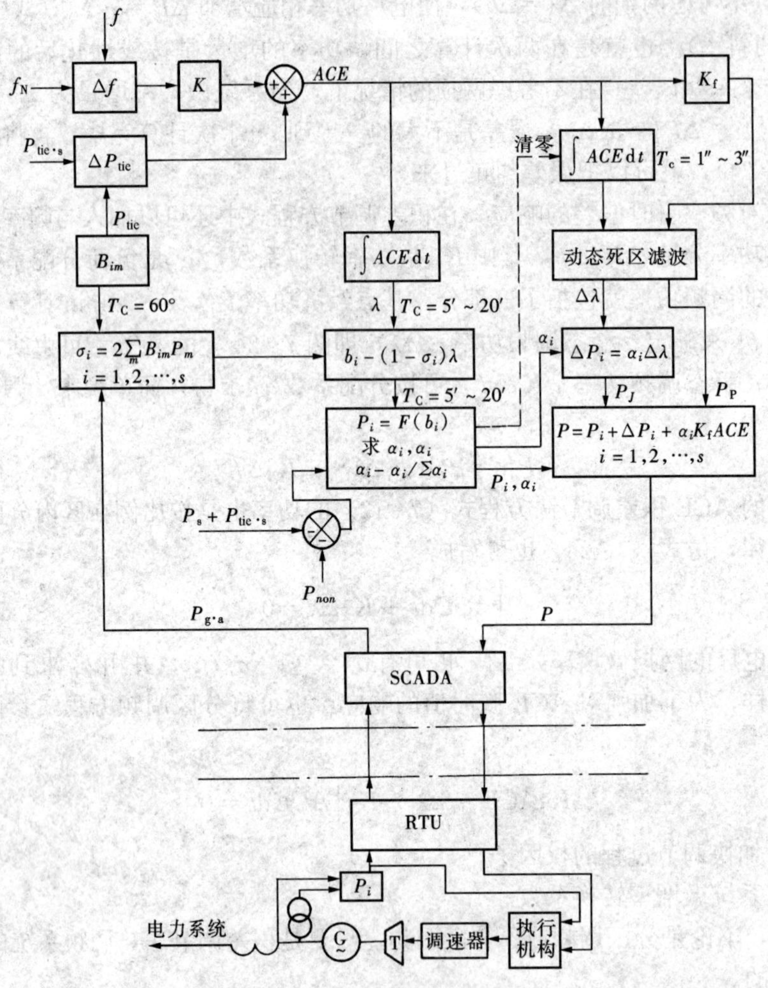

图 7-25 调频功率分量原理框图

4. 稳态调频功率 $a_i\Delta\lambda = \alpha_i K_\lambda \int_{t_0}^{t_1} ACE\,dt$ 的计算

由确定新的基点经济功率时开始，每 1～3s 累计计算一次，直至下一次新的基点经济功率确立时，先清零，再重新开始。

5. 瞬态调频功率 $a_i K_f ACE$ 的计算

每 1～3s 计算一次瞬态调频功率。

6. 各电厂（机组）应发功率总的计算

每 1～3s 将各电厂应发功率总和计算一次，完成各电厂（机组）的应发功率的计算后，并通过远动通道输出至各调频电厂（机组）。

图 7-26 是分区自动调频系统的模块框图，调度中心的 AEC 子系统共有三个模块：区内发电量调节模块、基点功率跟踪模块及区内功率控制模块。自动调频的功能主要由前两模块完成，现分述如下。

1. 区内发电量调节模块

区内发电量调节模块的功能是经济地确定在基点功率基础上的调节分量，以便将区域控

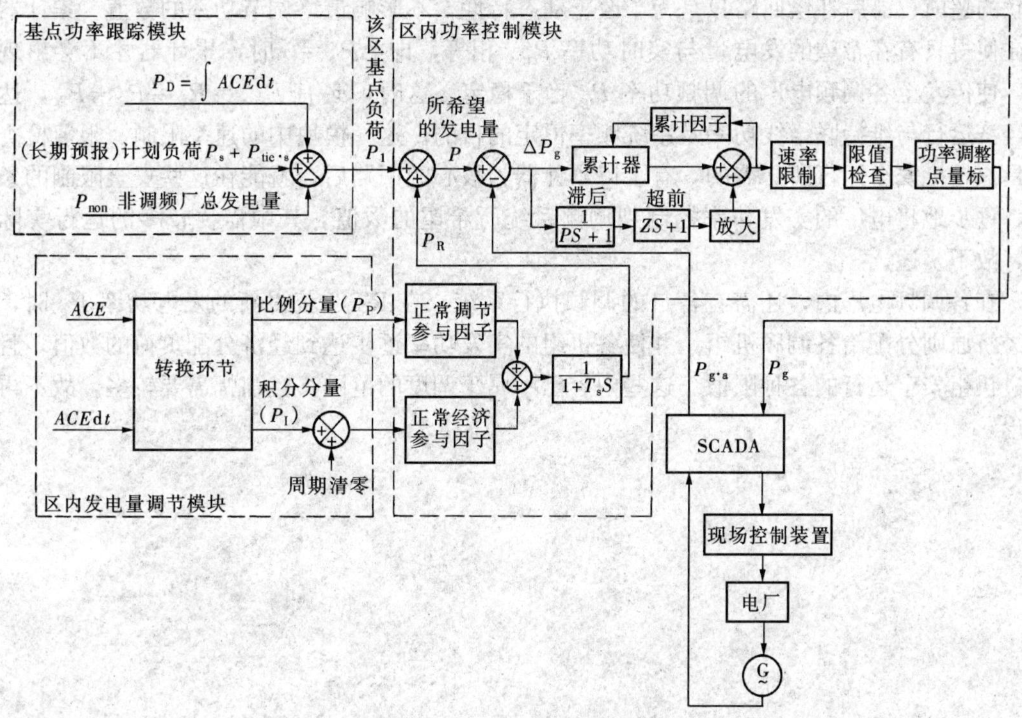

图 7-26　分区调频系统模块框图

制误差 ACE 调到零，完成概述中提到的第一、二项任务。

区内发电量调节准则是积分加比例的控制准则，调节功率 P_R 可以认为是

$$P_R=\alpha_i\int ACE\mathrm{d}t+\beta_i ACE=P_I+P_P \tag{7-28}$$

式中　α_i、β_i——分别为正常经济参与因子与正常调节参与因子。

积分部分用来保证在调节结束时 $ACE=0$，比例部分只在调节过程中起作用，用来加强 ACE 瞬时值对调节的作用。所以又将 P_I 称为稳态功率，P_P 称为动态功率。

为了使机组间的功率能按经济原则分配，稳态功率分配系数 α_i 不是常数，它随着负荷的不同而变化，其值已进行了讨论。

2. 基点功率跟踪模块

区基点功率跟踪模块的功能是确定参与经济调度各发电机的基点功率 P_i，首先根据短期预报及追加负荷（P_s+P_D）和协议交换功率 $P_{s.tie}$ 确定净发电需求，从中减去规定的发电机组出力 P_{non}，得经济调度的净发电功率，并根据经济调度的方法将它分配到各机组作为基点功率 P_i，通常每 5～20min 计算一次，用新的基点功率代替老的基点功率。在两次计算之间，协议外的负荷由区内发电量调节模块的调整功率 P_R 来承担，区内发电量调节的周期是数据采样周期的整倍数。

3. 区内功率控制模块

区内功率控制模块的功能是将经协调后符合经济运行的调频功率信息，即所希望的发电量传发至各调频电厂。如图 7-26 所示，所希望的发电量就是基点功率与调节功率之和。图中 $P_{g,a}$ 为 SCADA 提供的调频电厂的实时功率，累计器具有模拟元件的积分器功能，与之

并联的超前、滞后补偿回路只是为了改善动态特性，不影响最终调节功率的数值。累计器的存在使得只有在希望的发电量与实时功率 $P_{g,a}$ 相等，即 $\Delta P_g=0$ 时，累计器才不会出现新值，使传发至各调频电厂的调频功率 P_g 趋于稳定。这时，必有 $P_{g,a}=P_g=P_i+P_R$，达到了经济运行与维持联络线功率及系统频率恒定的目的。这一模块中的速率限制、限值检查等都是汽轮机安全运行所必需的，有了以累计器为核心的回路后，就能在这些安全限制的条件下，逐步地将电厂的实发功率控制到调频系统所希望的数值。其中需要较多的运行实际经验，故不赘述。

在各调频电厂内，还需有各自的调频执行系统。在 RTU 获得新的发电功率 P_g 时，应按经济原则分配给各调频机组，并使各机组的实发功率逐步达到经济分配负荷的数值，且不超过机组安全运行的各种限值。这些内容已不属于调度的范围，且篇幅需要较多，故不再作讨论。

第八章　电力系统低频自动减负荷

电力系统有功功率的平衡问题与其无功功率的平衡问题相仿，也可以分为事故状态与正常运行状态来进行讨论，本章只讨论事故状态下电力系统有功功率的平衡问题。

第一节　概　　述

通常电力系统均具有热备用容量，正常运行时，如系统产生正常的有功缺额，可以通过对有功功率的调节来保持系统频率在额定值附近。但是在事故情况下，系统有可能产生严重的有功缺额，因而导致系统频率大幅度下降。这是因为所缺功率已经大大超过系统热备用容量，系统中已无可调出力以资利用，因此只能在系统频率降到某值以下时，采取切除相应用户的办法来减少系统中的有功缺额，使系统频率保持在事故允许的限额之内。这种办法称为低频自动减负荷。中文简拼为ZPJH，英文为UFLS（Under Frequency Load Shedding）。

一、系统频率的事故限额

电力系统的频率是反映其有功功率是否平衡的质量指标。当系统的有功功率有盈余时，频率就会上升超过额定值f_N；当发送的有功功率有缺额时，频率就会下降低于额定值；当电力系统因事故而出现严重的有功功率缺额时，其频率也会随之急剧下降。频率降低较大对电力系统的运行是很不利的，有时甚至是十分有害的，主要表现在以下几个方面。

(1) 系统频率降低使厂用机械的出力大为下降，厂用机械出力的下降，必然使系统所有发电机的有功出力进一步降低，有时可能形成恶性循环，直至频率雪崩。例如当频率降至48～47Hz时，给水泵、凝结水泵、送风机、吸风机的生产率就显著下降，如不及时调整，就可能发生这种情况。

(2) 系统频率降低使励磁机等的转速也相应降低，当励磁电流一定时，发送的无功功率会随着频率的降低而减少。运行经验说明，当频率减至46～45Hz时，系统的电压水平就会受到严重影响，可能造成系统稳定的破坏，使系统陷于分裂或崩溃。这种有功功率的严重缺额可能是由于一台或几台起关键作用的发电机因故退出工作而发展起来的。这说明发生在局部的或某个厂的有功电源方面的事故可能演变成整个电力系统的灾难，所以有功功率的平衡问题始终是系统调度工作的重要内容。

(3) 系统频率长期运行在49～49.5Hz以下，会使工业生产的效率下降，质量降低，甚或变坏，对国民经济将产生极为不良的影响。

(4) 汽轮机对频率的限制。频率下降会危及汽轮机叶片的安全。因为一般汽轮机叶片的设计都要求其自然频率充分躲开它的额定转速及其倍率值。系统频率下降时有可能因机械共振造成过大的振动应力而使叶片损伤。容量在300MW以上的大型汽轮发电机组对频率的变化尤为敏感。例如我国进口的某350MW机组，频率为48.5Hz时要求发瞬时信号，频率为47.5Hz时要求30s跳闸，频率为47Hz时要求0s跳闸。进口的某600MW机组，当频率降至47.5Hz时，要求9s跳闸。

(5) 频率升高对大机组的影响。电力系统因故障被解列成几部分时，有的区域因有功严重缺额而造成频率下降，但有的区域却因有功过剩而造成频率升高，从而危及大机组的安全运行。例如美国 1978 年一个电网解列，其中 1 个区域频率升高，6 个电厂中的 14 台大机组跳闸。我国进口某 600MW 机组，当频率升至 52Hz 时，要求小于 0.3s 跳闸。

(6) 频率降低对核能电厂的影响。核能电厂的反应堆冷却介质泵对供电频率有严格要求，如果不能满足，这些泵将自动断开，使反应堆停止运行。

综上所述，运行规程要求电力系统的频率不能长时期地运行在 49.5～49Hz 以下；事故情况下不能较长时间地停留在 47Hz 以下，瞬时值则不能低于 45Hz。所以在电力系统发生有功功率缺额的事故时，必须迅速地断开相应的用户，使频率维持在运行人员可以从容处理事故的水平上，然后再逐步恢复到正常值。由此可见，低频自动减负荷装置 UFLS（ZPJH）是电力系统一种有力的反事故措施。

电力系统的用户就其重要性与生产过程的特点来说，可以相对的分成重要用户、非重要用户等几个等级。如医院、铁道及某些化工冶金企业等是不能停电的重要用户，它们都不应该在自动减负荷装置动作时作为中断其电源的对象。对那些可以短时停电的用户也应根据系统协调的结果，分别情况有次序、按计划地分散安排，尽量减少自动减负荷装置动作时造成的经济上的总损失。低频自动减负荷装置也应做到在系统事故时被其断开的用户数量是必须的、适当的，既不过多也无不足。这需要很好地运用系统负荷的频率特性。

二、电力系统负荷的静态频率特性

当电力系统频率变化时，用户所消耗的功率也将随着改变。电力系统负荷对频率变化的敏感程度，随用户性质的不同而异。有一类用户吸取的有功功率与频率无关，例如电热设备、照明负荷、整流装置等；第二类用户的有功功率与频率成正比，阻力矩 T_L 等于常数的负荷属于这一类，例如卷扬机、磨煤机、切削机床等；第三类用户消耗的功率是频率的高于一次方的函数，属于这一类用户的有给水泵、风泵电动机等。整个系统的负荷功率与频率的关系可综合用负荷静态频率特性来表明。

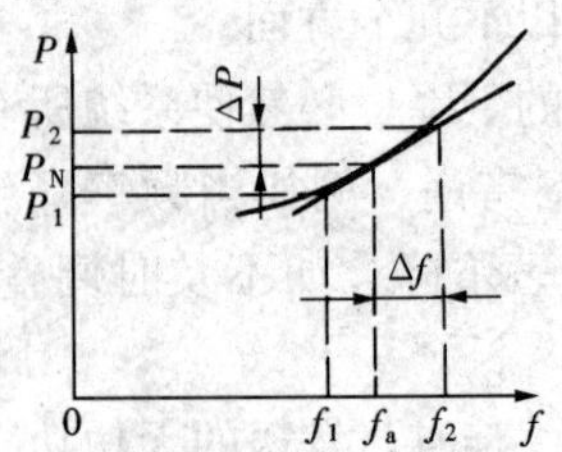

图 8-1 负荷静态频率特性

严格说来，负荷功率的大小还与其端电压有关，但在仅限于讨论按频率减负荷的工作原理时，一般可以不计入电压的因素。

图 8-1 表示了随着频率升高，用户消耗的有功功率增加、频率降低、消耗的有功功率相应地减少的负荷静态频率特性。图 8-1 的负荷静态频率特性表示为

$$P_{Lf}=K_0P_{LN}+K_1P_{LN}\left(\frac{f}{f_N}\right)+K_2P_{LN}\left(\frac{f}{f_N}\right)^2+\cdots+K_nP_{LN}\left(\frac{f}{f_N}\right)^n$$

式中 P_{Lf}——频率为 f 时，整个系统消耗的有功功率（即整个负荷功率）；

P_{LN}——额定频率时，整个系统的负荷功率；

K_0、$K_1\cdots K_n$——各类负荷占总负荷的比例系数，并有 $K_0+K_1+\cdots+K_n=1$。

当频率偏离额定值不大时，根据线性化原理，可以近似地用一条直线来表示负荷功率随频率变化的关系，即

$$P_{Lf}=P_{LN}+KP_{LN}\left(\frac{f-f_N}{f_N}\right)$$

$$K=\left.\frac{dP_{Lf}}{df}\right|_{f=f_N}=K_1+2K_2+\cdots+nK_n$$

即
$$K=\frac{(P_{\mathrm{Lf}}-P_{\mathrm{LN}})\ /P_{\mathrm{LN}}}{(f-f_{\mathrm{N}})\ /f_{\mathrm{N}}}=\frac{\Delta P_{\mathrm{Lf}*}}{\Delta f_{*}}=\frac{\Delta P_{\mathrm{Lf}}\%}{\Delta f\%} \tag{8-1}$$
或
$$\Delta P\%=K\Delta f\%$$
式中　K——负荷调节效应系数。

由式（8-1）可以看出，负荷调节效应系数 K 表示当频率变化1%时，用户消耗的有功功率相应地变化了 K%。K 的大小由组成整个系统负荷的各类不同负荷所占比重的大小来决定。不同电力系统的 K 值不同，同一电力系统在不同时间的 K 值也不同，K 值一般在1～3之间。

负荷有功功率也可以用百分值表示，而频率用数值表示。如取 $f_{\mathrm{N}}=50\mathrm{Hz}$ 时，有
$$\Delta P_{\mathrm{Lf}}\ (\%)\ =2K\Delta f \tag{8-2}$$

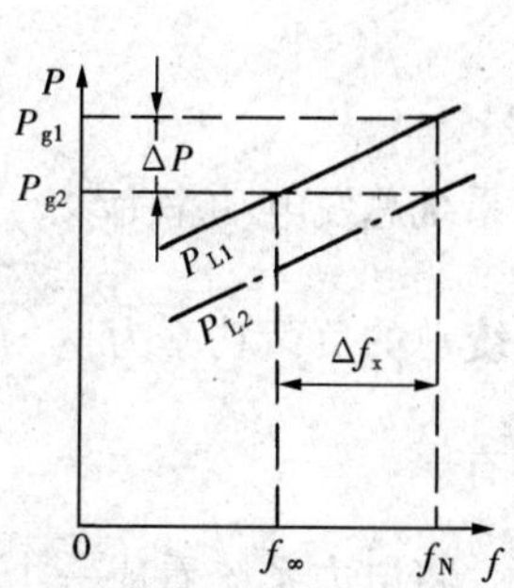

图8-2　系统频率稳定值

负荷的调节效应对电力系统频率稳定运行的作用很大，如图8-2所示。事故发生前，系统总负荷为 P_{L1}，系统总发电功率为 P_{g1}，它们在额定频率 f_{N} 时是平衡的，即 $P_{\mathrm{L1}}=P_{\mathrm{g1}}$。当发生一台发电机断开或一条输电线跳闸等有功功率缺额的事故后，系统的有效发电功率降为 P_{g2}，出现的有功缺额为 $\Delta P=P_{\mathrm{g2}}-P_{\mathrm{g1}}$，则系统的频率就会下降至一个新的频率稳定值 f_2；如果这时用断开用户的方法使频率回升，如图8-2所示，若系统保留的负荷为 P_{L2}，则频率又会重新稳定在 f_{N}。当然，如果保留负荷小于 P_{L2}，则稳定频率就会大于 f_{N}；反之，保留负荷大于 P_{L2} 时，频率会小于 f_{N} 的数值。

三、系统频率的动态特性

电力系统频率的动态特性，就是当发生有功功率的事故性缺额时频率下降的过程。

在考虑系统频率下降的动态特性时，一般认为可以将系统看成是一个机械能与电能转换的整体。它的机械转动惯量 J_{x} 包括了系统所有转动部分如汽轮机、水轮机、发电机、同步补偿机、电动机及被电动机拖动的机械等的机械转动惯量。它们都以同一个等值转速，即在同一个不断变化的频率数值下共同工作。据此可作如下分析。

电力系统中任一有机械转动部分的点 i，无论它是发电或是用电单位，其机械角速度的动态特性为
$$J_i\frac{\mathrm{d}\omega_i}{\mathrm{d}t}=T_{\mathrm{g}i}-T_{\mathrm{L}i}$$
式中　J_i——点 i 的机械转动惯量；
ω_i——点 i 的机械转动角速度；
$T_{\mathrm{g}i}$——点 i 的驱动机械转矩；
$T_{\mathrm{L}i}$——点 i 的制动机械转矩。

令 $\omega_{\mathrm{N}i}$ 为点 i 的额定机械转动角速度，则上式可改写为
$$J_i\omega_{\mathrm{N}i}\frac{\mathrm{d}\omega_{i*}}{\mathrm{d}t}=T_{\mathrm{g}i}-T_{\mathrm{L}i}$$
并有
$$J_i\omega_{\mathrm{N}i}^2\frac{\mathrm{d}\omega_{i*}}{\mathrm{d}t}=P_{\mathrm{g}i}-P_{\mathrm{L}i}$$

式中 P_{gi}——点 i 的驱动功率，并 $P_{gi}=T_{gi}\omega_i$；

P_{Li}——点 i 的制动功率，并 $P_{Li}=T_{Li}\omega_i$。

左端忽略了 ω_{Ni} 与 ω_i 间的差值。

设电力系统中有机械转动部分的点共 n 个，则

$$\sum_{i=1}^{n} J_i\omega_{Ni}^2\frac{d\omega_{i*}}{dt}=\sum_{i=1}^{n}(P_{gi}-P_{Li})$$

若在这 n 个点中，发电厂有 j 个、负荷有 k 个。对发电厂来说，P_{gj} 为机械功率，P_{Lj} 为电气功率；对负荷来说，P_{gk} 为电气功率，P_{Lk} 为机械功率。从整个系统来说，必有

$$\sum^{j} P_{Lj}=\sum^{k} P_{gk}$$

令系统总发电功率为

$$\sum^{j} P_{gj}=P_g$$

系统总的负荷功率为

$$\sum^{k} P_{Lk}=P_L$$

则有

$$\sum_{i=1}^{n} J_i\omega_{Ni}^2\frac{d\omega_{i*}}{dt}=P_g-P_L$$

将电力系统看成一个机械能与电能转换的整体后，其机械角速度的动态方程式为

$$J_x\omega_N^2\frac{d\omega_*}{dt}=P_g-P_L \qquad (\omega_*=\omega_{i*}) \tag{8-3a}$$

其中

$$J_x=\sum_{i=1}^{n} J_i\left(\frac{\omega_{Ni}}{\omega_N}\right)^2=\sum_{i=1}^{n} J_i\omega_{Ni*}^2$$

式(8-3a)说明，系统整体的机械转动惯量为各点等值机械转动惯量 $J_i\omega_{Ni*}^2$ 之和。

系统整体的惯性时间常数 T_x 为加于系统整体的转矩差一直保持为驱动力矩的额定值时，整体从静止加速到角速度为 ω_N 所需的时间（$T_x=P_{gN}/\omega_N$）。由式（8-3a）得

$$T_x=\frac{\omega_N}{\alpha}=\frac{J_x\omega_N^2}{P_{gN}}$$

式中 α——转动角加速度。

式（8-3a）可改写为

$$T_x\frac{d\omega_*}{dt}=P_{g*}-P_{L*}$$

式中 P_{g*}、P_{L*}——以系统总发电功率 P_{gN} 为基值时，整体发电功率与负荷功率的标幺值。

如以系统负荷在额定频率时的总功率 P_{LN} 为右端功率的基值时，则又可写成

$$T_x\frac{P_{gN}}{P_{LN}}\frac{d\omega_*}{dt}=P_{g*}-P_{L*}$$

考虑到

$$\frac{d\omega_*}{dt}=\frac{d\Delta\omega_*}{dt}\left(\Delta\omega_*=\frac{\omega-\omega_\infty}{\omega_N}\right)$$

$$=\frac{d\Delta f_*}{dt} \qquad \left(\Delta f_*=\frac{f-f_\infty}{f_N}\right)$$

即在事故情况下自动减负荷的过程中，系统各发电机组的进汽或进水阀门均按开至最大计

算，即单位时间的进汽量或进水量为定值，故认为

$$\Delta P_{g*}=0$$

并按照式（8-1）ΔP_{Lf*}的定义，得

$$\frac{P_{gN}}{P_{LN}}T_x\frac{d\Delta f_*}{dt}=-\Delta P_{L*}$$

以式（8-1）代入上式，得

$$\frac{P_{gN}}{P_{LN}}T_x\frac{d\Delta f_*}{dt}+K\Delta f_*=0$$

或写成

$$\frac{P_{gN}}{P_{LN}}T_x\frac{d\Delta f}{dt}+K\Delta f=0$$

其解为

$$\Delta f=\Delta f_\infty e^{-\frac{t}{T_f}} \tag{8-3b}$$

式中　Δf_∞——频率额定值与稳定值之差，即$\Delta f_\infty=f_N-f_\infty$（如图8-2所示）；

T_f——频率下降过程的时间常数，即$T_f=\frac{P_{gN}T_x}{P_{LN}K}$。

式（8-3b）说明系统频率的动态特性为一指数曲线，其时间常数为系统机械惯性的时间常数的$1/K$，大致在4～10s的范围内。

上述结论是把一个复杂系统简化成一个等值单机供电系统得到的。对于复杂的实际系统，这个结论仍然是有价值的，因为它代表了全系统的平均频率的变化。研究表明，这一结论与大型动态计算结果以及实际的系统记录颇为吻合，因而可以用作讨论低频减负荷工作原理的依据。

第二节　低频自动减负荷的工作原理与各轮最佳断开功率的计算

低频自动减负荷装置是一种有着高度选择性的反事故装置。当系统发生严重的有功功率缺额时，它能在系统被破坏之前迅速地计算出当时所缺少的功率，并及时断开相应数量的用户，既不过多，也无不足，使系统能很快地恢复有功功率的平衡，频率趋于稳定，以避免系统遭受严重的破坏。低频自动减负荷的工作原理如下。

一、低频自动减负荷装置UFLS的工作原理

如图8-3所示，在系统频率的下降过程中，按照频率数值的顺序安排了几个计算点f_1、f_2、…、f_n。这些计算点就是按频率自动减负荷装置的“轮”。图8-3说明，故障发生前，系统频率稳定在额定值f_N；假定在点1系统发生了大量的有功功率缺额，系统频率随之急剧下降。当频率下降到f_1（图8-3中点2）时，第一轮频率继电器启动，经一定时间Δt_1（包括装置的动作时间和断路器的跳闸时间）后，断开一部分用户

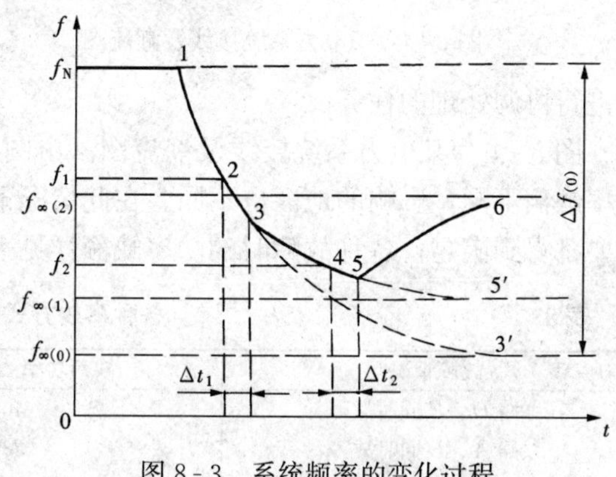

图8-3　系统频率的变化过程

(图 8-3 的点 3)，这就是第一次对功率缺额进行的计算。如果功率缺额比较大，第一次计算并不能求到系统有功功率缺额的数值，那么频率还会继续下降。很显然由于切除了一部分负荷，功率缺额的数值已经减小，所以频率将按 3-4 的曲线而不是按 3-3′的曲线继续下降。当频率下降到 f_2（图 8-3 中点 4）时，UFLS 的第二轮频率继电器启动，经一定时间 Δt_2 后，又断开了接于第二轮频率继电器上的用户（图 8-3 中点 5)，进行第二次计算，再看看系统有功功率缺额能不能得到补偿。在图 8-3 的情况下，当第二轮断开其所接的用户以后，频率开始沿 5-6 曲线回升，最后稳定在 $f_{\infty(2)}$，也就是说，前两次计算出了功率缺额的大致范围。如果第二轮动作后，断开的用户功率依然不是系统缺额功率的数值，那么频率还会继续下降，并通过 f_3、f_4…的实际断开进行一次又一次的计算，一直到找到系统功率缺额的数值（同时也断开了相应的用户)，即系统频率重新稳定下来或出现回升时，这个过程才会结束。由此看来低频自动减负荷装置实质上是应用了“逐次逼近”(Successive Approximation) 的计算方法，迅速及时地算出系统的功率缺额，断开了相应的用户，以达到系统频率的稳定，使值班人员可以从容处理的目的。

电力系统低频自动减负荷装置对于制止频率的事故性下降及避免事故的进一步扩大是很有成效的。例如我国某电力系统，在低频自动减负荷装置全部退出检修的情况下发生了事故，引起了系统频率下降，由于调度人员当时没有采取有效的措施加以制止，结果造成了系统的瓦解，致使大面积用户被迫停电，国民经济遭受了重大损失。

二、最大功率缺额的确定

按上述原理工作的自动减负荷装置，必须保证在系统发生最大可能的功率缺额时，也能断开相应的用户，避免系统的瓦解，使频率趋于稳定。因此，确定最大功率缺额是减负荷装置正确动作的必要条件。

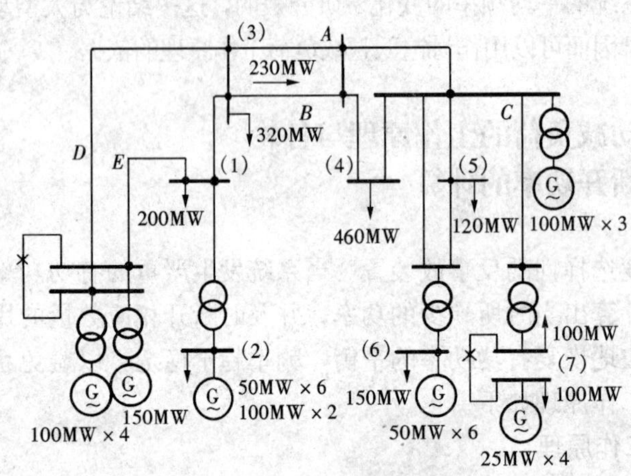

图 8-4 某电力系统接线及潮流图

对系统中可能发生的最大功率缺额应作具体分析：有的按系统中断开最大容量的机组来考虑；有的要按断开发电厂高压母线来考虑等。如果系统有可能解列成几部分运行时，还必须考虑解列后各部分可能发生的最大功率缺额，这时整个系统的最大功率缺额应按各部分功率最大缺额之和来考虑，所以这是一项要从系统调度角度进行协调处理的任务。

图 8-4 为某电力系统接线及潮流图。由图可求出最严重的事故有三种，每一种故障的功率缺额不同，影响的地区也不同。在此情况下，各地区的减负荷容量应使不同故障情况的需要都得到满足。各种故障时的功率缺额详见表 8-1。

表 8-1 各种事故方式的功率缺额

故障情况	缺额功率 ΔP（MW）	影响地区
线路 D、E 同时故障	400	(1) ～ (7)
线路 A、B 同时故障	230	(4) ～ (7)
线路 C 故障	100	(7)

系统功率最大缺额确定以后，就可以考虑接于减负载装置上的负荷的总数。因为在自动减负荷动作后，并不希望系统频率完全恢复到额定频率 f_N，而是恢复到低于额定频率的某一频率数值 f_{hf}，考虑负荷调节效应后，接于减负荷装置上的负荷总功率 P_{JH} 可以比最大缺额功率 P_{qN} 小些。根据式（8-1）有

$$\frac{P_{qN}-P_{JH}}{P_x-P_{JH}}=K\frac{f_N-f_{hf}}{f_N}=K\Delta f_{hf*}$$

或

$$P_{JH}=\frac{P_{qN}-KP_x\Delta f_{hf*}}{1-K\Delta f_{hf*}} \tag{8-4}$$

式中　Δf_{hf*}——恢复频率偏差的相对值，$\Delta f_{hf*}=\dfrac{f_N-f_{hf}}{f_N}$；

P_x——减负荷前系统用户的总功率。

式（8-4）中所有功率都是额定频率下的数值。

【例 8-1】　某系统的用户总功率为 $P_x=2800$MW，系统最大的功率缺额 $P_{qN}=900$MW，负荷调节效应系数 $K=2$，自动减负荷装置动作后，希望恢复频率值 $f_{hf}=48$Hz，求接入减负荷装置的负荷总功率 P_{JH}。

解　减负荷动作后，残留的频率偏差相对值

$$\Delta f_{hf*}=\frac{50-48}{50}=0.04$$

由式（8-4）得

$$P_{JH}=\frac{900-2\times0.04\times2800}{1-2\times0.04}=734\ (\text{MW})$$

三、各轮动作频率的选择

有了最大断开功率后，需确定适当的计算轮数，轮数当然分得多一些好，但是其值又受到减负荷装置动作频率的范围及两轮之间的选择性级差的限制。

1. 第一轮动作频率的选择

当发生严重有功功率缺额时，为使系统频率不致降低到过低的数值，第一轮的动作频率不宜选得过低。换句话说，选得高一些，减负荷装置的效果将好些。但这样可能会在系统的备用容量尚未来得及发挥作用，而使系统频率暂时下降时，不必要地断开了部分用户。由于发电机组可以长期运行于 49.5Hz 以上，故减负荷装置的第一轮动作频率应低于 49.5Hz。在以水电机组为备用容量的情况下，由于水轮机调速器动作较慢，其数额应该取低一些；以火电为主的系统，如果系统容量大，并有备用容量时，其值也可以取低一些，否则应取高一些。

有关规程指出，随着电网的扩大，宜提高减负荷装置第一轮的动作频率，对于大于300MW 的系统，建议第一轮的动作频率应不低于 49Hz。目前我国大多数电网中的减负荷装置的第一轮动作频率均整定为 49Hz。

2. 最后一轮动作频率的选择

对高温高压火电厂，在频率低于 46～46.5Hz 时，厂用电已不能正常工作，在频率低于45Hz 时，电压可能会大量降低，严重时，可能使电力网瓦解。因此，自动减负荷装置最后一轮的动作频率最好不低于 46～46.5Hz；当然对于备用容量充裕的火电系统和以水电为主的系统，如果必要，也允许稍低一些，但不应低于 45Hz。

在现代电力系统，减负荷装置最后一轮动作后，系统频率不应低到使大机组跳闸的程度，以保证大机组的运行。关于最后一轮动作频率，我国尚无统一规定，但由于大机组的要求，最后一轮动作频率应大于或等于 48Hz。

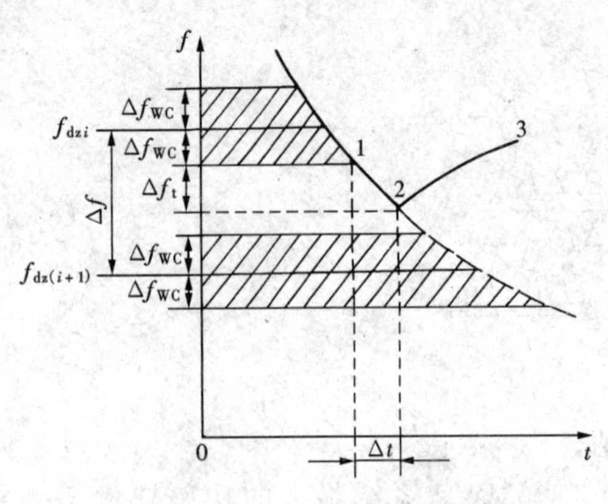

图 8-5 自动减负荷装置频率选择性级差的确定

3. 频率选择性级差的确定

自动减负荷装置各轮的动作应按次序进行，前一轮动作后，还不能制止频率下降时，后一轮才动作。为了获得动作的选择性，两轮减负荷装置的启动频率应保证有一定的级差。假定 UFLS 装置中所用的频率继电器的动作误差为$\pm\Delta f_{wc}$，最严重的情况是 i 轮的频率继电器具有最大的负误差，它在 $f_{dzi}-\Delta f_{wc}$ 时动作，而 $i+1$ 轮的功率继电器具有最大的正误差，即在 $f_{dz(i+1)}+\Delta f_{wc}$ 时动作。

如图 8-5 所示，第 i 轮频率继电器在 $f=f_{dzi}-\Delta f_{wc}$（点 1）时启动，经过时间 Δt 后，频率下降至点 2，断开了相应用户，第 $i+1$ 轮频率继电器应在第 i 轮断开用户之后，频率仍继续下降时再动作，才算是有选择性的。由图 8-5 可知，最小频率选择性级差为

$$\Delta f=2\Delta f_{wc}+\Delta f_t+\Delta f_y \tag{8-5}$$

式中 Δf_{wc}——频率继电器的最大误差；

Δf_t——对应于 Δt 时间内的频率变化，一般可取 0.15Hz；

Δf_y——频率的裕度值，一般可取 0.05Hz。

可见，频率的选择性级差 Δf 的大小决定于频率继电器本身的误差及 UFLS 装置启动到负荷断开这段时间内的频率下降值。当频率继电器本身的误差为$\pm$0.15Hz 时，选择性级差一般取 0.5Hz。

以上所述级差为 0.5Hz 是针对机电型或晶体管型频率继电器而言，显然频率继电器本身的误差是影响级差大小的主要因素。现代电力系统有要求进一步缩小级差的趋势。缩小级差的根本办法是研制高精确度的频率继电器。数字型和微机型的低频减负荷装置，由于其测频精确度高，可以使其动作误差减小到 0.05Hz。

有关标准建议减负荷装置的级差宜由 0.5Hz 逐步减小到 0.3Hz。

四、各轮最佳断开功率的计算

UFLS 装置动作后，系统频率应恢复到较高水平，以防止事故的扩大。如果不论系统功率缺额的大小和各次动作的轮数，UFLS 装置动作后，系统频率总是准确地恢复到同一数值 f_{hflx}，这样的 UFLS 装置的选择性应该是最理想的了。但是实际上这样高度准确的 UFLS 装置是不存在的。目前在 UFLS 装置的第 i 轮动作后，只能做到系统频率的最后稳定值在 f_{hflx} 值的上下某一范围内，即在最大恢复频率 $f_{hf,max,i}$ 与最小恢复频率 $f_{hf,min,i}$ 之间，可以认为（$f_{hf,max,i}-f_{hf,min,i}$）是正比于 UFLS 第 i 轮的计算误差的。要消灭这个误差是不可能的。但应使整个 UFLS 装置的误差（$f_{hf,max}-f_{hf,min}$）为最小。当 UFLS 动作后，可能出现的最大误差为最小时，UFLS 就具有最高的选择性。

现在的 UFLS 装置都设有特殊轮（其作用在后面讨论），$f_{hf,min}$ 事实上等于特殊轮的动

作频率 $f_{dz,ts}$，所以在研究 UFLS 的选择性时，可以只研究各轮恢复频率的最大值 $f_{hf,max,i}$。一般情况下，各轮的 $f_{hf,max,i}$ 是不相同的，而 UFLS 的最终计算误差则应按其中最大者计算。根据极值原理，显而易见，要使 UFLS 装置的误差为最小的条件是

$$f_{hf,max,1}=f_{hf,max,2}=\cdots=f_{hf,max,n}=f_{hf0} \tag{8-6}$$

这就是说，当各轮恢复频率的最大值相等（命其值为 f_{hf0}）时，则 UFLS 装置的选择性最高。

各轮恢复频率的最大值 f_{hf0} 可考虑如下：当系统频率缓慢地下降，并正好稳定在第 i 轮继电器的动作频率 f_{dzi} 时，第 i 轮继电器动作，并断开了相应的用户功率 ΔP_i，于是频率回升到这一轮的最大恢复频率 $f_{hf,max,i}$。

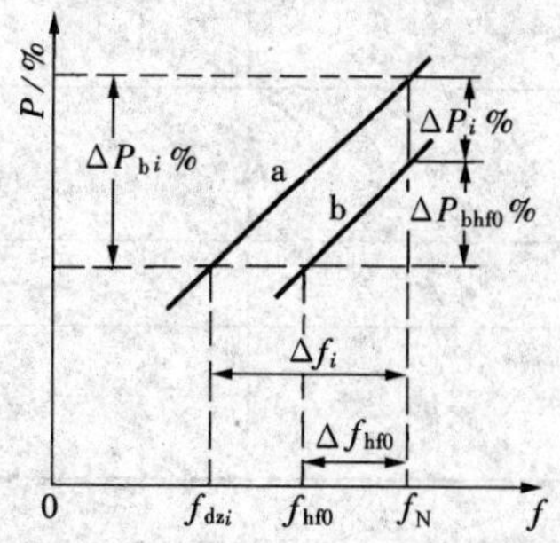

图 8-6　第 i 轮动作前后系统频率稳定值与功率平衡的关系

图 8-6 说明了第 i 轮动作前后，系统频率稳定值与功率平衡的关系。

特性 a 表示第 i 轮动作前的系统负荷调节特性；特性 b 表示第 i 轮动作后的系统负荷调节特性。按上述假定，第 i 轮动作前频率正好稳定在 f_{dzi}，图中表示此时负荷调节效应的补偿功率为 ΔP_{bi}，根据式（8-1），有

$$\frac{\Delta P_{bi}}{P_x-\sum_{k=1}^{i-1}\Delta P_k}=K\Delta f_{dzi}/f_N$$

式中　$\sum_{k=1}^{i-1}\Delta P_k$——UFLS 装置前 $i-1$ 轮断开的总负荷功率。

为了简化起见，把所有功率都以 UFLS 装置动作前的系统总负荷 P_x 的百分值来表示，则

$$\Delta P_{bi}\%=\left(100-\sum_{k=1}^{i-1}\Delta P_k\%\right)K\Delta f_{dzi}/f_N$$

如果此时第 i 轮动作了，频率就会回升到 f_{hf0}，负荷调节效应的补偿功率 $\Delta P_{bhf0}\%$ 相应为

$$\Delta P_{bhf0}\%=\left(100-\sum_{k=1}^{i}\Delta P_k\%\right)K\Delta f_{hf0}/f_N$$

由于

$$\Delta P_{bi}\%=\Delta P_{bhf0}\%+\Delta P_i\%$$

所以

$$\Delta P_i\%=\left(100-\sum_{k=1}^{i-1}\Delta P_k\%\right)\left[\frac{K(f_{hf0}-f_{dzi})}{f_N-K(f_N-f_{hf0})}\right] \tag{8-7}$$

利用式(8-7) 将各轮断开功率整理于表 8-2。

UFLS装置各轮断开功率之和 $\sum_{k=1}^{n}\Delta P_i\%$ 应等于 UFLS装置总的减负荷功率 $P_{JH}\%$，由式（8-4）得 UFLS 装置总的减负荷功率用系统全部负荷 P_x 的百分值表示时，为

$$P_{JH}\%=\frac{P_{qN}\%-2K\Delta f_{hf0}}{1-K\Delta f_{hf0*}}=\sum_{i=1}^{n}\Delta P_i\% \tag{8-8}$$

联立表 8-2 诸式及式（8-8）可解出 f_{hf0}，然后再按表 8-2 逐轮求出应断开的功率。由于满足条件式（8-6），故 UFLS 装置的选择性各轮最高断开功率的地点，应经系统协调后

统一安排。

表 8-2 各轮断开功率

轮次	动作频率	断开功率
1	f_{dz1}	$\Delta P_1\%=\dfrac{K(f_{hf0}-f_{dz1})}{f_N-K(f_N-f_{hf0})}$
2	f_{dz2}	$\Delta P_2\%=(100-\Delta P_1\%)\dfrac{K(f_{hf0}-f_{dz2})}{f_N-K(f_N-f_{hf0})}$
3	f_{dz3}	$\Delta P_3\%-(100-\sum_{k=1}^{2}\Delta P_k\%)\dfrac{K(f_{hf0}-f_{dz3})}{f_N-K(f_N-f_{hf0})}$
…	…	…
n	f_{dzn}	$\Delta P_n\%=(100-\sum_{k=1}^{n-1}\Delta P_k\%)\dfrac{K(f_{hf0}-f_{dzn})}{f_N-K(f_N-f_{hf0})}$

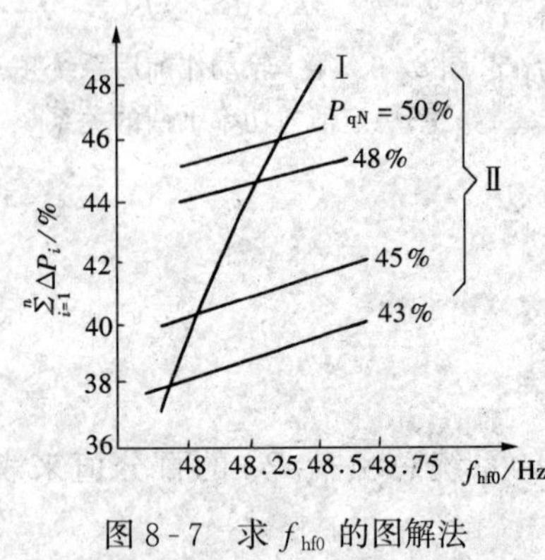

图 8-7 求 f_{hf0} 的图解法

图 8-7 是用图解法求 f_{hf0} 的例子，对应于 $K=2$ 选择性级差为 0.5Hz，UFLS 装置共七轮，各轮的动作频率在 48～45Hz 间均匀分布的情况。图中曲线Ⅰ是由表 8-2 在假定不同的 f_{hf0} 下求得的 $\sum_{i=1}^{n}\Delta P_i\%$；曲线组Ⅱ是在不同的缺额功率 $P_{qN}\%$时，根据式（8-8）画出的。

曲线Ⅰ与曲线组Ⅱ交点的横坐标就是所求的 f_{hf0}。为保证第一轮继电器的动作，应有 $f_{hf0}>f_{dz1}$，所以只有在 $P_{qN}\%>43\%$的系统（$K=2$）里，用 0.5Hz 级差时，采用七轮才是必要的。当系统最大功率缺额小于 43%时，可以将 UFLS 装置的轮数减至六轮或五轮；或设法减少级差频率，增多动作轮数，这对提高整个系统动作选择性是有利的。

五、特殊轮的功用与断开功率的选择

在自动减负荷装置动作的过程中，可能出现这样的情况：第 i 轮动作后，系统频率稳定在低于恢复频率的低限 $f_{hf.min,i}$ 但又不足以使 $i+1$ 轮减负荷装置动作。

前已指出，系统频率长期低于 47Hz 是不允许的，为了使系统频率恢复到 $f_{hf,min}$（一般取 47Hz）以上，可采用带时限的特殊轮。特殊轮的动作频率 $f_{dz,ts}=f_{hf,min}$，它是在系统频率已经比较稳定时动作的，因此其动作时限可以取系统频率时间常数 T_f 的 2～3 倍，一般为 15～25s。特殊轮断开功率按以下两个极限条件来选择：

（1）当最后第二轮即 $n-1$ 轮动作后，系统频率不回升反而降到最后一轮，即第 n 轮动作频率 f_{dzn} 附近，但又不足使第 n 轮动作时，则在特殊轮动作断开其所接用户功率后，系统频率应恢复到 $f_{hf,min}$ 以上，因此特殊轮应断的用户功率为

$$\Delta P_{ts}\%\geqslant(100-\sum_{k=1}^{n-1}\Delta P_k\%)\frac{K(f_{hf,\ min}-f_{dz,\ n})}{f_N-K(f_N-f_{hf.\ min})} \tag{8-9}$$

（2）当系统频率在第 i 轮动作后稳定在稍低于特殊轮的动作频率 $f_{dz,ts}$，特殊轮动作并断开其用户后，系统频率不应高于 f_{hf0}，因此

$$\Delta P_{ts}\% = \left(100 - \sum_{k=1}^{i} \Delta P_k \%\right) \frac{K(f_{hf0} - f_{dz,\ ts})}{f_N - K(f_N - f_{hf0})} \tag{8-10}$$

只有在按式（8-10）算出的 $\Delta P_{ts}\%$ 小于式（8-9）的数值时，才按式（8-9）选择 $\Delta P_{ts}\%$。

六、UFLS 装置的时限

为了防止在系统发生振荡或系统电压短时间下降时 UFLS 装置的误动作，要求装置能带有一些时限，但时限太长将使系统发生严重事故时，频率会危险地降低到临界值以下。因此一般可以选取为 0.2～0.3s。

参加自动减载的一部分负荷允许带稍长一些的时限，例如带 5s 时限，但是这部分负荷功率的数量必须控制在这样的范围内，即其余部分动作以后，保证系统频率不低于临界频率 45Hz。

以上所述对 UFLS 装置的一些计算方法不是绝对的，各个系统结合具体情况可以有不同的处理方法，例如有的系统减少自动减负荷的轮数，每轮带大量的用户功率，同一轮中不同用户用时限加以区别。有的大容量系统不考虑很严格的自动减负荷的频率选择性，各轮的动作频率相差很小，把自动减载的轮数分得很多，各轮的断开功率也选得较小等，这样实现起来比较简单，对大容量系统并不会带来其他矛盾。

第三节　UFLS 原理框图及有关问题

一、UFLS 原理框图及其目标函数

低频自动减负荷实质上是离散型闭环控制系统的一种，其动作原理可以用图 8-8 示意地表示。图中的两个同步开关表示 UFLS 是一种离散型的控制系统，i 为离散序列的编号，f_i 为各轮启动频率有 $f_{i+1} < f_i$，f_i 及 ΔP_i 均为系统离线协调数据，在 UFLS 动作过程中不进行在线调整。UFLS 的输入量为 Δf_i，启动条件为 $\Delta f_i \leqslant 0$，输出量为 ΔP_i，目标函数为 $\Delta f_\infty \leqslant \delta(n)$，离散序列 i 代表控制过程属逐次逼近求解的过程。

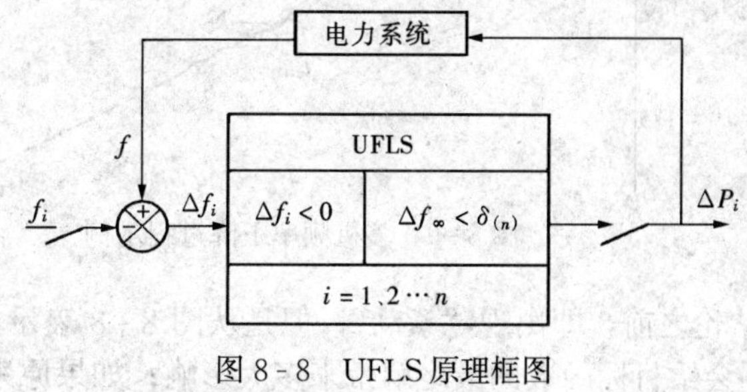

图 8-8　UFLS 原理框图

当控制过程按照式（8-7）与式（8-8）说明的条件与方式进行时，可得到最优的结果

$$\delta(n) \leqslant \delta_{min}(n) \tag{8-11}$$

如果各轮（实为各低频继电器）断开的用户不能满足式（8-7）所表示的频率与功率间的关系时，则离散型控制过程所求得的解将不是最优解，即

$$\Delta\delta(n) > \Delta\delta_{min}(n) \tag{8-12}$$

对低频自动减负荷装置的工作原理作如上的讨论，可以帮助理解一些较为纷杂的实际情况，现举两例如下。

第一种情况是按图 8-7 求到的各轮断开功率 ΔP_i 不一定集中地装设在某一变电站，很多时候要根据用户的性质与系统协调的结果，由 n_i 个低频继电器分散地在若干个变电站去执行，即使装设在一个变电站中，也可能不集中于一条馈电线，而要由若干个，如 n_i 个低频继电器去断开相应的馈电线的用户。从普遍的角度讲，每个低频继电器的真实动作频率都是有差异的，所以 i 轮动作频率可能蕴含有 n_i 个“子频率”，如此可令按继电器实际动作频率得到减载装置的动作轮数为 n，则有

$$n=\sum_i n_i$$

当这 n 个低频继电器断开的用户都按式（8-7）进行分配时，则可得最优结果，如式（8-11）所示；但在实际工作中，由于各种原因，没有按式（8-7）安排各低频继电器的断开功率，当系统发生严重功率缺额时，UFLS 仍按图 8-8 所示，离散地逐次地逼近目标函数，但其解不是最优，而如式（8-12）散布在以最优解为中心的某个邻域内，不同程度地接近于最优解。

第二种情况是多机系统在发生严重功率缺额时，靠近故障点的变电站母线的频率与式（8-3）表示的系统平均频率的下降过程是有差异的。这是因为在系统发生功率缺额事故时，各机组首先按离冲击地点电气距离的远近分担冲击功率，接着按机组惯性的大小进行不同程度的减速，然后各调速器按不同特性动作以改变各机组的输入功率。在这个动态过程中，厂、站间的负荷分配与母线电压均有变化，相角也有摇摆，某些机组间会产生机电振荡，当然存在于它们之间的同步力矩将力图使它们逐步接近系统平均频率。因此在实际系统的频率下降过程中，某些地点可以测量到频率下降过程的明显不同。在图 8-9 所示的多机系统频率下降的动态过程中，虽然在减载继电器第一轮启动频率 49Hz 附近，各变电站的频率已渐趋于系统的平均动态过程，而 A、B 两变电站的频率仍有分量不同数值的起伏，如图 8-9 所示，这有可能使原设计置于 A 变电站 f_{i+1} 轮，动作于 B 变电站的 f_i 轮之前，即出现“紊动”，但是从图 8-8 表示的 UFLS 的动作原理框图看，这种紊动并不会给目标函数的最终解带来多大影响；如果原来第 i 轮与第 $i+1$ 轮的断开负荷是按式（8-7）选择的，则紊动的结果只能以式（8-12）来表达，而不能按原设计要求的满足式（8-11）。因此 UFLS 离散地逐次地逼近目标函数的动作原理仍然适用，不过其结果是散布在以最优解为中心的某个邻域内。

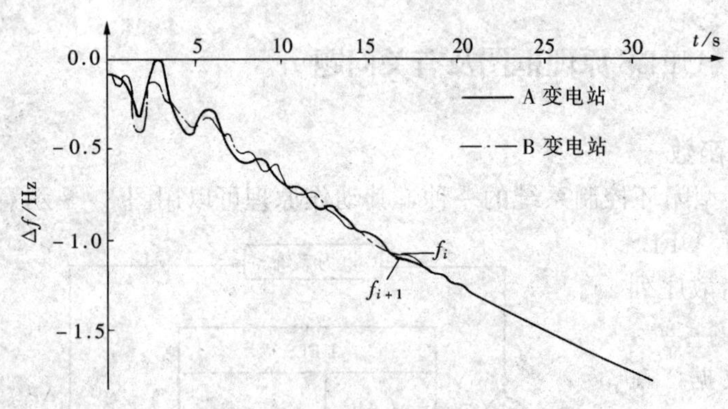

图 8-9　多机频率下降过程示例

二、用 $\frac{df}{dt}$ 启动减载装置问题

低频自动减负荷是以频率偏差 Δf 作为减负荷装置的启动依据。当系统发生严重有功缺额时，系统频率可能下降很快，如果以 Δf 启动，按轮动作，有可能来不及制止系统频率的下降。国外有的电力系统使用 df/dt 启动减载装置，以实现在严重功率缺额时加速切除负荷的方案，以利于抑制频率的过分降低。为了做到这一点，需根据系统的实际情况决定 df/dt 与被切负荷在数量上的关系，以免造成不必要的过切负荷。考虑到在大系统中，为了躲开频率下降过程中同一时间不同地点的 df/dt 值可能存在较大差异，需要人为地增加延时，使之能反应系统的平均 df/dt 值，这样就显著地减弱了它的优越性。另外还有一种看法认

为，如果能把 Δf 和 df/dt 判据组合起来，可能对不同的有功功率缺额会有更好的适应性，特别对于从主网受电比例较大的地区电网或小电网装有大机组的情况可能更是这样。

尽管有这样一些探讨性研究与个别电网的试验，但从理论上和实践上，目前还缺乏一种公认的普遍适用的结果，从全局看，本章所介绍的低频自动减负荷仍然是采用得最普遍的反有功缺额事故的有效措施。

第四节　减负荷装置

一、频率继电器

频率继电器是低频自动减负荷装置的主要元件。自20世纪40年代以来，频率继电器已经历了感应型、模拟型和数字型三个发展阶段。自80年代初数字型频率继电器在电力系统中获得广泛应用以来，感应型和模拟型频率继电器已逐渐被淘汰。现以数字型频率继电器为例，说明其工作原理。

图8-10给出SZH-1C型数字频率继电器的原理框图。

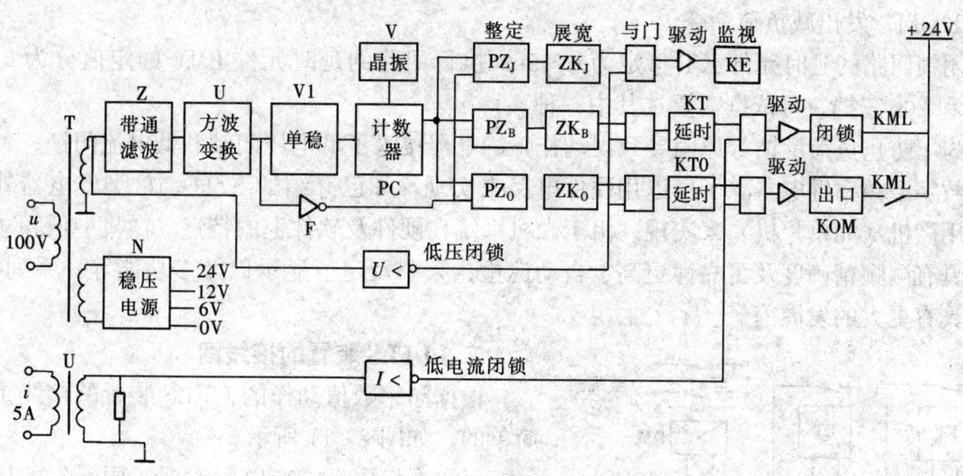

图8-10　SZH-1C型数字频率继电器原理框图

SZH-1C型频率继电器由CMOS电路等硬件构成。输入的交流电压信号取自电压互感器，经小变压器（T）变换，加至带通滤波器（Z），将输入的交流电压信号滤成光滑的正弦波信号。然后经方波形成器（U）整形为上升沿非常陡峭的方波，因而两个相邻的方波上升沿与一个交流电压信号的周期相对应。单稳触发器（V）把方波的上升沿展宽成一个4～5μs的脉冲，这些脉冲代表了交流电压信号每一个周期的开始时刻，单触（V1）输出的脉冲波用于对计数器（PC）清零，因而计数器在两次相邻的清零时刻之间的计数值即代表了输入交流信号的周期（或频率）。

计数器的时基脉冲由晶振电路（V）产生，主频为200kHz。计数器PC在输入交流信号的每个周期对时钟脉冲计数一次。设计数值为 N，则测量的频率为

$$f=\frac{1}{T}=\frac{1}{N}\times 2\times 10^{5}\ \text{Hz}$$

式中　f——被测信号的频率，Hz；

T——被测信号的周期，s。

数字式测频，与传统的方法相比有明显的优点，不仅稳定性好，而且精确度高，从而为发展新一代的减负荷装置打下基础。

继电器的动作逻辑回路有执行回路（注脚为 0）、监测回路（注脚为 J）和闭锁回路（注脚为 B）三部分组成。其中 PZ_0 为减负荷装置动作频率整定元件，PZ_B 为闭锁回路频率整定，PZ_J 为监视回路频率整定。作为低频减负荷装置，PZ_B 定值为 49.5Hz，PZ_J 为 51Hz。

当系统处于正常工作状态，系统频率在其额定值附近变化时，监视回路处于正常工作状态，一旦继电器内部发生故障，监视继电器 KE 返回，发出告警信号。

当系统频率降至 49.5Hz 时，闭锁回路动作，闭锁继电器 KML 动作，其动合（常开）触点 KML 闭合，为出口继电器 KOM 加上正电源，解除了对出口的闭锁。闭锁回路主要为防止出口回路元件损坏而导致出口继电器误动作。

当系统频率降至减负荷装置动作频率整定值时，PZ_0 有脉冲输出，经展宽回路展宽成连续信号，如果系统电压正常，比信号经与门启动延时元件 KT0，延时到时，启动出口继电器 KOM，发出减负荷命令。

闭锁回路的延时元件 KT 整定为 0.15s；执行回路的延时元件 KT0 的定值分为 0.15s、0.3s 和 20s 三挡，可依据需要选其中一种。

为了防止负荷反馈等原因导致误动作，继电器接入了低电压闭锁和低电流闭锁。

数字型频率继电器除了可以用硬件电路来实现，如已介绍的 SZH - 1C 型继电器外，还可以用微机（如单片机）来实现。由于微机系统在硬件及软件上的特点，微机型低频减负荷装置具有测频精确度及可靠性更高、自动巡检、频率及定值显示以及多功能等一系列特点，因而具有更大的发展前景。

二、UFLS 装置的接线图

根据频率数值动作的 UFLS 装置的接线是比较简单的，如图 8 - 11 所示。

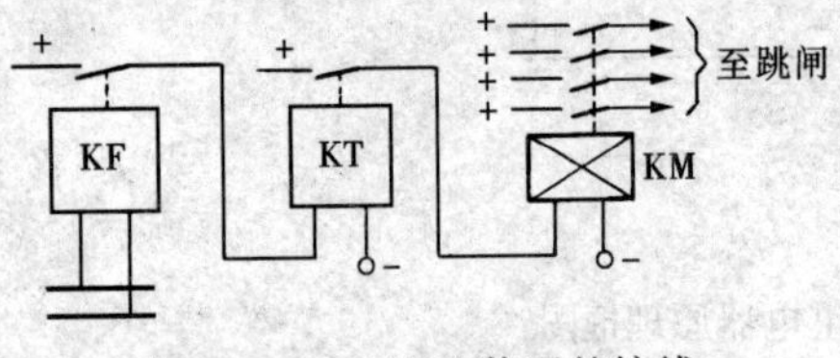

图 8 - 11 UFLS 装置的接线

每一个发电厂或变电站对属于同一轮的用户可共用一套装置。频率继电器接在母线电压互感器的二次侧。当频率下降到频率继电器的整定值时，继电器 KF 的触点闭合、接通时间继电器 KT 的线圈，经一定延时后，时间继电器的触点闭合，起动中间继电器 KM，由中间继电器的触点去接通属于这一轮用户的断路器跳闸回路。

运行经验说明，UFLS 在某些事故下是可能发生误动作的，现举例如下。

（1）小容量电力系统中，在电抗器后的电缆线路上发生短路时（如图 8 - 12 所示），母线电压降低不多，因而接于母线上的其他用户功率没有降低，但在故障线路上由于短路电流很大，使有功损耗大为增加。这种有功功率的突然增加也会引起系统频率的短时下降，致使 UFLS 装置动作。但这时并无任何有功电源被断开，即未出现“真正的”有功缺额，所以这是一种误动。

（2）地区变电站供电暂时中断时，由于同步电动机、同步调相机和异步电动机的反馈在短时间内还能维持一个不低的电压，而频率急剧下降，因而引起 UFLS 装置动作，把用户断开，当线路自动重合成功或备用电源自动投入成功，使变电所恢复供电时，而用户已被错误地断开了。

（3）水轮机调速器动作缓慢，备用容量的投入需要 10～15s，因此当系统有功功率平衡虽被破坏，但备用容量还足够维持频率的稳定时，由于备用容量投入较慢，仍然会使频率严重下降，而引起自动减载装置的误动作。

以上例举的误动作，均可采用各种闭锁措施来防止，也均可采用自动重合闸来补救，即当系统频率恢复时，被自动减载断开的用户也均可用低频自动重合的减载装置来恢复工作。

用低频自动重合减载装置来恢复用户供电时，一般都在系统频率恢复至额定值后再进行重合，并且自动重合是分组进行的，每组用户功率不太大。如果重合后系统频率又有些下降，则停止进行重合。这个办法也适用于被 UFLS 装置正确动作而断开的用户。

带有低频自动重合的减载装置目前没有典型接线，图 8-13 介绍的接线可供参考。

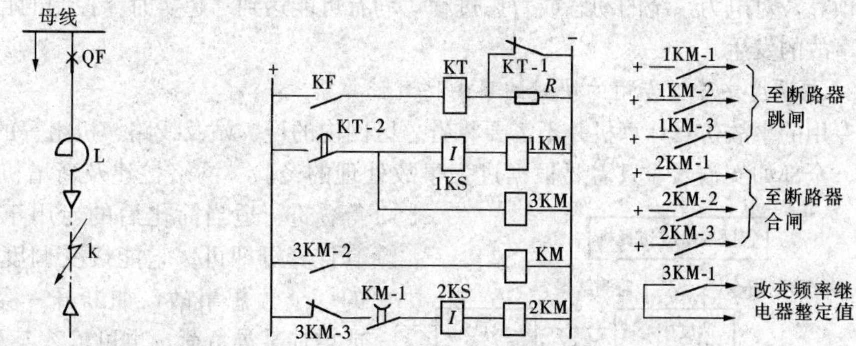

图 8-12　电抗器后电缆线路上发生短路示意图

图 8-13　带有低频自动重合的减载装置接线图

当频率继电器 KF 启动后接通时间继电器 KT，其触点 KT-2 经一定时间后接通 1KM 及 3KM，继电器 1KM 是用来断开用户断路器的。继电器 3KM 的动合触点 3KM-1 用来短接频率继电器中某个回路的部分电阻，以改变频率继电器的启动频率和返回频率；触点 3KM-2 使延时返回中间继电器 KM 线圈通电；动断触点 3KM-3 串联在 2KM 回路中。当系统频率恢复至额定值时，频率继电器 KF 返回，其动合触点断开时间继电器 KT 的回路，KT-2 断开使 3KM 失电，3KM-3 闭合，2KM 启动，进行重合。触点 KM-1 与触点 3KM-3 串联，保证只在短时间内发出合闸脉冲。1KS 和 2KS 是信号继电器。

*第五节　电力系统低压减载简述

近年来，欧、美等国多次发生连环事故（Cascade Faults），造成大面积的停电，使经济遭到了严重的损失，人民生活受到了影响。我国电力界对于这方面的经验十分重视。国外的大电力系统往往由分属于不同公司管理的多个电网联合组成，因彼此利益不同而缺少统一的事故调度措施。除去体制方面的原因外，连环事故的发生往往是由于缺少对首个事故后的统一调度，后续处置不当产生的。国内外都在努力探讨避免产生连环事故的合理、并有实时效果的事故后处理技术，将瞬时同步矢量测量（PMU）设备广泛地装设在不同地域的枢纽变电站上，并通过专用高速通信网络，分层地、有选择地发送到有关的省、区直至国家调度中心，与调度中心的事故处理仿真计算机结合使用，建立广域控制系统（Wide-Area Control

System, WACS), 分层、或分区地发出避免后续事故连环发生的调度指令, 加以执行, 使系统免遭进一步的破坏。这是国内外电力系统自动化工作者努力的方向, 虽尚未达到理论与实践都较完善的程度, 却也显出了一些很有前景的成果, 现简述如下。

1. 建立一个广域测量系统"WAMS (Wide Area Measurements System)"(如图 8-14 所示)

"广域测量系统"就是跨省网、区网等的大地域的授时同步测量系统, 由 PMU 与专用的高速通信网组成, 使省、区调度中心能掌握妥善进行事故后处理所需的必要的有关线路、机组的运行状态, 以利于实时监测。要实现 WACS 的功能, 其 WAMS 还必须考虑通信网的时延是否对其功能有显著影响。自动化系统从时态上可分为快速、中速与慢速三类, 电力系统属于中速系统, 而现代的光纤通信是快速的, 大概延时 100ms 左右, 加上数字仿真机的快速预算, 对电力系统的动态或暂态过程, 均有可能达到"超实时"控制的目的, 从而避免连环事故的发生。

2. 在调度中心设专用的快速的事故仿真计算机

专用的事故仿真计算机并不需要将省、区网内的厂、站及线路、机组等的参数及状态变量等, 全部如实输入, 只需要根据过去事故处理的经验、网络扩建及新增机组的投入情况等, 进行适当简化后的专用于事故处理的仿真计算机即可。它能接受调度人员随意输入的一个预想事故, 如断开一条线路或机组, 或增加某类负荷, 也可输入某种频率的干扰, 甚或一段干扰频谱等, 然后观察仿真机的监测结果, 做出事故后处理方案, 并通过 PMU 进行预防事故扩大的调度措施。对此可以分两种情况进行讨论: 一种如预防低频振荡的重发等, 其实时处理的意义较小, 可以采取适当调度措施, 在振荡消失的一段时间内检测到振荡源后, 再进行预防调度; 另一种则是预防随后可能发生的连环事故, 则需要进行实时处理的意义较大。现分别简述如下。

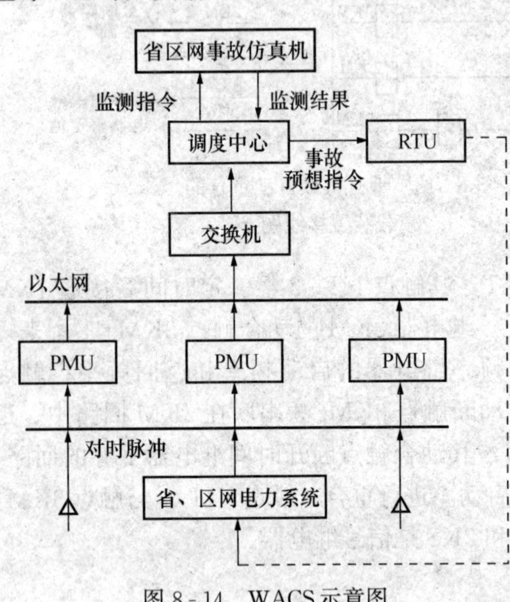

图 8-14 WACS 示意图

(1) 图 8-15 是装设 PMU 后, 在省级枢纽变电站母线上测得的局部低频振荡的实时 $\delta-t$ 曲线, 从图上可判断振荡约为 0.37Hz。如果下属主要发电机组也装有 PMU 的功角测量系统, 则比较各相关机组的功角振荡频率与幅值, 与 0.37Hz 最相近且振幅最大的机组, 即为此次低频振荡的振源。产生振荡的原因与当时该机组是否处于重荷状态, 及和电网的连线是否因检修或其他原因而处于较弱的状态有关。从较为完备的 WAMS 系统 (可能耗资巨大) 可以即时检测出振源, 从而加强该机组的 PSS 装置, 或制定出较前更为合理的调度方案, 以预防类似振荡的重演。

只调度中心有 WAMS 系统的情况下, 则需在离线的仿真机上, 对逐个小区施加幅值不等、频率在已知低频左右的方波模拟干扰负荷, 从仿真机提供的 $\delta-t$ 曲线族中, 检测出振源, 制定出预防振荡重演的方案。

总之，WACS系统对预防低频振荡是相当有力的，对多种不同情况下可能发生的低频振荡进行综合、分析，可以求到一种可应对多个振源的稳定器的设置方法或措施，能提高整个系统运行点的鲁棒性，这已为我国某些省、区网的运行经验所证明。

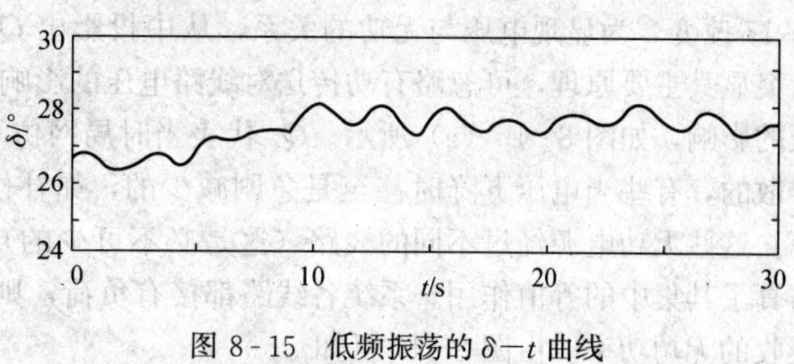

图 8-15　低频振荡的 $\delta-t$ 曲线

（2）总结近年来国外互联电网发生连环事故的经验，某些枢纽母线在首次事故后出现电压过低，引起大型机组和联络线的连环跳闸有关。在大型互联网中，某台机组跳开或某条局部联络线断开，虽然其所输送的有功功率及无功功率都从网络消失，但其造成的有功缺额可以通过区间联络线得以补充，而造成的无功缺额却较难由远程的机组电源来补充。我国“无功就地平衡”的原则是仅对正常运行情况部署的，一般不考虑事故时的无功补偿，因为这是个不确定的因素。如果近处机组或其他无功电源都已满载，无法就近支援，相对而言，这类事故的结果不是频率下降，而是局网的电压急剧下降。这是由于电力系统运行由有功平衡与无功平衡两部分组成，但产生有功功率与无功功率的资源基本上又是分开的，且有功功率在联络线上可以顺利传送，而无功功率的传送却会引起电压的大幅下降。经验说明电压剧降会引发更多机组或局网联络线的连续断开，是造成连环事故、并恶化成大范围停电的原因。在发生这类事故后，如果不及时切除部分负荷，减少负荷对无功功率的需求，就会造成局网因无功缺额而电压崩溃，给经济造成很大的损失。这也是近年来对“低压减载”给予重视的原因。

图 8-16（a）从原理上说明这类故障时供电的性质。发电机断开前，线路输送的功率很小；发电机断开后，负荷全改由线路供给。设线路阻抗为 X，当考虑线路输送有功，又输送无功功率时，图 8-16（b）为负荷点电压、电流的矢量图，假定输至负荷的方向为正值，其有功、无功及电压标幺值的关系如图 8-17 所示。其中，$V_*=\dfrac{V}{E}$，$P_*=\dfrac{PX}{E^2}$，$Q_*=\dfrac{QX}{E^2}$。空载时，V_*为 1，在某特定的 $\cos\theta$ 值下，随着负荷的增加，V_*、P_* 与 Q_* 间的关系按图

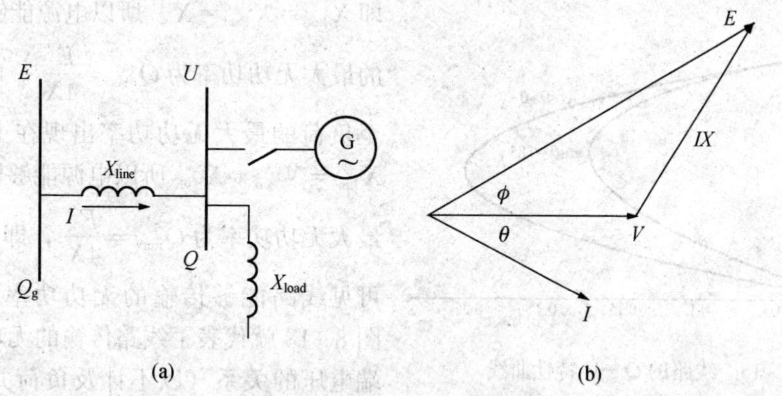

图 8-16　系统无功供求示意图

（a）电路示意图；（b）负荷端点矢量图

8-17改变。为显现电压与无功的关系，从中投影出 $Q-V$ 的关系曲线，如图8-17所示。为突显其主要原理，可忽略有功传送对线路电压的影响，仅研究线路无功传送对地区负荷电压的影响，如图8-16（a）所示。Q_g 代表当时局网仿真的等值全部无功资源。它们可能是分散的，有些当电压下降时甚至是急剧减少的，如补偿电容的无功功率随电压平方而下降等。这些无功电源经过不同的线路（这是必不可少的）向各处负荷供电，图中的电抗 X_{line} 仿真了其集中的等值作用。系统各线路都接有负荷，则由 X_{load} 进行集中仿真，Q 代表负荷吸收的无功功率。由图8-17可知

$$Q=I_m\dot{V}\dot{I}^*=I_mV\left(\frac{E-\dot{V}^*}{-jX_{line}}\right)=\frac{EV}{X_{line}}\cos\varphi-\frac{V^2}{X_{line}} \tag{8-13}$$

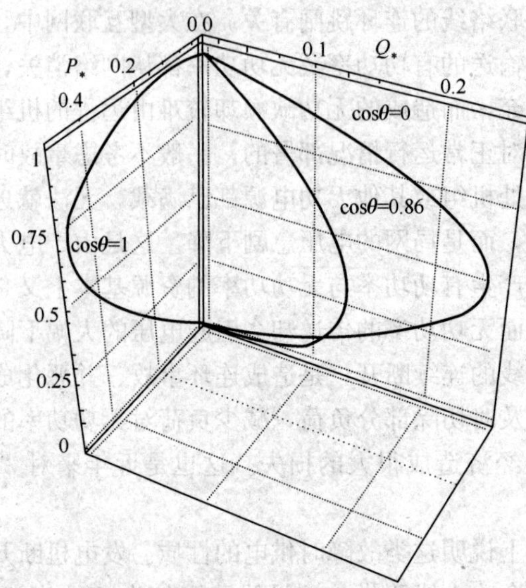

图8-17　线路的 $P-Q-V$ 曲线

令 $\frac{dQ}{dV}=0$，由于 $\cos\varphi\approx1$，得

$$V=\frac{E}{2} \tag{8-14}$$

即 $X_{line}=X_{load}=X$。所以电源能够输出至负荷的最大无功功率为 $Q_{max}=\frac{E^2}{4X}$。电源能够输出至负荷的最大无功功率出现在 $R=0$ 时，即 $X_{line}=X_{load}=X$。所以电源能够输出至负荷的最大无功功率为 $Q_{max}=\frac{E^2}{4X}$，即 $Q_{max}=0.25$。可见线路能够传输的无功功率是很有限的。图8-18就代表了线路传输的无功功率与负荷端电压的关系（以不计及负荷并联补偿电容为例）当局网发生无功缺额时，可以视省网为无功资源，或省网发生无功缺额时，可以视区网为无功资源，但在上述这类事故后，由于有功占用了很大的传输容量，所以省、区网能用

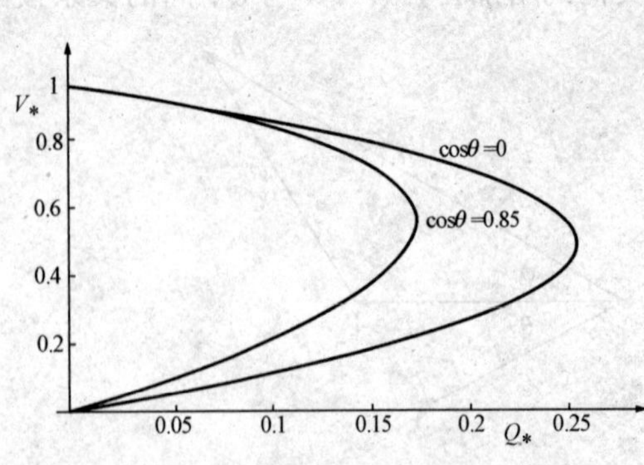

图8-18　线路的 $Q-V$ 特性曲线

作补偿的无功资源就更为有限。由图 8-16（a）有

$$Q_{\mathrm{g}}=EI=Q+I^{2}X_{\mathrm{line}}=Q+\frac{Q_{\mathrm{g}}^{2}}{E^{2}}X_{\mathrm{line}}$$

$$Q_{\mathrm{g}}^{2}-\frac{E^{2}}{X_{\mathrm{line}}}Q_{\mathrm{g}}+\frac{E^{2}}{X_{\mathrm{line}}}Q=0$$

于是得

$$Q_{\mathrm{g}}=\frac{1}{2}\left[\frac{E^{2}}{X_{\mathrm{line}}}\pm E\sqrt{\frac{E^{2}}{X_{\mathrm{line}}^{2}}-\frac{4Q}{X_{\mathrm{line}}}}\right]$$

取 $X_{\mathrm{line}}=X$，得

$$\frac{\mathrm{d}Q_{\mathrm{g}}}{\mathrm{d}Q}=\frac{E}{X\sqrt{\frac{E^{2}}{X^{2}}-\frac{4Q}{X}}}=\frac{1}{\sqrt{1-\frac{4XQ}{E^{2}}}}=\frac{1}{\sqrt{1-\frac{Q}{Q_{\max}}}} \tag{8-15}$$

式（8-15）说明负荷无功增量 ΔQ 对无功资源增量 ΔQ_{g} 的需求不是按比例增加的。图 8-19 是无功电源增率的示意图。随着负荷 Q 的加大，电源的增值率越来越大，在 Q 的某个数值时，所需 Q_{g} 的增值会使发电机或输电线因无功输出过大而跳闸。当 Q 值到达 $Q_{\max}$ 附近，电源 Q_{g} 已完全无法承受。由式（8-14）可知，$Q_{\max}$ 出现在 $V=0.5E$，所以当局网侧电压降至省网电压的 65%附近时，最好断开部分耗费无功较大的负荷，使省网电压有所恢复，避免连环事故的发生。这可以由图 8-14WACC 的调度中心逐次向事故模拟计算机发布预防性断开某个用户的指令，直至模拟机显示省网电压达到了预防事故连续发生的要求时，即可通过 PMU 进行断开相应负荷的操作，以达到避免大面积停电的目的。

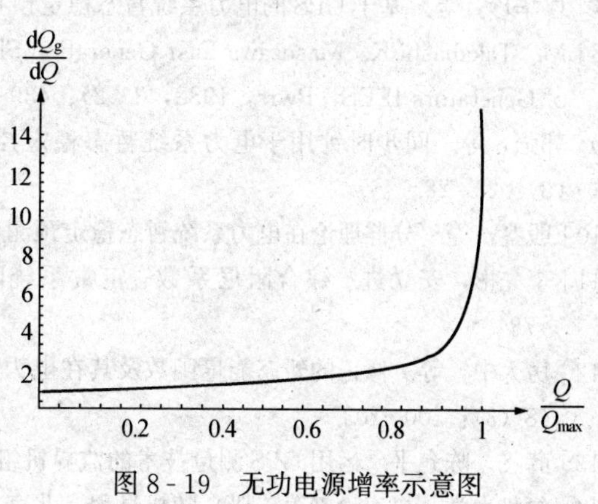

图 8-19　无功电源增率示意图

电力系统的负荷既消耗有功也同时消耗无功，但电力系统的有功资源与无功资源却可以理解为分开发送、供给的，所以当系统出现有功或无功缺额而无法补偿时，两者都只能用断开部分负荷的办法，以求得系统有功与无功的平衡。局部网络的有功缺额可以造成系统频率的稳定下降，而局部网络的无功缺额则会造成局部地区的电压下降，两者结果的性质是不同的。频率的稳态下降是系统机械动能释放的过程，全系统都能感应到的，而电压下降一般应在发电机强行励磁之后，且只能是局部网络的现象，所以对两者采取的事故后措施的调度方式也不同。低频减载应该在全系统协调安排，而低压减载则需由上级网络调度中心就地逐步解决。图 8-14 WACS 系统的建立，有助于事故后预防扩大停电范围而采取的实时调度措施。

参 考 文 献

[1] 李先彬. 电力系统自动化. 3版. 北京：水利电力出版社，1995.
[2] 李先彬，等. 非确定性滑差的自动准同期原理. 中国电机工程学报，1990，10（3)：54-59.
[3] 李先彬. 论自动准同期原理. 电力系统及其自动化学报，1990（1)：69-76.
[4] 王福昌，等. 锁相技术. 武汉：华中理工大学出版社，1997.
[5] 王强，韩英铎. 电力系统厂站及调度自动化综述. 电力系统自动化，2000，24（5)：61-69.
[6] 蔡洋，等. 网调度自动化系统的应用与发展. 中国电力，2000，39（2)：36-40.
[7] 曹华珍，等. 基于GPS的电力系统暂态稳定预测. 华中电力，2000，13：4-7.
[8] M. Takahashi K. Masuzawa Fast Generation Shedding Equipment Based on The Observation of Swings of Generators IEEE，Pwrs，1988，3（2)：439-446.
[9] 郭强，等. 同步时钟用于电力系统暂态稳定控制的初步研究. 电力系统及其自动化学报，1996，8（3)：23-28.
[10] 殷鉴，等. 分群理论在电力系统暂态稳定预测和控制中的应用. 电力情报，2000（1)：1-4.
[11] 李先彬，安立进. 综合阻尼系数—定常系统阻尼特性的新定义. 中国科学A辑，1989（7)：776-784.
[12] 房大中，等. 修正的暂态能量函数及其在电力系统稳定性分析中的应用. 中国电机工程学报，1998，18（3)：200-203.
[13] 薛飞，陈允平. 运用GPS测量技术的监界机组判别. 继电器2000，30（2)：16-18.
[14] 复旦大学. 概率论（第三册）随机过程. 北京：人民出版社，1981.
[15] 江长明. 华北电网联络线控制方式探讨. 华北电力技术，2000（5)：1-2.
[16] 余钟鹤，等. 辽宁电力市场运行综述. 东北电力技术，2001（10)：39-42.
[17] 奚辉龙. 建立电力市场的探讨. 湖北电力市场的探讨，2000，25（3)：42-44.
[18] 赵希正. 确保电网安全，加强统一调度，不断开拓创新. 电网技术，2002，26（6)：1-4.
[19] 张请桓. 河北电网与京津唐电网的网间联络线管理系统. 河北电力技术，1999，18（1)：1-3.
[20] 关雪梅，等. 同步发电机励磁的微机控制. 一重技术，2000，84（2)：20-21.
[21] 徐桂英，等. 单片机控制的励磁系统的研究. 电气自动化，1990（5)：25-27.
[22] W. R. Berger. Synchronizing Giant Generators by Hand Can Create Expensive Fireworks. But A Mini Closes the Large Circuit Breaker with Precision,. Electronic Design Magazine，1978（18)：2.
[23] J. D. Ainsworth. Phase-Locked Oscillator Control system for Thyristor-Controlled Reactor，IEE Proceedings，1998，135（2)：146-156.
[24] T. J. E. Miller. Reactive Power Control in Electric Systems，New York：A Wiley-Interscience Publication，1982.
[25] Thierry Van Cutsem. Costas Vournas. Voltage Stability of Electirc Power Systems. Holland：Kluwer Academic Publishers，1998.
[26] Carson W. Taylor. Power System Voltage Stability，New York：The McGraw-Hill Companies，Inc. 1994.
[27] R. Mohau mathur，et al. Thyristor-Based FACTS Controllers for Electrical Transmission Systems. Piscatway. NJ：IEEE，2002.
[28] Zhou Jie，et al. Precise Measurement of Power System Frequency and Absolute phase Based on GPS.

Power Cof. 2002 IEEE, Kunmin, China, 2002, 3: 1947 - 1951.

[29] Phadke A G. Synchronized phasor measurements in power systems IEEE CAP., 1993, 6 (2): 10 - 15.

[30] A. Godwani, et al. Commissioning Experience with a Modern Digital Excitation System IEEE Energy Conversion, 1998, 13 (2): 183 - 187.

[31] 赵希正. 强化电网安全，保障可靠供电. 电网技术，2003，27（10）：1 - 7.

[32] 黄永皓，等. 新型功角与相量广域测量系统及其在河南电网中的全面实施. 电力自动化设备，2004，24（8）：97 - 100.

[33] 邱革非，等. PMU 技术在电力系统稳定监控中的应用. 云南水力发电，2005，21（4）：57 - 60.

[34] 李丹，等. “9·1” 内蒙古西部电网振荡的仿真研究. 电网技术，2006，30（6）：41 - 47.

[35] 胡学造. 美加联合电网大面积停电事故的反思和启示. 电网技术，2003，27（9）：T1 - T6.

[36] 鞠平，等. 测量系统研究综述. 电力自动化设备，2004，24（7）：37 - 40.

[37] 谢小荣，等. 采用广域测量信号的互联网区间阻尼. 电力系统自动化，2004，28（2）：37 - 40.

[38] 姜廷刚，等. 适合广域测量系统的通信网探讨. 电力系统及其自动化学报，2004（3）：57 - 60.

[39] 李刚，等. 电力系统广域动态监测中的功角直接测量技术. 电力系统自动化，2005，29（3）：45 - 50.

[40] 李先彬，等. 线性最优励磁控制器的综合阻尼力矩解法原理初探. 电力系统自动化，1999，23（3）：27 - 30.

[41] 李先彬，等. PSS 的综合阻尼力矩解法－兼及 PSS 与 LOC 的异同. 电力系统自动化，2001，25（22）：22 - 27.

[42] 李先彬，等. 输电线数字实时仿真模型简析. 现代电力，1996，13（3）：13 - 20.

[43] Prabha Kundur, et al. Overview on Definition and Classification of Power system Stability. IEEE/CIGRE. Joint Task Force, 2003, June: 1 - 4.

[44] Carson W. Taylor, et al. WACS－wide area stability voltage control system, IEEE, Proceedings of the IEEE, 2005, 93 (5): 892 - 906.

[45] IEEE/CIGRE Joint Task Force. Definition and Classification of Power system Stability. IEEE, Power System, 2004, 19 (2): 1387 - 1401.

[46] Naoto Kakimoto, et al. Monitoring of interarea oscillation mode by synchronized phasor measurement. IEEE. Power System, 2006, 21 (2): 260 - 268.

[47] Phadke. A. G., Synchronized phasor measurements～a historical overview. IEEE, 2002: 476 - 479.

[48] Carson W. Taylor. Power system voltage stability. New York: The McGraw-Hill Companies, 1994.

[49] T. Van Cutsen, et al. Voltage stability of electric power system. Holland: Kluwer Academic Publishers, 1998.

[50] Sood, Vijay K. HVDC and FACTS controllers applications of static converters in power systems. Boston : Kluwer Academic, 2004.

[51] Kalyan K. Sen, Mey Ling Sen. Introduction to FACTS controllers: theory, modeling, and applications. Piscataway: IEEE Press, c2009.

[52] 张建华，等. 微电网运行控制与保护技术. 北京：中国电力出版社，2010.

[53] R Strzelecki, et al. 徐政，译. 智能电网中的电力电子技术. 北京：中国电力出版社，2010.

[54] 杜文娟，等. UPFC 控制的交互影响分析－可控参数域计算方法，电力系统自动化，2008，32（7）：19 - 24.

[55] 汪洋，等. 北斗卫星同步系统在电力系统中的应用. 电力系统通信，2011，32（219）：54 - 57.

[56] Hideaki Fujita, et al. Transient analysis of a unified power flow controller and its application to design of the DC - link capacitor. IEEE Trans. on power electronics, 2001, 16 (5): 735 - 740.

[57] Faruk A. Bhuiyan, et al. Multimode control of a DFIG - based wind - power unit for remote applications. IEEE Trans. on power delivery, 2009, 24 (4): 2079 - 2089.

[58] 王晓玲. UPFC的交叉解耦控制的研究，机电工程，2008 (25) 2.

[59] 曲骅，等. 数字化变电站技术. 电气技术，2009. (12): 97 - 99.

[60] 王海风，等. 统一潮流控制器的多变量控制设计，中国电机工程学报，2008 (20) 8.

[61] 李映川，王晓茹. 基于 IEC - 61850 的变电站电子设备的实现技术. 电力系统通信，2005 (155): 54 - 56.

[62] 王锐，等. 数字化变电站二次系统研究与分析. 电力系统保护与控制，2010，38 (12): 59 - 64.

[63] 庞红梅，等. 110kV 智能变电站技术研究状况. 电力系统保护与控制，2010，38 (6): 146 - 150.

[64] 什么因素阻碍中美电力合作. 中国：参考消息，2011. 5. 15.

[65] 刘毅，等. 双馈风力发电机并网控制研究. 电力电子技术，2011，45 (7): 22 - 23.

[66] 郑斌，等. 双馈感应式风力发电系统低压穿越能力仿真研究. 电机技术，2011 (2): 39 - 41.

[67] 李涛，等. 双馈风力发电机及其运行方式的研究. 防爆电机，2011，45 (1): 26 - 30.